SI 단위에 의한

건축환경계획

구재오 김광우 김신도 김정태
김회서 유호천 이상우 이언구
이현우 정광섭 조균형 태원진

태림문화사

具재오 연세대학교 건축공학과(공학사)
연세대학교 대학원(공학박사)
영국 · 리버풀 대학교 건축과 객원교수
현직, 강원대학교 건축학부 교수

김광우 서울대학교 건축학과(공학사)
미국 미시간대학교(건축학박사)
UC Berkeley 노렌스버클리연구소 연구원
현직, 서울대학교 건축학과 교수

김신도 한양대학교 건축공학과(공학사)
일본 동경공업대학교 대학원(공학박사)
미국 · 리서치트라이앵글연구소 연구원
현직, 서울시립대학교 환경공학과 교수

김정태 연세대학교 건축공학과(공학사)
연세대학교 대학원(공학박사)
영국 · 캠브리지대학교 건축학과 객원교수
현직, 경희대학교 건축학부 교수

김회서 한양대학교 건축공학과(공학사)
일본 교토대학교 대학원(공학박사)
UC Berkeley 노렌스버클리연구소 연구원
현직, 단국대학교 건축학부 교수

유호천 연세대학교 건축공학과(공학사)
연세대학교 대학원(공학박사)
미국 · 콜로라도대학교 건축대학원 객원교수
현직, 울산대학교 건축학부 교수

이상우 연세대학교 건축공학과(공학사)
연세대학교 대학원(공학박사)
미국 · 조지 워싱턴 대학교 객원교수
현직, 경기대학교 건축학부 교수

이언구 서울대학교 건축학과(공학사)
미국 미시간대학교(건축학박사)
영국 · 캠브리지대학교 마틴연구소 객원교수
현직, 중앙대학교 건축학과 교수

이현우 서울대학교 건축공학과(공학사)
미국 미시간대학교(건축학박사)
미국 워싱턴 대학교 객원교수
현직, 광운대학교 건축학부 교수

정광섭 한양대학교 건축공학과(공학사)
서울대학교 환경대학원(공학석사)
한양대학교 대학원(공학박사)
현직, 서울산업대학교 건축학부 교수

조균형 한양대학교 건축공학과(공학사)
서울대학교 대학원(공학석사)
서울대학교 대학원(공학박사)
현직, 수원대학교 건축학부 교수

태원진 연세대학교 건축공학과(공학사)
미국 미시간대학교(건축학박사)
미국 콜로라도대학교 건축대학원 교수
현직, 명지대학교 건축학부 교수

건축환경계획

2006년 9월 20일 1판 1쇄 인쇄 · 발행
2017년 2월 20일 개정 1쇄 인쇄 · 발행

편 저 자 구재오 김광우 김신도 김정태
김회서 유호천 이상우 이언구
이현우 정광섭 조균형 태원진
발 행 인 정 헌 준
발 행 처 태 림 문 화 사
주 소 서울 영등포구 문래동1가 39번지 센터플러스 1022호
전 화 716-2473 / 714-2478
팩 스 718-4580
이 메 일 taerim79@hanmail.net
출판등록 1979. 3. 27.(2-679)

ISBN 978-89-8205-217-0 정가 20,000원

머리말

건축물은 인류의 역사를 통하여 피신처의 개념으로부터 점차 복잡하고, 인위적인 환경조절 시스템의 개념으로 변화해 왔다. 생활의 질적 향상에 따른 쾌적한 환경의 추구는 건축 환경을 자유롭게 조절할 수 있는 새로운 건축기술과 설비 시스템의 개발을 촉진하였으나 지난 1970년대에 있었던 두 차례의 석유 파동과 최근의 고유가 현상은 「에너지」라고 하는 새로운 과제를 건축가에게 던져 주었다. 이제 건축가의 임무는 미, 기능, 안전이라는 디자인 요소가 충족된 종래의 건축설계에서 한 걸음 더 나아가 환경 및 에너지라는 새로운 디자인 요소를 만족하는 건축 환경을 창조하는 것이 되었다. 특히 전 세계적인 자원 부족과 지구 환경 오염이라는 문제를 놓고 볼 때, 자연 환경에 순응하고, 자연 환경이 주는 혜택을 최대한 이용하는 건축의 환경 설계는 21세기의 젊은 건축가나 건축학도들이 반드시 추구해야 할 명제인 것이다.

이와 같은 시대적 상황에 부응하여 우리 저자들은 오랫동안 대학에서 건축 환경의 관련과목들을 강의해온 경험을 바탕으로 1992년 10명의 저자가 건축환경계획론을 서술하여 초판을 발행하고 1996년 일부 수정 보완하여 사용해 왔다. 그러나 지난 10년 동안 건축 환경 분야에는 새로운 지식, 폭넓은 연구 및 학문적 발전에 큰 진전이 이루어져 새로운 책의 필요성을 절감하게 되었다. 따라서 이 책은 2명의 저자를 추가하는 등 12명의 저자들이 지난 2년 간 각 분야마다 새로운 개념의 건축 환경계획을 서술한 것이다.

새롭게 서술된 이 책은 독자들이 건축 환경 및 에너지 절약에 관한 개념을 파악하고, 인식을 고취하는데 큰 도움이 되리라 기대한다. 그러나 여전히 부족한 감을 느끼며, 독자 여러분의 깊은 양해와 아낌없는 조언을 바라면서 계속 수정 · 보완하는데 노력을 할 것을 약속한다. 여러 모로 힘든 상황 속에서도 새로운 『건축환경계획』을 발간하는데 협력해 주신 태림문화사 정헌준 사장님을 비롯한 편집부 여러분께 감사를 드린다.

2006년 9월
저자 일동

목차
(contents)

제 4 장 환기 및 통풍 / 103

제 5 장 일조와 일사 / 115

제 6 장 빛 환경 기초 / 143

제 7 장 자연채광계획 / 163

제 1 장 환경과 건축

1.1 환경조절자로서의 건축

물속에 잠긴 물고기와 같이 인간은 환경(Environment) 속에 잠겨 있다. 그러나 물고기와 다른 점은 인간은 환경에 영향을 받을 뿐만 아니라 환경에 영향을 미친다는 사실이다. 환경을 조절하려고 한 인간의 끊임없는 노력은 인류의 역사만큼이나 오래되었다. 그러한 노력의 결과 현대인은 환경에 대한 폭넓은 지식을 축적하게 되었고 이를 바탕으로 과거 어느 때보다 환경을 잘 제어할 수 있게 되었다. 건축물(Building)은 인간과 마찬가지로 환경 속에 잠겨 있으면서 환경을 조절하기 위하여 인간이 사용한 가장 중요한 도구이다. 따라서 건축가의 임무는 건축물의 창조를 위하여 인간과 환경 사이의 관계를 이해하는 것이라 할 수 있다.

Vitruvius(비트루비우스; 기원전 1세기 건축가)는 "건축10서"의 I권에서 환경 요소들의 중요성을 강조한 후 이어 VI권에서 외부 환경(climate)과 내부 환경(comfort) 사이에서 건축에 의한 환경 조절의 역할을 3자 구성의 기초적인 관계로서 간단히 묘사하고 있다(그림 1-1 참조). 19세기 중반 산업혁명과 함께 새로운 동력과 동력 운반 수단의 출현은 환경 조절의 변혁의 과정을 시작했다. 1960년대 Victor Olgyay는 20세기의 가장 중요한 저서 중의 하나인 "Design with Climate"라는 저서에서 비트루비우스의 모델에 설비기술(technology)의 기능을 포함하여 확장된 서로 맞물린 형태의 현대건축의 환경조절개념을 주창하였다(그림 1-2 참조).

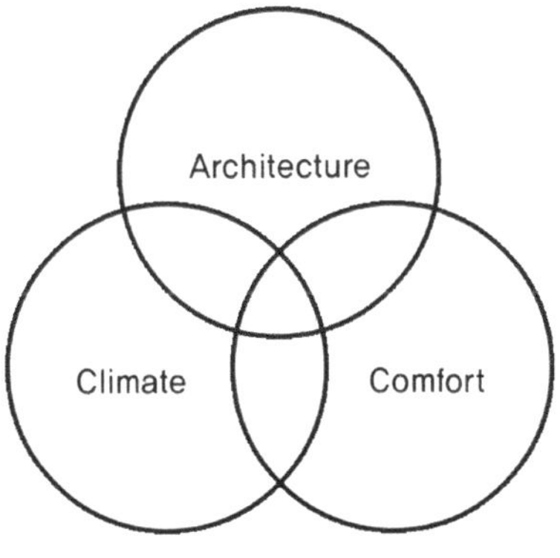

그림 1-1 Vitruvius의 모델

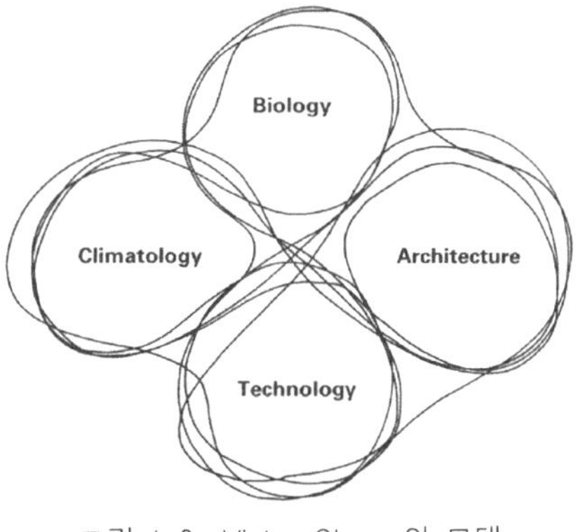

그림 1-2 Victor Olgyay의 모델

그림 1-3 C.K. Choi Building

지난 1세기 동안 인류는 화석에너지와 환경자원을 무한한 것으로 생각하였으며 건축 내부 환경의 조절을 재생 불가능한 화석에너지를 소비하는 현대과학과 첨단기술에 의존하는 방향으로 발전시켜 왔다. 그 결과 현재 세계를 괴롭히고 있는 수많은 생태적 재앙과 더불어 지구상의 자원 고갈, 환경오염, 오존층의 파괴 및 기후 변화 등과 같은 환경문제를 유발하고 있다. 환경 문제와 관련하여 현대과학, 첨단 기술 및 건축에 대한 우리의 접근 방식을 재고할 시간은 이제 빠르다고 할 수는 없지만 다음 세기의 건축을 위한 새로운 방향을 모색할 필요가 있다. 이를 위하여 건축 분야에서는 지속가능한 개발(sustainable development)이라는 개념 하에서 자연에 친화하고 순응하며 자원 절약과 함께 자연이 주는 혜택을 최대한 이용하여 환경 조절을 하는 건축 양식인 환경친화건축이 대두되고 있다(그림 1-3과 1-4 참조). 건축설계에 대한 우리들의 태도 변화는 미래 세대로부터 대체할 수 없는 자원을 차입하는 우리의 관습을 종료시킬 수 있을 것이다.

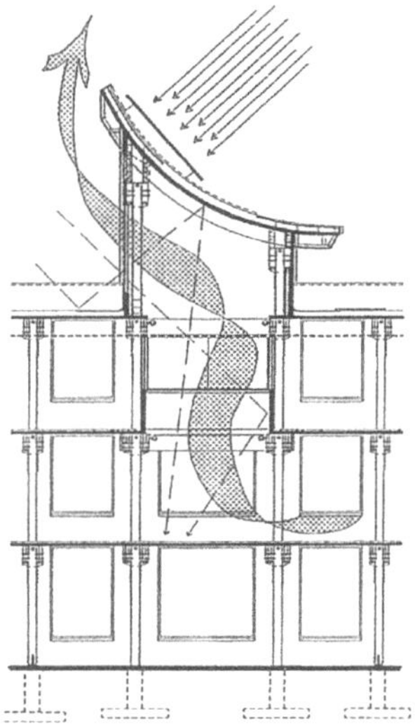

그림 1-4 단면도

1.2 건축외부환경

우리가 살고 활동하고 있는 자연세계의 모습은 지구와 대기권(atmospheric envelope) 내에 존재하는 모든 물체 사이에 작용하는 수많은 에너지의 상호작용의 결과이다. 기후(climate)라고 불리는 건축 외부 환경도 대기 중의 공기의 이동, 수분의 유무, 기압의 크기, 땅으로부터의 열에너지의 흐름과 같은 무수한 요소들의 관계에 의하여 만들어진다. 기후의 여러 요소 중 건축에 영향을 미치는 중요한 환경요소를 스케일 크기의 순서로 기술하면 다음과 같이 요약할 수 있다. 지역에 따른 특수한 환경요소들은 넓은 지역의 평균적 기후 수준에 영향을 주어 국지적 변화를 초래한다. 종종 이러한 변화는 상당히 크며 기후(macroclimate)와 미기후(microclimate)의 차이를 만들어낸다.

가. 기상요소(meterological factor)
- a. 일사(solar radiation)
- b. 기단(air mass)
- c. 강수량(precipitation)

나. 지리요소(geographical factor)
- a. 위도(latitude)
- b. 육지와 수원의 면적비 (land mass-water surface ratio)
- c. 지대(terrain)

다. 지형요소(topographical factor)
- a. 해발고도(elevation)
- b. 방위, 주풍향 (orientation to sun, prevailing winds)
- c. 토질(soil structure)

1.2.1 기후(macroclimate)

(1) 기상요소(meterological factor)

태양은 지상에 존재하는 모든 시스템의 원동력이며 기후의 주요 요소이다. 바람, 비, 구름, 기온과 같은 기상현상은 지구상의 고체, 액체, 및 기체에 작용한 태양 활동의 결과라고 할 수 있다. 일사(solar radiation)는 지구에 도달하는 태양 복사에너지를 말하며 전체 양은 일 년 중 비교적 일정하다. 그러나 지구는 공전궤도에 대해 자전축이 23.5도 기울어져서 타원형으로 공전하므로 지역에 따라 일사량이 변화한다. 지역에 따른 일사량의 차이로 인하여 지구 표면이 균일하게 더워지지 않기 때문에 저기압과 고기압의 지역이 생기고 결국 기류가 형성된다. 적도지방이 극지방보다 더 더워지기 때문에 지구상의 남북 간에 거대한 기류의 움직임이 만들어진다. 이 기류 패턴은 계절의 변화와 지구의 자전으로 그림 1-5와 같은 편서향의 기류 패턴으로 형성되었다. 이와 같이 지구 대기층에 대한 태양활동에 의해 적도 및 극지방의 공기덩어리의 움직임이 시작하고 대륙과 해양에서 충돌하여 구름, 바람, 비, 일조의 기상현상을 몰고 와 그림 1-6에서 보는 것과 같이 기후대를 형성한다.

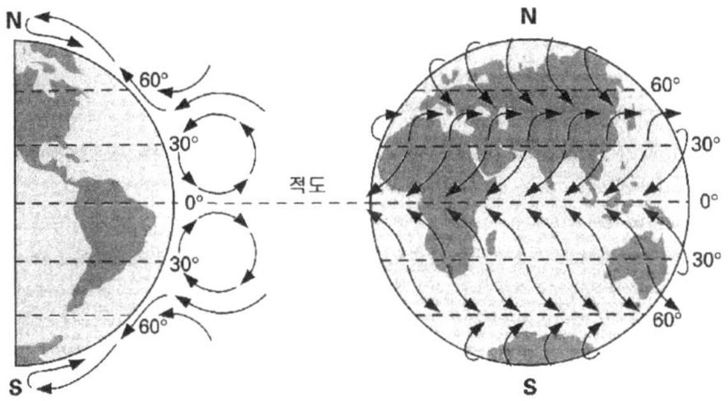

그림 1-5 지구상의 기류패턴

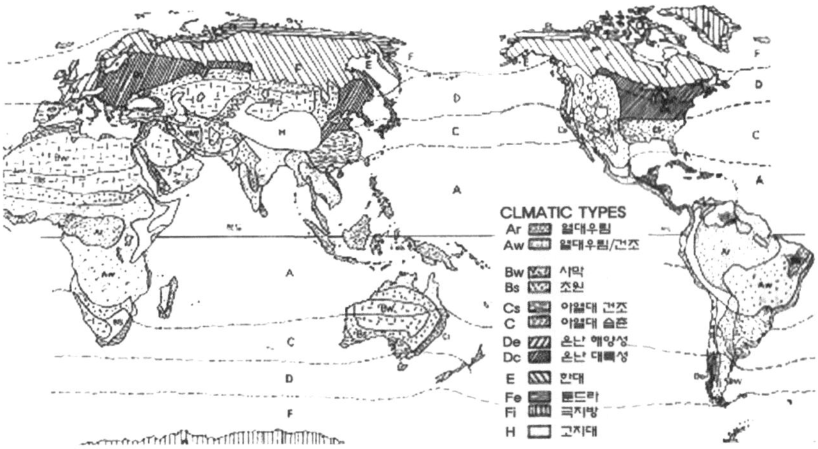

그림 1-6 세계의 기후대

(2) 지리요소(geographical factor)

① 위도

환경요소에서 주된 지리요소는 위도이다. 위도는 지구상에서 적도로부터의 거리를 말하며 위도에 따라 지구상의 특정지점에 도달하는 태양에너지의 양이 달라진다. 따라서 특정 지역의 기온은 위도에 따라 다르며 대략 적도로부터 남과 북으로 떨어진 거리에 비례한다(그림 1-7 참조). 그러나 지구상에서 가장 더운 지역은 구름이 많은 적도지방이 아니고 남과 북으로 위도로 20도 정도 떨어진 적도보다 맑은 날씨가 더 많은 지역이다.

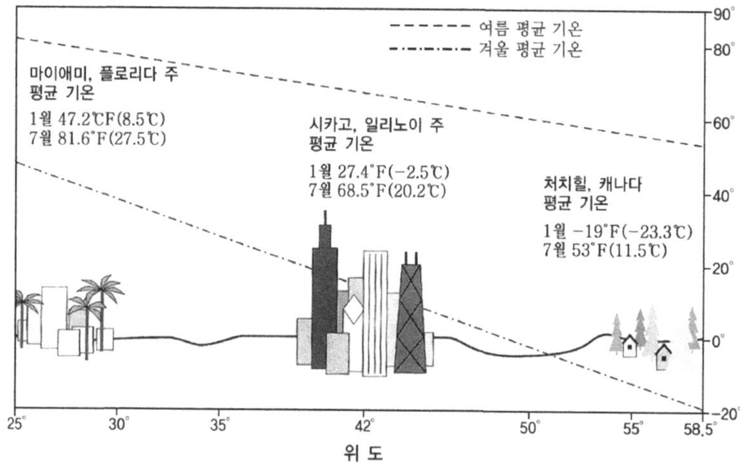

그림 1-7 지구상의 위도 차이에 따른 온도 변화

만약 지구의 표면이 완전히 균일한 물질로 되어 있다면, 위도와 기후의 상관관계는 완전히 절대적일 수 있다. 그러나 지구의 표면은 태양열을 흡수하는 용량이 다른 다양한 물질로 불균등하게 분포되어 있기 때문에 지구상의 동일한 위도에서도 서로 다른 기후양상을 보인다. 인도의 봄베이와 사마르칸트는 중국의 베이징이나 미국의 뉴욕 시와 같은 위도 상에 있으며; 러시아의 페테르부르크는 마니토바의 처치힐과 같은 북쪽 위도에 있으며, 플로리다의 오거스틴과 티베트의 하사는 북위 30도 부근에 위치하고 있다.

② 토양의 열용량

육지는 상당히 다른 열용량을 가진 모래, 침적토, 바위 등과 같은 여러 토양과 서로 다른 토양의 층으로 구성되어 있으며, 그 육지표면의 구성비도 다르게 형성되어 있다. 사하라 사막의 모래는 매우 건조한 공기와 강렬한 일사라는 기상요소가 1차적으로 초래한 결과이며 그리고 안타르티카의 눈도 매우 찬 공기와 약한 일사라는 1차적 기상 요소 때문이다. 그러나 모래는 태양 일사를 잘 흡수하는 반면 눈은 일사를 잘 반사하는 특징을 가지고 있어 2차적으로 기후 특성을 결정하는 요인이 된다. 즉, 사하라 사막의 모래와 극지방의 눈은 흡수와 반사라는 2차적인 영향으로 기상요소에 의한 기후보다 더욱 극심한 상황으로 악화시킨다.

③ 육지와 수원의 면적비

육지의 토양이 가진 열용량의 차이가 야기하는 기후 편차 외에도 같은 위도 상에 있는 다른 지역의 기후 편차는 물과 육지가 가진 열용량의 차이에 기인한다. 물은 육지에 비해 훨씬 큰 비열을 가지고 있기 때문에, 온도의 누적과 소실이 육지에 비하여 느리다. 따라서 인근에 수원이 있는 지역은 기온의 일교차 및 계절적인 기온 차는 크지 않다. 태평양 상에 북위 19도 부근에 위치하고 있는 하와이 섬의 호놀룰루는 밤과 낮의 기온 차와 1월과 7월의 연교차가 매우 적다. 그러나 거의 비슷한 위도 상의 아프리카 내륙에 위치하고 있는 말리의 톰보토우는 훨씬 큰 일교차와 연교차를 보인다(그림 1-8 참조).

육지와 수원의 비율이 특정 지역의 기후에 특징적인 영향을 주는 것은 분명하다. 대륙에 있는 육지는 같은 위도 상에서도 지역적인 차이를 만들고 같은 지역 안에서도 극심한 계절적 기후변화를 초래한다. 반면에 섬의 육지는 항상 일정한 기후를 보이며 위도에 따른 평균적인 기후에서 크게 벗어나지 않는다.

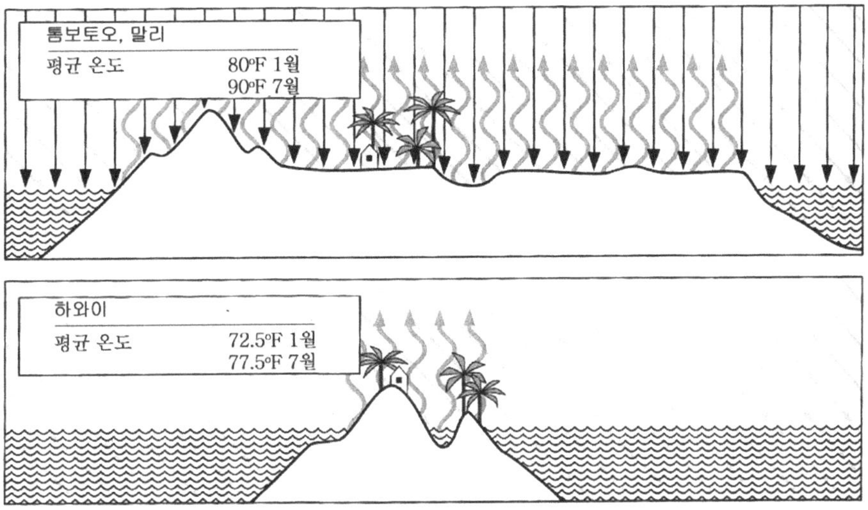

그림 1-8 열용량 차이에 의한 기후편차

(3) 지형요소(topographical factor)

① 해발고도

해발고도는 두 가지 방법으로 지역의 기후를 수정한다. 첫 번째로 공기온도는 고도가 높이 올라감에 따라 일정한 비율(100m에 0.6°)로 온도가 내려간다. 300m의 고도 상승에 의한 온도 차이는 평균적으로 적도를 중심으로 북쪽 또는 남쪽으로 720km의 거리 차이에 의한 것과 같다. 이러한 고도의 영향은 페루의 Altiplano 산과 아프리카 동쪽에 있는 Mountains of the Moon에서 보는 기후편차를 초래한다. 지리적으로 거의 적도 상에 위치한 두 지역의 고도는 각각 3,000m와 5,000m로서 이 두 지역에 저위도 지역에 보통인 열대 우림 대신에 눈안개와 툰드라 지역의 알파인 식생을 가져왔다(그림 1-9 참조).

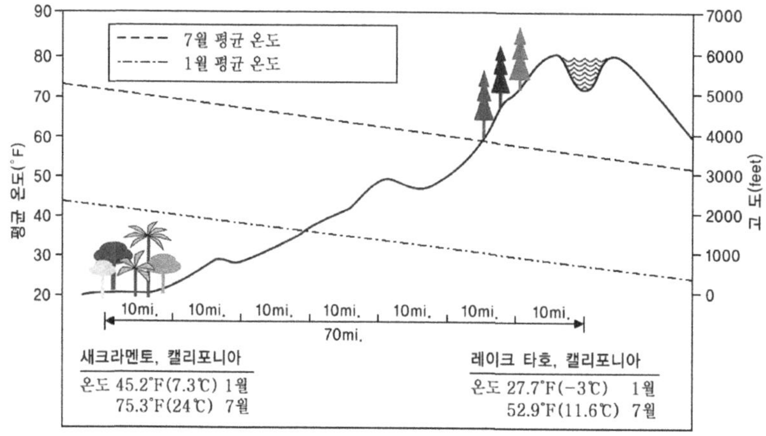

그림 1-9 해발고도에 의한 기온차이

② 푄현상

두 번째로 높은 고도의 지역은 주위의 낮은 고도의 지역의 기후에 중요한 영향을 미친다. 미국 서부의 해안을 따라 있는 캐스케이드 산맥과 로키 산맥은 태평양에서 오는 습기가 많은 공기덩어리를 상승케 한다. 고도가 높은 곳에 다다른 습윤한 공기덩어리는 차가워지고 응축된다. 결국, 그 공기덩어리는 대부분의 수증기를 비, 해일, 진눈깨비, 눈의 형태로 변화시켜 높은 지역의 산에다 내리게 한다, 이러한 산악지역의 푄현상(orographic uplift)이라고 불리는 효과는 바람이 불어가는 지역에는 상대습도가 낮은 비그늘(rain shadow) 지역을, 바람이 불어오는 지역에는 습도가 높은 지역(aridity shadow)을 만든다. 북미의 캘리포니아, 오리곤, 워싱턴 주 서부 해안지역의 선선하고 축축한 기후와 와이오밍, 네바다, 유타 주의 반사막기후는 이러한 지형요소가 만들어낸 결과이다(그림 1-10 참조).

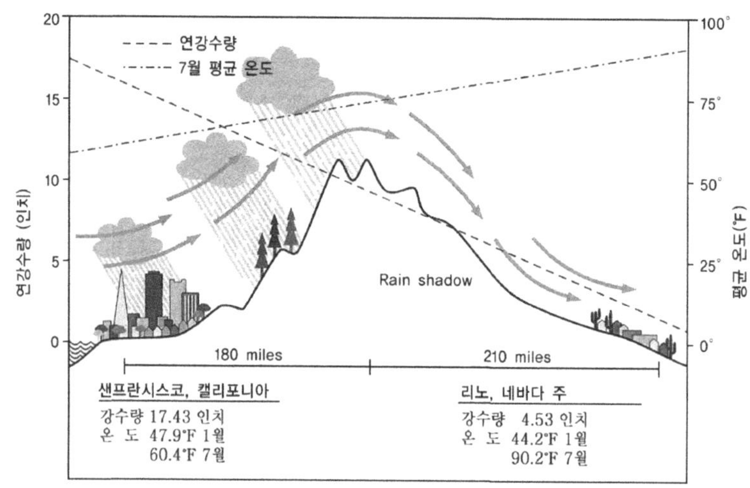

그림 1-10 지형성 기단상승에 의한 온도와 강수의 변화

③ 산악지형 및 해변지형

산악지형 역시 낮과 밤이 교대하면서 국지적 바람을 만든다. 낮 동안 산 표면에 있는 공기는 일사에 의하여 더워지면서 산기슭을 따라 위로 상승하게 된다. 밤에는 이와 반대로 산표면의 공기가 더 차가와지는 관계로 공기가 산기슭을 따라 내려오게 된다. 좁은 계곡과 같은 지형에서는 낮에는 계곡 위로 밤에는 계곡 아래로 부는 강한 계곡풍이 형성되는 것은 이러한 까닭이다(그림 1-11a, 11b 참조).

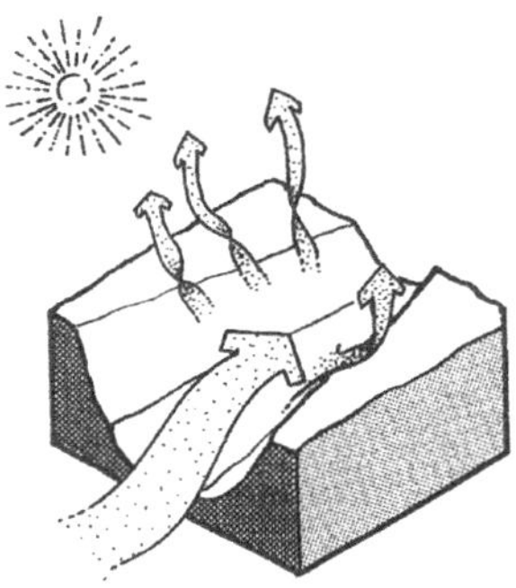

그림 1-11a 낮의 계곡풍

낮과 밤에 따라 바람의 역전현상을 큰 강이나 호수 근처에서도 흔히 일어나는데 낮에는 강이나 호수에서 육지로 불어오는 해풍을 밤에는 반대로 부는 육풍을 경험할 수 있다. 밤에는 육지와 물의 기온차가 낮보다 작아지므로 밤에 부는 육풍은 낮의 해풍보다 바람의 세기가 약하게 된다. 또한 이른 아침이나 늦은 오후 육지와 물의 기온차가 거의 없을 때는 어느 쪽으로도 바람이 불지 않는 것을 느낄 수 있다.

④ 대기 중의 수분

공기 중의 수분의 양은 주변 공기의 온도에 많은 영향을 미친다. 건조한 지역에서는 강한 태양 일사가 땅에 도달하는 것을 막아주는 수분이 거의 없기 때문에 여름 낮의 기온은 매우 높게 된다. 또한 밤에는 땅에 흡수된 태양에너지가 장파의 형태로 지구 바깥으로 방사될 때 막아줄 수분이 없으므로 밤낮의 일교차가 크게 된다. 반면에 구름이 낀 흐린 날씨가 많은 습도가 높은 지역에서는 공기 중의 수분이 여름 낮의 태양 복사에너지를 막고 밤에 지구 밖으로 방사되는 에너지를 감소시켜 일교차가 크지 않은 기후를 만든다.

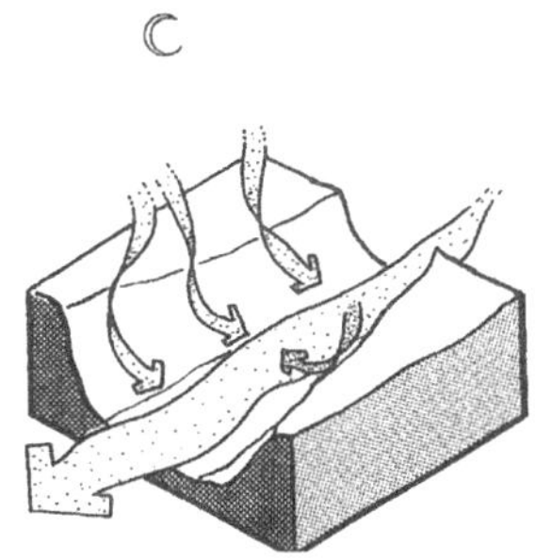

그림 1-11b 밤의 계곡풍

1.2.2 미기후(microclimate)

앞 절에서 기술한 기상요소와 지리요소는 대륙이나 넓은 지역의 기후양식 즉 세계의 기후대를 형성하는데 결정적인 것들이다. 그러나 개인이나 개별 건물에게 있어서 경험하게 되는 외부환경은 앞마당, 길, 이웃과 같은 곳의 미기후가 실제 외부환경이다.

그늘 속에서 휴대용 온도계가 40도를 가리키는 것을 보면서 32도라는 기상대의 일기예보를 미심쩍게 여기며 땀을 흘리고 있는 사람, 공항의 풍속계가 초속 3.6미터의 미풍을 가리킬 때 모자를 내려쓰고 시내거리의 거센 바람을 피하려고 서두르는 성난 시민, 창밖에 스모그가 자욱하여 길 건너편을 볼 수도 없을 때 라디오에서 시계가 15㎞라고 방송하는 것을 듣고 놀란 작가- 이들 모두는 이중적 현상을 경험한 사람들이다. 사람들의 관찰력이나 기상대의 계측기나 모두 잘못된 것은 하나도 없다. 단지 동일한 기상현상이 두개의 완전히 다른 차원에서 측정되고 있을 뿐이다. 기상대는 지역의 기후(macro climate)를 예보하고 있는 반면 시민들은 미기후(microclimate)의 영향을 바로 그들의 등 뒤에서 느끼고 있는 것이다.

대륙 또는 넓은 지역과 같은 거시적 스케일을 취급하는 기상학은 농사와 해상운송을 위한 활동에 많은 도움을 주었고 최근 수 십 년 동안에는 우주항공 산업에도 확대되어 그 정확성이 이용되었다. 기상학은 여러 산업분야에 필수적인 지식이지만 건축가나 건물 실사용자에게는 이용도가 낮은 지식이다. 이들 개인에게 보다 근본적이고 절박한 욕구는 거주지 또는 근무지의 조건과 같은 바로 인접한 환경의 정보인 것이다. 그러나 바로 최근까지 이와 같은 미시적 스케일에서의 환경에 관한 상세한 지식이나 정보는 거의 전무하였다.

(1) 미기후요소(microclimate factor)

공기덩어리의 특성과 배치는 어느 특정지역의 특정시간의 기상상태를 결정한다. 이 공기덩어리들의 국지적 이동은 지형의 형태, 언덕과 골짜기의 높이와 깊이, 건물의 형태, 크기, 건물 밀도, 수원, 작은 숲, 공원, 포장도로, 그리고 마지막으로 이들 모두에 다다르는 태양에너지와 같은 지역의 대지요소에 의하여 영향을 받는다. 따라서 우리가 대지에 만드는 변화는 그것이 아무리 작은 것 일지라도 어떠한 것도- 우리가 짓는 모든 집, 우리가 자르는 나무, 우리가 경작하는 논밭, 우리가 포장하는 거리- 미기후에 영향을 미친다. 이러한 변화는 더 나은 환경을 만들려고 하는 것이지만 모르는 사이에 더 나쁜 환경을 만들 수도 있는 가능성이 있는 것이다. 특정 대지의 미기후를 결정하는 요소들을 분류하면 다음과 같은 요소들로 구분할 수 있다.

a. 해발고도(elevation)와 방위(orientation)
b. 대지의 방향과 경사도(site orientation and slope)
c. 수원(water bodies)의 크기, 모양, 근접성
d. 토양구조(soil structure)
e. 식생(vegetation) - 나무, 관목, 목초, 곡물
f. 인공구조물(manmade structure) - 건물, 길, 주차장 등

① 해발고도와 방위

지형요소에서 설명한 바와 같이 해발고도가 100미터 상승함에 따라 기온이 0.6도 내려가는 해발고도의 영향은 미기후의 형성에 비교적 중요한 역할을 한다. 고도와 방위의 작은 변화는 그 자체로 수평거리 상으로 멀지 않은 지역 안에서도 상당한 차이를 만들 뿐만 아니라 두 요소의 복합적 영향은 깜짝 놀랄 정도의 기후 편차를 초래한다. 유럽의 이탈리아 북쪽 루가노(Lugano) 지방은 이러한 현상의 아주 대표적인 경우이다. 이 지역은 북위 44도에 위치하고 있지만 알프스 산맥의 남향 경사면 기슭에 위치하고 있어서 인접한 호수에 겨울철 일사취득을 용이하게 하며 서유럽에서 불어오는 찬바람을 알프스 산맥이 막아준다. 더욱이 남향 경사면을 미끄러져 내려오면서 따뜻하게 된 푄 바람과 열저수지가 된 호수는 이 지역을 야자수 나무와 같은 열대 식물이 무성한 아열대기후로 만들고 있다(그림 1-12 참조). 그러나 3킬로미터 정도 내륙에 위치한 1,000미터 이상의 고지대는 찬 알프스 산지 기후를 보이고 있다.

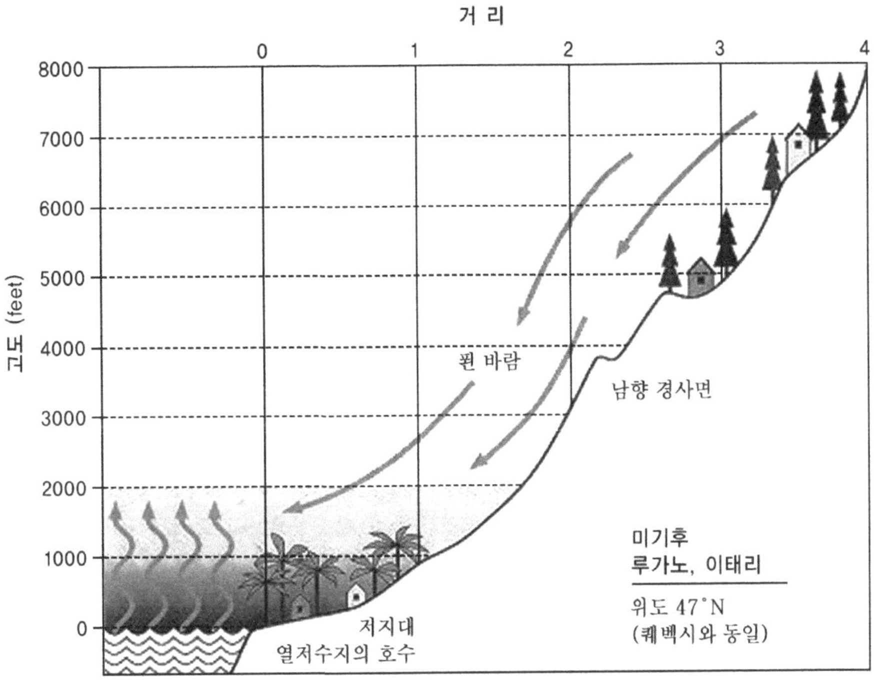

그림 1-12 고도와 방위의 복합적 영향으로 인한 기후 편차

② 대지의 방향과 경사도

대지의 방향과 경사도는 대지에 입사하는 일사량과 바람의 방향을 결정하여 미기후 형성에 중요한 작용을 한다. 남향경사지는 특히 겨울철 일사취득에 유리하게 되며, 평지에서는 남북축이 길고 남면에 방해물이 없는 남향대지가 가장 좋다. 북향의 경사면은 같은 산의 같은 고도에 위치한 남향의 경사면보다 일사량이 작기 때문에 수주 가량 식물의 성장시기가 짧다. 이러한 지식은 북향의 경사면이 더 길고 추운 겨울을 원하는 스키장 개발업자에게는 아주 중요한 사실이다. 포도 재배자 또는 과수 재배자는 반대의 이유로 남향의 경사면을 선호할 것이다.

③ 수원의 크기, 모양, 근접성

오대호 중 온타리오(Onterio)호 옆에 위치한 캐나다 토론토시 중심가와 10㎞ 내륙으로 들어간 곳의 1월 겨울의 맑은 날의 기온 분포를 비교하면 섭씨 20여도 이상의 차이를 관찰할 수 있다. 이렇게 큰 차이는 열을 저장하고 서서히 방출하는 수원(water body), 열을 흡수하는 도시 표면, 지구 밖으로 방출되는 많은 열을 막는 대기오염, 등과 같은 요인에 의한 것이다. 따라서 건축가와 도시설계가는 이런 지형성 기후 편차에 세심할 필요가 있는 것이다.

④ 식생, 토양구조 및 인공구조물

고도, 방위, 수원 등 자연적인 요소에 의한 미기후의 형성요인 외에도 인공구조물(manmade structure)에 의한 영향이 점점 증가하고 있으며 그 스케일도 급속히 지리적 또는 지형적인 규모에 육박하고 있다. 건축가와 도시계획가의 관점에서 볼 때 가장 중요한 것은 도시개발의 과정이다. 지표면의 반사율, 흡수율, 및 열용량은 미기후를 결정하는 요소이며 대지의 식생(vegetation)은 지표면 및 건축물에 도달하는 일사를 조절하고 바람의 방향과 속도를 변화시키며 대기 중의 습도를 조절하여 미기후에 영향을 미친다. 도시의 열섬현상은 열을 흡수하여 재방사하지 않고 유지하는 축열성 재료들에 의하여 빚어진 결과이다. 이러한 열섬현상은 도시의 수많은 빌딩들이 내뿜는 열과 열의 지구 밖으로의 방출을 막는 탁한 대기에 의해 더욱 가속화된다. 이러한 이유로, 도시는 항상 주위의 시골지역에 비해 하루 종일 일 년 내내 기온이 높다. 그러므로 포장된 도로와 가열된 건물로 이루어진 회색 조경을 대신 목초의 조경으로 대체하는 것은 자동적으로 사막과 같은 미기후를 다른 적절한 미기후로 대체하는 것이 된다.

처녀지를 경작지로 만드는 농사조차도 기존의 기후 조건을 실제로 크게 변화시킨다. 실제, 우리가 밭을 일군다든지 건물을 짓는다든지 도로를 포장한다든지 할 때마다 그 장소의 미기후는 변화한다. 가장 최근까지도 각 지역의 건축은 그 지역의 특수한 기후대에 순응하는 특징을 보여주었다. 이런 지역의 기상을 자세히 살펴보면 산업화 이전의 건축이 현재의 건축보다 환경의 스트레스를 처리하는 방법에 있어서 더 과학적이었음을 보여준다.

(2) 미기후를 고려한 건축설계

동일한 건물에서도 시간과 장소에 따라 열적 스트레스는 엄청나게 다르게 작용한다. 예를 들어 미네아폴리스의 경우 기온이 여름에 42°까지 올라간 적이 있으며 겨울에는 영하 42°까지 내려간 적이 있다. 공간적으로도 이러한 기온편차는 상당히 크다. 12월 21일 북위 40도에 위치한 건물의 남쪽 벽은 같은 건물의 북쪽 벽이 받는 태양 일사량보다 15배를 더 받는다. 또한 일 년 동안 남쪽 벽은 북쪽 벽에 비해 5배의 태양 일사를 받는다.

미네아폴리스와 같은 기후는 마이아미의 경우보다 건축설계에 있어서 더 어려운 작업이 된다. 미네아폴리스의 경우는 예산이 난방과 냉방설비에 대해 약간의 중복 투자는 있더라도 균등하게 집행이 되어야 하는 한편 마이애미의 경우는 대부분의 예산이 냉방설비에 집중 투자될 수 있다. 이러한 이유 때문에, 미네아폴리스에서 효과적인 외피는 마이애미에서 효과적인 외피와 닮을 수 없는 것이다.

이러한 점들을 고려할 때 몇 가지 국제적인 고정된 타입을 따르기 위한 건물 형태와 건물 외피의 표준화 경향은 진실로 현대기술의 과학적인 활용이 아닌 것이다. 결과적으로 나타나는 시각적 빈곤이나 단조로움은 단지 전체적인 역기능의 표현일 뿐이다. 반대로, 심미적으로 풍부하고 감각적으로 만족스러운 건축은 실제의 지구환경, 특히 미기후를 결정하는 스케일 규모의 외부환경에 대한 세심한 주의와 관찰을 통해서 이끌어 낼 수 있는 것이다.

1.3 건축 내부 환경(meso climate)

인간의 신체는 마치 인체 내부와 외부 세계 사이를 매개하는 고도의 전문화된 양 방향 통로체계에 비유될 수 있다. 이 매개 시스템들은 아주 독특하여 서로 독립적이면서 공존하는 상호의존적 시스템이라고 할 수 있다. 피부는 내·외부 열환경 사이의 인체의 열평형을 유지하는 것이고, 호흡기는 산소를 들여오고 이산화탄소를 뿜어내면서 인체와 공기 환경 사이의 필수불가결한 교환 작용을 조종한다. 또한 소화기는 음식과 물을 섭취하고 배설물을 만들어 내보내면서 연료를 공급한다. 이러한 작용들은 기초적 신진대사 기능들이며 우리의 의식과는 독립적으로 존재하며 필수불가결한 것이다. 이 모든 시스템은 질과 크기의 변화를 감지하는 감각기관과 통합되어 환경에 적절히 대응하고 있다. 피부는 물체의 텍스추어, 형상, 저항, 및 온도를 감지하는 촉감을 가지고 있고 호흡기는 냄새를 맡는 후각 능력이 있으며 소화기관은 미각을 감지하는 혀와 밀접히 연결되어 있다.

물리적 환경 속에 잠기게 되면 인체는 외부 환경이 제공하지 않는 내부의 평형을 유지하여 생명을 의존해야 하기 때문에 결코 한 순간도 자유롭지 않다. 외부 환경에 대하여 인체는 마치 자궁 속의 아기와 같은 존재이며 자연에 대한 의존은 절대적이다. 그러나 자궁과 달리 외부 환경은 인체에 최적의 조건을 제공하지 않는다. 내부의 요구 사항과 외부의 조건 사이의 모순은 인체에 스트레스를 가져온다. 따라서 동물이 내부와 외부 환경 사이를 항상 균형 있게 유지하여 주변 환경에서 살아남듯이 인체는 대부분의 포유류와 조류의 특성인 일정한 체온 유지로 생체 내의 균형을 유지하려는 항상성(homeostasis)을 가지고 있다.

인체의 신진대사작용과 지각작용의 유연성으로 인하여 인간의 신체는 외부환경의 변화에 상당히 큰 범위까지 적응할 수 있는 능력을 가지고 있다, 땀샘과 모세관이 있는 피부는 주위 열환경에 대한 열전달량을 늘리기도 하고 줄이기도 한다. 심장과 허파는 산소량과 대기압의 변화에 상당히 큰 폭으로 익숙해질 수 있다. 빛의 강도에 대해 눈이 지각하는 범위는 엄청나다. 귀가 들을 수 있는 음의 범위는 최소한의 들을 수 있는 소리에서 10조배의 크기나 되는 귀에 고통스러운 정도의 세기까지 포함한다. 그러나 이러한 적응할 수 있는 한계는 인체 전체의 종합적인 한계 안에서 가능하다. 이러한 한계를 넘으면 이를 개선하는 요소, 즉 제3환경인 중간환경이 필요하다.

외부 환경은 인간의 신체가 필요로 하는 정밀한 환경 조건을 제공하지 못하기 때문에 문명은 의복과 건물이라는 두 가지 개선 장치를 가져왔다. 이 두 가지 개선 장치는 인체 내부와 외부 자연 환경 사이의 중간경계면으로 둘 다 제3의 환경인 중간환경(meso environment)을 창출하여 인체 표면에 미치는 외부환경의 영향을 조절하는 역할을 한다. 건물에 의하여 구축되는 중간환경이 건축 내부 환경이며 인간의 쾌적 환경을 위한 조절 대상이다(그림 1-13).

의복과 건물의 주된 차이점은 전통적으로 추위를 막는 의복은 개인 한 사람의 환경부

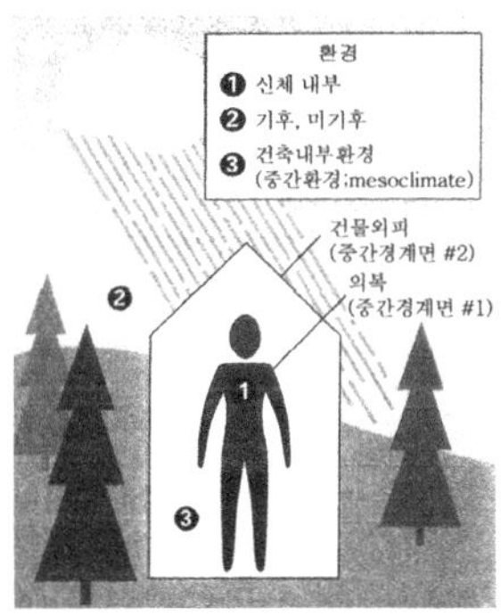

그림 1-13 중간환경으로서의 건물 내부 환경

표 1.1 활동에 따른 열발산량

활동 정도	열발산량 (단위:met)
수면	0.7
휴식	1.0
사무	1.2
보행 : 서행	2.0
속보	3.8
댄스	2.4-4.4
테니스	4.6
스쿼시	7.2
레슬링	8.7

하를 담당하는 반면 건축은 제3의 인위적 환경을 창조함으로서 개인뿐만 아니라 구성원의 시설과 사회적 과정(social process)에서 발생하는 부하를 담당하여 생산적 활동을 증진시킨다.

건축외부환경은 시간의 흐름과 함께 계속적으로 변동하기 때문에 건물외피는 단순한 방벽보다는 때로는 외부환경요소들 중 필요한 것은 받아들이고 필요하지 않는 것은 막거나 여과하는 능력을 가진 선택적 침투성의 경계면이 되어야 한다. 그림 1-14에서 보는 것과 같이 이 책에서는 인간의 신진대사를 위한 거주 환경으로서 중간경계면인 건물외피에 의해 직간접적으로 영향을 받는 (1)열; (2)빛; (3)음; (4)공기환경을 건축 내부 환경으로 다룬다.

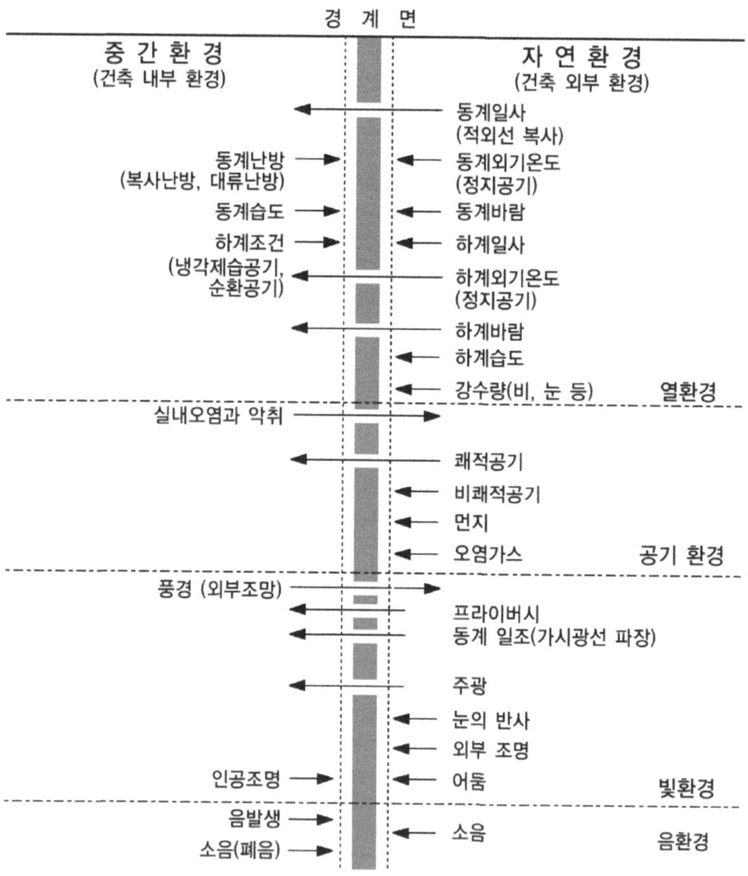

그림 1-14 선택적 침투성의 경계면(건물 외피)의 역할

1.3.1 열환경

건축 내부 환경의 쾌적감을 결정하는 열환경의 상태는 신진대사작용(metabolism)을 하는 인체를 에워싸고 있는 실내의 표면과 실내공기의 복합적 영향에 의하여 결정된다. 따

라서 실내 표면의 평균복사온도(mean radiant temperature), 기온(air temperature), 기류(air movement), 그리고 공기습도(humidity)는 열환경을 구성하는 물리적 변수(physical variables)라고 할 수 있다. 그러나 동일한 물리적 요소에 의하여 구축된 열환경의 쾌적 상태는 개인적 변수(personal variables)라고 할 수 있는 착의량(clothing), 활동량(activity), 나이(age), 성별(sex)에 따라 크게 달라질 수 있다.

(1) 인체의 신진대사작용

음식물의 소화와 근육운동에 의하여 천천히 지속적으로 열을 생산해내는 인체의 신진대사 기능은 열환경 요소의 물리적 변수와 개인적 변수에 따라 달라진다. 평균 체격(175 cm, 70kg)을 가진 성인남자가 조용히 앉아 있을 때의 대사량을 기초대사량이라고 하며 수면 중일 때를 제외한 활동 중에서 최저이다. 이 때 생산되는 열량은 75W의 현열과 60W의 잠열로 구성되는데 인체의 주요기관에 필요한 일정한 온도를 제공해 주는 데 20%를 사용하고 남은 80%의 잉여 열은 혈액과 수분을 통해 피부로 전달되어 아래와 같은 네 가지 경로를 이용하여 외부환경으로 배출된다. 상온의 실내에서 남은 열의 60%를 복사에 의하여 인체보다 차가운 실내 벽면과 물체의 표면으로, 15%를 피부와 점막으로부터 대류와 전도에 의하여, 그리고 25%를 증발에 의한 열전달과정을 통해 배출한다. 이러한 인체가 이용하는 네 가지 열 배출 방법은 생리학적으로 모두 똑같이 효과적이지만 배출 방법에 따라 인체의 각 부분에서의 열발산량이 달라진다. 그러나 각각의 열전달과정의 효과는 외부 열환경 요소의 조건에 달려 있다. 외부로 배출되어야 할 약 105W의 열은 성인남자의 평균 인체표면적을 약 1.8m^2로 가정할 때 약 58.1W/m^2(50㎉/m^2h) 정도가 되며 1met로 표현한다. 표 1.1은 성인남자의 활동 종류에 따른 열발산량을 met로 표시한 것이다. 이 표를 이용하여 성인남자(성인여자는 남자의 85%)에게서 한 시간에 활동의 종류에 따른 실내공간으로의 열배출량을 계산할 수 있다. 예를 들면 춤을 추고 있는 사람은 자고 있을 때보다 다섯 배의 열을 발산하고, 스쿼시 같은 심한 운동을 하고 있는 사람은 조용히 앉아 있을 때보다 일곱 배의 열을 발산한다.

의복은 인체에 있어서 단열재의 역할을 하면서 피부가 일정한 온도로 유지되도록 도와준다. 착의량에 따라 피부로부터의 복사, 대류 및 전도에 의한 열손실량이 크게 변화한다. 의복에 따른 단열값의 차이는 표 1.2에서 보는 바와 같이 clo의 단위를 사용하여 나타내는데, 1clo는 0.155 m^2℃/W의 열저항값을 가지며 착의량의 총 clo 값은 각각의 clo값을 합산한 후 0.82를 곱한 값이 된다.

(2) 인체의 열평형

인간이 거주하고 있는 기후대가 극지방이든 열대지방이든 어떤 기후에도 불구하고 인체는 내부의 체온을 37°에서 10분의 1도 이상 변화하지 않는 생리학적으로 평형상태(homeostasis)라고 불리는 체온의 정상 상태를 유지하려고 한다. 따라서 인체의 열은 생산량에 따라 효과적인 열전달과정을 통하여 균형 있게 외부로 발산되어야 한다. 열의 발산속도가 너무 느리면 인체 내부에 열이 축적되어 우리는 덥게 느끼고 너무 빠르면 춥게 느끼는 것이다. 실제로 열평형의 유지는 쾌적감과 복지의 기본적 요구조건일 뿐만 아니라 생존의 기본적인 조건이다.

표 1-2 의복의 단열값

남자용		여자용	
의복 종류	clo	의복 종류	clo
짧은 소매셔츠(얇은 것)	0.14	얇은 블라우스	0.20
긴 소매셔츠(얇은 것)	0.22	두꺼운 블라우스	0.29
짧은 소매셔츠(두꺼운 것)	0.25	얇은 치마	0.10
긴 소매셔츠(두꺼운 것)	0.29	두꺼운 치마	0.22
얇은 바지	0.26	얇은 바지	0.26
두꺼운 바지	0.32	두꺼운 바지	0.44
얇은 재킷	0.22	얇은 재킷	0.17
두꺼운 재킷	0.49	두꺼운 재킷	0.37
팬티	0.05	브래지어와 팬티	0.05
양말	0.04	스타킹	0.01
구두	0.04	구두	0.04

외부 환경이 점차 차가와지면 피부의 땀구멍은 수축하고, 발한작용은 줄어들며, 모세혈관은 수축한다. 그리고 인체 내부의 체강에 있는 혈액을 절약하기 위하여 심장의 박동은 천천히 뛰게 된다. 추위는 또한 발을 구른다든가 발춤을 춘다든지 하는 반무의식적인 활동을 증가시킨다. 동물은 몸을 부르르 떨며 깃털이나 털을 부풀리게 하여 추위에 대항하는 단열층을 만들지만 인간은 피부를 소름 돋게 하여 피부의 털을 곤두서게 한다. 인간의 경우는 보통 의복으로서 이러한 수준의 단열층을 보충한다. 만약 이것이 충분하지 못하면 몸을 떨어서 근육에 의한 열을 만들어낸다. 그리고 최후의 수단으로서 인체는 노출되는 면적을 최소화하기 위하여 태아형 자세와 같은 모습을 취하게 된다.

이와 반대로 외부환경이 더워지면, 심장 박동은 차츰 빨라지고, 동맥과 정맥은 팽창하고, 그리고 혈액은 인체 내부로부터 피부가까이로 이동하여 인체를 냉각한다. 만약 이것이 불충분하면 땀구멍은 확장되고 땀샘은 수분의 증발량을 증가한다. 그러나 이 이상을 넘어가면 인체는 더 이상의 제어 능력이 고갈되어 열발산량을 외부적으로 증가하게 하지 않으면 인체는 돌이킬 수 없는 혼수상태 또는 죽음에 이르게 된다.

그림 1-15는 외부환경으로부터 오는 스트레스에 대한 생리적 회복 순환도를 보여주고 있다. 인체가 긴장 요소에 일시적으로 노출되면서 열이 인체 내부에 쌓이면 열적 스트레스가 증가하면서 쾌적감, 불쾌감, 고통, 그리고 기능쇠약의 반응 특성을 보이게 되지만 휴식으로 편안한 상태로 회복된다. 그러나 긴장 요소에 지속적으로 노출되면 질병과 사망에 이르게 됨을 보여주고 있다. 열대기후의 지역에 살고 있는 사람들이 더위에 좀 더 익숙해 있는 것과 같이 적절한 수준의 스트레스에 계속적으로 노출되는 것은 어느 정도

새 환경에 순응할 수 있도록 유도하지만 생존과 직결된 열적 스트레스의 상한선과 하한선은 고정되어 있다고 할 수 있다.

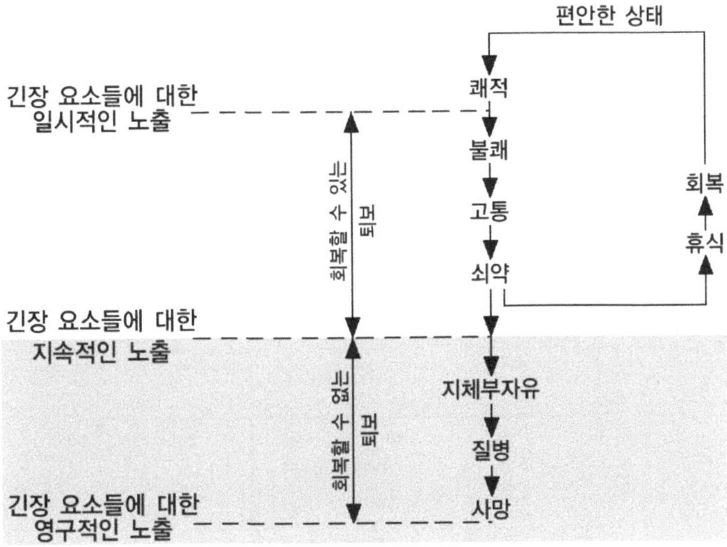

그림 1-15 생리적 회복 순환도

(3) 열환경의 쾌적 영역

그림 1-16은 Victor Olgyay가 열환경을 구성하는 네 가지 물리적 요소를 이용하여 제안한 생체기후도(bioclimatic chart)에서 인간의 쾌적 영역(comfort zone)을 표시하였다. 자연 상태의 외부환경에서는 네 요소 모두 지속적인 유동상태에 있기 때문에 매우 드물게 쾌적 영역이라고 불리는 균형 상태에 도달한다.

모든 물체는 절대온도 0도 이상에서 열을 방사하기 때문에 물체 간의 복사 열교환은 항상 발생하고 있으며 인체는 복사에 의하여 더 차가운 표면에 열을 잃거나 더 따뜻한 물체로부터 열을 받는다. 이와 같이 복사는 인간의 쾌적 환경에 유리하든지 또는 불리하든지간에 영향을 미친다. 예를 들어, 맑은 겨울 낮에 기온이 영하 이하로 떨어지더라도 눈에 반사된 태양 복사열은 여름옷을 입고도 스키 타기를 할 수 있도록 해준다. 기온이 피부 온도보다 낮을 때, 피부 위로 공기가 이동하면 대류에 의하여 열을 빼앗는다. 공기의 이동속도가 빠르면 빠를수록 냉각 효과는 더욱 커진다. 비록 기온이 피부온도보다 높을 때라도 공기의 이동은 땀을 증발시켜 인체의 열을 빼앗는다. 그러나 증발에 의한 열 발산은 언제나 공기의 상대습도에 의하여 제약을 받는다. 공기의 상대습도가 높으면 증발에 의한 냉각 능력은 저하된다. 그러나 공기의 이동속도의 증가 효력은 일정 온도까지만 효과적이고 그 온도 이상에서는 증발에 의하여 빼앗기는 열보다도 더 많은 열을 피부에 추가한다. 따라서 사막기후에서 맞는 통풍은 항상 바람직한 것만은 아니다.

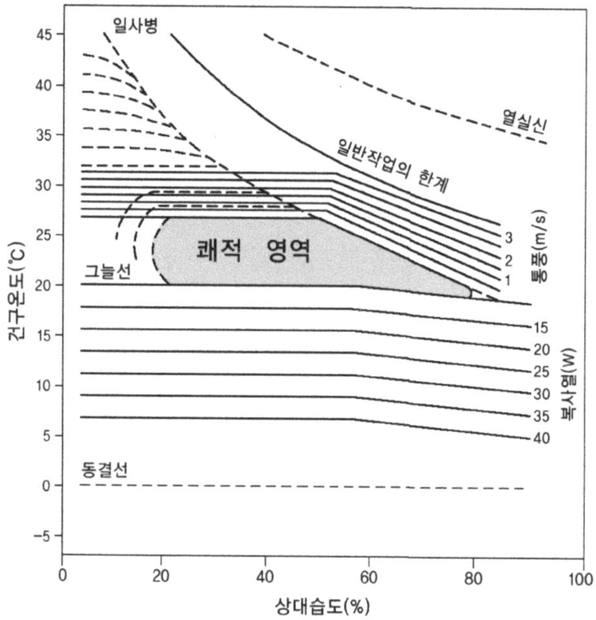

그림 1-16 생체기후도(Bioclimatic chart)

찬 바닥 위를 맨발로 걷거나 또는 찬 돌 위에 앉을 때 발생하는 전도는 인체의 열 배출 과정에서 비교적 열손실이 크지 않은 열전달 형태이다. 전도열 전달량은 두 물체 사이의 온도기울기 또는 온도 차이에 따라 달라진다. 찬 물속에서 수영하고 있는 사람에게는 전도에 의한 열손실이 빠르게 진행되기 때문에 익사한 사람을 건졌을 때 그 사람은 전도로 인한 열손실이 너무 커서 돌이킬 수 없이 체온이 떨어진 결과이다.

쾌적감이란 "환경조건에 만족감을 느끼는 마음의 상태"라고 정의되므로 매우 주관적인 심리적 상태를 의미한다. 따라서 쾌적환경이란 개개인에 따라 다를 수 있고, 문화적 배경, 지역적 차이, 계절적 요인 등에 따라 다르므로 일률적으로 규정할 수 없으나 대개 대다수의 사람이 만족하는 환경조건의 범위를 설정하여 설계의 기준으로 삼게 되는데 이를 쾌적 영역(comfort zone) 혹은 쾌적대라고 부른다.

덴마크의 P.O. Fanger는 열환경의 쾌적감을 인체 생리학적 이론과 실험을 통하여 열쾌적 방정식을 정립하여 다음과 같이 나타내었다.

f(M, clo, ta, MRT, Pv, V)=0

여기서, M: 인체대사량 (W/㎡)

clo: 의복의 단열값 (clo)

ta : 기온 (℃)

MRT: 평균복사온도 (℃)

Pv : 공기의 수증기 분압 (㎪)

V : 기류 속도 (㎧)

Fanger의 열쾌적 방정식은 가장 큰 쾌적감을 줄 수 있는 열환경 요소의 조합을 계산할 수 있고, 주어진 열환경 조건에 대한 인체의 예상평균온열감(predicted mean vote, PMV)을 구할 수 있다. 여기서 PMV의 값이 -3은 매우 춥다(cold), -2는 춥다(cool), -1은 약간 춥다(slightly cool), 0은 쾌적하다(comfort), +1은 약간 덥다(slightly warm), +2는 덥다(warm), +3은 매우 덥다(hot)를 의미한다.

쾌적 영역을 결정하는 열환경과 인체의 신진대사와의 관계는 대체적으로 객관적 어휘로 서술할 수 있지만 인간의 의식작용은 이러한 관계를 단순하게 설명할 수 없게 만든다. 왜냐하면 우리의 열환경 요소에는 관련되지 않은 일에 대한 근심, 건강 또는 재정적인 불안 등과 같은 주관적인 요인들이 주어진 상황을 더욱 복잡하게 만든다. 건축의 역할은 이러한 복잡한 열적 스트레스로 인한 문제들의 객관적 측면들을 완화시키는 것이라고 할 수 있다.

1.3.2 빛환경

(1) 눈과 시지각

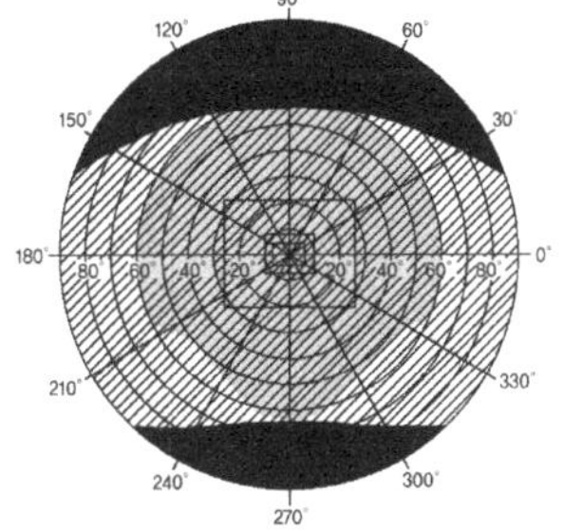

그림 1-17 시야의 공간적 경계

TV의 송상관(送像管)에 비유되는 시각기관은 넓은 범위의 거리에 있는 사물들을 놀랄만한 정확성으로 유연하게 스캔한다. 두 눈이 볼 수 있는 시야의 한계는 좌우로 180도와 아래위로 거의 130도를 넘는다. 그러나 우리에게 가장 정확한 이미지를 전달하는 작은 원뿔 모양의 중심체는 전체 시야에 비하여 아주 작다(그림 1-17 참조).

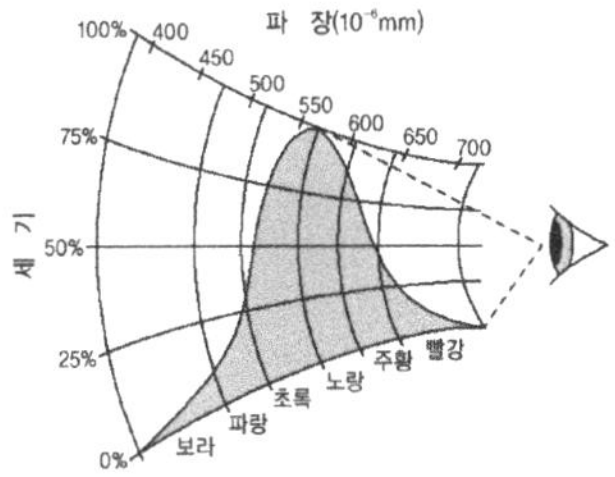

그림 1-18 눈의 가시파장역

눈은 모든 파장의 전자기파 중에서 특정 진동의 주파수역 만을 감지하는 귀와 매우 닮아서 전자기파 스펙트럼의 가시광선 부분만을 감지한다. 가시광선의 파장역 안에서 눈은 파장이 550nm(10-9m)인 노랑-초록색에서 가장 민감하다. 반면 400nm의 보라색 아래인 자외선과 720nm의 빨간색 위의 파장역인 적외선에 대해서는 인식도가 현저히 떨어져서 감지하지 못한다(그림 1-18 참조).

눈은 22km 밖의 어둠 속의 촛불에서부터 태양에서 쏟아져 나오는 100,000lux 이상의 빛까지 감지할 정도로 반응범위가 상당히 넓다. 넓은 범위의 자극을 수용할 수 잇도록 눈의 홍채는 동공의 크기를 변화시켜 들어오는 빛의 양을 조절하고 눈꺼풀, 속눈썹, 눈썹은 강한 빛을 막기 위하여 음영을 만든다.

인간의 시지각은 오늘날 심리학, 안과학, 광학, 공학과 같은 여러 분야의 전문가들에 의해서 깊게 연구되고 있는 대상이다. 로봇에 장착된 비디오카메라와 컴퓨터가 전기신호를 알 수 있는 정보로 처리하는 것과 같이 인간의 눈과 뇌는 하나의 물체를 지각하기 위하여 광원에서부터 뇌에 이르는 복잡한 정신물리학적 과정을 거친다(그림 1-19 참조). 인간의 뇌는 항상 부분보다는 의미가 담긴 전체를 찾고자 하기 때문에(gestalt theory) 시지각은 건축물을 경험하는데 있어서 아주 중요한 역할을 한다.

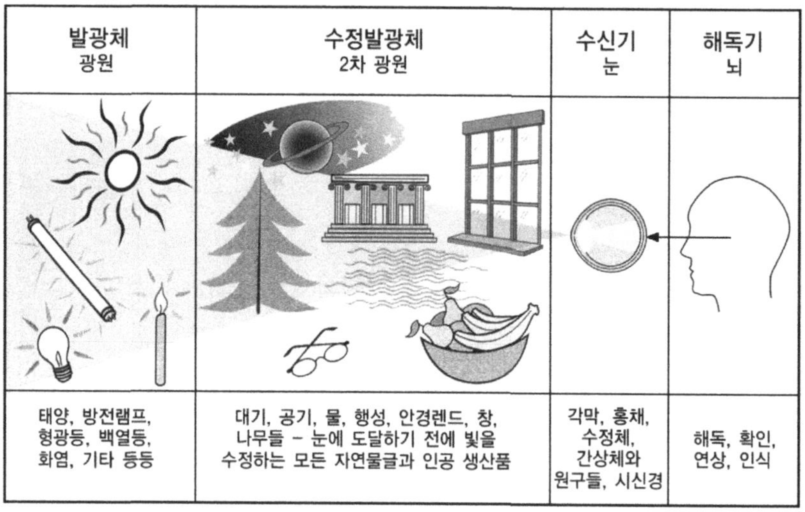

그림 1-19 인체의 시지각 과정

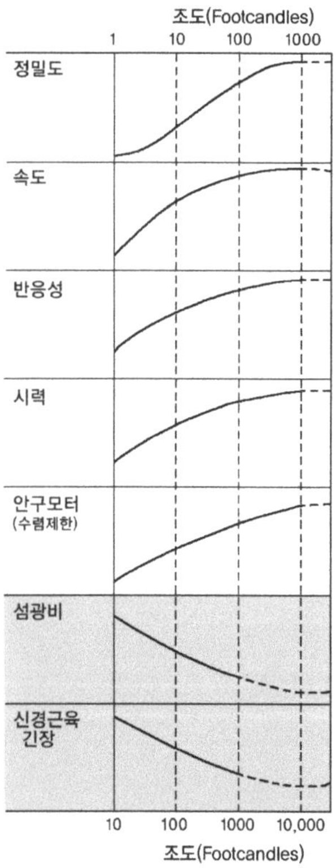

그림 1-20 조도레벨과 시각적 긴장도의 관계

(2) 빛환경과 시작업의 관계

빛환경의 명시성을 좌우하는 양적 조건은 물리적인 것과 생리적인 것들에 의하여 확립된다. 시작업의 성능은 피사체(task)의 크기와 밝기, 관찰자(observer) 눈의 상태와 나이, 시작업이 이루어지는 장소의 조도와 휘도비 등의 조명 조건(lighting condition)과 같은 세 가지 요소들 사이의 균형에 달려 있다.

실제에 있어서 그러한 균형 상태는 자동적으로 이루어지는 경우가 드물고 보통 어느 정도의 조절이 필요하다. 안경을 낀다든지 작업에 따라 그 일에 더 적합한 눈(원시안 또는 근시안)을 가진 사람에게 시작업을 수행토록 하는 조절을 통하여 이루어진다.

주어진 시작업이나 활동을 위한 적절한 빛환경은 단지 눈을 위할 뿐만 아니라 인체를 위한 것이다. 적절한 빛환경은 작업을 수행할 때 시지각을 보다 쉽고 정확하게 함으로서 인체의 능력을 증대시킨다. 만약 시지각이 전체적인 감각 지각에 있어서 결정적인 역할을 한다면 인간의 행동에 기본적인 중요성을 의미한다. 사람의 자세, 몸짓, 움직임과 같은 행위가 모두 빛환경에 의하여 제약받는다고 할 수 있다. 그러나 우리의 건강과 복지에 대하여 조도레벨의 장기간에 걸친 축적된 영향을 파악하는 것은 쉬운 일이 아니다. 우리는 다른 감각기관과 환경의 상호작용에서처럼 볼 수 있듯이 그 연관성이 실제적이고 중요하다고 짐작할 뿐이다.

빛환경에서 시작업의 효율을 표현하기 위하여 서로 상반되는 개념인 (1) 작업의 속도와 정확성 (2) 눈깜박 횟수와 신경근육 긴장도를 빛환경의 한 요소와 상관관계로 표시할 수 있다. 빛의 분포, 방향, 색상과 같은 요인에 따라 다소 달라지지만 일반적으로 조도레벨을 증가하면 시작업 성능은 향상되고 피로도는 감소한다(그림 1-20 참조). 그러나 과도한 빛은 글레어를 유발하여 눈의 피로감을 증가시킨다.

일반적으로 눈은 시야에서 대비가 심하지 않은 빛환경에서 가장 편안하다고 한다. 그러나 이 말은 눈이 균일하게 분포된 조도와 방향성 없는 조명을 원한다는 말은 아니다. 오히려 반대로, 확산광 아래의 물체는 정확하게 평가하기가 어렵다. 여기서 우리는 다른 감각의 자극에서도 관찰될 수 있는 최적의 조건은 인지될 수 있을 만큼 충분히 강한 자극의 변화가 필요하지만 너무 강한 자극의 변화는 오히려 스트레스가 된다는 것을 발견한다.

1.3.3 음환경

(1) 귀와 청각

인간의 귀는 대기 중의 음의 진동을 전달하고 음파를 신경 충격으로 변환하여 대뇌의 감각중추에 도달케 하는 복잡한 청각기관의 일부이다. 청각기관의 최종 기능은 단순히 듣는 것만이 아니라 외부세계의 정보를 수집하기 위하여 청취하는 것이다. 인간의 청각은 인체의 다른 감각기관과 마찬가지로 외부환경에서 음환경 고유의 특정한 환경을 점유하고 있다. 눈과 코와 같이, 귀도 인체 주위를 에워싼 전자기파 에너지 중에서 가청 파장역만을 감지하여(그림 1-21 참조) 시공간(time and space)에 퍼져 있는 중요한 정보를 탐지(scan)한다.

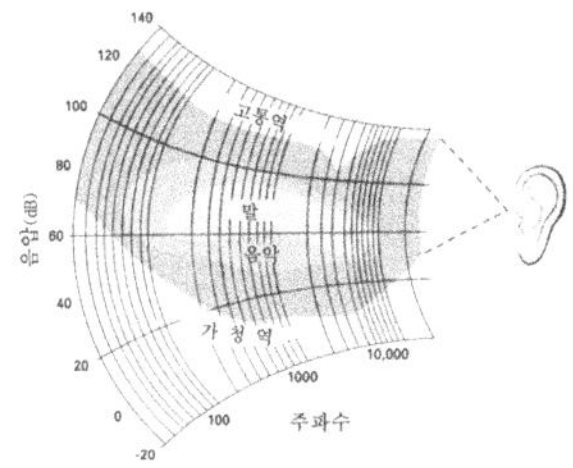

그림 1-21 귀의 가청영역

(2) 소리와 소음

소리는 같은 장소에서 동일한 시간에 여러 가지 소리가 존재하기 때문에 상당히 다양한 청각적 자극에 대하여 귀는 감지할 수 있는 적절한 능력이 개발되었다. 그러나 음환경은 열환경이나 빛환경과는 기본적인 측면에서 다른 점이 하나 있다. 자연의 오염되지 않은 상태에서의 음환경은 감각기관인 귀에 거의 긴장을 주지 않는다는 점이다. 열환경과 빛환경은 아주 덥거나 추운 그리고, 아주 밝거나 어두운 양극단 사이를 오르내리며 변동한다. 이와 같은 자연 상태의 조절되지 않은 양극단의 환경조건은 불쾌감, 고통, 죽음을 불러온다. 그러나 이웃과의 대화소리, 교회의 종소리, 새소리, 나뭇가지 사이의 바람소리, 쟁기를 가는 농부의 부르는 소리, 대장장이의 숨 쉬는 소리와 같은 자연의 음환경은 생리적으로 긴장감을 주지 않는다. 또한 방울뱀의 지나가는 소리, 표범의 우는 소리, 인디언의 함성 소리 등은 그 소리들이 포함하고 있는 정보 때문에 위협적일 수는 있지만 어느 소리도 인체의 건강에는 위험하지 않다.

그러나 인간이 만든 음환경에서 발생하는 소리 공해는 현대인에게 실제적으로 다가오는 위협이 되고 있다. 현대 산업사회는 청력을 상실할 정도의 소음 수준까지 도달한 새로운 소리를 만들어 내었다. 도시의 자동차의 윙윙거리는 소리, 날카로운 브레이크 소리, 정적을 울리는 나팔 소리, 차의 경적 소리, 경찰차의 사이렌 소리, 제트기의 엔진소리 등은 주변 커뮤니티에 끊임없는 성가신 소음원이 되고 있고 건축물의 물리적 차음역할을 위협하고 있다.

(3) 생산음과 비생산음

모든 인간과 사회적 활동은 음을 발생하고 있다. 다른 사람에게 말할 때나 교향곡을 연주할 때나 연극을 방송할 때에는 계획적으로 새로운 소리를 생산한다. 그러나 자동차의 가속 페달을 밟을 때나 자동차 차체의 압형을 찍어낼 때에 발생하는 소리는 우발적으로 생산되는 소리이다. 전자의 경우, 발생되는 새로운 소리는 과정에서 생산되는 결과로서 생산음(productive sound)이라고 불린다. 후자의 경우는 과정의 부산물로 발생되며 비생산음(counterproductive sound) 또는 소음(noise1도 그 소리가 발생된 환경에만 국한하여 유용하다. 교향곡 연주에 맞게 설계된 콘서트홀에서 연주될 때 교향곡은 최대의 문화적 가치를 발휘한다. 현대 전자음향기술의 도움으로 콘서트홀에 있지 않은 라디오나 텔레비전 청취자에게까지 확대될 수 있는 수백만의 청중들에게 교향곡은 여전히 생산적인 소리이다. 그러나 교향곡을 받아들이기에 적절치 않게 설계된 공간에서 청취하도록 선택하지 않았지만 어쩔 수 없이 있어야 하는 사람들에게는 교향악도 십대의 휴대용 카세트에서 나오는 탕탕 치는 듯한 평범한 소음인 비생산적인 성가신 소음이기 쉽다. 단순한 증폭에 의해서도 생산적인 소리가 유해한 소음이 되는 모순적 상황 때문에 건축가는 실내음향과 차음이라는 두 가지 측면의 음환경 조절을 해결해야 한다.

1.4 환경조절방법

1.4.1 열환경 조절

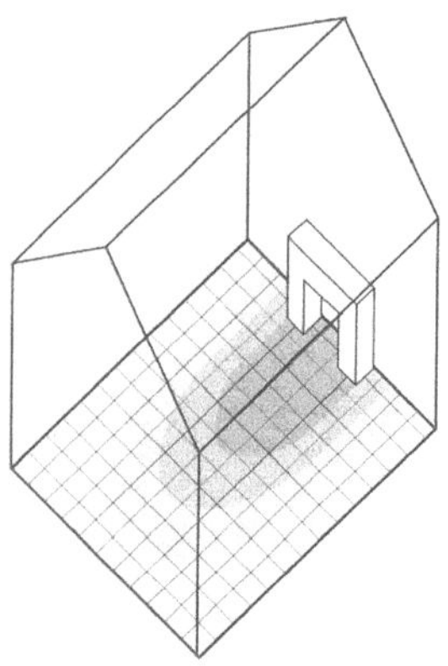

그림 1-22 열원(벽난로)에 의한 실내 온도 분포도

건축의 역할은 극심한 열환경을 막는 것뿐만 아니라 최적의 열환경을 만드는 것이라고 할 수 있다. 현대의 냉난방기술은 건물 안으로 적절한 양의 열을 공급하거나 적절한 양의 열을 건물 밖으로 추출해내는 것 외에도 시간의 지남과 더불어 열적 안정 상태와 공간적 열평형상태를 유지하는 것을 가능하게 한다. 그러나 이 기준을 성취하기란 쉬운 일은 아니다. 건물 안에 벽난로나 스토브와 같은 간단한 점열원 연소장치에 의존한다면 그 효과는 거리가 멀어짐에 따라 점차 약해지기 때문이다.(그림 1-22 참조).

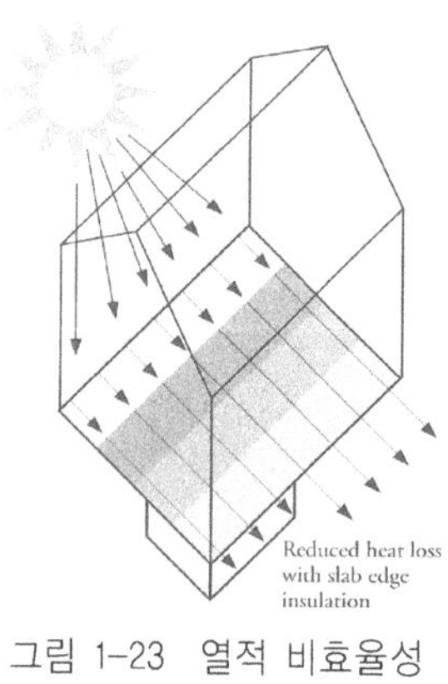

그림 1-23 열적 비효율성 건물의 열환경

더욱이 실내 난방공간의 실내 표면은 항상 태양과 바람의 움직임에 영향을 받게 되어 있다. 산업화 이전의 건물은 벽체 재료의 단열성능이 완벽하지 않았기 때문에, 시간에 따른 열환경의 일정성 유지와 공간의 열적 대칭성은 불가능하였다(그림 1-23 참조). 모든 전통적 열환경 조절 시스템은 그 난방방식(그림 1-24 참조)이 서로 다르다 하더라도 공통적인 기능적 특징을 가지고 있다. 이들 모두는 일반적으로 석유, 가스, 전기, 또는 나무와 같은 주 에너지원을 필요로 한다. 그리고 이 에너지원을 연소, 압축, 증발, 또는 전기적 저항과 같은 과정을 통하여 열 또는 냉열로 전환하여야 하며, 이렇게 만들어진 열과 냉열은 공기, 스팀, 물, 또는 다른 액체 형태의 분배 매개체를 필요로 한다. 그리고 마지막으로 대류 또는 복사와 같은 열전달 방법 중의 하나를 이용하여 전달한다. 표 1.3은 주 에너지원에 따른 현대의 열환경 조절 시스템의 요소들을 보여주고 있다.

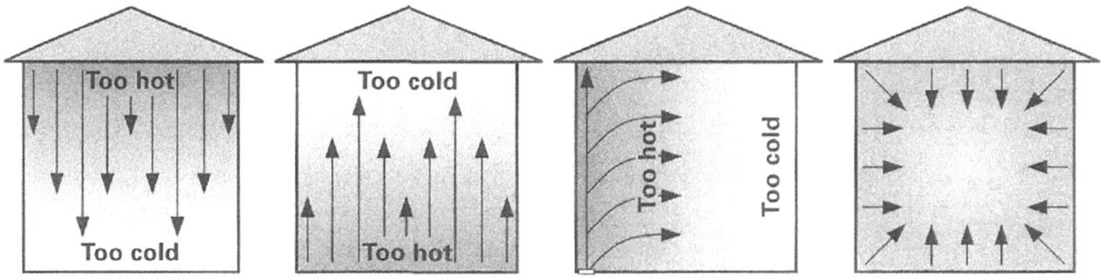

그림 1-24 열기본적 난방장치의 유형

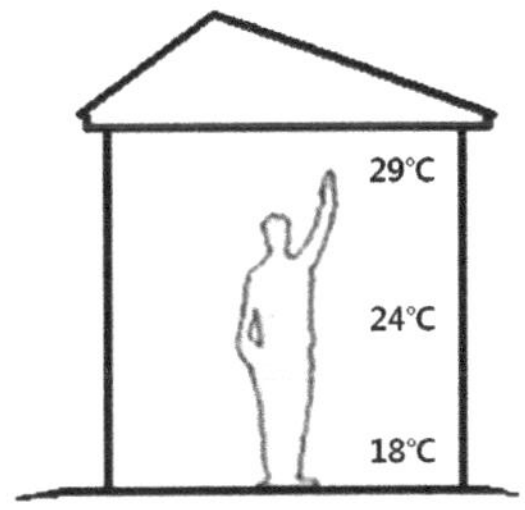

그림 1-25 실내 공기의 성층화

표 1.3 현대의 열환경조절시스템의 요소

주 에너지원	열변환 방식	열변환 장치	열운반 매체	열 운반 방식	열전달방식
		난로	공기	팬, 덕트, 레지스터	대류
가스				펌프, 파이프, 라디에타	대류
오일	연소		물	펌프, 파이프, 판넬	복사
석탄		보일러		파이프, 라디에이터	대류
			스팀		
가스 또는			공기	팬, 덕트, 레지스터	대류
전기	압축	압축기	물	펌프, 파이프, 판넬	복사
		증발기			
가스	증발	응축기	공기	팬, 덕트, 레지스터	대류
전기	저항			선, 저항코일	복사

(1) 대류를 이용한 열환경조절

대부분의 열적 조절장치는 열전달방법에서 대류를 이용한다. 여름철의 냉방은 거의 대류에 의한 전달방법이라고 할 수 있다. 대류를 이용한 시스템은 다른 방법과 비교해 경제적이며 간단하다는 점에서 장점을 지닌다. 그러나 모든 대류장치는 실제적인 단점을 가지고 있다.

첫째로, 환경조건의 변화에 반응이 매우 느리다는 것이다. 건물 안의 전체 공기 덩어리의 조절에 의존하기 때문에 변화가 종료하기까지의 타임랙 현상이 불가피하다는 것이다. 높은 열용량을 가진 구식의 조적조 건물에서는 외부의 변화에 대한 느린 반응이 그렇게 심각한 문제는 없다. 그러나 유리와 경량재료를 광범위하게 사용하는 현대건축에서는 아주 다른 특징의 열적 용기가 된다. 유리의 투명성은 급속한 난방과 냉방을 가져와 열적 조절장치의 즉각적인 반응을 요구한다. 공기방식의 시스템은 건물 안의 모든 공기의 온도에 대한 영향에 의존하기 때문에 대류를 이용한 공기방식은 적절한 열환경조절이 어렵다. 더욱이, 유리를 통하여 실내로 들어온 태양열은 복사열이기 때문에 즉시 공기온도를 변화시키지 않게 되고 이 복사열은 대류를 이용한 공기방식의 시스템이 조절할 수 없는 것이 된다. 물론, 대류에 의한 조절시스템은 궁극적으로 이를 조절하게 되어 복사에 의하여 과열된 재실자에게 30분 또는 한 시간 뒤에야 실내 공기를 냉방하는 결과를 낳게 된다.

둘째로, 대류를 이용한 방식은 또 다른 단점을 가지고 있다. 따뜻한 공기는 상승하고 차가운 공기는 하강하기 때문에 실내에서의 상하의 열적 성층화(stratification)의 경향이 항상 있다. 대부분의 방들은 바닥에서 보다 천장에서 더 높은 온도 경향을 보인다. 생리적인 관점에서 볼 때 이것은 바람직한 현상의 역현상이다. 발 주위 공기온도는 호흡하는 높이의 공기온도와 같던지 높아야 한다. 현대의 공기조절방식은 공기가 성층화되는 경향을 극복할 수 있지만 공기흐름(air-draft)과 소음의 문제없이 그렇게 하기는 좀 더 발달된 덕트와 댐퍼장치를 필요로 한다.

(2) 복사를 이용한 열환경 조절

로마와 중국 그리고 우리나라와 같은 지역에서는 잘 알려져 널리 이용된 복사난방은 유럽과 미국에서는 잘 쓰이지 않는 난방방식이었다. 복사에 의한 방식은 대류에 의한 방식과 한 가지 점에서 다르며 그것은 중요한 차이점이다. 천장, 벽, 바닥과 같이 평평한 면을 사용하는 복사난방패널은 실제 난방 요소로서의 열환경을 조절하는 가장 이상적인 방식이다. 만약 실내를 둘러싸고 있는 여섯 표면이 균형적인 열적 조건으로 재실자의 인체를 둘러싸고 있다면, 인체와 인체의 주변사이의 열교환율이 모든 방향으로 일정한 시간에 동일하다는 말이 된다(발에 의한 전도는 제외). 이 복사난방은 주위 공기의 온도, 습도, 그리고 움직임과 무관하다. 예를 들어 대류방식의 시스템은 평상복을 입은 성인이 휴식을 취하면서 쾌적함을 느끼려면 21℃의 공기온도를 유지해야 한다. 그러나 그 공간이 26.5℃의 복사표면으로 둘러싸여 있다면 공기온도가 12~3℃까지 떨어져도 재실자는 동일한 쾌적감을 느낄 수 있을 것이다. 반대로 냉방의 경우, 공기온도는 35℃까지 올라가도 벽면의 온도가 15~6℃를 유지하고 있다면 재실자는 똑같이 열적 편안함을 느낄 수 있다. 이와 같이 주위 공기온도를 조절하는 것으로부터 상대적인 자유로움이 복사난방을 매력적인 환경조절방식으로 만드는 이유이다.

복사난방방식은 건물의 재실자에 대하여 직접적이며 즉각적으로 작용하면서 인접 공기층에 대해서는 간접적으로 작용하는 장점을 가지고 있다. 밀폐되고 환기가 되지 않는 실내에서 실내 공기는 결국 둘러싼 실내 표면의 온도와 같은 온도에 도달한다는 것은 명백한 사실이다. 실제적으로 이와 같은 일은 혹시 있을 수 있다 하더라도 거의 발생하지 않는다.

그러나 실제로 복사방식의 시스템에도 물론 한계가 있다. 생리적 관점에서 볼 때 최적의 설치조건은 실내의 여섯 표면을 모두 복사 열원으로 이용하는 것이지만 시공 상의 방식과 예산상의 제약점들이 이상적인 열원의 분포를 비실용적으로 만든다. 따라서 냉난방 코일은 바닥과 천정과 같은 한두 표면에만 설치된다. 그러나 그 면적은 대단히 제한적이기 때문에 표면 온도가 쾌적 범위를 넘어 상승하여 발이 뜨겁게 된다든지 두통을 초래할 수도 있다. 또한 난방 코일의 설치가 천정과 같은 한 면에만 제한되면 책상과 테이블 상판이 복사열선을 차단하여 그 아래 면은 찬 구역을 만든다. 물을 열매로 이용하는 복사난방 방식은 플라스터로 된 천정이나 콘크리트 슬래브에 설치된 코일에서 물이 새어나오는 위험을 가지고 있다. 따라서 전기저항코일은 가장 안전한 설치 방식으로 판단되고 있다.

우리나라의 경우 높은 전기료가 복사난방방식에서 전기저항코일의 사용을 제한하고 있지만 모든 방식 중에서 가장 매력적인 방식이라 할 수 있다. 이 방식은 공간을 필요로 하지 않으며, 열을 운반하는 요소가 달리 없고 설치가 용이하며 누구라도 작동이 가능하고 초기 비용이 저렴하다.

난방을 위한 복사패널시스템은 여름철 냉방에도 적용할 수 있는 이점이 있다. 더운 여름에는 실내 공기를 차갑게 하는 것과 마찬가지로 실내 표면을 냉각시킴으로서 쾌적감을 유지할 수 있다. 따라서 냉각수와 찬 공기를 냉각코일에 순환시킴으로서 실내 주위 공기의 온도, 습도, 기류에 상관없는 복사냉방방식을 설치할 수 있다. 복사냉방의 단점은 응축현상이다. 우리나라와 같이 여름철이 우기인 기후에서는 복사냉방을 위한 차가운 실내 표면에는 심한 결로가 발생하게 된다. 따라서 복사냉방방식은 실내의 공기를 낮은 습도로 유지할 수 있는 제습장치와 함께 사용되어야 한다. 생리적 관점에서 볼 때, 복사냉방은 복사난방과 마찬가지로 유쾌한 열환경을 만든다.

복사난방 방식은 공기온도와 상관없이 작동하므로 이 방식은 옥외시설에도 폭넓게 이용될 수 있다. 예를 들어 극장이나 호텔 출입구의 차양, 옥외 보도에 있는 카페, 보도, 도로, 및 광장에 있는 얼음과 눈의 제거를 위한 용도 등이 있다. 더욱이 적외선은 가시광선과 같이 집중될 수 있기 때문에 복사난방과 냉방의 방법으로 대류방식의 방법으로 쉽게 만족시킬 수 없는 여러 가지 특수한 문제들을 해결할 수 있다. 예를 들면 병원의 수술실에서 집도를 하는 수술팀은 벽에 설치된 복사냉방판넬로 냉방을 하고 반면에 환자의 열환경조절은 중앙공조시스템의 따뜻하고 적절한 습도를 가진 공기에 의하여 하는 것을 들 수 있다.

(3) 열환경조절을 위한 건물외피

건물의 냉난방 시스템의 목적은 물론 안정되고 균형적인 대칭적 열환경을 창조하는 것이라고 할 수 있다. 다시 말하면 건축에 있어서 열평형 상태(homeostatic state)를 성취하는 것이다. 끊임없이 변동하는 외부의 환경 속에서 내부의 열적 평형을 유지하고자 한다. 건물은 하나의 열적 용기로서 동물의 가죽과 같은 변화하는 환경 스트레스에 대응할 수 있는 외피 또는 막을 필요로 한다. 단순한 울타리의 개념을 넘어 다양한 외부의 힘을 선택적으로 수용하는 여과체로서의 역할을 건물의 외피는 해야 한다(그림 1-14 참조).

1.4.2 빛환경조절

지구상의 모든 건물은 주광(daylight)에 노출되어 있지만 건물 실내에 도달하는 빛의 조절은 지붕, 벽, 창문과 같은 건물을 둘러싸고 있는 표면의 방위, 외형, 그리고 물리적 특성 등의 수많은 변수에 달려 있다. 기능, 예산, 등의 내부적 요인은 크기, 형상, 공간 체적과 같은 변수를 확립하고 부지의 형태 및 크기, 지형, 접근수단, 조닝조례 등의 외부적 요인은 이 변수들이 부지에 맞게 형성되도록 작용한다. 이 변수들은 주광이 건물실내의 여러 표면에 도달하는 방식을 결정한다고 할 수 있다.

극장이나 백화점과 같은 건물은 자연채광의 필요성이 없거나 거의 필요하지 않다. 또 공장이나 창고와 같은 건물은 자연채광이 바람직한 건물이다. 그러나 사무소, 주거, 학교와 같은 건물은 외부조망이 가능한 창이 있다면 자연채광이 필연적으로 중요하다. 자연채광을 이용하느냐 배제하느냐의 의문은 현대 건축의 패러독스이다. 왜냐하면 주광과 인공광원이라는 두 개의 광원을 하나의 조절장치로 효과적으로 통합하는 것은 지극히 복잡한 문제이기 때문이다. 따라서 성공보다는 실패가 더욱 많을 것이지만 지난 20여 년간 이 분야에서 이룩한 큰 발전으로 인하여 세계의 곳곳에서 자연채광과 인공조명이 잘 통합된 새로운 많은 건물들을 볼 수 있다.

(1) 주광의 조절(control of daylight)

주광은 시간이 지남에 따라 세기, 색조, 방향에서 끊임없이 변동하기 때문에 간단한 건물에서조차도 정밀한 빛환경 조절은 여러 가지 변수들을 균형 있게 조합하는 것을 필요로 한다. 이들 변수들을 이용한 자연채광 계산은 여러 대안들에 대한 검토를 위해 컴퓨터 분석이 요구된다. 그러나 이러한 컴퓨터 분석 때문에 현재의 각종 법규와 기준에도 불구하고 많은 건축가들은 자연채광의 문제를 두 가지 극단의 경우를 놓고 약식으로 처리하는 경향이 많다. 즉, 자연채광이 가치가 있기 보다는 골칫거리이기 때문에 창 없는 건물을 만들던지, 혹은 전 건물을 유리로 싸서 실내의 열환경 및 빛환경의 문제를 냉난방 기술자와 실내 건축가에게 해결하도록 하는 것이다.

주광의 건축적 조절은 항상 두 가지 요소, 열과 빛의 조절을 의미한다. 앞 절에서 설명한 열환경 조절의 경우와 마찬가지로, 빛 조절의 경우에도 자연채광이 부지 선정과 같은 초기설계단계에서 설계과정의 한 부분으로 통합된다면 많은 문제가 해결될 수 있다. 예를 들어, 단지에 단독주거를 계획할 때 건물의 배치계획에서부터 개개의 주거에 일조권 확보는 물론 이웃 주거에 의한 음영으로부터 피할 수 있도록 계획하는 것이다(그림 1-26 참조). 또한, 이 초기설계형성단계에서는 건물의 어느 부분이 자연채광을 필요로 하는지 혹은 직사광선을 필요로 하는지 이에 따라 이들 부분을 적절한 방위로 향하게 하도록 결정하는 것이 쉽다.

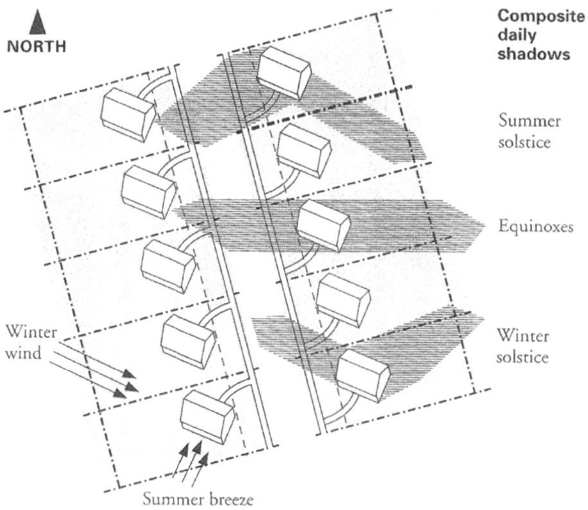

그림 1-26 단독주거의 배치계획

겨울 햇빛의 온기를 받아들이도록 적절하게 배치된 건물은 실내 조도는 밝게 되지만 여기서 시각적 쾌적은 자동적으로 보장되는 것은 아니다. 실내와 유리 창문에서 생기는 글래어(glare) 문제는 어떤 상황에서는 상당히 심각한 문제가 된다. 한 겨울에 남쪽 창을 통하여 낮은 고도의 태양을 바라볼 때 시각 상황은 눈 덮인 표면들에 의하여 더욱 악화된다. 따라서 태양열 취득을 최대로 하기 위한 계획은 시각적 성능을 고려하여야 한다. 따라서 건물외피 중 투명한 외피 부분에 대한 주광조절장치(로이 유리, 가동 블라인드 또는 커튼 등)의 선택을 위한 세밀한 검토를 필요로 한다. 아주 보편화된 건축적 주광조절장치는 광선반이 있다. 이 장치는 태양광선의 직달일사를 천장으로 반사한다. 그리고 반사된 빛은 다시 실내 거주 공간 깊이 확산된다(그림 1-27 참조).

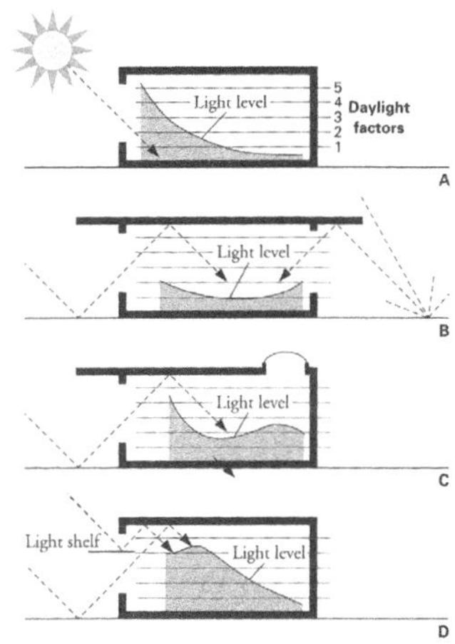

그림 1-27 자연채광에 의한 실내조도의 분포

(2) 인공광원의 조절(control of artificial light)

자연채광의 이론 및 기술은 빛환경 조절에 필수적인 것이다. 주광의 과학적인 조절은 모든 건물 타입의 조명에 있어서 빠트릴 수 없는 요소이다. 그러나 아무리 주광이 광범위하게 이용된다 하여도 주광 하나만으로 현대의 조명요구조건을 충족시킬 수 없다. 만족스러운 종합적인 건축 내부의 빛환경 구축은 인공광원의 도움 없이는 불가능하다. 건축가의 임무는 질, 공간과 시간에 있어서 안정적인 기준을 가지고 특정한 시각적 업무를 위한 설계를 위하여 주광과 인공광원이라는 두 가지 광원의 적절한 조합을 이루어내는 것이다. 현대의 인공광원의 다양함은 건축에 있어서 빛환경 조절의 새로운 질서를 가능하게 하고 있다. 인공광원은 적절한 등기구, 액세서리, 전자식 제어와 더불어 전례가 없는 빛환경 조절을 위한 수단을 제공하고 있다. 주어진 상황에서 사용될 장치의 선정은 빛환경의 요구 조건과 그 요구 조건의 정밀함에 따라 달라진다. 여기서 건축가는 객관적인 것과 주관적인 것, 신체적인 것과 정서적인 것과의 현혹에 직면하게 된다. 만약 중간

환경인 실내 빛환경을 일반화하는 것이 가능하다면 다음과 같은 세 가지 법칙이 성립될 수 있다. 첫째로, 시각 작업에 비춰지는 빛의 양이 많을수록 글레어가 없다면 시력은 향상된다. 시력이 향상될수록 시각 기관의 스트레스는 감소한다. 조도는 광원에서 나오는 빛의 양과 실내 표면의 반사율의 함수이다.

두 번째 법칙은 실내에 있는 모든 면의 밝기가 서로 인접한 면끼리 큰 대비가 없는 균형을 이루어야 한다. 특수한 시각 작업을 위해서는 작업 대상과 주변의 시계 사이의 휘도비는 3 : 1 이상에서 10 : 1 이하여야 한다. 세 번째 법칙은 시지각을 방해하는 밝은 빛(glare)인 직접 글레어와 반사 글레어를 방지하는 것이다.

현대의 인공광원의 발광효율(efficacy)이 상당히 향상되었지만 빛과 열의 구성비가 발광효율이 높은 광원에서조차 낮기 때문에 열의 발생은 모든 인공조명의 부산물이다. 따라서 높은 조도가 요구되는 경우에는 이 열은 쾌적성과 경제적인 관점에서 모두 중요한 요소가 된다. 조명에 의한 열의 발생은 여름에 냉방부하의 주요 원인이 되어 경제적 부담이 되지만 반대로 겨울 난방 시즌에는 필요한 열의 공급원이 된다. 1970년대에 있었던 에너지 파동은 조명분야에 있어서 다양한 제어 기술을 개발하고 있다. 주광의 감지에 따른 인공조명의 제어는 조명의 질을 희생하지 않고 에너지를 절약하고 환경을 보호하는 친환경 기술인 것이다.

1.4.3 음환경조절

대기 안에서의 음의 움직임은 조용한 연못에 작은 돌을 떨어뜨릴 때 일어나는 일련의 움직임과 거의 흡사하다. 두 가지 경우 모두 에너지가 발생점으로부터 연속적인 동심원의 파동으로 확산된다. 물과 음의 파동 사이의 차이점은 아리스토텔레스, 비트루비우스와 같은 학자들이 말했듯이 물은 2차원적인 평면에서 원형으로 밖으로 이동하지만 음파는 3차원의 공간에서 구의 형태로 퍼져나간다는 점이다. 음파는 공기 중에서 모든 에너지가 공기와의 마찰로 인해 소진될 때까지 이러한 확산의 과정이 계속된다.

음이 공기 중으로 전파할 때는 공기 중의 입자는 아래위로 수직운동, 즉 진동을 할 뿐 음파와 함께 앞으로 움직이지 않는다. 한 입자가 한 번의 진동을 하는데 걸리는 시간을 음의 진동시간(period)이라고 하며 1초에 진동하는 수를 음의 주파수(frequency)라 하고 두 음파의 최정점 사이의 거리를 파장(wavelength)이라고 하며 음파의 최정점과 최하점 사이의 거리를 진폭(amplitude)이라고 한다(그림 1-28 참조). 음의 속도는 빛의 속도보다 훨씬 느리며, 다소간 공기온도에 따라 변화한다. 빛처럼 음은 반사, 흡수, 수렴될 수 있지만 빛과 달리 음은 섞임이 없이 공존한다.

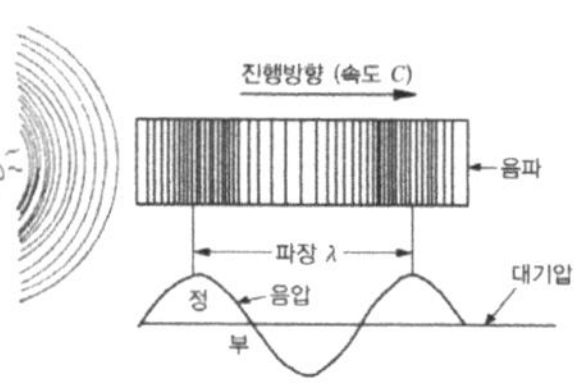

그림 1-28 음의 전파

(1) 실내의 음환경조절(architectural acoustic)

건물 내에서의 음파는 실외와 같은 자유음장에서의 음의 움직임과 사뭇 다르다. 따라서 실내에서의 음파의 특징을 연구하는 것을 실내음향이라고 한다. 어느 특정한 시간에 특정한 건축용기(교회, 극장, 주택의 거실) 내에서의 음향현상은 수많은 변수들에 의하여 복잡하게 된다. 음원의 타입, 실내에서의 음원의 위치, 실의 크기, 형상, 실내표면, 실내에 있는 재실자의 수와 의복까지도 모두 건축용기의 실내음향특성을 결정하는 데에 역할을 한다.

실내에서의 음의 현상을 설명하기 위해서는 네 가지 현상이 관찰된다: 음의 반사, 회절, 잔향, 그리고 공명이다. 이 현상들은 또한 음향성능을 측정하는 객관적 기준으로도 이용된다. 음파는 단단한 실내 표면에 부딪치면 실내 공간으로 반사된다. 음파가 기둥과 같은 장애물에 부딪치면 파도가 파일에 부딪칠 때와 같은 음의 회절이 일어난다. 그러나 어떠한 표면도 표면에 부딪친 음을 모두 반사하지는 못한다. 즉 일부는 표면에 흡수된다. 반사된 음의 양과 흡수된 양은 표면의 물리적 특성에 따라 달라진다. 유리나 대리석과 같이 표면이 밀실한 재료는 음에너지를 많이 반사하고 반면에 화이버보드 또는 그라스울과 같이 표면이 거친 질감의 기포질의 재료는 음에너지를 많이 흡수한다. 실내음향의 특성을 나타내는 잔향시간은 소리가 멈춘 후 음의 세기가 최초 세기의 일 백만분의 1(60데시벨의 감소)로 떨어지는데 걸리는 시간을 말한다. 만약 직접음과 반사음 사이의 시간 틈이 70㎳ 보다 크면 소위 에코라는 것이 발생한다. 마지막 실내에서의 음의 현상은 공명이다. 이것은 실내가 특정한 주파수의 음에 반응하는 현상이다.

(2) 소음의 조절(control of noise)

실내에서의 음은 실내면에 부딪치는 일부만 반사되고 일부는 벽면에 의해 흡수된다. 그리고 나머지는 구조체의 인접한 부분으로 투과되거나 그 부분을 넘어 공기 중으로 투과된다. 그 비율은 재료의 입자 특성과 벽체의 구조에 따라 크게 달라진다. 음의 투과에 가장 효과적인 차음효과를 보이는 것은 벽의 면밀도(massiveness)이다. 조적식 벽이나 중량의 콘크리트 바닥은 경량구조보다 음을 덜 투과시킨다. 그러나 중량의 벽과 바닥은 근래의 경량구조를 선호하는 경향에 반하는 것이기 때문에 경량의 흡수성이 높은 단열성의 재료가 여러 가지 벽체 요소와 분리되어 대체하고 있는 경향이다. 이와 같이 건축용기는 단순히 비활성의 정적인 용기가 아닌 내부의 음향적 중간환경과 외부환경이라는 두 개의 음환경 사이의 활력적인 경계면으로 역할을 해야 한다.

장애물은 두 음환경 사이의 음향적 경계면의 한 형태이다. 종종 사람들은 바로 인접한 주변 밖에서 일어나는 활동을 알고 싶어 한다. 그래서 창을 열고 길에서 놀고 있는 아이들의 소리를 듣는다. 마찬가지로 사무실에서 일하는 사람은 사람들의 오고 가는 북적대는 소리를 좋아할 지도 모른다. 그러나 이런 동일한 소리가 그가 전화 통화를 하고 있을 때이든지 편지를 쓰고 있다든지 또는 휴식을 취하고 있을 때에는 아주 성가신 소음이 될 수 있다. 따라서 생산음과 비생산음에 대한 개념은 음향적 차폐물의 시간에 따른 상대적인 투습성을 조절하기 위하여 개인적인 제어의 필요성이 있다.

(3) 건물의 정보전달의 역할(communication role of buildings)

모든 건물들은 사람들의 필요한 교류를 용이하게 하도록 설계되므로 의사소통은 일반적으로 건물 안에서 이루어진다. 그러나 교회, 학교, 극장, 의사당과 같이 의사소통을 위하여 특별히 설계되는 건물들은 건축가들이 음환경과 관련하여 활동하는 분야들 중의 하나이다. 의사소통의 역할은 두 가지 수준, 구체적인 수준과 추상적인 수준에서 이루어진다. 건축에서의 의사소통 수준은 첫 번째의 수준으로 음성과 시각적 수단을 이용한 정보의 전달이다. 마이크나 증폭기 등이 개발되기 전에는 모든 의사소통은 사람의 음성 에너지, 즉 말하는 사람의 후두(voice box)의 세기에 좌우되었다.

1.5 환경친화건축

1.5.1 환경친화건축(sustainable architecture)의 필요성

20세기의 대량생산과 소비는 지구의 자원을 고갈하고 엄청난 양의 폐기물을 쏟아내면서 공기, 물, 토양을 오염시키고 지구환경을 위협하고 있다. 이 중에서 지구 온난화 현상은 특히 불길한 징조이며 세계적 관심을 불러일으키고 있다. 가속화된 지구온난화에 의하여 예상되는 해수면의 상승과 인간의 생활과 생태계에 미치는 영향은 실로 막대하며, 세계의 여러 곳의 해안선에서 큰 재앙을 위협하고 있다. 20세기 동안 화석에너지의 소비는 급증하여 화석연료를 연소하면서 대기에 배출되는 이산화탄소는 지구온난화의 주요 원인이라고 할 수 있다. 에너지 소비의 계속적인 증가는 특히 아시아에 있어서의 증가는 이산화탄소 배출에 있어서 폭발적인 성장을 주도할 것으로 예측하고 있다.

우리의 미래는 화석에너지 소비와 이에 따른 지구상의 영향의 즉각적인 삭감을 요구하고 있다. 그러나 개발국에서의 소비는 오히려 붐을 탄 듯이 활기를 띠고 소비의 제어가 제대로 되지 않고 있으므로 이산화탄소의 배출의 증가를 억제하기는커녕 점점 멀어지고 있다. 그림 1-29는 연간 환경부하의 삭감비에 의하여 환경에 미치는 환경부담 수준을 도식하고 있다. 즉 연간 삭감비가 1%이면 환경 부담을 반으로 줄이는데 69년의 시간이 걸린다. 여기에 내포되어 있는 가설은 이산화탄소를 배출하는 시설의 숫자는 매년 계속적으로 증가하고 있으며 세계는 1%의 삭감비도 성취하기 어렵기 때문에 환경부담은 계속 증가할 수밖에 없다는 것을 역설적으로 보여준다. 따라서 환경부담의 삭감을 위해서는 기술의 혁신과 강력한 사회경제적인 변화가 필요하다.

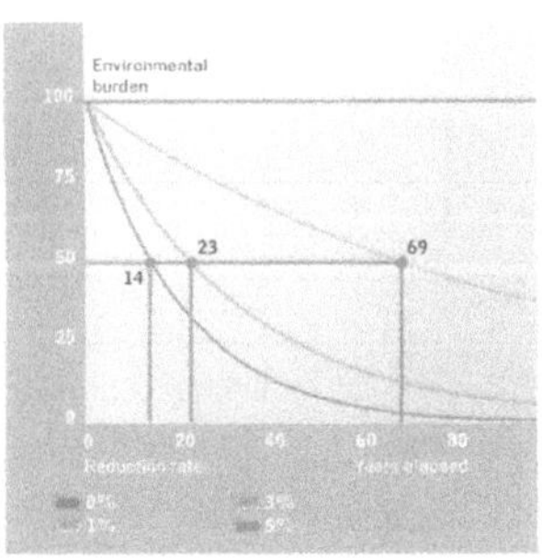

그림 1-29 환경 영향의 삭감비와 환경 영향

1.5.2 환경친화건축의 필수요소

지구상의 지역기후의 특성에 순응하여 발전된 지역의 독특한 건축형태는 화석연료의 대량소비에 기초를 둔 획일적인 건축설계에 의하여 밀려나고 있다. 이러한 설계방법은 지역문화를 파괴하는 것은 차치하고 엄청난 낭비이다. 우리나라에서의 이산화탄소 배출을 보면 건물부문에서 에너지 소비가 차지하는 것이 36%에 다다르는 것을 볼 수 있다(그림 1-30 참조). 건물에서의 에너지 소비의 3가지 주요 형태는 실내공조, 실내조명 및 conveyance(사람, 물건, 공기 물의 수송)가 차지하고 있다(그림 1-31 참조). 환경영향을 적게 만드는 건물이 전체 환경영향을 줄이는데 있어서 핵심 요소이므로 이러한 관점에서 건물을 설계하고, 사용하고, 관리하는 사람들은 많은 책임을 가지고 있다.

환경영향을 정량화하는데 가장 널리 사용하는 지수는 지구온난화의 주범인 이산화탄소의 생애 배출량(Life Cycle CO_2: $LCCO_2$)이다. $LCCO_2$는 설계단계에서부터 해체와 폐기단계에 이르기까지 건물의 생애동안 이산화탄소의 체적배출량으로 건물의 환경영향을 측정한다. 건물의 $LCCO_2$에 있어서 가장 큰 부분은 건물을 유지하는 동안에 소비되는 에너지에서 방출된다. 건물의 건설과 해체에서 파급되는 환경영향효과도 물론 상당하다.

따라서 $LCCO_2$ 삭감의 중요한 요소를 나열하면 다음과 같다.

1. 건물운용 에너지 절약
2. 건물의 수명 연장
3. 자연친화적 재료의 사용

그림 1-32는 건물유지에 사용되는 에너지를 연간 반으로 줄이면 연간 $LCCO_2$의 방출을 30% 가량 줄이며 여기에 건물의 수명을 35년에서 100년까지 연장할 경우 연간 $LCCO_2$의 방출을 40%까지 줄이고 이와 함께 재활용 재료의 사용으로 연간 $LCCO_2$의 방출을 50%까지 줄일 수 있는 것을 보여준다.

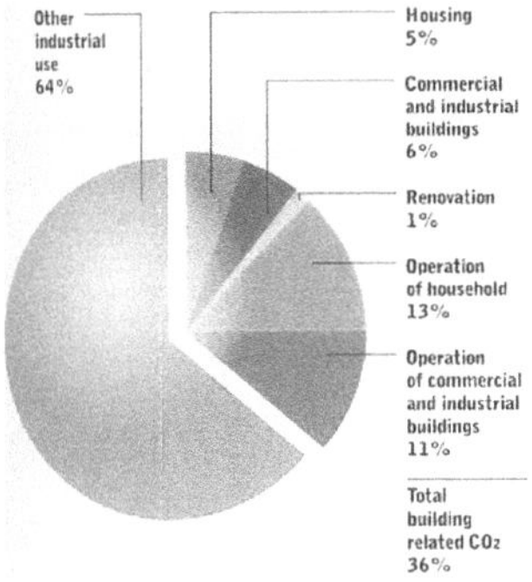

그림 1-30 환경영향의 구성비

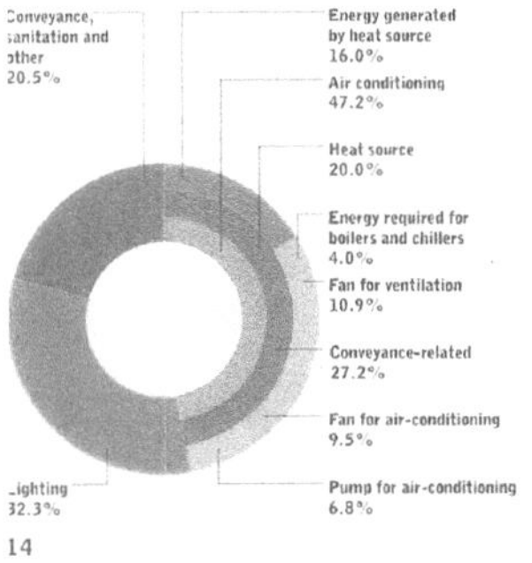

14

그림 1-31 사무소 건물의 유지 관리를 위한 에너지소비 구성비

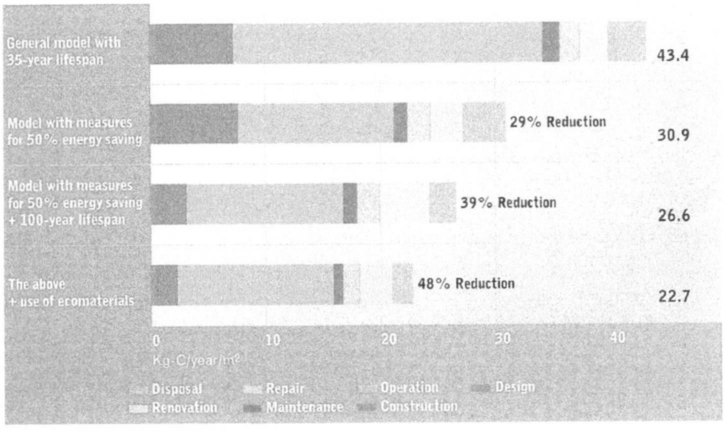

그림 1-32 $LCCO_2$ 방출량의 환경친화요소별 삭감비

1.5.3 토속건축의 환경친화적 교훈

세계 각 지역의 토속건축은 21세기와 미래를 위한 건물에서 우리가 추구하고 있는 것의 훌륭한 예를 보여준다. 그것들의 근원적인 원칙은 자연과의 융화이다. 그 토속건축들은 자연과 밀접하게 접촉하며 최소한의 에너지 소비로 쾌적함을 줄 수 있도록 지역의 기후조건에 맞게 지어져 있다. 대량의 화석에너지 소비 시대 이전의 지역 고유의 토속건축물들은 성공적으로 환경부하를 최소화하고 정연한 기법에 의하여 자연에너지를 이용하고 있다(그림 1-33 참조). 이와 같은 건축들은 인공적인 획일성을 거부하며 대신 매력적이며 이질적인 실내 공간과 조화로운 공간구성을 창조하고 있다. 이들 건축물들은 재생가능하며 지역에서 얻기 쉬운 재료로 지을 수 있도록 설계되어 있다. 우리는 이들 토속건축에서의 교훈을 배우고 우리의 환경친화건축에 그 교훈들을 적용할 필요가 있다.

자연과 조화를 이룬 건축물들은 대지와 지역기후를 반영한 표현과 형태를 하고 있으며 또한 매우 쾌적한 거리와 도시를 연출하고 있다. 토속건축들은 자연형 설계기법을 통하여 균형 있는 쾌적한 환경에 이르도록 설계되어 있다. 그러나 토속건축에 있어서 쾌적조건들에 대한 인식은 현대건축의 쾌적 조건과 다르다. 토속건축에는 일정하게 고정된 임의의 온도나 습도조건이 없을 뿐만 아니라 균일한 실내조도레벨을 유지하려는 의도가 없다. 시환경과 음환경까지도 포함한 전반적인 쾌적도를 고려하여 수용할 수 있는 쾌적범위 안에서 쾌적성을 추구하고 있을 뿐이다.

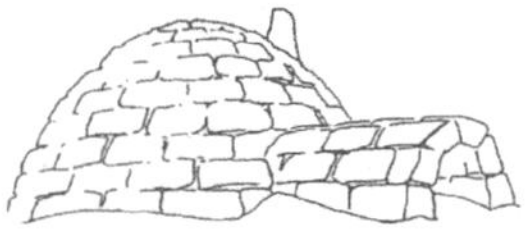

(a) 한대기후의 compact form의 건물 형태

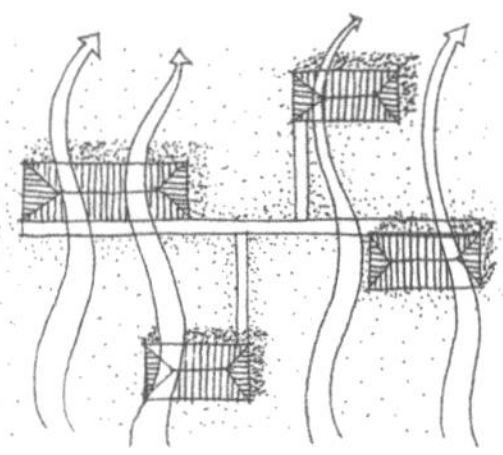

(b) 고온다습한 기후의 통풍을 위한 배치

(c) 고온 건조한 기후의 음영을 위한 밀집 배치

그림 1-33 기후 특성에 따른 토속건축의 건축 형태

제 2 장 건물 열환경 계획(열과 건축계획)

2.1 건물외피계획

2.1.1 열의 기초

(1) 에너지

"일을 할 수 있는 능력"을 에너지라 하며, 에너지를 나타내는 단위에는 주울(joule : J) 외에도 칼로리(cal), 와트시(Wh), BTU 등 여러 가지 단위가 사용되기도 한다.

a) 주울(J) : 어떤 물체를 1N의 힘으로 1m 옮기는데 필요한 일의 양, 즉 J = N×m이며, 1J은 약 0.24㎈가 된다.

b) 칼로리(cal) : 물 1kg을 1℃ 올리는데 필요한 열량으로, 어느 물질의 온도를 올리는데 필요한 열량(㎈)은 비열×질량×온도차로 구할 수 있으며, 1㎈는 4.187J이 된다.

c) 와트시(Wh) : 1W의 일률(power)로 1시간 동안 사용할 수 있는 일의 양, 즉 Wh = W×hour이며, 1㎾h는 3.6MJ, 또는 0.86kcal이 된다.

d) BTU(British Thermal Unit) : 물 1lb를 1F 올리는데 필요한 열량이며, 1 BTU는 약 1,055J이 된다.

(2) 에너지의 형태

熱은 두 물체 사이에 온도차가 있을 때 한 물체로부터 다른 물체로 흐르게 되는 에너지이다. 열은 물체 속에 보유되고 있는 에너지의 한 형태일 뿐 물체의 성질은 아니다. 에너지에는 열 이외에도 다음과 같은 여러 종류의 형태가 있다.

a) 열에너지(Q) : 열의 이동에 관계된 에너지, 물질분자의 내부성질 중 하나임.

b) 기계에너지 : 기계를 움직일 수 있는 에너지

c) 전기에너지 : 전하를 이동시키는 에너지

d) 화학에너지 : 전자를 이동시키는 에너지

(3) 힘(POWER, 일률)

일이 되어지는 율 즉, 에너지가 한 형태에서 다른 형태로 변환되는 효율을 일률이라 한다.

$$\text{일률(Power)} = \frac{\text{열에너지 변화량}(\Delta Q)}{\text{시간의 변화량}(\Delta t)} = \text{열류율}(q)$$

힘의 단위로는 와트(Watt : W)가 사용되며 1Watt는 1Joule/sec로써 약 0.24㎈/sec, 즉 0.86㎉/hour가 된다. 와트는 시간에 대한 정보와 에너지에 대한 정보를 함께 갖고 있어 매우 편리한 단위이다.

(4) 에너지 보존의 법칙

에너지는 한 형태에서 다른 형태로 변환될 수는 있어도 창조되거나 소멸되지는 않는데 이를 "에너지 보존의 법칙"이라 한다. 즉, 총 에너지의 양은 항상 일정하다.

총에너지	=	운동에너지 (ΔK)	+	위치에너지 ($\Sigma\Delta U$)	+	내부에너지 (ΔUinternal)	+	다른 형태의 에너지

그림 2-1 에너지 보존의 법칙

에너지보존의 법칙을, 건축에서 건물을 중심으로 보면 다음과 같이 된다.

총에너지	=	유입된 열량 (열획득)	+	유출된 열량 (열손실)	+	내부에서 발생된 열량 (내부발열)	+	내부에너지의 변화 (실온의 변화)

그림 2-2 건물에서의 에너지 보존의 법칙

(5) 열용량

열용량이란 어떤 물체가 열을 수용할 수 있는 능력을 말한다. 같은 질량의 물체라 하더라도 재료가 다르면 열을 수용할 수 있는 양도 다르므로 특정 재료의 열용량은 비열의 값을 이용하여 측정한다.

비열(Specific Heat: Cp)이란, "어떠한 재료 1kg을 온도 1℃ 높이는데 필요한 열에너지량"으로 정의되며 단위는 kJ/kg℃이다. 각 재료마다 온도 1℃ 높이는데 필요한 열량은 다르므로 비열은 물질의 특성이라고 할 수 있다. 따라서 각 재료마다 온도가 같다하여도 그 물체가 지니고 있는 열에너지는 서로 다르다.

열용량(Heat Capacity: HC)이란, "어떠한 재료 1㎥을 온도 1℃ 높이는데 필요한 열에너지량"으로 정의되며, 따라서 단위는 kJ/㎥℃이다.

$$\text{열용량}(kJ/m^3℃) = \text{비열}(kJ/kg℃) \times \text{비중}(kg/m^3)$$

물은 비열이 커서 결과적으로 다른 재료보다 열용량이 크므로 열을 저장하기에 좋은 재료이다. 보일러 난방파이프 등 열교환 장치는 물의 열용량이 높은 것을 이용하여 열을 이동시키게 하는 장치이다.

(6) 비중(Dencity)

비중이란 "단위 부피 당 질량"으로 정의된다. 비중의 단위는 kg/m^3 또는 g/cm^3을 사용하며 물의 비중은 $1g/cm^3$이다. 따라서 서로 다른 재료의 열용량은 같은 질량을 기준으로 서로 비교하게 된다.

같은 질량의 재료라고 하더라도 그 비중에 따라 부피가 서로 다르게 된다. 벽돌, 콘크리트, 돌과 같은 무거운 조적 공사용 재료는 높은 비중을 갖고 있다. 즉, 이러한 재료들은 비교적 작은 부피라 하더라도 질량이 크므로 비교적 큰 열용량을 갖고 있다. 전기 축열 난방기에는 벽돌이 들어 있어서 전기요금이 쌀 때 가열되어 이 열을 저장하고 있다가 나중에 필요할 때 사용하게 된다.

(7) 현열과 잠열

모든 물질은 분자들의 집합으로 이루어져 있으며, 분자는 원자들의 결합으로 구성되어 있다. 물질 내에서 물질의 상태는 분자간의 간격과 그 힘에 의해 결정된다. 물체가 존재하고 있는 상태에는 기체, 액체, 고체 등 3가지 상태가 있다.

물질의 상태	분자결합상태	부피	형태
기체상태 (gas state)	자유롭게 이동 가능	일정하지 않음	일정하지 않음
액체상태 (liquid state)	자유롭게 이동 가능	일정함	일정하지 않음
고체상태 (solid state)	고정되어 이동 불가능	일정함	일정함

모든 물체는 온도와 압력에 따라 각각의 상태로 변환될 수 있으며, 상태변화에 사용되는 용어를 설명하면 다음과 같다.

- 기체가 액체로 되는 것을 "액화"라 하고, 그 역을 "기화"라 한다.
- 액체가 고체로 되는 것을 "응고"라 하고, 그 역을 "융해"라 한다.
- 고체가 기체로 되는 것을 "승화"라 하고, 그 역도 "승화"라 한다.

고체 (SOLID)	액화(융해) → Liquefaction (Melting)	액체 (LIQUID)	기화(비듬증발) → Vaporization (Boiling, Evaporation)	기체 (GAS)
기체 (GAS)	응축 → Condensation	액체 (LIQUID)	응고(융해) → Solidification (Fusion)	고체 (SOLID)

그림 2-3 상태의 변화

일반적으로 물체의 온도를 변화시키는 데도 열에너지가 필요하지만, 상태를 변화시키는데도 열에너지가 필요하다. 온도변화에 쓰이는 열을 현열이라 하고 상태 변화에 쓰이는 열을 잠열이라 한다. 어떤 일정한 온도가 되면 물질의 상태가 변하게 되며 이 변화에서 에너지 용량은 증가하거나 감소하게 된다.

현열(sensible heat)은 물질의 온도변화 과정에서 상태의 변화 없이 흡수되거나 방출된 열에너지를 말하고, 잠열(latent heat)은 물질의 상태변화 과정에서 온도의 변화 없이 흡수되거나 방출된 열에너지를 말한다.

물은 상온에서 3가지 상태로 모두 존재할 수 있으므로 현열과 잠열을 이해하는데 많은 도움이 된다.

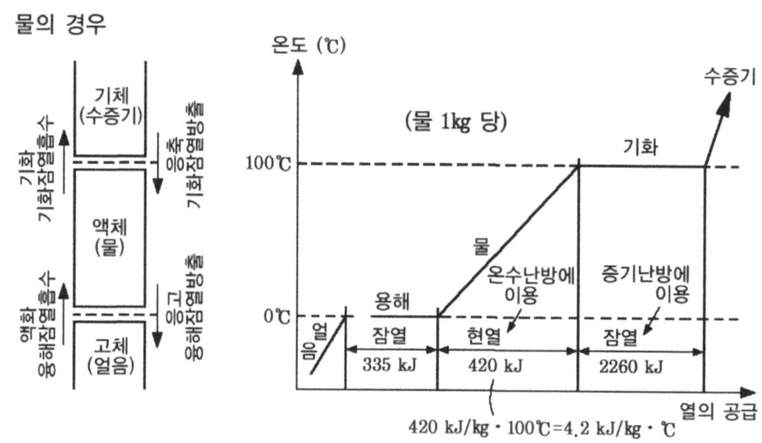

그림 2-4 물의 상태변화

[예제 2-1] 0℃의 얼음 2kg을 100℃의 증기로 완전히 변환시키는데 필요한 총 열에너지를 계산하라. 물의 비열은 4,190J/kg이며, 얼음의 비잠열은 335kJ/kg, 증기의 비잠열은 2,260kJ/kg이다.

위의 과정을 잠열과 현열로 나누어서 생각한다.

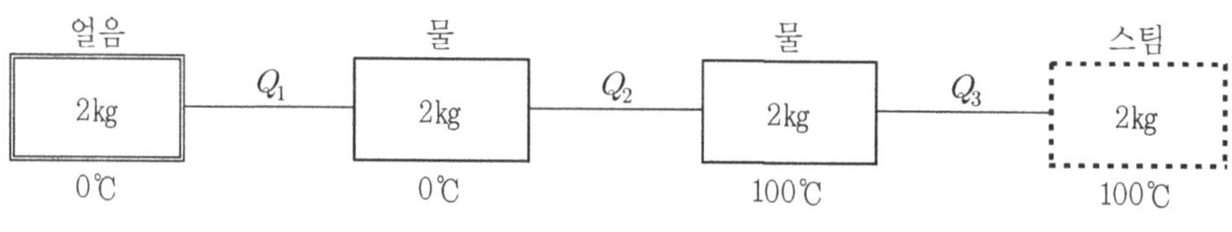

2.1.2 열전달

(1) 전도(conduction)

1) 정의

"고체 상태의 물체 내의 분자가 그 기본 위치를 바꾸지 않으면서 열에너지를 전달하는 것"을 말한다. 즉, 분자의 진동에 의한 에너지의 전달로 표현된다. 전도의 좋은 예로써 불속에 있는 금속막대를 들 수 있다. 막대를 통한 불꽃 쪽에서 다른 쪽 끝으로의 열전달은 전도에 의해서 이루어진다. (예를 들어 열을 받은 입자는 이웃 입자를 진동시켜서 증가된 열에너지를 이웃 입자로 전달한다.)

(((((◎)))))	(((◎)))	(◎)
많은 진동 높은 온도		작은 진동 낮은 온도

열의 전달

- ➤

그림 2-5 전도

2) 전도의 공식

일반적인 상식에서 CONDUCTION의 공식을 만들면

겨울에 1. 벽이 클수록 열손실이 많다. (면적: A)

2. 날씨가 추울수록 열손실이 많다. (실내외 공기온도차: ΔT)

3. 같은 재료일 때 벽이 두꺼울수록 열손실이 적다. (벽두께: Δx)

즉, $$q = \frac{\Delta Q}{\Delta t} \propto A\frac{\Delta T}{\Delta x} \qquad (2\text{-}1)$$

이 공식에서, 퓌리에(Feurier)의 전도법칙

$$\frac{\Delta Q}{\Delta t} = q = -kA\frac{\Delta T}{\Delta x} = -kA\frac{dT}{dx} \qquad (2\text{-}2)$$

여기서, q : 열류율

k : 열전도율(thermal conductivity)

3) 열전도율(thermal conductivity: k):

열전도율이란 두께 1m의 균일재에 대하여 양측의 온도 차가 1℃일 때 1㎡의 표면적을 통하여 흐른 열량으로 정의된다. 따라서 단위는 다음과 같이 표현된다.

$$k = -\frac{q\Delta x}{A\Delta T}$$

단위는 watt-m/㎡.℃(watt/m.℃, ㎉/m.hr.℃, BTU inch/ft².hr.℉)

열전달에서의 저항치(thermal resistance)는

$$R = \frac{1}{C} = \frac{1}{(k/\Delta x)} = \frac{\Delta x}{k}$$

즉, 벽체의 두께가 두꺼울수록 저항이 커지고, 벽체의 재료가 열전달을 잘할수록 저항이 작아진다.

4) 컨덕턴스(conductance: C):

열전도율의 공식, $k = -\frac{q\Delta x}{A\Delta T}$에서 $\frac{k}{\Delta x}$를 C(conductance)라 하며, $q = -kA\frac{\Delta T}{\Delta x} = \frac{k}{\Delta x}A\Delta T = -CA\Delta T$의 관계를 가지며 단위는 ㎡.℃/W, 또는 ㎡.hr.℃/㎉이 된다. 즉, 열전도율(k)는 벽체 재료의 단위 두께에 대한 열전달율을, 컨덕턴스(C)는 주어진 두께의 벽체에 대한 열전달율을 나타낸다.

5) 열전도 저항(thermal resistance: R):

컨덕턴스(C)의 역수를 열전도 저항이라 하며, 주어진 두께의 재료가 열전달을 어느 정도 잘 막아낼 수 있는지를 나타내는 지표가 된다. 벽 구조체 전체의 열전달에 대한 저항(열관류저항)은 재료 각각의 저항들의 합과 같다. 이 전체 저항값을 이용하여 열관류율 K-값을 구할 수 있게 된다.

$$K = \frac{1}{R_T}$$

여기서, K는 벽체의 열관류율(단위 : watt/㎡℃)을, RT는 벽체의 열관류저항(단위 : ㎡℃/watt)을 나타낸다.

(2) 대류(convection):

1) 정의

"유체(fluid)입자 자체의 움직임에 의해 열에너지가 전달되는 것"을 대류라 한다. 여기서의 유체(fluid)는 액체 상태(liquid phase) 또는 기체 상태(gaseous phase)를 말한다. 대류의 좋은 예로서는 전등 주위에서의 담배 연기의 흐름을 들 수 있다. 즉, 전등 주위에 있는 데워진 공기는 밀도가 낮아져서 상승하게 된다.

대류는 크게 자연대류와 강제대류로 나누어 볼 수 있다.

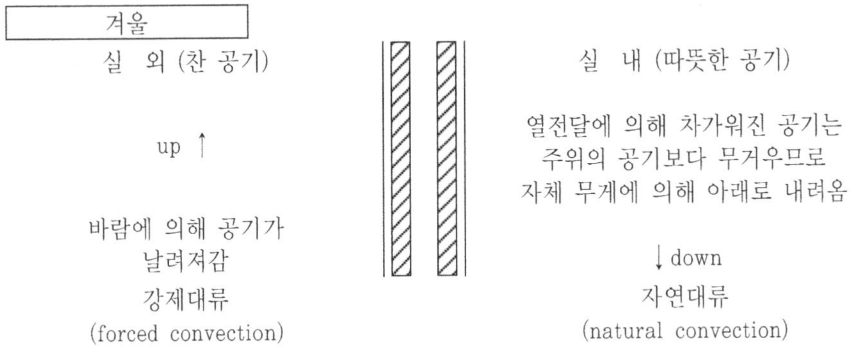

그림 2-6 강제대류와 자연대류

2) 대류의 공식

뉴턴(Newton)의 대류에 관한 열전달 공식은 다음과 같이 정리될 수 있다.

$$\frac{\text{열량}(\Delta Q)}{\text{시간}(\Delta t)} = \text{열류율}(q) = \text{대류열전달계수}(h) \times \text{벽면적}(A) \times \text{온도차}(\Delta T)$$

여기서 대류열전달계수의 값을 결정하기는 상당히 힘들며, 이 값은 유체의 흐름, 면의 형태(모양, 크기), 면의 위치(방향)에 의해 크게 영향을 받는다. 대류열전달계수의 단위는 아래와 같은 공식에 따라 watt/㎡.℃(㎉/㎡.hr.℃, BTU/ft^2.hr.F)로 정의될 수 있다.

$$h = \frac{q}{A \Delta T}$$

(3) 복사(radiation)

1) 정의

복사란 "전자기파에 의한 열에너지의 전달"을 말한다. 모든 물체는 전자파의 형태로 방사선을 발산하는데, 이의 형태는 매우 복잡하여 수학적으로 나타내기가 매우 힘이 든다. 또한 복사열은 직접 전달되기 때문에 주위에 있는 공기의 온도에 의한 영향을 받지 않는다.

2) 복사의 공식

스테판-볼쯔만(Stefan Boltzmann)의 복사법칙에 따르면 흑체의 방사 파워(E_B)는 다음과 같이 정의된다.

$$E_B = \sigma T^4$$

여기서, T : 절대온도(absolute temperature, K=273+℃, R=460+F)

σ : 스테판-볼쯔만 상수

(단위 : 0.56710^{-10}kw/㎡ · hr · K^4, 0.173×10^{-8}BTU/ft^2 · hr · R^4)

3) 반사와 방사

어떤 물체 표면에 입사한 열방사는 그 일부가 반사되고, 그 일부가 흡수되며, 나머지가 투과된다.

$$흡수율(\alpha)+투과율(\tau)+반사율(\rho)=1$$

표면에 입사하는 모든 열방사를 완전히 흡수하는 물체를 흑체(黑體 : blackbody)라고 하며, 그 흡수율은 1이다.

어떤 물체가 보유하고 있는 내부 열을 방출시키는 것을 방사라고 한다. 어떠한 물체가 완전한 흑체가 아닌 경우 그 물체에서부터 발산되는 에너지는 방사율이란 계수에 의한 수정이 요구된다. 즉, 방사율이란 어떠한 물체에 의하여 방사된 에너지(E)와 같은 온도의 흑체에 의하여 방사된 에너지(E_b)와의 비를 말한다.

$$\epsilon = \frac{E}{E_b}$$

$$E = \epsilon \times E_b$$

$$= \epsilon \times \sigma \times T^4 \quad (0 < \epsilon < 1)$$

재료가 복사열을 흡수 또는 방사하는 능력은 재료 표면의 성질이다. 거친 검은색 표면은 대부분의 열을 흡수하고 대부분의 열을 방사한다. 이와 반대로 빛나는 은빛 표면은 대부분의 복사열은 반사시키고 적은 열을 흡수하고 적은 열을 방사한다. 이러한 표면의 성질을 명시하기 위하여 방사와 흡수에 대한 계수를 사용하게 된다. 즉 이론적으로 완벽한 흡수체이자 방사체인 흑체(black body)의 계수를 1로 하여 그 비를 이용하게 된다.

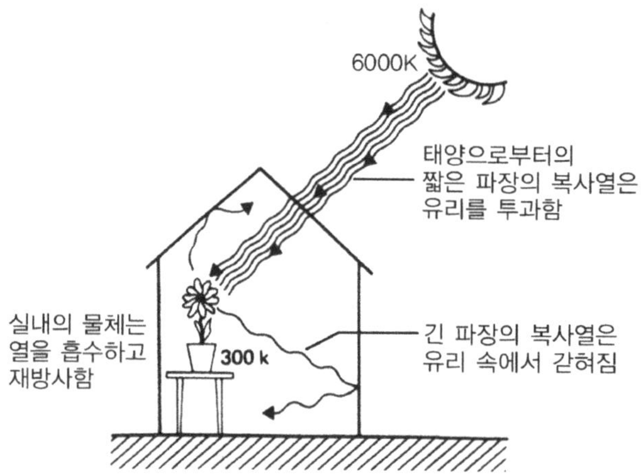

그림 2-7 온실효과

대부분의 건축 재료의 색은 건축물의 방사열에는 별 영향을 끼치지 못하나 건축물의 태양열 흡수에는 큰 영향을 준다. 일반적으로, 거친 검은 표면은 복사열에 대하여 최상의 흡수체이며 방사체이고, 빛나는 은빛 표면은 복사열에 대하여 최하의 흡수체이며 방사체이다.

물체가 열을 방사하는 양은 물체의 온도가 올라감에 따라 증가한다. 모든 물체는 계속해서 그 주위로 열을 방사함과 동시에 열을 흡수하고 있다. "프레보스트의 교환이론"에 의하면 이러한 두 과정의 균형에 따라서 물체의 온도가 상승, 하강 또는 그대로 유지된다. 물체에 의하여 방사된 복사열의 파장은 물체의 온도에 따라 달라진다. 고온의 물체는 긴 파장보다 침투력이 더 좋은 짧은 파장 부분을 더 많이 방사한다.

그림 2-7에 도시된 온실효과(greenhouse effect)는 서로 다른 온도에서 방사된 서로 다른 파장에 의한 결과이다. 고온의 태양에 의하여 방사된 복사열은 짧은 파장으로, 대기권과 유리를 통과하여 식물이나 물체에 의하여 흡수된다. 이러한 물체는 열을 재방사하나 그 온도가 낮으므로 긴 파장의 복사열이 된다. 이러한 긴 파장은 유리나 대기권을 투과할 수 없으므로 열이 갇혀지게 된다.

2.1.3 열관류율

(1) 정의

여러 가지 재료로 구성된 구조체를 통한 열전달을 계산할 때, 매우 복잡한 형태로 일어나게 되는 전도, 대류, 복사에 의한 열전달의 모든 요인들을 혼합하여 하나의 값으로 나타내면 매우 편리하게 된다. 이렇게 구해진 값을 "열관류율" 또는 "K-값"이라 한다. K-값이란 어느 특정한 두께의 벽, 지붕, 바닥 등을 통하여 전달되는 열류율을 구할 수 있는 계수이다.

표 2-1 표면열전달계수

	표면 위치	열류 방향	표면방사율					
			무반사		반사			
			ε = 0.90		ε = 0.20		ε = 0.05	
			hi	R	hi	R	hi	R
정적 공기	수평	상향	9.26	0.11	5.17	0.19	4.32	0.23
	45°경사	상향	9.09	0.11	5.00	0.20	4.15	0.24
	수직	수평	8.29	0.12	4.20	0.24	3.35	0.30
	45°경사	하향	7.50	0.13	3.41	0.29	2.56	0.39
	수평	하향	6.13	0.16	2.10	0.48	1.25	0.80
			ho	R	ho	R	ho	R
동적 공기	겨울철 풍속(6.7m/s)		34.0	0.030	-		-	
	여름철 풍속(3.4m/s)		22.7	0.044	-		-	

hi, ho의 단위 : w/m²℃

R 의 단위 : m²℃/w

이 계수 즉 K-값은 표면적 1㎡인 구조체를 사이에 두고 온도차가 1℃일 때 구조체를 통한 열류를 와트로 측정한 것이다. K-값이 낮을수록 단열 성능은 더 좋다. 예를 들어 K-값이 0.5W/㎡℃인 벽체의 열손실율은 K-값이 1.0W/㎡℃인 벽체의 절반이 된다.

[예제 2-2] 다음벽체의 열관류율을 구하라 .

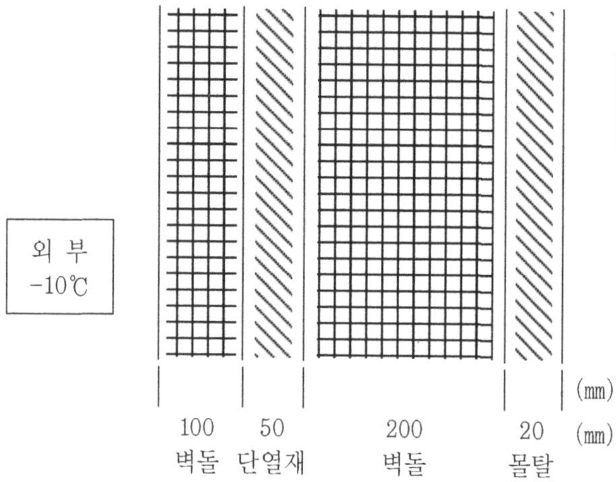

재　　료	열전도율(k)	두께(d)	콘덕턴스(C)	열저항(Ri)	비고
단　　위	watt/m℃	m	watt/m2℃	m2℃/watt	
외부표면			34.0	0.03	
벽돌(0.1)	0.55	0.1	5.5	0.18	
단열재(0.03)	0.029	0.03	0.97	1.03	
(단열재(0.05))	(0.029)	(0.05)	(0.58)	(1.72)	
벽돌(0.2)	0.55	0.2	2.75	0.36	
몰탈(0.02)	0.72	0.02	36.0	0.03	
내부표면			8.29	0.12	
열관류저항(RT)				1.75 (0.03m) (2.44 (0.05m))	

열관류율(K) = 1/RT = 1/1.75 = 0.57watt/㎡℃ (0.03m)
(1/2.44 0.41watt/㎡℃ (0.05m))

(2) 구조체의 온도구배

건축물에서 실내외의 온도차로 인해 벽체나 지붕 등의 구조체는 따뜻한 쪽에서 찬 쪽으로 점진적인 온도 변화가 생긴다. 그리고 그림 2-8과 같이 이질재료로 구성된 구조체는 그 내부에서 변화하는 온도구배를 가진다.

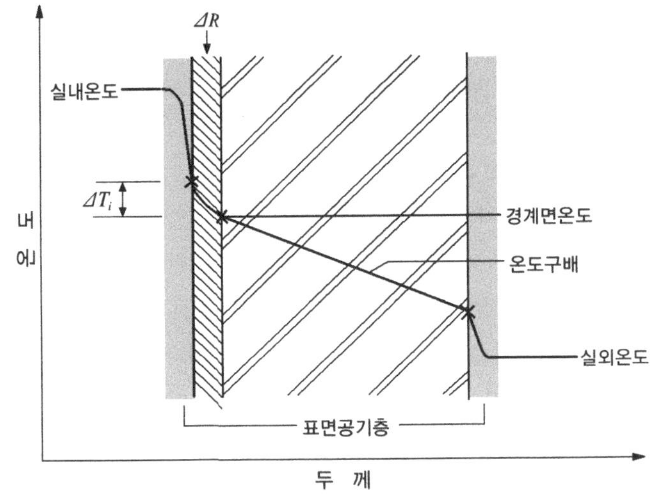

그림 2-8 구조체의 온도 구배

그림에서, 열전도저항이 높은 층에서는 가파른 온도구배를 보이며, 열전도저항이 낮은 층에서는 완만한 온도구배를 보인다. 따라서 최상의 단열재는 그 재료의 양측 표면 간에 최대의 온도차를 갖게 된다. 즉, 구조체 내에서의 온도변화 비율은 각층에 대한 열저항 비율에 비례한다.

[예제 2-3] 다음 벽체의 온도구배를 구하라.

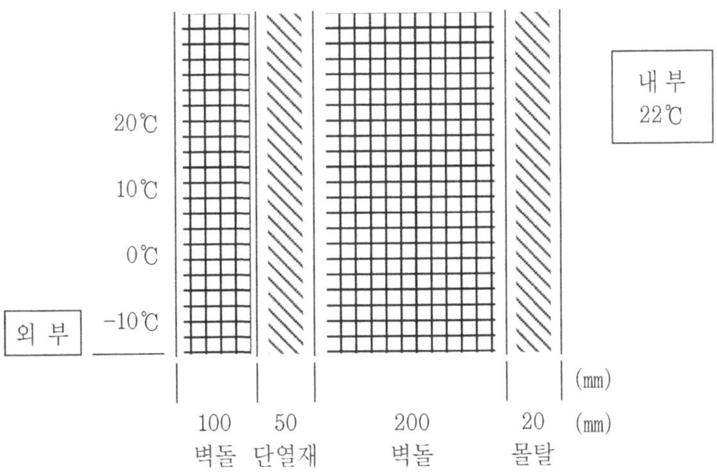

$$q = KA\Delta T$$
$$= CA\Delta T_i$$
$$\therefore\ CA\Delta T_i = KA\Delta T$$

$$\Delta T_i = (K/C)\Delta T$$
$$\Delta T_i = R_i \Delta T$$
$$K\Delta T = 0.41 \times (22+10) = 13.12$$

2.1.4 지붕에서 열전달

지붕은 벽체와 함께 건물의 외피에서 많은 부분을 차지한다. 저층이며 바닥 면적이 넓은 건물일 경우에는 벽체의 면적보다 지붕의 면적이 차지하는 비중이 더 높게 되므로, 지붕을 통해 일어나는 열전달을 조절하는 것이 더욱 중요하다. 지붕에서의 열전달도 벽체와 같이 전도, 대류, 복사의 형태로 일어난다.

(1) 지붕에서 열전도

지붕에서의 열전도는 지붕을 구성하는 재료, 지붕의 면적, 지붕 구조체의 두께, 그리고 외부 온도와 실내 온도의 차에 의해 달라진다. 지붕과 천장 사이에 공기층을 두어 완충 공간 역할을 하도록 하면, 공기층의 온도가 외부 온도와 실내 온도의 중간 온도를 갖게 되므로 과도한 온도차에 의한 열획득 또는 열손실을 줄일 수 있다. 박공지붕 아래를 비공조 공간으로 하여 창고 등으로 활용하는 것이 이러한 효과를 응용한 예이다. 그러나 일반적인 평지붕을 가지고 있으며 별도로 천장을 설치하지 않은 공간의 경우에는 외부 온도와 실내 설정 온도의 차이가 큰 경우 지붕 구조체를 통해 전도되는 열류의 양이 많아지기 때문에 열적 불쾌적 또는 과도한 에너지 손실이 발생할 수 있다.

(2) 지붕 표면에서 열전달- 대류복사

지붕 구조체 내에서 일어나는 열전달은 전도의 형태로 나타나지만, 지붕 표면에서는 대류와 복사가 일어나 지붕 구조체 내표면과 외표면 사이의 온도차를 증가시켜 지붕 구조체를 통한 전도의 양에 영향을 주게 된다.

대류는 지붕과 천장 사이에 위치한 공기층의 열차단 성능을 감소시키며, 이러한 대류 현상은 벽체 내의 수직 공기층에서보다 지붕의 수평 공기층에서 그 정도가 심하며, 난방시의 상향열류에서와 냉방시의 하향열류에 대해서도 정도가 달라진다.

지붕 표면에서 일어나는 복사 열전달은 태양에 의한 단파장 복사와 천공 또는 주위 건물 사이에 일어나는 장파장 복사로 구분할 수 있다. 일반적으로 수평면은 수직면에 비해 많은 양의 일사를 받기 때문에 주간에 지붕면은 많은 일사에너지를 흡수하게 되며, 천공과의 view factor가 크기 때문에 야간에는 장파장 복사를 통해 많은 에너지를 잃게 된다. 지붕과 천장 사이의 공기층에서도 대류 외에 복사에 의한 열전달이 일어나며, 그 양은 전체 열전달의 50~70%를 차지한다.

(3) 지붕에서의 단열

지붕을 통한 열전달을 억제하거나 지연시킴으로써 실내 환경을 쾌적하게 유지하고 에너지를 절약할 수 있으며 이를 위해 지붕에 대한 단열 조치가 필요하다. 지붕의 단열도 벽체와 같이 저항형, 용량형, 반사형 단열의 세 가지로 구분할 수 있다.

지붕 구조체를 통한 열전도를 억제하기 위해 일반적으로 경량 콘크리트, 발포 폴리스틸렌, 중공층 등의 기포형 단열재를 사용하게 된다. 외피 면적에서 지붕이 차지하는 비중이 큰 건물에 대해서는 지붕에 대한 단열을 보다 철저히 할 필요가 있다.

구조체의 축열효과에 의한 용량형 단열을 통해 열전달을 지연시킬 수 있으며, 이를 위해서 콘크리트, 기와 등의 열용량이 큰 재료와 저항형 단열재로 지붕을 복합적으로 구성하는 것이 필요하다.

지붕은 건물의 외피 중에서 복사에 의한 열전달이 가장 활발하게 일어나는 부분이므로, 반사형 단열을 통해 얻을 수 있는 효과가 다른 부분에 비해 크다. 알루미늄 호일은 복사 열전달의 95% 정도를 차단할 수 있으며, 지붕과 천장 사이의 공기층에 설치될 경우 또 다른 공기층을 형성함으로써 대류 열전달 저항을 크게 해주는 역할도 할 수 있다.

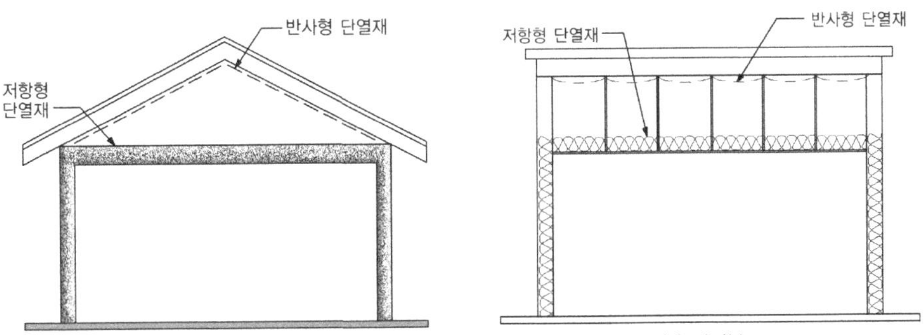

(a) 경사지붕　　(b) 평지붕

그림 2-9 지붕 단열재

(4) 단열재의 위치에 따른 지붕과 천장 사이 온도 구배

외기와 지붕과 천장 사이, 그리고 천장 아래의 재실 공간 사이의 온도차로 인해 지붕과 천장 사이에 따뜻한 쪽에서 찬 쪽으로 점진적인 온도 변화가 생기며, 이는 단열재의 위치, 지붕 재료의 구성 등에 의해 그 온도구배가 달라지게 된다. 단열재의 위치는 지붕과 천장 사이의 공간을 어떤 온도로 할 것인가에 따라 달라지게 되며, 따뜻한 천장(warm roof)에서는 단열재를 공기층 위의 지붕면 쪽으로 설치하며, 찬 천장(cold roof)에서는 공기층 아래쪽 즉 천장 바로 위에 설치하게 된다.

지붕과 천장 사이의 공간에서는 결로가 심하게 발생할 수 있으므로 적절한 환기와 함께 방습층을 반드시 설치해야 한다. 방습층의 설치 시에는 그림 2-10과 같이 지붕과 천장 사이의 온도 구배를 고려하여 단열재로부터 따뜻한 쪽에 설치하도록 한다.

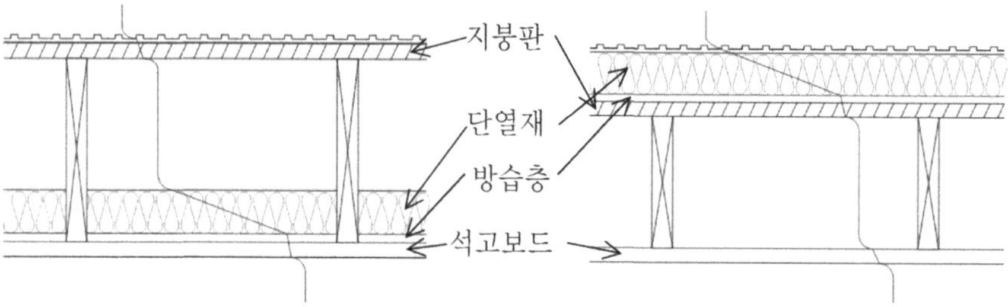

(a) 지붕 안이 저온인 경우 (b) 지붕 안이 고온인 경우

그림 2-10 단열재의 위치에 따른 지붕과 천장 사이의 온도 구배

(5) 지붕과 천장 사이 환기

효과적인 결로 방지를 위해서는 방습층 설치 외에 지붕과 천장사이의 공간을 환기시키기 위한 대책이 필요하다. 천장과 지붕 사이 공간의 환기는 자연적인 대기의 흐름을 이용하거나, 환풍 장치를 이용하여 환기 효과를 높일 수 있다. 어느 경우에나 효과적인 환기를 위해서는 환기통의 크기나 환풍기 용량을 고려하여 환기량을 조절해야 할 것이다. 환풍기를 사용할 경우, 천장 공간의 공기를 시간당 4~5회 정도 완전히 환기할 수 있는 용량이 필요하다.

(6) 지붕의 이중외피

지붕은 외부환경의 변화를 조절하는 역할을 하기도 하지만 벽체와 같이 창을 설치함으로써 태양빛을 받아들이는 역할을 할 수도 있다. 지붕에 설치한 천창을 통하여 빛을 받아들일 경우 벽에 설치한 측창에 비해 균일한 밝기분포를 얻을 수 있는 장점이 있다. 그러나 이렇게 지붕을 유리로 할 경우, 많은 일사가 유입되어 실이 가열되거나 유리의 높은 열관류율로 인하여 외부의 온도변화에 실의 온도가 쉽게 변화하는 문제가 발생할 수 있다. 이러한 문제점을 완화시키기 위한 방법으로서 지붕의 유리를 이중외피로 계획하는 방법이 있다.

Renzo Piano가 설계한 Beyeler Museum은 지붕을 이중외피로 처리한 대표적인 예이다. 외부의 기후변화에 의한 실내 환경의 변화를 최소화하기 위해, 두 층의 유리 지붕 사이에 높이 1.4m의 공조공간을 두어 열적 완충공간이 되도록 하였고, 직달일사를 차단하기 위해 상층 유리 외피 위에 남측으로 경사진 유리 패널을 두었다. 또한 일사의 양과 야간의 간접조명의 조절을 위해 중공층에 조절식의 루버를 설치하였으며 빛의 고른 확산을 위해 하층 유리 외피 아래에 반투명 천공 패널을 설치하였다. Beyler Museum은 이러한 여러 가지의 일사 조절 장치와 이중외피 지붕을 통해 빛에 민감한 예술작품들을 자연광 아래에서도 감상할 수 있도록 한 좋은 예이다.

그림 2-11 Beyeler Museum

2.1.5 창을 통한 열전달

창을 통해 유입된 빛은 자연조명의 역할과 공간에 복사열을 공급하는 역할을 한다. 즉 창은 건물의 열전달 통로의 하나이며 유리창을 통한 열전달은 실내외 공기 온도차에 의한 전도 및 대류 열전달, 주변과 유리층 사이의 장파복사 교환, 그리고 태양으로부터 직접 창호로 입사되거나 지면이나 인근 물체에 반사되어 입사하는 단파복사로 구분할 수 있다. 이와 같이 유리창을 통해 열이 전달되는 경로를 나타내면 그림 2-12와 같다.

(1) 유리의 열적 특성

유리는 재료와 두께 그리고 두개 이상의 유리가 조합된 경우 공기층의 두께와 유리들의 조합에 의해 열적 특성이 달라진다. 이것은 가시광선투과율, 차폐계수, 열관류율로 표현된다.

가시광선투과율은 파장영역 380-780nm인 가시광선이 유리를 투과할 때 투과되는 비율을 백분율로 표현한 값이다. 일반 유리(5mm 두께)의 가시광선 투과율은 약 81.3%이다. 차폐계수는 유리에 직접 투과된 태양열과 유리 내부로 흡수된 태양열이 실내로 방사열이 전달되는 정도를 나타내며, 차폐계수가 1.0인 0.3mm 두께의 맑은 유리에 대하여 특정 유리가 어느 정도 태양열을 취득했는지를 나타내는 수치로 표현한다. 열관류율은 열이 물체를 통하여 전달되는 비율을 나타내며, 특정한 유리가 열을 잘 전달하는지 또는 난방을 유지하거나 냉방을 유지하는 유리의 단열성을 평가하는 척도로 사용된다.

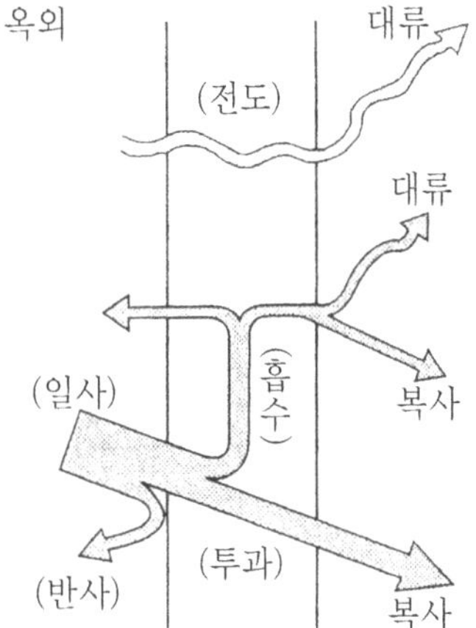

그림 2-12 유리창을 통한 열전달

(2) 일사

일사는 태양으로부터 받는 열의 복사에너지를 말한다. 일사는 대기를 투과하여 직접 지표에 도달하는 직달일사와 대기 중의 공기분자, 먼지 등에 의해 산란되어 방향성 없이 지상에 도달하는 확산일사로 구분된다. 직달일사는 건물 안으로 직접 유입될 경우 공간의 열획득이 매우 커지기 때문에 여름철에는 직달일사를 제한하는 것이 좋다. 일사와 같은 단파장 복사는 유리에 흡수되거나 건물 안의 바닥과 벽체 등에 직접 열을 공급하게 되며, 일사에 의해 인입된 열량은 다음 식으로 나타낼 수 있다.

$$Q = SC \times SCL \times A$$

여기서 Q : 입사열량(W)

SC : 유리창의 차폐계수(shading coefficient)

SCL : 일사에 의한 냉방부하(solar cooling load, W/㎡)

A : 유리창 면적(㎡)

표 2-2 차폐계수

유리	블라인드	차폐계수
보통 단층	없음 밝은 색 중간색	1.0 0.65 0.75
흡열 단층	없음 밝은 색 중간색	0.8 0.55 0.65
보통 이중 (중간 블라인드)	밝은 색	0.4
보통 복층	없음 밝은 색 중간색	0.9 0.6 0.7
외측 흡열 내측 보통	없음 밝은 색 중간색	0.75 0.55 0.65
외측 보통 내측 거울	없음	0.65

일사에 의한 냉방부하(SCL)는 태양이 입사하는 각도에 따라 변화하므로, 건물이 위치한 지역의 위도, 건물의 향, 계절과 시각에 따라 건물의 입사열량은 달라지게 된다. 차폐계수(SC)는 유리창을 통해 빛이 입사하는 정도를 결정하므로, 차폐계수를 조정함으로써 건물이 받는 일사의 양을 조절할 수 있다. 차폐계수는 유리의 종류에 따라 달라지며, 유리창 내외측에 블라인드나 커튼 등의 일사차폐장치를 설치함으로써 조절할 수 있다. 유리면 바깥쪽의 일사차폐장치는 실내쪽 일사차폐장치보다 좀 더 효과적으로 일사획득을 줄일 수 있다. 반면 실내 일사차폐장치는 작동과 조절이 쉽다는 장점이 있다.

(3) 유리의 열관류율

실내외 공기 온도차에 의한 전도 및 대류 열전달, 주변과 유리층 사이의 장파복사 교환은 유리창을 통해 일어나는 열전달의 다른 형태이다. 이 형태의 열전달은 유리의 열관류율 U로 나타낼 수 있다. 표준 실내 및 실외 조건에서의 U값은 유리층의 수, 중공층의 두께, 수직면에 대한 방향, 각 표면의 방사율 및 충진 가스의 구성 등과 같은 유리창의 구조에 의해 좌우된다. 유리 사이의 중공층은 낮은 열전도율 때문에 창 전체의 U값을 낮춰주는 역할을 한다. 그러나 중공층의 폭이 커지면 공기의 유동으로 인한 대류 열전달이 일어나기 때문에 중공층의 두께는 19㎜(3/4in)를 초과하지 않는 것이 좋다. 창은 유리 외에 여러 가지 종류로 된 창틀로 구성되기 때문에 창틀의 구조와 재료도 창의 U값에 영향을 주게 된다. 금속제 창틀의 경우 열전도율이 높기 때문에 창틀을 통한 열손실과 표면의 결로 위험이 커지게 된다. 이를 방지하기 위한 방법으로는 열교차단재(thermal brake)를 삽입하는 방법, 금속창틀 내부에 단열재를 충진하는 방법, 이중창 사이의 간극제(spacer)를 금속재 대신에 FRP 소재로 대체하는 방법 등이 있다. 그 밖에 중공층에 공기 대신 아르곤과 크립톤 가스를 사용함으로써 에너지 전도를 감소시킬 수 있으며, 중공층에 low-e 플라스틱 코팅 필름을 넣어 단열 성능을 향상시킬 수도 있다.

(4) 유리의 종류

유리창은 단층의 유리로 이루어지거나 복층 또는 다층의 유리의 조합으로 이루어진다. 유리는 여러 가지 색채로 가공될 수 있으며, 그 색채에 따라 태양복사열 또는 가시광선의 투과 및 흡수율이 달라진다. 유리의 반사율과 투과율을 변화시키기 위해 표면에 코팅을 하기도 한다.

복층 또는 다층 유리는 유리 사이에 중공층이 있으며, 중공층에 의해 열적 완충 효과를 얻을 수 있다. 공기층은 열전도율이 낮으며 중공층 내표면에서 일어나는 표면열저항의 영향으로 유리 전체의 열관류율을 낮출 수 있다. 단열 유리는 다층 유리의 구조를 가지고 있으며 유리에 코팅을 하거나 중공층에 특수한 가스를 넣음으로써 일반유리에 비해 우수한 성능을 갖도록 한 것이다. 유색투명 및 반사유리도 유리창을 통한 일사획득을 줄이는 데 사용될 수 있으나 단열유리에 가장 우수한 성능을 가지는 것은 low-e 코팅 유리이다. low-e 코팅에는 high-solar-gain과 low-solar-gain의 두 가지 종류가 있다. 전자는 열전도율을 최우선으로 줄이기 위한 것으로 주로 추운 지역에서 사용된다. 후자는 더운 지역에서 주로 사용되며 태양광 스펙트럼 중 적외선 부분의 흡수를 막아 일사 열획득을 줄이게 된다.

2.2 외피를 통한 열손실과 획득

2.2.1 열손실과 열획득

(1) 열손실

그림 2-13과 같이 열손실이 일어나는 주된 경로로는 벽체나 지붕을 통한 열관류, 침기, 환기를 들 수 있다. 열관류는 천장, 벽체, 바닥, 창문 및 문을 통하여 일어나며 전도, 자연대류, 복사 열전달이 조합된 형태로 일어난다. 이들 성분이 열관류에서 차지하는 비율은 그림 2-13과 같이 구조체의 특성에 의해 크게 좌우된다. 건물의 외피를 통한 관류 열손실은 다음 식 (1)과 같이 정의된다.

$$\text{열손실} = \frac{\text{외피 면적} \times \text{실내외 온도차}}{\text{외피의 열저항}} \tag{2-3}$$

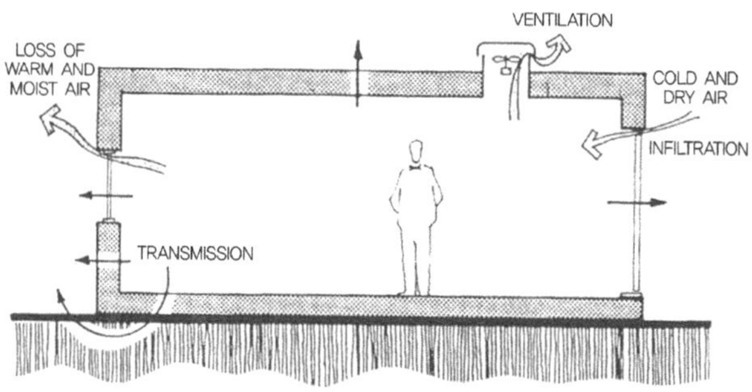

그림 2-13 건물에서 열손실이 일어나는 경로

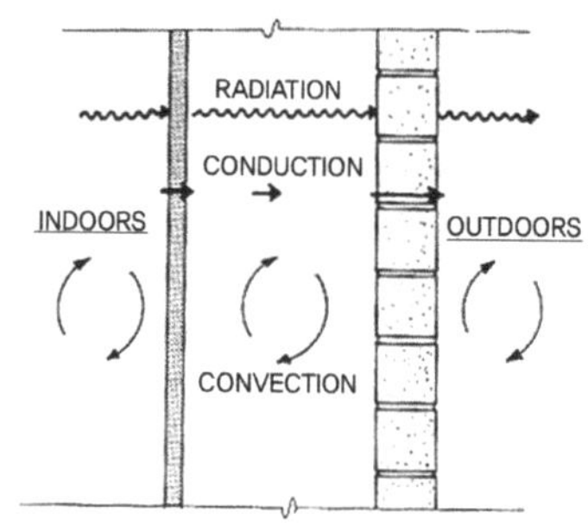

그림 2-14 벽체의 열관류 성분

열손실은 구조체의 접합부, 창문이나 문 주위의 크랙을 통한 침기에 의하여도 발생한다. 환기에 의한 열손실이 발생하는 원리는 침기의 원리와 유사하지만, 이는 공기를 교환하기 위해서 인위적으로 조절된다는 점에서 침기와는 다른 형태이다. 침기와 환기의 경우 현열 뿐 아니라 잠열의 형태로도 열손실이 일어난다.

(2) 열획득

건물의 열획득은 열손실과 유사하지만, 중요한 차이점이 있다. 실내외 온도차로 인해 외피를 통한 열관류가 발생하는 것은 열손실의 경우와 동일하지만, 열획득의 경우 온도차가 일어나는 주된 이유는 내부 발열, 축열체의 축열 효과, 일사에 의한 온도 상승이다.

내부 발열은 사람, 조명, 각종 기구에 의해 발생하는 열을 지칭하며 현열과 잠열 형태 모두를 취할 수 있다. 축열체는 하루 동안 온도가 큰 폭으로 변동할 때 열획득을 저감시킬 수 있다. 축열체의 단열효과는 기온이 쾌적 영역 밖에서 심하게 변화하는 덥고 건조한 기후에서 가장 효과적으로 작용한다. 태양을 통한 열획득은 두 가지 경로를 통하여 이루어진다. 첫 번째 경로는 창문을 통한 직달 일사이고, 두 번째 경로는 불투명한 표면이 가열되어 온도가 상승하는 경우이다.

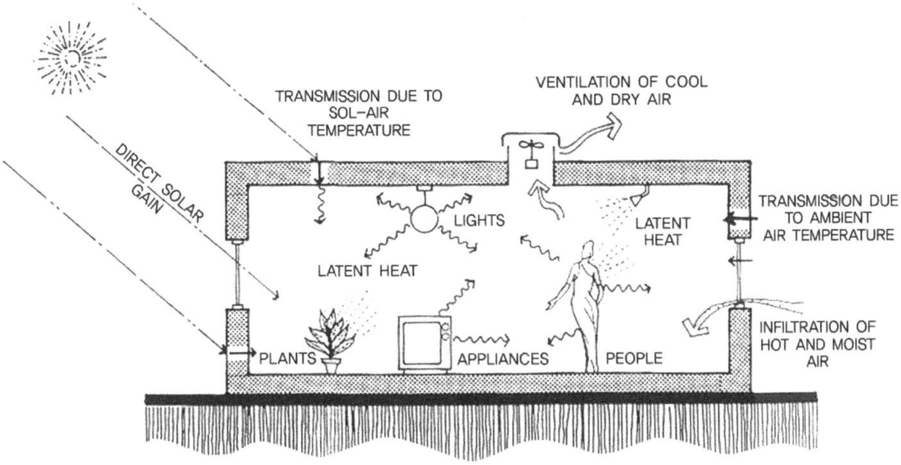

그림 2-15 건물에서 열획득이 일어나는 경로

침기는 여름철의 경우 풍속이 겨울철보다 작기 때문에 그다지 큰 문제를 일으키지 않지만, 환기가 주요한 열획득의 경로가 된다. 특히 습한 기후에서는 잠열성분이 매우 크기 때문에 환기로 인한 열획득이 커지게 된다.

2.2.2 건물의 외피재료에 따른 열손실

앞의 식 (1)에서도 보듯이 건물의 열손실은 외피의 면적이 크고, 외피의 열저항이 작을수록 많이 일어나게 된다. 그러므로 외피의 면적이 일정하다면 열저항이 큰 재료를 사용하여 외피를 구성함으로써 외피를 통한 열손실을 줄일 수 있다. 건물의 외피를 이루는 요소를 크게 벽체와 유리창으로 구별하여 이들 재료와 구성에 따른 열손실을 살펴보면 다음과 같다.

실내외 온도차가 30℃라고 할 때, 벽체의 구성을 콘크리트(200㎜)만으로 한 경우, 콘크리트(200㎜)+단열재(50㎜)로 구성한 경우, 콘크리트(200㎜)+공기층(50㎜)+단열재(50㎜)로 구성한 경우의 열손실은 표 2-3과 같다. 콘크리트와 단열재의 열전도율은 각각 1.73W/m℃, 0.03W/m℃이고, 공기층의 열저항은 0.12m²℃/W이다. 단열재를 추가로 구성하였을 경우 열손실이 큰 폭으로 저감되었으며, 단열재와 공기층을 병용하였을 경우 열손실이 더욱 줄어든 것을 알 수 있다. 그러므로 일반적인 구조체에 열전도율이 작은 재료를 조합하여 외피를 통한 열손실을 저감하도록 계획하여야 할 것이다.

표 2-3 벽체 구성에 따른 열손실

	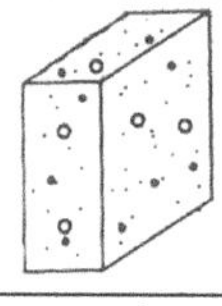	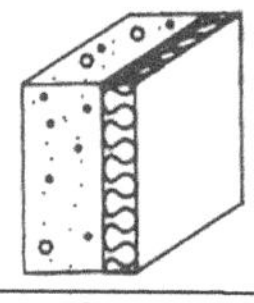	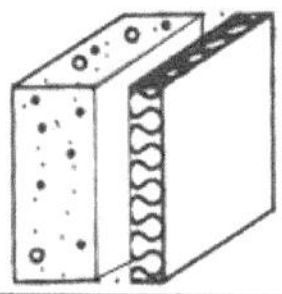
외피 구성	콘크리트	콘크리트+단열재	콘크리트+공기층+단열재
U-value(W/m²℃)	3.754	0.517	0.487
열손실(단위면적당)	112.6W	15.6W	14.6W

유리창의 경우에는 벽체를 구성하는 재료에 비해 훨씬 더 큰 열관류율을 가지는 유리로 구성되므로 열손실이 더 많이 일어나게 된다. 따라서 유리를 두 겹으로 하고 공기층을 추가한 복층유리나 방사율이 작은 재료를 이용한 로이(low-E)유리를 사용하여 창을 통한 열손실을 줄이는 방법이 채택되고 있다. 표 2-4는 창의 구성이 단층유리, 복층유리, 로이복층 유리일 때의 외피를 통한 열손실량을 보여주고 있다.

표 2-4 유리 구성에 따른 열손실

유리 구성	단층유리 (6mm 일반유리)	복층유리 (6mm일반유리+공기층12mm +6mm일반유리)	로이복층유리 (6mm일반유리+공기층12mm +6mm로이유리)
U-value(W/m²℃)	6.18	2.80	1.75
열손실(단위면적 당)	185.4W	84.0W	52.5W

표 2-4에서와 같은 복층유리를 사용하여 이중창을 구성할 경우, 공기층의 열저항으로 인해 이중창의 열관류율이 감소되면서 외피를 통한 열손실이 더욱 저감된다. 만약 이중창에서의 공기층의 폭이 더 커진다면 공기층의 열적완충작용으로 인해 열손실이 더욱 줄어들 수 있다. 이러한 관점에서 최근에 도입된 외피의 형태가 이중외피(double-skin facade) 시스템이라 하겠다.

이중외피는 기존의 외피에 하나의 외피를 추가하고 이들 외피 사이에 형성되는 중공층에 블라인드를 설치한 것으로 외부의 자연환경을 적극적으로 활용하는 시스템이다.

여름에는 그림 2-16과 같이 중공층 사이의 블라인드로 일사의 유입을 차단하여 과도한 열획득을 방지한다. 또한 그림 2-17과 같이 중공층 사이의 과열된 공기를 바깥쪽 외피의 개구부를 통해 환기시킴으로써 중공층 온도상승에 따른 열획득을 예방할 수 있다. 겨울에는 이중외피의 중공층이 일종의 열적완충작용을 하여 낮은 온도의 외기에 의한 영향을 최소화하고, 외피를 통한 열손실을 저감시키는 역할을 한다.

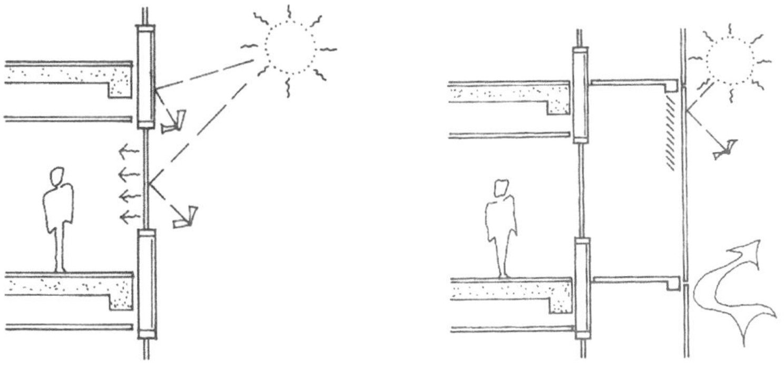

(a) single skin 개념 (b) double skin 개념

그림 2-16 이중외피의 개념

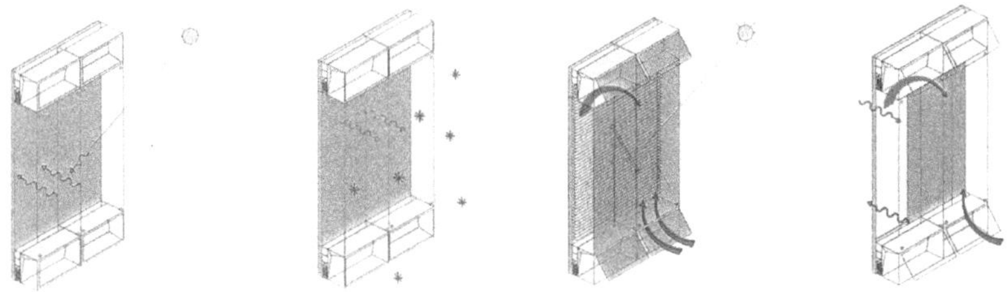

(a) 겨울주간 (b) 겨울주간(흐림) (c) 여름주간 (d) 여름야간

그림 2-17 이중외피에 의한 열손실 및 열획득의 저감

2.3 단열과 보온 계획

2.3.1 단열(Thermal Insulation)의 원리

단열은 건물 외피와 주위 환경 간의 열류를 차단하는 역할을 하며, 저항형, 반사형과 용량형의 3가지 형태의 단열 메커니즘이 있다. 이중에서 저항형(기포형)과 반사형은 순간적인 효과가 있는 데 반하여, 용량형 단열은 시간의 함수로써 작용하는 것이 특징이다.

어떠한 대상 건축물에 어떤 종류의 단열재를 사용할 것인지는 단열재 및 대상물의 안전 사용 온도 및 주변 조건, 요구되는 기계적 강도와 내화성, 내약품성, 부피, 흡음, 방습 및 결로에 대한 저항치 및 가격 등을 충분히 검토한 후에 결정해야 한다.

(1) 저항형 단열

1) 저항형 단열의 기본 원리

현대의 건물에서 주된 열전달의 방법은 전도이나, 대류와 복사도 또한 관련이 있다. 이러한 열전도를 적게 하는 재료들은 구성 원자들이 멀리 떨어져 있고 다공질이며 밀도가 낮은 것이 대부분이다. 기체는 원자가 가장 멀리 떨어져 있으므로 전도에 대하여는 최고의 단열재이다. 기체의 혼합물인 공기는 기포에 의한 경량 콘크리트, 발포 플라스틱(expanded plastics), 그리고 중공(cavity)에서와 같이 저항형 단열재의 기본이 되고 있다.

이때 단열재의 역할을 하는 공기는 움직여서는 안 된다. 만약에 공기가 움직이게 된다면 대류에 의하여 열전달을 하게 될 것이기 때문이다. 일반적으로 다공질 또는 섬유질의 기포성 단열재는 무수한 기포로 구성되어 있기 때문에 열전도율이 낮다. 물론 이 경우 공기가 충진된 작은 입자 내에서는 대류나 복사 열전달은 무시할 정도이며, 재료의 열전도율은 정지된 공기의 값에 가까워진다. 즉 기포 단열재의 역할은 공기를 정지시키는 것이다.

표2-5 단열재의 등급 분류

등급분류	열전도율의 범위 (KS L 9016에 의한 20±5℃ 시험조건에서 열전도율)		KS M 3808, 3809 및 KS L 9102에 의한 해당 단열재 및 기타 단열재
	W/mK	㎉/mh℃	참고사항
가	0.034 이하	0.029 이하	- 압출법보온판 특호, 1호, 2호, 3호 - 비드법보온판 2종 1호, 2호, 3호, 4호 - 경질우레탄폼보온판 1종 1호, 2호, 3호 및 2종 1호, 2호, 3호 - 그라스울 보온한 48K, 64K, 80K, 96K, 120K - 기타 단열재로서 열전도율이 0.034W/mK (0.029㎉/mh℃)이하인 경우
나	0.035~0.040	0.030~0.034	- 비드법보온판 1종 1호, 2호, 3호, 4호 - 미네랄울 보온판 1호, 2호, 3호 - 그라스울 보온판 24K, 32K, 40K - 기타 단열재로서 열전도율이 0.035~0.040W/mK (0.030~0.034㎉/mh℃)이하인 경우
다	0.041~0.046	0.035~0.039	- 비드법보온판 1종 4호 - 기타 단열재로서 열전도율이 0.041~0.046W/mK (0.035~0.039㎉/mh℃)이하인 경우
라	0.047~0.051	0.040~0.044	- 기타 단열재로서 열전도율이 0.047~0.051W/mK (0.040~0.044㎉/mh℃)이하인 경우

※ 단열재의 등급분류는 단열재의 열전도율의 범위에 따라 등급을 분류한다.

2) 저항형 단열재의 종류

저항형 단열재는 여러 종류의 원료로부터 여러 가지 형태로 만들어지고 있다. 이러한 저항형 단열재는

- 단단한 성형재(rigid pre-formed materials)
- 유연재(flexible materials)
- 성근 충진재(loosefill materials)
- 현장 발포재(materials formed on site)

와 같이 일반적 유형으로 분류할 수 있다. 이러한 단열재의 물리적 성질은 표 2-5와 같다.

(2) 반사형 단열

1) 반사형 단열의 기본원리

반사형 단열은 열방사에 대해 낮은 방사율을 가지는 재료로써 복사열 에너지를 반사해서 단열작용을 하는 경우를 말한다. 약 60%의 열전달이 복사에 의해 이루어지는 중공벽이나, 약 50~70%의 열전달이 복사에 의해 이루어지는 다락이나 마루에서와 같이, 복사의 형태로 열전달이 이루어지는 공기층에 매우 유효한 단열방법이다.

복사에 의한 열전달은 복사열의 흡수 및 방사가 적은 표면의 사용으로 억제될 수 있다. 이러한 표면은 빛나게 보일 뿐 아니라 빛과 같이 행동하는 전자기파의 복사열을 반사한다. 이러한 유형에 속하는 단열재의 예로는 알루미늄 호일이 있으며 매우 얇아서, 이에 의한 전도의 영향은 무시될 정도이다.

복사율을 낮추기 위해 표면에 주로 금속 호일(metallic foil)을 사용하는 반사형 단열재는 반사 공간을 필요로 하며, 불연성이고 뛰어난 습기 차단재인 것이 특색이다. 또한 호일은 시간이나 온도의 영향을 받지 않고 세균, 해충, 박테리아의 성장을 돕지는 않으나, 표면이 습기에 의해 영향을 받으며, 산화나 먼지에 의해 반사면이 흐려지면 효율이 떨어지게 된다.

표 2-6 여러 표면의 흡수율과 방사율

재료	반사율 (Reflectivity in %)	평균 방사율 (Average Emittance ϵ)
알루미늄 호일(Aluminum foil)	92~97	0.05
알루미늄 시트(Aluminum sheet)	80~95	0.12
알루미늄 코팅 페이퍼(Aluminum coated paper)	75~84	0.20
도금 강(Steel galvanized)	70~80	0.25
알루미늄 페인트(Aluminum paint)	30~70	0.50

출처 : "자연형 태양열 시스템을 이용한 건물에너지 절약기술에 관한 기초연구", p.Ⅲ-60

2) 반사형 단열재의 종류

재료표면의 열반사를 이용하는 반사형 단열재는 보통 반사율이 좋은 금속박판을 이용

하여 많이 쓰며, 그 종류에는 알루미늄 blanket, 표면을 금속박판으로 처리한 blanket, 알루미늄 박판으로 처리한 석고 보드, 특별 합금이나 코팅 처리한 철판 열반사 보온재, 열반사 코팅 등이 있다. 반사형 단열재에서는 그 반사재 표면의 반사율과 방사율이 중요하며, 여러 표면의 반사율과 방사율을 알아보면 다음과 같다.

(3) 용량형 단열

1) 용량형 단열의 기본원리

일반적으로 모든 건축 재료는 열전달을 억제하는 성질과 열전달을 지연시키는 성질을 동시에 가지고 있으며, 재료에 따라서 한 가지 성질이 우수하면 다른 성질은 그렇지 못한 것이 일반적이다. 예를 들어 벽돌이나 콘크리트는 많은 양의 열을 흡수할 수 있으나 열전달을 억제하는 능력은 극히 작으며, 반면에 유리섬유와 같은 단열재는 열전도를 억제하는 능력은 매우 크나 열에너지를 흡수하거나 열전달을 지연시키는 능력은 극히 작다. 따라서 이들 재료들이 복합적으로 구성되는 벽체도 상기 두 가지 성질을 동시에 지니면서 그 구성재료 및 방식 등에 따라 성질 간의 차이를 나타내게 된다.

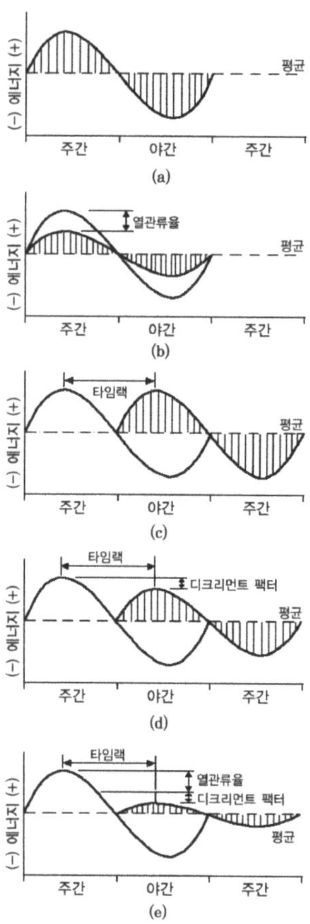

그림 2-18 열관류율, 타임랙, 디크리먼트 팩터의 圖解

벽체에서 이 두 성질 즉, 열전달을 억제하는 성질은 벽체의 단열성능(주로 저항형과 반사형 단열 성능)으로 표현되며, 열전달을 지연시키는 성질은 벽체의 축열 성능으로 표현되는데, 이 성능은 벽체가 지니는 열용량에 의해 다음에 이야기 할 타임 랙과 디크리먼트 팩터로 설명될 수 있다. 바로 열전달을 지연시키는 후자의 성질을 이용하여 단열을 유도하는 방법을 용량형 단열이라 한다.

2) 타임 랙(Time-lag)과 디크리먼트 팩터(Decrement Factor)

타임 랙이란 열용량이 0인 벽체 내에서 발생하는 열류의 피크에 대하여 주어진 구조체에서 일어나는 피크의 지연 시간을 말한다. 타임 랙의 계산방법은 전후 미국 코넬 대학의 Mackey와 Wright에 의해 건물 구조체의 열 흡수로 인한 냉방 부하의 과다 산정을 막기 위해 개발되어졌다. 비록 정확하지는 않았지만, 건축가에게 다양한 벽체를 비교하여 타임 랙에 의한 영향을 파악할 수 있게 해주는 유용한 방법임에는 틀림이 없다.

이러한 개념들에 대한 이해를 돕기 위해 다음을 살펴보도록 하자.

하루 동안 외벽의 온도 사이클은 그림 2-18(a)와 같이 가정해 볼 수 있다. 이때 이 사이클은 주간에는 벽체가 태양열에 의해 가열되어지고, 야간에는 대기 중의 공기에 의해 식혀지는 것을 보여준다. 만일 구조체에 열전달에 대한 저항성(energy resistance : 열관류율), 축열성(energy capacity : 타임 랙)과 확산성(energy diffusion : 디크리먼트 팩터)의 영향이 없다면, 내벽 표면의 온도 사이클은 외벽과 같을 것이다.

그림 2-18(b)는 단지 구조체의 열전달에 대한 저항성만을 고려한 경우로써, 벽체의 열관류율과 직접적으로 관련하여 진폭이 변화한 것을 나타내고 있다. 즉, 열관류율이 작으면 작을수록 진폭은 더욱 작아지게 되는 것이다. 이때 사이클의 시간 간격(타임랙)에는 물론 변화가 없다.

그림 2-18(c)는 단지 타임 랙만을 고려한 경우로써, 각 사이클의 진폭에 있어서는 변화가 없고, 내벽의 온도 사이클의 시간간격만이 계산되어진 시간만큼 이동되어지는 것을 나타내고 있다. 이때 타임 랙이 크면 클수록 시간 간격의 이동은 더욱 커진다.

그림 2-18(d)는 타임 랙과 직접 관련하여 디크리먼트 팩터로 인해 진폭이 감소되는 것이 설명하고 있다. 주간에 벽체는 외벽표면보다 평균온도가 더 낮게 되므로 열에너지를 흡수할 것이며, 야간에는 외기온보다 벽체의 온도가 더 높으므로 열에너지가 외부로 재방사되어질 것이다. 이때 디크리먼트 팩터는 진폭을 변화시킨다.

그림 2-18(e)는 이러한 세 요소가 복합적으로 작용하여 타임 랙은 온도 사이클의 시간간격을 이동시키고, 디크리먼트 팩터와 열관류율은 진폭을 감소시키는 현상을 보여주고 있다.

2.4 건물 부위별 단열설계

2.4.1 단열 설계의 원리

건물 실내의 온도를 일정하게 유지하기 위하여 건물과 주위 환경과의 열에너지 교환율을 억제할 필요가 있다. 건물 내부의 열을 될 수 있는 한 오랫동안 유지한다는 것은 에너지를 보존하며 난방 에너지를 절약하는 길이다.

단열은 건물로부터의 열 손실을 줄일 수 있는 주된 방법이다. 적절한 단열은 훌륭한 초기 설계에 꼭 필요하지만, 기존의 건물에도 단열재를 추가로 설치할 수 있다. 단열재의 추가에 따른 비교적 적은 비용은 필요한 난방 설비 규모의 축소와 연간 난방비의 절약에 의해 쉽게 보상된다. 이에 따른 연료의 절약은 건물의 수명이 다할 때까지 계속될 것이다.

훌륭한 단열에 따른 또 다른 이점은 실내측 벽 표면이 따뜻해지므로 표면 결로의 위험이 적어진다는 것이다. 또한 주간에 사용되지 않던 방을 쾌적한 온도로 덥힐 때, 잘 단열이 된 방은 이에 걸리는 시간이 짧아진다.

외부의 온도가 실내보다 높을 때, 훌륭한 단열은 건물로의 열 유입을 막아주기도 한다는 것도 알아두어야 한다. 즉, 단열이 잘 된 구조체는 환기만 잘 조절된다면 단열이 잘되지 못한 구조체보다 여름에 더 시원한 상태로 유지된다. 큰 건물에 있어서 이러한 단열은 냉방 시설을 운영하는데 필요한 에너지의 절약을 가져올 것이다.

건축물에 설치된 단열재는 건축물의 열에너지 손실율에 영향을 준다. 이러한 기본적인 영향 이외에도 단열재의 유형과 단열재의 구조체 내에서의 위치는 실내 온도와 구조체 내부의 온도에 영향을 준다.

(1) 내단열과 외단열

단열재의 시공 방법에는 그림 2-19와 같이 단열재의 설치위치에 따라 내단열, 중단열 그리고 외단열로 구분된다. 단열재의 위치에 따라 벽체에 있어서 타임 랙의 변화가 생기는데 이것은 벽구조체 내외부로의 열 이동(the movement of heat)이 달라지기 때문이다.

예를 들면 그림 2-19(b)와 같이 10㎝ 두께의 콘크리트 블록 사이에 단열재가 놓인 경우에 타임 랙은 10시간 정도이다. 그러나 그림 2-19(c)와 같이 단열재가 바깥쪽에 놓인 경우는 타임 랙이 13시간 정도가 된다.

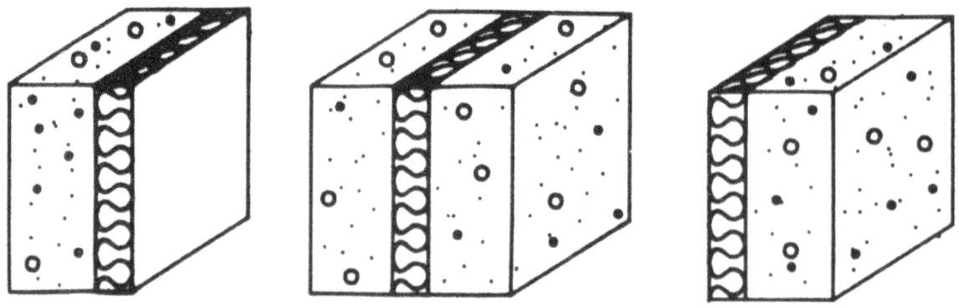

(a) 내단열 (b) 중단열 (c) 외단열

그림 2-19 단열재의 시공방법

표 2-7 외단열과 내단열의 비교

구 분	외 단 열	내 단 열
1. 실온변동	실온변동은 작다. 특히 난방정지 시 온도강하가 적다. 실내측 구조체의 열용량이 작용해 실온의 변동을 방지하며 여름의 온도상승도 방지한다.	실온변동은 외단열보다 크다. 특히, 난방정지시의 온도강하가 크다. 여름에는 구조체의 축열에 의해 더위를 느낄 때가 있다.
2. 열 교	온열교로 되기 때문에 피해가 발생하지 않는다. 열교부분의 단열 보호처리가 용이하다.	냉열교로 되기 때문에 국부 결로 등 이 발생한다. 열교부분의 단열보호 처리가 시공상이나 미관상 곤란한 때가 많다.
3. 표면 결로	간헐난방이 사용되고 있는 방에서는 난방정지시의 벽표면 온도가 높고 최저온도가 높기 때문에 결로되기 어렵다.	난방정지시의 실온이 낮고 벽표면 온도가 더욱 낮아지기 때문에 결로 하기 쉽다. 환기가 불충분할 때는 결로 방지가 불가능하다.
4. 내부 결로	외장재의 종류에 따라 단열재와 외장재의 경계면이 결로하기 때문에 방습층을 설치하거나 환기를 시켜야 한다.	단열재의 실내측에 완전방습층을 설치하지 않는 한 내부 결로를 방지할 수 없다.
5. 난방부하	일반 건축구조상의 열교와 난방 정지시의 콘크리트 축열을 생각하면 작아지는 경우가 많지만 그 차는 대단치 않다.	집회장 등 방의 사용시간이 짧은 건물에는 유리하다. 강당과 집회소 등 단시간 난방에 적합하다.
6. 냉방부하	기본적으로 단열재의 위치에 의한 차는 거의 없다. 냉방일 경우는 야간에 외기를 도입해서 축냉하면 유리하다.	기본적으로 단열재 위치에 의한 차는 거의 없다. 야간에 차가운 공기를 도입하지 않을 경우에는 축열 부하가 외단열보다 작아질 경우가 있다.

출처 : "열 설비 시공" 12월호, p.101

단일 벽체(homogeneous wall)에서는 안쪽과 바깥쪽으로의 열류흐름(heat flow)의 양이 거의 비슷한 크기이다. 그러나 단열재를 댄 벽체의 경우는 열류(heat flow)가 다양해진다. 즉 단열재가 구조체로의 열류 유입을 차단하므로, 구조체가 축열되기까지 좀 더 시간이 지연됨으로써 타임 랙이 증가하게 되는 것이다. 이 경우 단열재의 위치를 바꿈으로써 생기는 타임 랙의 증가는 동일한 열관류율 값을 가지면서 5시간까지 차이가 난다.

표 2-7은 외단열과 내단열에 대한 항목별 비교이다. 표면 결로에 대해서는 연속난방이 실시되는 실일 경우는 표의 내용과 같지만, 역으로 생각한다면 외단열 구조에서는 간헐난방은 불리한 방법이 된다. 이러한 외단열은 내부의 열용량이 커지기 때문에 개방형 난방기를 사용할 경우에 난방이 시작된 후에도 벽면의 온도가 좀처럼 올라가지 않으므로 따뜻해질 때까지 사이에 표면 결로가 발생할 위험성이 있기 때문이다.

표 2-7을 보면 실온변동은 외단열일 경우 구조체를 열용량이 큰 축열체로 이용하기 때문에 열공급량이 변하거나 한낮의 직달일사를 받아도 실온변동이 적다. 따라서 난방 정지 후에도 내단열과 같이 급속한 온도저하는 볼 수 없으나 열용량이 큰 건물은 재빠른 냉난방이 어렵다는 정성적인 특징이 있다.

(2) 열교 (Thermal Bridges)

높은 열전도율을 가진 재료가 벽이나 바닥 또는 지붕을 내부에서부터 외부까지 완전히 관통하고 있을 때 이 부분은 연결되었다(bridged)라고 하며, 이로 인하여 전체의 유효 열관류율 값은 낮아지게 된다. 즉, 열교란 높은 열전도율로 인하여 구조체의 전체 단열값을 낮추게 하는 구조체의 일부분을 말한다. 이러한 열교 부분으로 손실되는 열류가 증가되면, 표면의 온도가 낮아지므로 이러한 표면에서의 결로 위험이 커지게 된다.

열교는 단열된 벽체가 바닥, 지붕 또는 창문에 의해 단절되는 부분에서 쉽게 생길 수 있다. 열교의 방지책은 올바른 설계와 단열재의 올바른 설치이다.

(3) 얼룩무늬현상 (Pattern Staining)

천장의 얼룩무늬 현상은 먼지나 티끌이 무늬를 이루어 천장 속에 감춰진 구조체의 형상이 나타나게 되는 것이다. 이는 열교의 특수한 결과이며 재치장의 빈도에 따라서도 결정된다.

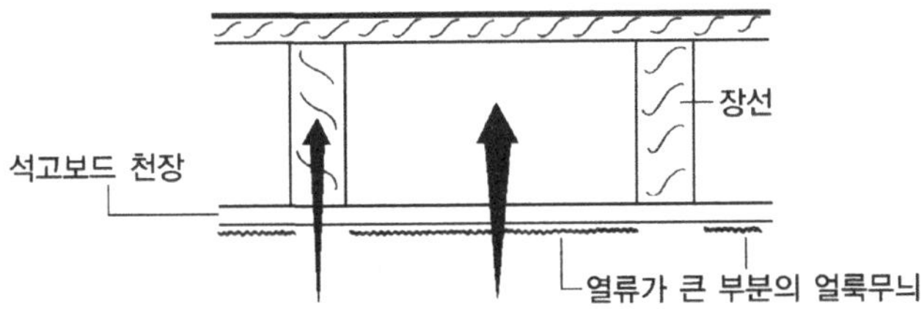

그림 2-21 얼룩무늬 현상

그림 2-21에서와 같이 장선 간의 단열의 값이 낮은 부분은 그 주변보다 열이 더 잘 전달되므로 대류로 인하여 공기 중의 먼지가 이 부분에 더 많이 부착되게 된다. 표면 온도의 차이가 1℃ 이상 나게 되면 얼룩무늬 현상의 위험이 있다고 한다.

2.4.2 건물의 부위별 단열 기준

건물의 열적 성능에 관한 입법은 비교적 최근의 관심사이다. 건축물에서 사용되는 열에너지 보존 방법 중 한 가지는 단열의 최소 기준을 규정하는 것이다. 다른 인자들에 대한 제어 특히 환기율, 실내 공기 온도, 설비의 효율 그리고 건물의 사용 방법 등도 역시 고려되어져야 한다.

우리나라의 단열에 대한 기준은 건축법 시행규칙과 건설부 고시가 있으며, 단열에 대한 1987년도 개정 시행규칙이 의도하는 바는 건강과 쾌적을 위한 최소 규정을 지키고 결로의 위험을 줄이는 것이다. 아울러 건설부 고시는 사무소 건물에 대한 단열기준 권장사항을 나타내고 있다.

우리나라의 단열기준은 최대 허용 열관류율(K-값)과 단열재의 최소 두께를 각 지역별로 나타내고 있다. 아울러 건설부 고시는 건물의 평면 형태에 따른 최대 허용 열관류율과 단열재의 최소 두께를 나타내고 있다.

(1) 건축법 시행규칙 제19조

제19조 [건축물의 열손실방지 등을 위한 조치] ① 영 제24조의 규정에 의하여 건축물에 난방설비를 하는 경우 그 거실의 벽, 반자, 지붕, 바닥 및 개구부의 구조, 재료와 시공방법은 다음 각 호에 정하는 바에 의한다. 다만, 제주도 지방에서 건축하는 건축물로서 연면적 1,000㎡ 미만인 건축물의 경우는 그러하지 아니한다.

1. 거실의 외벽, 최상층에 있는 거실의 반자 또는 지붕, 최하층에 있는 거실의 바닥(거실의 외기에 면하는 바닥을 포함한다)과 공동주택의 측벽은 열관류율의 값이 별표 4 에 정하는 건축물의 해당부위별 열관류율 이하의 구조로 하거나 별표 5에 정하는 건축물의 해당 부위별 단열재의 기준 두께 이상의 단열재로 시공할 것. 이 경우 열관류율의 값은 W/㎡℃로 나타낸다.
2. 온수온돌로 난방을 하는 공동주택에서 세대별 온수보일러를 설치하는 경우에는 거실의 바닥(최하층에 있는 거실의 바닥 및 외기에 면하는 바닥을 제외한다)은 열관류율의 값이 1.0 이하인 구조로 하거나 별표 5에 정하는 단열재를 20㎜ 이상의 두께로 시공할 것. 이 경우 열관류율의 값은 W/㎡℃로 나타낸다.
3. 거실의 외기에 면하는 창은 별표 4에 정하는 열관류율 이하인 이중창 또는 복층 유리(페어글라스)로 시공할 것. 이 경우 열관류율의 값은 W/㎡℃로 나타낸다. (1987. 7. 21 본호 신설).

4. 연면적이 5000㎡ 이상인 건축물(공동주택을 제외한다)로서 중앙집중식 냉난방설비를 하는 건축물의 거실의 외기에 면하는 창 및 출입문은 건설부장관이 정하여 고시하는 기밀성능 기준에 적합하게 할 것(1987. 7. 21 본호 신설).

[별표 4] 지역별 건축물 부위의 열관류율표

(단위 : W/㎡ · K)

<table>
<tr><th colspan="3">지역 / 건축물의 부위</th><th>중부지역[1]</th><th>남부지역[2]</th><th>제 주 도</th></tr>
<tr><td rowspan="2">거실의 외벽</td><td colspan="2">외기에 직접 면하는 경우</td><td>0.270 이하</td><td>0.340 이하</td><td>0.440 이하</td></tr>
<tr><td colspan="2">외기에 간접 면하는 경우</td><td>0.370 이하</td><td>0.480 이하</td><td>0.640 이하</td></tr>
<tr><td rowspan="2">최상층에 있는 거실의 반자 또는 지붕</td><td colspan="2">외기에 직접 면하는 경우</td><td>0.180 이하</td><td>0.220 이하</td><td>0.280 이하</td></tr>
<tr><td colspan="2">외기에 간접 면하는 경우</td><td>0.260 이하</td><td>0.310 이하</td><td>0.400 이하</td></tr>
<tr><td rowspan="4">최하층에 있는 거실의 바닥</td><td rowspan="2">외기에 직접 면하는 경우</td><td>바닥난방인 경우</td><td>0.230 이하</td><td>0.280 이하</td><td>0.330 이하</td></tr>
<tr><td>바닥난방이 아닌 경우</td><td>0.290 이하</td><td>0.330 이하</td><td>0.390 이하</td></tr>
<tr><td rowspan="2">외기에 간접 면하는 경우</td><td>바닥난방인 경우</td><td>0.350 이하</td><td>0.400 이하</td><td>0.470 이하</td></tr>
<tr><td>바닥난방이 아닌 경우</td><td>0.410 이하</td><td>0.470 이하</td><td>0.550 이하</td></tr>
<tr><td colspan="3">바닥난방인 층간 바닥</td><td>0.810 이하</td><td>0.810 이하</td><td>0.810 이하</td></tr>
<tr><td rowspan="4">창 및 문</td><td rowspan="2">외기에 직접 면하는 경우</td><td>공동주택</td><td>1.500 이하</td><td>1.800 이하</td><td>2.600 이하</td></tr>
<tr><td>공동주택 외</td><td>2.100 이하</td><td>2.400 이하</td><td>3.000 이하</td></tr>
<tr><td rowspan="2">외기에 간접 면하는 경우</td><td>공동주택</td><td>2.200 이하</td><td>2.500 이하</td><td>3.300 이하</td></tr>
<tr><td>공독주택 외</td><td>2.600 이하</td><td>3.100 이하</td><td>3.800 이하</td></tr>
</table>

비고

1) 중부지역 : 서울특별시, 인천광역시, 경기도, 강원도(강릉시, 동해시, 속초시, 삼척시, 고성군, 양양군 제외), 충청북도(영동군 제외), 충청남도(천안시), 경상북도(청송군)

2) 남부지역 : 부산광역시, 대구광역시, 광주광역시, 대전광역시, 울산광역시, 강원도(강릉시, 동해시, 속초시, 삼척시, 고성군, 양양군), 충청북도(영동군), 충청남도(천안시 제외), 전라북도, 전라남도, 경상북도(청송군 제외), 경상남도, 세종특별자치시

(2) 사무소 건축물의 에너지절약 설계기준(건설부고시 제695호 '88.12.30)

가) 건축 부문

① 사무소 건축물의 평면장단변비는 난방전용건물에서는 1 : 1-1 : 1.5 범위 내에서, 냉난방 겸용 건물에서는 1 : 1-1 : 2 범위에서 설계하는 것이 바람직하다.

② 남향일 경우 소규모에서는 3층 이하, 중규모에서는 15층 이하, 대규모에서는 20층 이하로, 남향 이외의 향일 경우에는 소규모에서는 5층 이하 중규모에서는 10층 이하, 대규모에서는 15층 이하로 하는 것이 바람직하다.

③ 중규모 사무소 건축물의 경우 편심코아형으로 설계하는 것이 바람직하다.

④ 코아의 배치는 중규모에서는 북측형이, 대규모일 경우 편심이중 코아형에서는 동서형으로, 중심 코아 B형에서는 남북형으로 하는 것이 바람직하다.

⑤ 투과체 재료로서 난방전용 건축물에서는 보통 복층유리, 냉난방 겸용 건축물에서는 열선반사 복층유리를 사용하는 것이 바람직하다.

⑥ 공조공간의 창은 이중 이상의 복층유리로 하거나 이중창으로 하여야 한다.

⑦ 냉난방 겸용 건축물에서는 개구부 계획을 할 겨우 창면적비는 60% 이상이면 창 위치를 최소한 실내로 30㎝ 이상 들어오도록 하는 것이 바람직하다.

⑧ 창문의 기밀성을 유지하기 위해서는 창문틀의 접합부는 밀실하게 시공하고 바람막이 장치를 하여야 한다.

⑨ 사무소 건축물의 부위별 단열기준은 표 2-9와 같다.

표 2-9 부위별 단열기준

[중부지역][1)]

(단위 : ㎜)

단열재의 등급 / 건축물의 부위			단열재 등급별 허용 두께			
			가	나	다	라
거실의 외벽	외기에 직접 면하는 경우		120	140	160	175
	외기에 간접 면하는 경우		80	95	110	120
최하층에 있는 거실의 바닥	외기에 직접 면하는 경우	바닥난방인 경우	140	165	190	210
		바닥난방이 아닌 경우	110	130	150	165
	외기에 간접 면하는 경우	바닥난방인 경우	85	100	115	130
		바닥난방이 아닌 경우	70	85	95	110
최상층에 있는 거실의 반자 또는 지붕	외기에 직접 면하는 경우		180	215	245	270
	외기에 간접 면하는 경우		120	145	165	180
바닥난방인 층간 바닥			30	35	45	50

[남부지역][2)]

(단위 : mm)

건축물의 부위 \ 단열재의 등급			단열재 등급별 허용 두께			
			가	나	다	라
거실의 외벽	외기에 직접 면하는 경우		90	110	125	135
	외기에 간접 면하는 경우		60	70	80	90
최하층에 있는 거실의 바닥	외기에 직접 면하는 경우	바닥난방인 경우	115	135	155	170
		바닥난방이 아닌 경우	95	115	130	145
	외기에 간접 면하는 경우	바닥난방인 경우	80	90	105	115
		바닥난방이 아닌 경우	60	70	85	90
최상층에 있는 거실의 반자 또는 지붕	외기에 직접 면하는 경우		145	175	200	220
	외기에 간접 면하는 경우		100	120	135	150
바닥난방인 층간 바닥			30	35	45	50

[제주도]

(단위 : mm)

건축물의 부위 \ 단열재의 등급			단열재 등급별 허용 두께			
			가	나	다	라
거실의 외벽	외기에 직접 면하는 경우		70	80	95	105
	외기에 간접 면하는 경우		45	50	55	65
최하층에 있는 거실의 바닥	외기에 직접 면하는 경우	바닥난방인 경우	95	115	130	145
		바닥난방이 아닌 경우	80	95	110	120
	외기에 간접 면하는 경우	바닥난방인 경우	65	75	90	95
		바닥난방이 아닌 경우	50	60	70	75
최상층에 있는 거실의 반자 또는 지붕	외기에 직접 면하는 경우		115	135	155	170
	외기에 간접 면하는 경우		75	90	105	115
바닥난방인 층간 바닥			30	35	45	50

비고

1) 중부지역 : 서울특별시, 인천광역시, 경기도, 강원도(강릉시, 동해시, 속초시, 삼척시, 고성군, 양양군 제외), 충청북도(영동군 제외), 충청남도(천안시), 경상북도(청송군)

2) 남부지역 : 부산광역시, 대구광역시, 광주광역시, 대전광역시, 울산광역시, 강원도(강릉시, 동해시, 속초시, 삼척시, 고성군, 양양군), 충청북도(영동군), 충청남도(천안시 제외), 전라북도, 전라남도, 경상북도(청송군 제외), 경상남도, 세종특별자치시

2.5 건물 일반 계획

건물의 실내 열환경은 건물의 대지, 배치, 형태, 평면, 단면계획에 따라 달라진다. 그러므로 건물이 놓이게 되는 대지 및 기후의 특성을 분석하고, 건물의 배치, 형태, 평면 및 단면을 외부환경의 이점을 최대한 이용하도록 설계하는 것이 필요하다.

2.5.1 대지와 배치계획

대지는 건물이 놓이는 장소로서, 대지의 형상, 기후, 식생, 주변 건물에 의해 미기후가 형성되며 이에 적합한 건물배치로 열손실 및 열획득을 조절할 수 있어야 한다. 그림 2-22는 경사면 대지에서 건물의 위치에 따른 일사획득의 차이를 보여주고 있다. 동일한 일사량이라 하더라도 남사면의 경우 북사면보다 좁은 면적에 일사가 집중되기 때문에 겨울철의 경우 남사면에 건물을 배치하는 것이 열획득에 유리하다는 것을 알 수 있다.

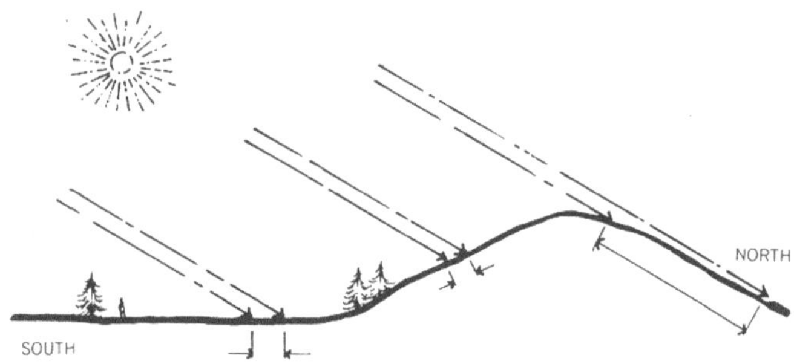

그림 2-22 경사면 위치에 따른 일사획득

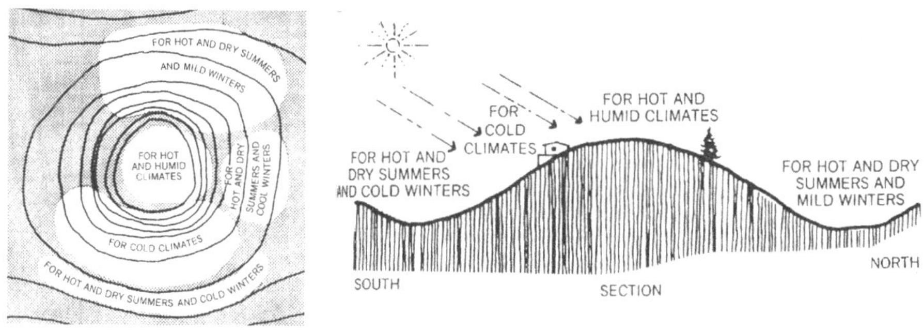

(a) 평면상　　　　(b) 단면상

그림 2-23 기후별로 유리한 경사면 위치

그림 2-23은 기후별로 건물이 놓이기에 유리한 경사면 위치를 보여주고 있다. 항시 추운 기후에서는 남사면에 위치하는 것이 유리하고, 고온 다습한 기후라면 경사면의 상부에 위치하는 것이 일조 및 통풍에 있어서 유리하다. 그리고 여름이 덥고 건조하며 겨울이 온화한 경우 북사면에 위치하는 것이 열적으로 유리한 것을 알 수 있다.

또한 대지의 식생(vegetation)은 지표면 및 건물에 도달하는 일사를 조절하고, 바람의 방향과 속도를 변화시키며, 대기 중의 습도를 조절하여 건물 내부의 열환경을 변화시킨다. 특히 활엽수가 건물 주위에 있는 경우 여름에는 일사를 차단하여 열획득을 저감시키고, 겨울에는 일사를 통과시켜 열획득을 증가시킨다.

강이나 호수, 연못 등의 수원(water bodies)은 기온 변화의 진폭을 완화시켜준다. 즉

물은 토양에 비해 열용량이 커서 많은 일사량을 저장한 후 서서히 방출하므로 밤낮의 온도변화폭을 저감시킨다. 또한 수면에서의 수분 증발에 따른 자연 냉각 효과가 있기 때문에 고온 건조한 지역의 건물 외부에 연못, 분수 등이 있으면 실내 온도 상승이 억제되는 효과가 있다.

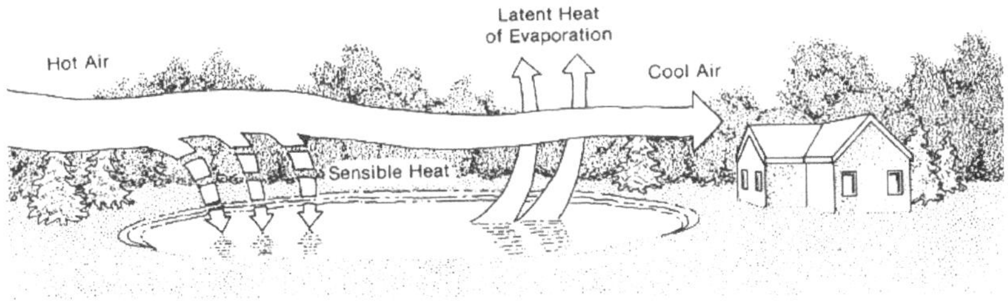

그림 2-24 수원에 의한 열획득 저감의 예

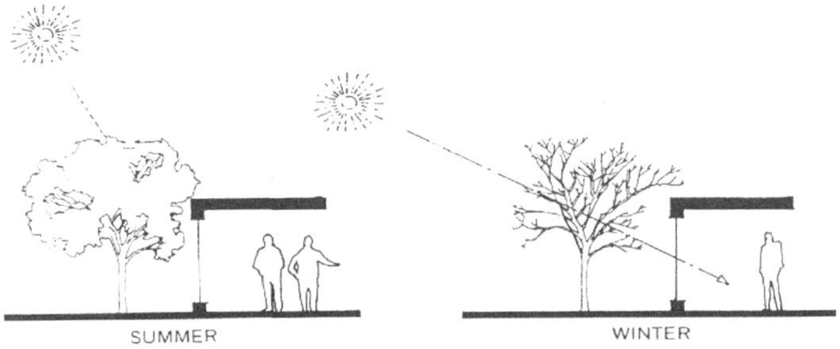

(a) 식생(활엽수)에 의한 열획득 조절

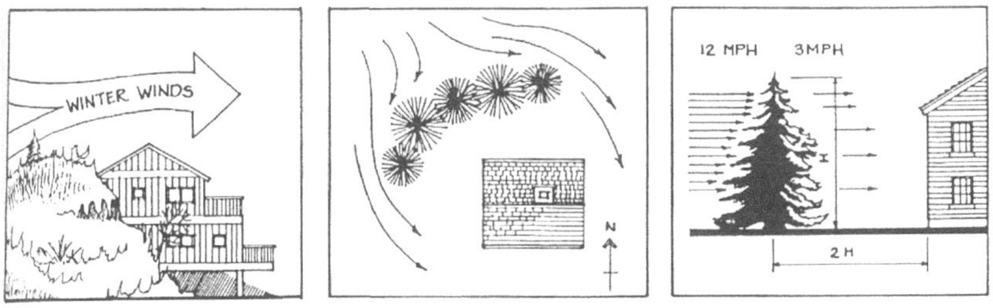

(b) 식생에 의한 바람의 영향 저감

그림 2-25 대지조건(식생)에 따른 실내 열환경 변화

건물의 배치는 대지 내에서의 일사와 바람의 영향을 동시에 고려하여 결정되어야 한다. 일사의 관점에서 보았을 때, 모든 중요한 건물 벽면이 난방 기간 중에 최대의 일사량을 받고 냉방 기간 중 최소의 일사를 받을 수 있도록 건물을 배치하는 것이 좋다. 즉 주된 생활공간이 남쪽을 향하게 하고 통로, 창고, 화장실, 코어와 같은 비거주 공간은 북쪽에 오도록 건물을 배치하는 것이 열획득면에서 유리하다. 또한 대지의 우세풍을 파악하여, 더운 기후에서는 바람이 불어오는 방향에 개구부가 위치하도록 건물을 배치하여 통풍을 통한 자연 냉각 효과를 이용한다. 그리고 추운 기후에서는 바람의 방향을 피하여 개구부를 계획하고, 지형과 식생을 이용하여 바람의 영향을 줄일 수 있도록 건물을 배치한다.

건물은 향에 따라 일사 획득량이 달라지기 때문에 향별로 실내 열환경에 차이가 발생한다. 동향인 경우 오전 시간대에 일사가 유입되면서 온도가 상승하게 되고, 남향인 경우 정오에 온도가 가장 높이 상승한다. 서향인 경우 낮은 고도의 일사가 유입되는 늦은 오후 시간대에 온도가 상승하며, 북향인 경우에는 하루 중 온도변화의 편차가 크게 나타나지 않고 실온이 일정하게 유지되는 경향을 보인다.

그림 2-26(a)-(d)는 향에 따른 일사량의 일중 변화를 계절별로 나타낸 것이고, 그림 2-26(e)는 직육면체 건물의 벽면이 하루 동안 받는 총일사량을 나타낸 것이다. 이를 통해 건물이 남향일 경우 겨울철에는 일사획득량이 가장 많고 여름철에는 일사획득량이 가장 적어 다른 방위에 비해 남향 건물이 열적으로 유리한 것을 알 수 있다. 그림 2-27은 건물의 향에 따른 부하의 차이를 보이고 있다.

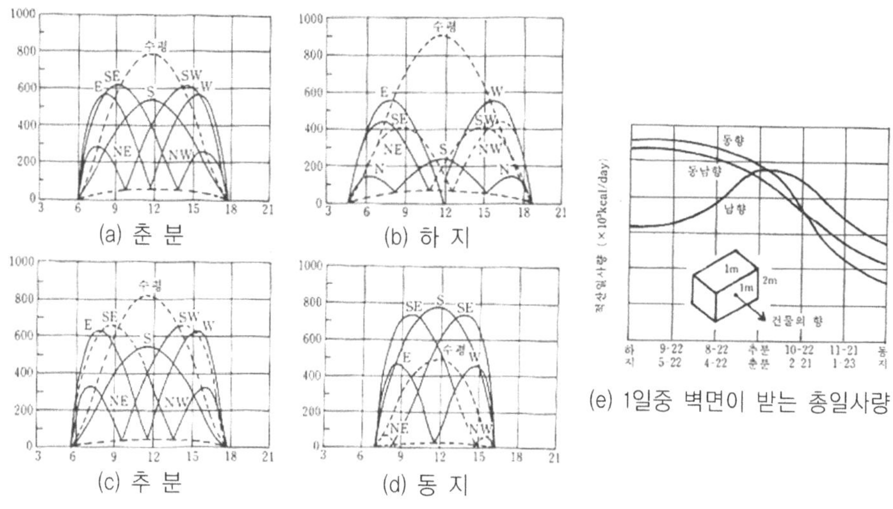

그림 2-26 향에 따른 계절별 일사량

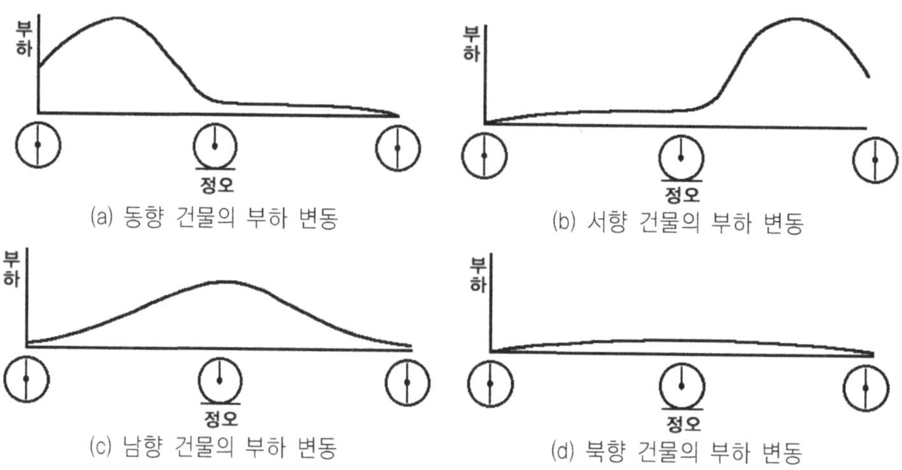

그림 2-27 건물 방위에 따른 부하변동

2.5.2 형태 계획

(1) 외피 면적과 용적에 따른 영향

건물의 형태는 건물이 사용할 에너지의 양을 결정한다. 이것은 건물 형태의 변화가 체적에 대한 외피 면적에 영향을 주기 때문이다. 이에 따라 외피를 통한 열전달도 변화하게 된다.

건물 체적에 대한 외피 면적의 비를 SVR(Surface area to volum ratio)이라고 하며 이 SVR가 작은 콤팩트한 건물일수록 체적에 비하여 외피면적이 작아 외피를 통한 열손실 방지에 유리하다.

높고 좁은 건물은 상대적으로 높은 SVR을 갖게 된다. 이러한 건물은 지붕 면적이 적으며 여름철에 지붕을 통한 일사량의 획득량을 줄일 수 있다. 반면에, 높은 건물은 큰 풍속의 바람을 접하므로, 높은 침기율과 열손실이 발생할 수 있다. 이와 반대로, 낮은 건물은 벽 면적에 비하여 넓은 지붕 면적을 갖게 된다. 따라서 지붕의 열적특성에 특별한 주의를 기울여야 할 것이다.

모든 직육면체의 건물들 중에서, 정육면체가 동일한 체적에 대한 외피면적이 가장 작을 것이다. 건물의 가장 적합한 형태는 겨울철에 최소의 열만을 손실하고 여름철에는 최소의 열만을 획득하는 것이다. 남북방향으로 길쭉한 건물보다는 동서방향으로 길쭉한 건물이 더 적합한 형태이다. 대부분의 상업건물에서, 남북방향으로 길쭉한 건물들은, 냉방피크부하가 발생하는 오후 4~5시경에 넓은 서측 외피로 일사를 받아들이므로, 높은 피크 냉방부하로 인한 운영비의 증가의 어려움이 발생한다.

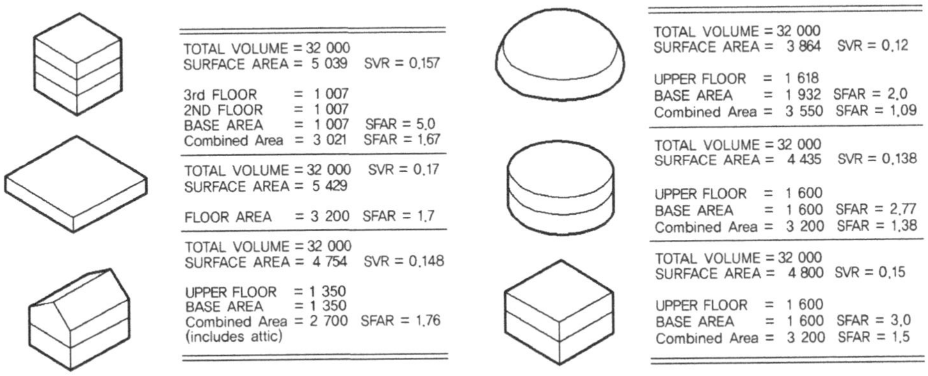

그림2-28 건물 형태에 따른 SVR과 SFAR의 예

SVR은 같은 용적을 가지는 다른 형태의 건물을 비교하기 위하여 사용될 수 있다. SVR은 외피로 둘러싸인 공간의 효율을 측정하는 지표는 될 수 있지만, 둘러싸인 공간이 재실자를 위하여 얼마나 유용한 공간을 주는지는 나타낼 수 없다. 예를 들어, 같은 용적과 외피 면적을 갖는 직육면체의 건물을 가정하자. 3개 층을 갖는 건물과 1개 층만을 갖는 건물은 대략 에너지 소비량이 비슷할 것이지만, 3개 층을 갖는 건물이 3배 더 유용한 스페이스를 제공할 수 있다. SFAR(surface to floor area ratio)으로 좀 더 정확한 평가를 할 수 있다. SVR이 같은 경우 SFAR이 낮을수록 건물의 성능은 더욱 높아진다.

(2) 겨울철 바람에 의한 열손실을 최소화하기 위한 형태

구조물에 대하여 겨울철에 부는 바람은 침기량을 증가시키고 외부 표면으로부터 대류를 통한 열의 손실에 의한 구조체를 통한 전도 열전달을 증가시킴으로써, 열에너지의 손실에 영향을 미친다. 단열이 잘된 건물에서는 침기에 의한 열 손실이 구조체를 통한 전도 열손실량보다 우월하므로, 건물의 맞은편 사이의 압력 차이를 최소화시켜 침기를 최소화시키는 것이 구조체 표면으로의 풍속을 저하시키는 것보다 효과적이다.

겨울철에 건물이 바람에 노출되는 것을 막기 위해서는, 바람을 막을 수 있도록 방향을 알아내는 것이 중요하다. 겨울철에 바람의 방향이 자주 바뀌는 지역에서는 건물이나 지붕을 낮게 해주는 것이 가장 좋은 방법이다. 겨울철 바람의 방향을 예측할 수 있는 곳에서는 건물의 형태는 향에 대하여 유선형으로 할 수 있다. 바람을 분산시키기 위한 이상적인 형태는 낮게 깔린 돔의 형태일 것이다. 둥근 모서리는 바람의 층류를 증진시켜서 건물주위로 기류를 유도함으로써 압력 상승을 줄일 수 있다. 비슷하게 부드러운 벽 표면은 유동의 저항을 줄여서 압력을 최소로 유지해 준다.

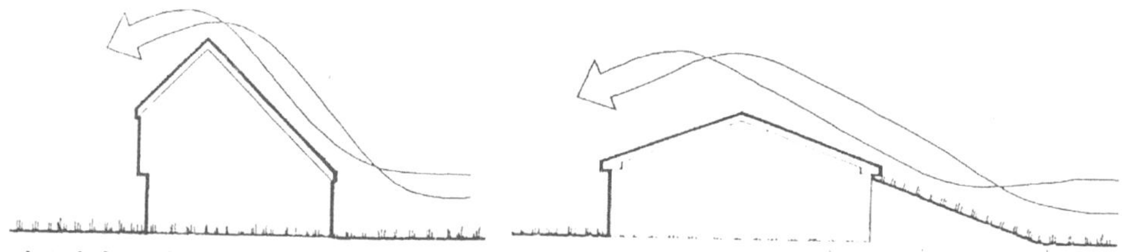

전통적인 뉴잉글랜드의 "saltbox". 바람을 맞이하는 쪽을 길게 바꾸어 놓아 "air dam effect"를 방지한다.

바닥과 지붕판의 결합부에서의 침기를 막기 위한 해자형 건물. 유선형 지붕형태는 지붕을 통한 전도와 대류에 의한 열 손실을 줄여준다.

그림 2-29 겨울철 바람에 의한 열손실을 최소화하기 위한 형태의 예 (1)

미네소타에 지어진 프랭크 로이드 라이트가 설계한 해자형 건물. 전체적으로 낮은 형상이고 평편한 지붕을 가지고 있다. 이 "잘 감추어진" 계획은 건물이 바람에 돌출되는 것을 최소화하기 위한 것이다. 많은 오버행과, 돌출부, 격벽 등은 바람의 흐름을 분산시키기 위한 것이다.

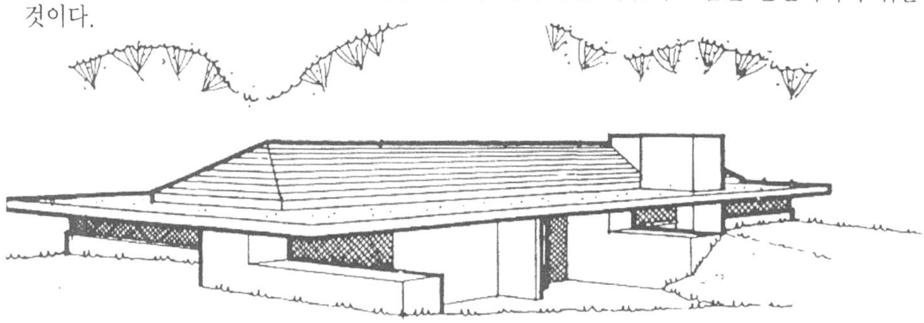

그림 2-30 겨울철 바람에 의한 열손실을 최소화하기 위한 형태의 예 (2)

(3) 지붕의 형태에 따른 영향

일사 열 획득에 대한 지붕형태의 영향은 태양의 고도에 따라 달라진다. 태양의 고도가 높을 때에는 같은 수평 면적을 갖는 지붕들은 같은 양의 일사를 받게 된다. 하지만 태양의 고도가 낮을 때에는 지붕의 높이가 높은 것이 노출된 면적이 증가하여 더 많은 일사를 획득하게 된다. 이러한 경향은 동쪽과 서쪽 입면에서 확연하게 드러난다.

지붕의 형태보다 더욱 중요한 것은 무엇이 지붕 밑에 있느냐 하는 것이다. 평지붕에 비해 박공지붕은 cross ventilation과 stack effect에 의해 환기가 될 수 있다.

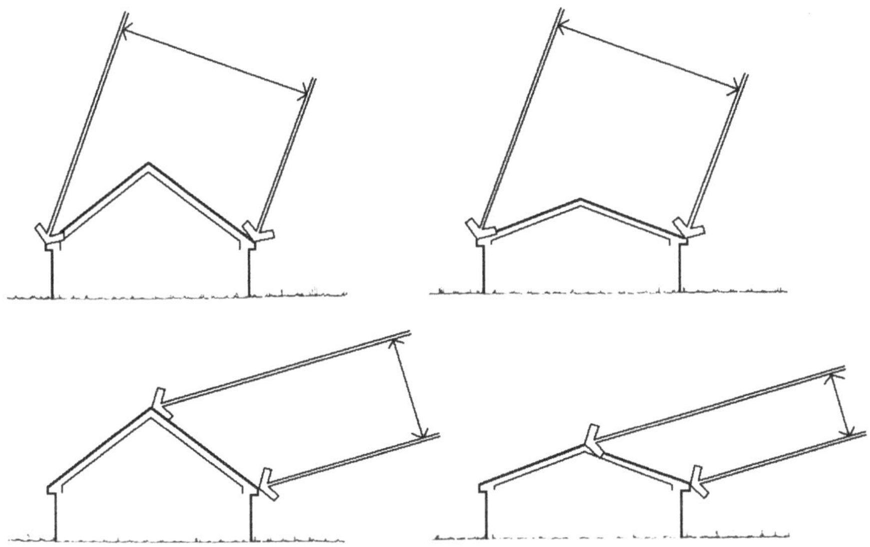

태양고도가 높을 때에는 지붕의 형태에 따라 일사부하의 영향이 크게 차이가 나지 않는다.

그림 2-31 지붕의 형태에 따른 영향

(4) 겨울철 태양에 노출을 극대화시키기 위한 형태 계획

건물의 단열 성능이 우수하므로, 건물의 불투명한 표면에 흡수되는 태양 일사는 추운 겨울 날씨에 건물의 난방에 별 도움이 되지 않을 것이지만, 건물의 형태를 조절함으로써 일사를 잘 받을 수 있는 창문을 계획하거나 태양열 집열판 등을 설치할 수 있는 면적을 고려해줄 수 있다.

2.5.3 평면계획

(1) 여름철 바람에 대한 노출을 극대화시키기 위한 평면계획

간단한 직사각형의 평면에 대하여, 여름철 바람의 흐름이 자연환기를 위해 가장 잘 이용되려면 건물의 장변이 바람의 흐름에 수직이 되도록 하는 것이 좋다. 바람에 마주보는 면이 수직에서 다소 빗겨난 상태에서도 좋은 환기효과를 얻을 수 있음에도 불구하고, 바람이 예상된 방향과 빗나갈 수 있다는 사실은 바람에 정면으로 마주해야 한다는 일반적인 규칙을 정당화시킨다. 건물의 형태가 복잡해지면 높고 낮은 압력이 바람에 노출된 면을 따라 형성되고 이것은 창문 개구부로의 공기유동을 증가시킬 것이다.

우세한 바람의 방향이 존재하지 않을 때는 환기가 필요할 때의 대략의 바람의 방향으로부터 추측할 수 있을 것이며 건물은 이 축을 따라서 효과적으로 환기디자인을 할 수 있을 것이다. 이러한 경우에 사각형의 바닥 평면이 적합하며 창문은 개구부가 바람이 불어오는 방향과 불어나가는 방향에 놓이는 것이 좋다. 예상되는 바람의 방향이 존재할 때에는 내부로의 바람의 흐름을 유도하기 위하여 건물의 형태를 결정할 수 있을 것이다.

일반적인 규칙으로써, 건물의 장변은 예상되는 바람의 방향과 마주보도록 놓여져야 한다. 심각한 환기 성능의 저하 없이 20~30도 정도 축을 돌릴 수 있다.

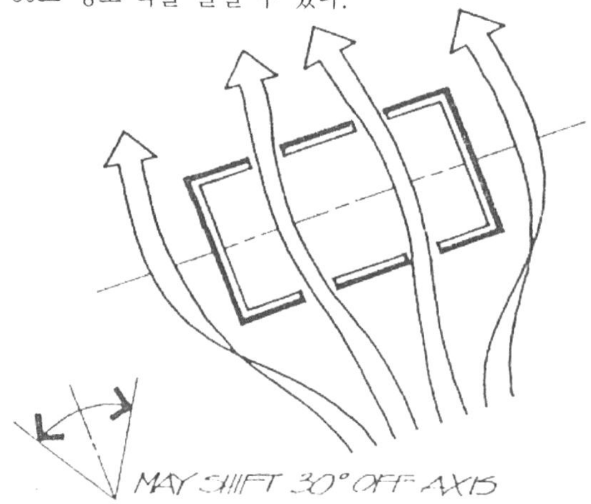

그림 2-32　바람에 대한 노출을 극대화시키기 위한 평면의 예

(2) 열적 조닝

겨울철에 건물의 외부 벽체에서의 미기후 조건은 실내공간의 위치를 결정하는 요인이 된다. 건물의 북쪽면은 겨울철에 직사광을 받지 못하므로 가장 추운 상태로 남아 있을 것이다. 건물의 동쪽과 서쪽면은 하루의 절반씩 직사광을 받을 수 있으나, 서쪽 면쪽이 태양 복사와 오후의 따뜻한 외기온의 조합으로 인하여 조금 더 따뜻하다. 건물의 남쪽면은 겨울철에 온종일 직사광선을 받으므로 가장 따뜻하다.

— 내부공간은 주간의 태양 에너지를 확보할 수 있는 건물의 남쪽을 따라 배치함으로써 필요한 난방과 조명을 공급받을 수 있다.

— 건물의 북쪽에 놓여진 공간은 열적 완충지대로써 이용될 수 있다.

— 공간이 자주 사용되지 않는다면 최소한으로 조절되는 완충공간으로 사용되는 것이 가장 좋다.

— 복합 용도의 공간은 공간이 분리되어 독립적인 기능을 수행할 때 보다 내부적으로

발생하는 열을 더욱 효과적으로 분산시킬 수 있다. 예를 들어, 과도하게 열을 발생시키는 공간과 열을 필요로 하는 공간을 동시에 두게 되면, 두 존 모두 쾌적한 온도를 가질 수 있게 된다.

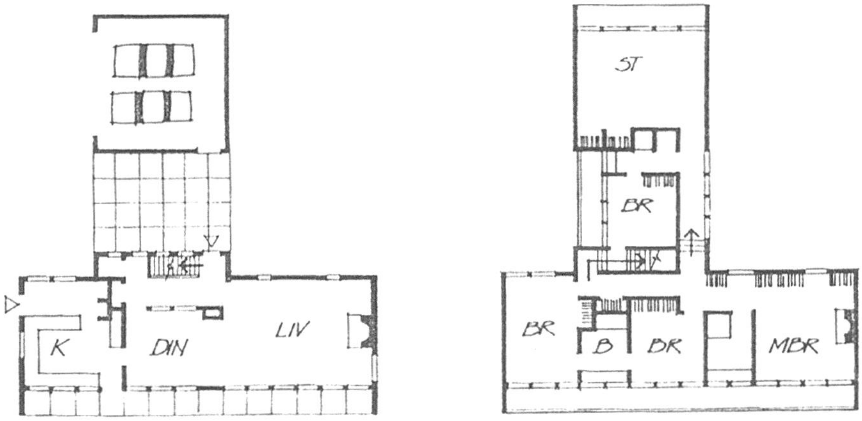

태양 복사 에너지를 이용하기 위하여 남측면에 주요 거주역을 위치시킨 기본 디자인 계획의 예

그림 2-33 열적 조닝의 예

2.5.4 단면 계획

(1) 천정고의 높이에 따른 열환경

1) 실 부피의 증가

같은 평면에서 실의 천정고가 높아지면 그만큼 냉난방을 해야 할 공간의 볼륨 또한 커지게 된다. 그 뿐만 아니라, 천정고가 높아지면 층고도 따라 높아지며 이는 실의 벽 또는 외기에 면한 외피의 높이 상승으로 이어져 이를 통한 열손실량도 증가시키게 된다.

하지만 천정고가 지나치게 낮을 경우, 실 이용자로 하여금 답답함을 느끼게 할 수 있으며 실의 용도에 따라서는 적절한 천정고를 유지해야할 때도 있다.

2) 온도성층화

건물의 천정고가 높아지면 공기의 부력현상에 의해 높이 방향 온도분포가 불균일해지는데 이를 온도성층화(temperature stratification) 현상이라고 한다. 이러한 현상이 발생되는 대표적인 공간은 대형 건축물에 일반적으로 적용되는 아트리움(atrium)과 극장, 공연장 등의 대공간, 산업용으로 건설되는 대형공장의 작업장 및 대형 물건을 보관 혹은 저장하는 격납고 등이 있다.

일반적으로 층고가 높은 실에 지속적으로 냉방 및 난방이 행해지면 더운 공기는 부력에 의해 상부로 이동하고 상대적으로 차가운 공기는 하부로 이동한다. 이렇게 되면 실의 상부에 상대적으로 더운 공기가 존재하며 열성층화가 이루어지는데 이때 실의 상부에 존재하는 더운 공기는 주변 벽체와 복사교환을 하며 벽체의 온도를 상승시키게 된다. 이는 곧 실내온도 상승으로 이어지며, 냉방 및 난방의 시간지연 현상을 유발시킨다.

온도성층화 현상을 감소시키는 방법에는 다음과 같은 것들이 있다.

1. 지붕과 바닥의 복사열 교환의 증대
2. 실에서 취득된 열을 배기하기 위한 배기구와 환기구를 상부에 설치
3. 수평 방향으로 급기와 배기를 수행하는 공기 분배시스템 구성

다) 조명기구의 증가

조명기구는 일반적으로 천정에 위치한다. 따라서 천정고가 높아지면 조명기구의 위치도 높아지게 되며 이는 광원과 작업면과의 거리를 증가시키는 결과를 낳는다. 광원으로부터 멀어질수록 조도는 낮아지기 때문에, 적정 조도를 만족시키기 위해서 조명기구의 수가 증가하게 된다. 조명기구의 증가는 곧 내부발열로 이어져 냉방기의 경우 천정고가 낮은 실보다 상대적으로 많은 에너지를 소모하게 된다.

(2) 환기에 따른 열손실과 획득

1) 환기(ventilation)

환기는 산소를 공급하고 오염된 공기를 제거하기 위하여 어떤 점유 공간에서도 꼭 필요한 것이다. 신선한 공기는 약 21%의 산소와 0.04%의 탄산가스를 함유하고 있는 반면, 호흡 후 내쉰 공기는 약 16%의 산소와 4%의 탄산가스를 포함하고 있다. 인체는 지속적인 산소의 공급을 필요로 하지만, 산소의 결핍으로 생명의 위협을 받기 훨씬 이전에 공기는 불쾌적한 상태에 이르게 된다. 쾌적 환경에 대한 고려 이외에도 환기율은 건물의 열 손실과 결로의 문제에 큰 영향을 미친다.

정상적인 호흡 과정은 매우 많은 양의 잠열과 수증기를 공기 중에 방출한다. 주택 내부의 공기는 또한 체취와 박테리아 및 흡연, 조리와 세탁 등으로 인해 오염된다. 작업장의 경우, 공기의 오염 정도는 여러 가지 가스와 먼지에 의해 증가된다.

거주 공간에 공급해야 할 최소 공기 공급률은 여러 가지 법령에 명시되어 있다. 환기율의 권장치는 공간의 용적, 거주자의 수, 활동의 정도 및 흡연 여부 등에 의해 다르게 된다. 이 때문에 신선한 공기의 공급량을 일괄적으로 요약하는 것은 어렵지만 다음 표 2-10에서는 몇 가지 일반적인 값을 제시하고 있다.

표 2-10 일반적인 외기 공급률

공간의 유형	권장 외기 공급률
주택, 사무실, 상점	1인 당 8ℓ/s
식당, 바(bar)	1인 당 18ℓ/s
부엌, 주택의 화장실	바닥 면적 1㎡ 당 10ℓ/s

2) 틈새바람

실내의 더운 공기가 외부로 빠져 나가면 이 때 열을 동반하게 되고, 대신 찬 공기가 유

입된다. 이러한 공기의 흐름은 유리창과 문, 벽체의 틈새, 환기구 및 굴뚝 등을 통해 일어난다. 이때 이러한 공기의 교환이 의도적으로 이루어진다면 환기이지만 의도하지 않은 환기일 경우 이를 틈새바람이라고 한다.

표 2-11에는 일반적인 대지 위에 위치한 건물에서 찾아볼 수 있는 겨울철 난방 기간 중의 틈새바람량이 제시되어 있다.

표 2-11 설계 온도와 틈새바람량

건물의 유형	설계 온도 t_{ei}(℃)	틈새바람, 시간당 환기 횟수
주택		
거실	21	1
침실	18	$\frac{1}{2}$
욕실	22	$\frac{1}{2}$
사무실(일반)	20	1
교실	18	2
대형 상점	18	$\frac{1}{2}$
식당, 바(bar)	18	1
호텔 객실	22	1
공장(경작업)	16	

3) 환기에 의한 열 손실(난방기)

환기에 의한 건물의 열 손실은 실내의 더운 공기와 교체되는 외부의 찬 공기가 다시 데워지면서 발생한다. 이와 같은 환기 혹은 틈새바람에 의한 열 손실률은 다음의 공식으로 계산할 수 있다.

$$P_v = c_v N V \theta / 3600$$

P_v : 환기에 의한 열 손실률 = Q/t (W)

c_v : 공기의 용적비열(volumetric specific heat capacity) [= 비열×비중(J/m³℃)]

N : 방의 틈새바람율(시간당 환기 회수)

V : 방의 용적 (m³)

θ : 실내외 공기의 온도차 (℃)

위의 식에서 비열의 값과 시간을 초로 환산한 값을 조합하여 0.33이란 수치를 만들면 다음의 공식이 된다.

$$P_v = 0.33 N V \theta$$

4) 환기에 의한 열 획득(냉방기)

냉방기의 경우 창이나 출입문 등의 틈새에서 실내외의 압력차에 의하여 외기가 틈새바람으로 들어오며, 출입문의 개폐에 의해서도 외기가 들어온다. 이들 침입외기의 냉방 부하는 다음 식에 의하여 현열부하와 잠열부하로 구분하여 계산한다.

현열부하 $q_v = 0.33\,Q_v(t_o - t_i)$

잠열부하 $q_v{}' = 720\,Q_v(x_o - x_i)$

틈새바람의 풍량 계산은 틈새의 길이 당 풍량으로 계산하는 방법 등이 있으나 여름철 더운 날씨에서는 일반적으로 바람이 약하고 그다지 많은 풍량이 일지 않으므로 간단하게 틈새바람에 의한 실의 환기 횟수(기밀의 정도에 따라 다르다)를 0.5회/시간 정도로 추정한다. 또한 급기량을 환기량보다 크게 설계하였을 때에는 실내가 옥외보다 압력이 높아져서 틈새에서의 외기침입이 없으므로 틈새바람에 의한 냉방부하 계산은 생략한다.

5) 에너지 절약 방안

환기량을 줄이게 되면 배기를 통한 열 손실량이 크게 줄어든다. 이와 같은 열 손실의 감소는 제어 기능이 좋은 공기 조화기를 설치하거나, 기밀 시공 및 외부 공기를 차단할 수 있는 출입문의 설치 등으로 얻을 수 있다. 배기에 포함된 열의 회수는 히트펌프와 같은 열교환기를 사용하면 가능하다.

(3) 건물에서의 창의 크기

창은 다른 외피구조에 비해 열적으로 가장 취약한 부위이다. 따라서 건물외피에서 창호가 차지하는 면적에 따라 건물의 열부하는 큰 차이를 나타낸다. 그러나 창호의 다양한 기능 때문에 창호의 최소 면적은 건축법규에 의해 제한되고 있으며 그 최소 면적은 건물 바닥 면적의 1/10 이상이 되어야 한다.

창 면적의 비율은 방위에 따라 달리 설계하는 것이 바람직하며 북측창은 주거 환경에 장애가 없는 범위에서 가능한 작게 하고 남측창을 크게 하는 것이 바람직하다. 그러나 여름철의 냉방 부하 감소를 위한 방안으로 남측창에 대한 일사차폐시설이 설치되어야 한다.

2.5.5 입면계획

(1) 입면의 색에 따른 실내 열환경

벽체의 반사율과 흡수율의 차이로 인하여 표면온도가 차이 나게 되며 대표적으로 반사율이 높은 흰색 벽체의 경우와 흡수율이 높은 회색 벽체의 경우에 대하여 시간대별 벽체 표면온도를 살펴보면 그림 2-34와 같다.

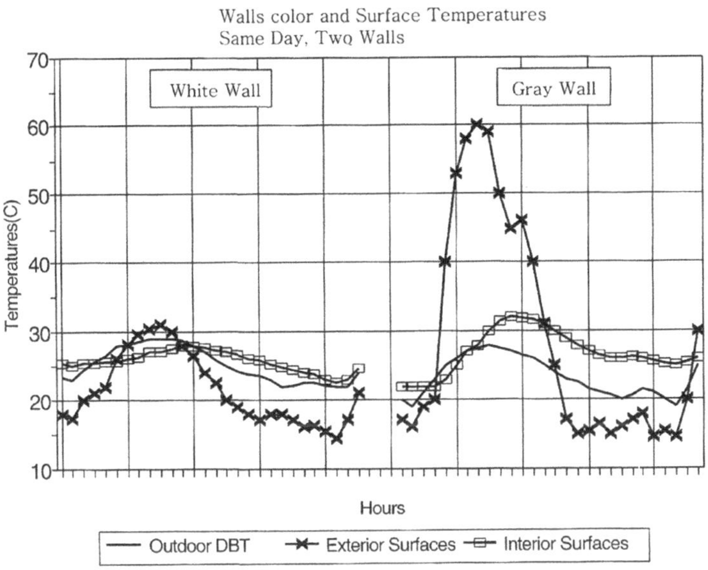

그림 2-34 벽체의 색깔에 따른 표면 온도 변화

(2) 색채계획

건물 외피의 색깔은 건물의 열환경에 큰 영향을 미친다. 건물에 비추어진 태양광은 건물의 외피에 의해 일부는 반사되고, 또 일부는 흡수 되며, 흡수된 빛은 열로 변환되어 실내의 온도를 상승시킨다.

복사열 교환의 세 가지 속성은 흡수, 복사, 방사이다. 태양광은 부분적으로 표면에 흡수/반사된다. 여기서 흡수된 빛만이 건물의 표면 온도에 영향을 미치며, 이것이 곧 실내의 온도 상승을 유발하여 건물 전체의 냉방부하를 가중시킨다.

모든 사물은 장파장의 빛을 흡수 또는 방사하게 되는데 이를 방사라고 한다. 이 때 방사율은 표면의 거칠기나 색깔에 영향을 받게 되며, 금속의 표면, 특히 광택이 있는 금속의 표면은 낮은 방사율을 보이며, 흑구의 경우 높은 방사율을 보이게 된다.

표2-12 재질이나 색의 차이에 의한 흡수율과 방사율

MATERIAL OR COLOR	ABSORPTIVITY	EMISSIVITY
Whitewash, new	0.15-0.2	0.9
White, "dirty"	0.3-0.35	0.9
White paint	0.2-0.3	0.9
Gray, green, brown, light colors	0.4-0.5	0.9
Gray, green, brown, dark	0.7-0.8	0.9
Ordinary black paint	0.85-0.9	0.9
Aluminum foil, polished	0.05	0.05
Aluminum foil, oxidized	0.15	0.12
Galvanized still, bright	0.25	0.25
Aluminum paint	0.5	0.5

2.6 건물의 냉난방 부하

2.6.1 건물의 난방부하

난방부하는 엄밀히 계산하면 외부로의 손실 열량에서 실내 발생열량을 감한 값이어야 하나, 보통 실내 발생열을 무시하고 외부 손실 열량(벽 지붕 바닥 등의 전열손실, 극간풍 손실)의 총합을 "난방부하"라 한다.

난방부하 = Σ 외부손실열량

표2-13 난방설계용 외기 온도 조건

지역	서울	인천	수원	대구	전주	울산	광주	부산	목포
건구온도(℃)	-11.9	-11.2	-12.8	-8.2	-8.6	-7.0	-7.1	-5.8	-4.9

난방부하의 종류에는 전열 손실 부하, 환기 부하, 가습 부하가 있다.

(1) 전열손실부하

$q(\mathrm{W}) = K \times A \times \Delta t$

여기서, K : 열관류율

A : 벽체면적

Δt : 실내외 온도차

k : 방위계수

(2) 환기 부하

$q(\mathrm{W}) = 0.33 \times N \times V \times \Delta t$

여기서, N : 틈새바람과 도입외기량을 가안한 환기횟수

V : 실의 용적

Δt : 실내외 온도차

(3) 가습 부하

동계에 실내의 습도를 일정하게 유지하기 위하여 가습을 하는데 필요한 부하로

가습량 G = (도입외기량 + 틈새바람($\mathrm{m^3/h}$)) × 1.2 × Δx (kg/h)

여기서, Δx : 실내외 절대습도차

그러므로

가습부하 = 834×환기량(m²)×절대습도차이=가습부하(W)

834 : 1.2kg/m² × 2500kJ/kg × 1000J/kJ ÷ 3600s/h = 834Wh/m³

물 0℃에서의 증발잠열 2501kJ/kg

2.6.2 연간 난방 부하

(1) 난방도일(Degree Day)

난방도일은 어느 지방의 추운 정도를 표시하는 지표로서 연료소비량을 추정하는데 편리하여 자주 이용된다. 약자로 HDD(Heating Degree Day) 혹은 DD(Degree Day)를 사용한다.

$$HDD = \Sigma(t_i - t_o)/24$$

여기서 t_i, t_o : 시간별 실내외 평균온도

내부열 및 태양열 획득으로 인해 건물은 난방기간 동안 실외온보다 실내온이 더 높게 된다. 따라서 건물 외피나 환기를 통해 잃은 열량이 태양열이나 내부 발생열로 인해 얻은 열량과 같은 때는 난방을 하지 않아도 된다. 건물에서의 열손실량과 열획득량이 균형을 이룰 때, 이때의 실외 온도를 "균형점 온도"라 하며, 이 균형점 온도는 난방개시 시점을 말해준다.

즉, 균형점 온도는 다음의 식에서와 같이 정의된다.

$$Q_i = KA \times (t_i - t_b)$$

여기서, t_b : 균형점온도

t_i : 일평균 실내온도

Q_i : 내부열 및 태양열 획득(w)

KA: 총 열손실률(w/℃) = 외피손실률 + 환기손실률 = $\Sigma KA + 1.08\,V$

(SI단위로는 1200V)

V : 환기량(m³)

그러므로 균형점 온도(t_b)는,

$$\therefore\ t_b = t_i - \frac{Q_i}{KA}$$

최근까지는 DD는 18℃를 기준으로 하여 구해 왔으나, 고품질 단열재의 사용과 전기기기의 사용 증가로 인한 내부열 획득이 증가하여 균형점 온도가 낮아졌고, 따라서 DD_{15},

DD_{13}, DD_{10} 등이 DD_{18}과 함께 사용되고 있다.

난방도일 DD를 구하려면 기준 DDx를 x로 정하고, DDx에서 일평균온도((최고온도+최저온도)/2)를 빼서 그날의 DDx값을 구한 뒤 DDx를 연평균에 대해 합산한다.

예를 들어 일최고 온도가 16℃, 일최저 온도가 0℃라면 일평균온도는 (16 + 0)/2 = 8℃가 된다.

$$\begin{aligned} \therefore\ 18 - 8 &= 10\ DD_{18} \\ 15 - 8 &= 7\ DD_{15} \\ 13 - 8 &= 5\ DD_{13} \\ 10 - 8 &= 2\ DD_{10} \end{aligned}$$

이 된다.

여기에서 DD_{18}을 가진 건물은 DD_{15}를 가진 건물보다 더 많은 난방 에너지를 필요로 한다는 것을 알 수 있다.

(2) 연간 난방부하

연간 난방부하 (W) 의 계산은, 일 년간의 매 시간별 실내외 온도차를 이용하여

$$Q = K \times A \times \Sigma \Delta t$$

로 구할 수 있으나, 난방도일을 이용하여

$$Q = K \times A \times HDD \times 24$$

여기서, K : 열관류율
A : 벽체면적
Δt : 실내외 온도차
HDD : 난방도일

와 같이 구할 수 있다.

(3) 연간 연료 사용량

$$G = \frac{Q}{F \times y}\ (\text{kg/년})$$

여기서, Q : 연간 난방 부하(kJ/년)
F : 연료의 발열량 (kJ/kg)
y : 난방기기의 효율

표2-14 난방기기 효율계수(y)

난방설비	y
열저항 전기 히터	1.0
가스보일러	0.9
가스난로(induced draft)	0.8
기름보일러	0.65
가스난로(atmospherically vented)	0.60

* 개별난방에 대한 연간 에너지 소모량 산정에 이용

* ASHRAE Handbook 1981.

제 3 장　건물의 결로

건물에서의 결로란 공기 중에 포함된 수증기 때문에 건물의 표면이나 내부가 축축해지는 현상을 말한다. 결로의 결과 발생하는 현상을 보면, 유리창이 수증기로 인해 뿌옇게 흐려진다든지 재료의 표면이나 내부에 물방울이 생기는 것이다. 이로 인하여 곰팡이가 발생하여 비위생적인 환경을 유발하거나 건축 재료나 구조 및 장식을 파손하는 등 건물 사용자에게 여러 가지 문제를 만들어 주는 원치 않는 현상을 유발시킨다. 결로현상은 현대식 건물의 설계 자체와 건물의 난방, 환기 및 사용 방식 등에 따라 영향을 받고 있다. 이 장에서는 결로의 발생 원리, 발생 조건과 규명, 해결방안 등을 다루기로 한다.

3.1 결로의 원리

일반적인 결로(Condensation)의 정의는 덥고 습한 공기가 찬 물체에 닿았을 때 그 물체의 표면에 물방울이 생기는 현상을 말한다. 습한 공기가 찬 물체에 닿는 경우 공기의 온도는 냉각된다. 공기의 온도가 노점 온도나 그 이하에 이르면 공기는 포화 상태가 되어 더 이상 전과 같은 양의 수증기를 포함할 수 없게 되며, 포화수증기량을 초과한 수증기는 액체로 응축하게 된다. 그림 3.1은 공기의 온도, 수증기의 양, 노점온도, 물체의 표면온도를 이용하여 물체의 표면에서 결로가 발생하는 과정을 설명하고 있다. 온도 15℃, 수증기의 양 0.0075kg/kg을 가진 공기 A가 온도 5℃의 물체 표면에 닿으면 공기는 5℃로 냉각된다. 이 때 이 공기(A')가 가질 수 있는 최대수증기의 양(포화수증기의 양)은 약 0.0053kg/kg이다. 따라서 공기 A'는 0.0042kg/kg의 양의 수증기를 배출하여야만 하고 이는 액체로 응축되고 표면에 물방울로 남게 된다. 이것이 결로이다. 공기 A의 온도가 10℃ 이하로 냉각되면 이때부터 수증기의 양을 배출하는데 이때의 온도를 노점온도라 한다.

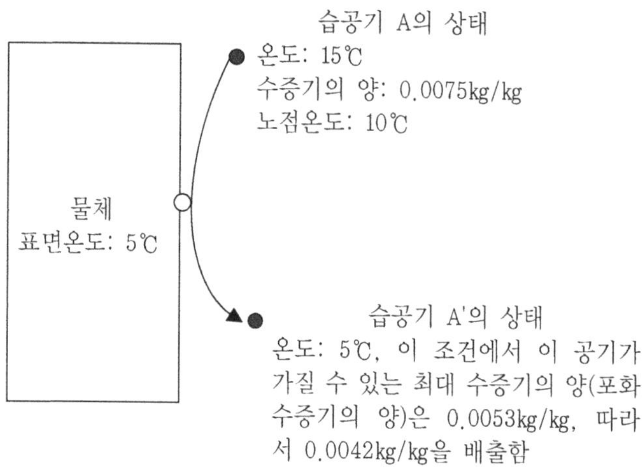

그림 3-1 결로의 발생 과정

건물의 결로는 결로 원리의 정의에 따라 더운 습공기가 그 공기의 노점온도와 같거나 낮은 온도의 건축재료 표면과 접촉할 때 발생한다. 결로가 발생할 때는 기본적으로 습공기와 차가운 표면이 있어야 한다.

건물에서 결로현상은 크게 표면 결로와 내부 결로 두 가지의 형태로 발생한다.

1) 표면 결로(Surface condensation)

표면 결로란 벽, 유리창, 천창 및 바닥의 표면에 발생하는 결로를 말한다. 표면 결로는 표면에 수증기나 물방울로 나타나며, 단단하거나 물기가 흡수가 잘 안 되는 표면일수록 더욱 분명히 나타난다. 흡수성 표면에서는 처음에는 결로를 볼 수 없으나 결로가 계속 진행되면 축축이 젖게 되는 것을 볼 수 있고 물방울이 맺히게 된다.

2) 내부 결로(Interstitial condensation)

내부 결로는 건물의 벽체 내부에서 발생한다. 대부분의 건축 재료에는 어느 정도는 수증기에 대한 투습성이 있다. 즉 수증기가 포함된 공기의 통과가 가능하다. 만일 이 공기가 벽체를 통과하면서 냉각된다면 노점온도에서는 벽체의 내부에서도 결로가 발생하기 시작한다. 이와 같은 내부 결로 때문에 생기는 벽체의 습윤으로 인해 철골 구조체에 산화현상이 생기며, 단열재료의 성능이 떨어진다. 또한 구조체 내부 결로 결과 물방울이 생기면 추운 겨울 얼게 되고 팽창 수축을 반복하면서 구조체의 균열을 가져온다.

3.2 결로의 원인

최근 건축물은 과거에 비해 매우 큰 문제점으로 등장하고 있다. 이에는 여러 가지 요인이 있으나 환기의 부족이나 난방방식의 변화를 들 수가 있다. 과거의 난방 방식은 직접난방으로 실내에서 연료를 연소시키므로 인위적인 환기가 이루어져 많은 양의 수증기가 제거되었으나 이에 비해 최근에는 실내가 밀폐되어 환기율이 낮아졌고 대류난방을 중심으로 한 간헐난방 방식이 이루어져 구조체의 표면온도가 노점온도 이하로 유지되는 경우가 흔하여 결로 현상이 발생하고 있다. 결로의 원인을 정리하면 다음과 같다.

(1) 수증기의 발생원

수증기는 물에서 발생한 것이다. 외기온이 찬 공기는 수분 함유량이 낮게 되고 따라서 이와 같은 공기가 실내에 있어도 결로가 발생할 확률이 적다. 그러나 덥고 습한 기상에서는 결로 현상이 발생할 확률이 크다.

주택 내부에 있는 공기 중의 수증기는 대부분 재실자와 그들의 활동 때문에 생겨난다. 일반 가정에서는 보통 호흡과 조리 및 세탁 등의 활동으로 해서 하루 평균 약 12kg의 수증기가 발생한다. 가스레인지나 석유난로 등 연통이 없는 기구들을 사용한 경우 많은 수증기를 발생하므로 결로 발생의 확률은 더욱 더 높인다. 부엌이나 욕실에서 발생하는 수증기는 다른 방으로 빠르게 확산되어 처음 수증기가 발생한 곳에서 멀리 떨어진 곳에서 결로는 발생하게 된다.

일반 조적조 주택의 경우 건설 과정에서 콘크리트와 모르타르 및 플라스터를 반죽하는데 사용하는 물과 기후에 노출됨으로 인하여 약 5000kg의 물이 구조체에 포함된다. 이 물은 건물을 사용하기 시작한 후 한 달 동안 모두 마르면서 건물 내부의 공기와 많은 수증기를 추가시키게 된다.

(2) 공기온도 및 구조체의 온도

더운 공기는 찬 공기보다 더 많은 수증기를 포함할 수 있으므로 그 자체로는 결로를 일으키지 않는다. 그러나 더운 공기가 갑자기 냉각되는 곳- 구조체나 재료-에서는 결로 현상이 일어난다. 이러한 부분은 단열이 잘 안된 부분이며 온도가 가장 낮은 곳이며 단열이 잘 안된 부분이다. 특히 건물의 유리창의 인방과 같은 열교현상(Cold/Heat Bridge)이 발생하는 곳이 결로의 취약 부분이다.

구조체의 온도가 변화하는 속도도 결로 발생에 영향을 미친다. 열용량이 큰 주조는 경량 구조체보다 난방에 대한 반응이 늦게 나타난다. 예를 들어 겨울철 난방을 하지 않은 곳에 갑자기 높은 온도를 가진 공기를 공급했다면 열용량이 큰 구조체는 표면 온도가 변화가 크지 않을 것이며 따라서 차가운 표면에 결로 현상이 발생할 가능성이 있다. 그러나 열용량이 작은 구조체는 표면 온도가 공기 온도의 변화에 따라 상승하며 따뜻하게 될 것이다. 이런 경우는 결로가 발생하지 않게 된다.

(3) 환기

외기 침입(Air Infiltration)에 의한 열손실을 감소시키고자 건물의 기밀성(氣密性)이 강화되고, 겨울철 에너지의 손실을 줄이고자 실내 환기 횟수를 줄임에 따라 수증기를 외부로 배출시키는 정도도 크게 감소되고 있다. 이러한 현상은 실내에서 발생되는 수증기는 실내에 가두게 되고 건물 결로 발생의 원인이 된다. 미국 공조조화냉동학회의 자료에 의하면 미국에서 에너지 효율적인 신주택의 경우, 시간 당 환기회수가 평균 0.5회로 과거의 약 1/2로 감소된 것으로 보고되었다.

(4) 건물 사용 방법

주거시설이 개선되고, 사회적 습관의 변화에 따라 목욕과 세탁 등 수증기를 발생시키는 생활 행위의 빈도가 점점 증가하고 있다. 또한 세탁물은 대부분 건물 내에서 건조되고 있으며, 어떤 경우에는 외부로 배기되지 않는 자동건조기가 이용되기도 한다. 주거용 건물에서 저녁과 밤에만 사람이 생활하게 됨으로써 조리와 세탁과 같은 생활 행위가 유리창이 닫힌 상태에서 아주 짧은 시간 내에 이루어지고 있으며, 집이 비어 있는 주간에는 안전의 문제 등으로 창문이 완전히 폐쇄되고 난방도 중지되는 등 결로 발생의 가능성은 더욱더 증대되고 있다.

3.3 결로의 발생 조건과 예측

건축 재료의 표면이나 내부에서 경로의 발생 가능성은 벽체 내외부의 온도 및 습도에 따라 좌우된다. 따라서 결로 발생 유무를 규명하기 위해서는 수증기를 포함한 공기의 성질을 알아야 한다. 또한 결로 발생 가능성은 열과 습기가 통과하는 재료의 투습저항값에 따라 영향을 받는다. 재료의 열전도 저항은 이전 장에서 K-값을 계산하는 데 사용하였다. 이을 이용하여 벽체 내부의 온도구배를 예측할 수 있었다. 여기에서는 이와 유사한 개념의 투습저항에 대하여 소개하고, 종합적으로 이들을 이용하여 결로 발생유무를 예측한다.

3.3.1 습공기의 특성

습공기의 일반적인 특성은 아래와 같다.

1. 공기 중의 수증기는 무색투명하며 그 양이 1m³의 공기에 5~20g 정도이다.
2. 공기 중에 수증기를 전혀 포함하고 있지 않은 공기를 건조공기(건공기)라고 하며, 수증기를 포함하고 있는 공기를 습한 공기(습공기)라고 한다.
3. 공기 중의 수증기의 함유량은 공기의 온도에 따라 달라지며 온도가 높을수록 수증기를 포함할 수 있는 양은 증가한다. 즉 40℃에서 공기가 최대로 포함할 수 있는 수증기의 양은 20℃에서 함유할 수 있는 양보다 많다.

4. 공기가 포함할 수 있는 최대 수증기의 양 이상의 수증기가 공기 중에 있으면 여분의 수증기은 작은 물방울이 된다.

3.3.2 습공기 선도

공기의 물리적 특성을 표현하는 요소는 건구온도, 습구온도, 노점온도, 상대습도, 수증기압, 절대습도, 비체적, 엔탈피 등이 있다. 이러한 요소들은 서로 연관되어 있는데 이들의 상호관계를 표나 혹은 그래프의 형태로 표현할 수 있는데 이를 습공기 선도(Psychrometric Chart)라고 한다. 습공기 선도를 일반적으로 공기선도라고 부르며 공기선도를 이용 어느 상태점이 결정되면 위의 여러 가지 값들을 쉽게 구할 수 있다.

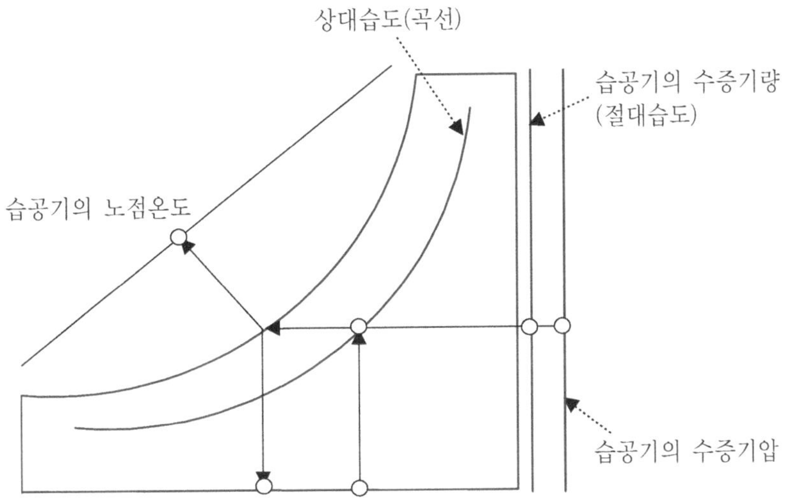

그림 3-3 습공기선도의 변수와 관계

일반적으로 습공기의 상태는 한 쌍의 값으로 표시하게 되는데 이 두 값은 습공기선도상의 한 점을 나타나게 된다. 도표 위의 한 점에서 다른 점으로 이동하는 것은 공기의 상태 변화를 나타내며 이와 같은 상태변화의 상태는 도표상의 이동 방향에 의해 결정된다. 습공기 선도에서 사용되는 변수들은 다음과 같다.

1. 건구온도(Dry-bulb temperature)는 건조 상태에서 측정된 온도로(공기의 보통 온도) 공기선도의 밑변 수평 스케일에서 읽는다.
2. 수분 함유량(Moisture content)은 습공기 중에 포함된 실제 수증기의 양을 말하는 것으로 건공기 1kg을 기준으로 한다. 오른쪽 수직스케일에서 찾는다.
3. 수증기압(Vapour pressure)는 가장 오른쪽의 수직 스케일에서 읽는다. 수증기압은 공기 중의 수증기의 양이 증가할수록 높아진다. 단위는 파스칼(Pascal) Pa나 밀리바

(mb)를 사용하며 1mb=100Pa이다.

4. 습구온도(Wet-bulb temperature)는 포화 곡선으로 연결된 경사진 직선에서 찾을 수 있다.
5. 노점온도(Dew-point temperature)는 수증기를 함유한 습공기가 일정 온도 이하로 냉각하면, 여분의 수증기가 응축되어 미세한 물방울이 되는데 이때 온도를 노점온도라 한다. 노점온도는 포화 곡선으로 연결된 수평선에서 읽는다.
6. 상대습도(Relative humidity)는 왼편의 수직스케일부터 시작하는 곡선들을 따라서 읽는다. 상대습도는 공기가 그 온도에서 포함할 수 있는 최대량의 수증기에 대한 실제 수증기의 비율을 나타낸다.

$$\text{상대습도} = \frac{\text{습공기에 포함된 수증기의 질량 실제수증기량}}{\text{같은 온도에서 습공기가 포화상태로 필요한 수증기의 양 습공기의 같은 온도에서의 포화수증기압}}$$

여기서 포화곡선은 100%의 상대습도를 의미하며 이 조건에서는 건구온도, 습구온도 및 노점온도가 모두 같다는 것을 의미한다.

[예제 3-1] 습공기가 건구온도 18℃ 상대습도 70%일 때 수증기의 양은 얼마인가? 노점온도는?

[예제 풀이] 18℃와 상대습도 선분이 두 값이 만나는 곳에서 우측으로 수평 이동하면 수증기의 양은 약 0.009kg/kg이며 수증기의 압력은 1.41kPa이다. 또한 노점온도를 알아내려면 두 값이 만나는 점에서 우측 수평으로 움직여 100%의 상대습도(포화상태)선과 만나는 점의 값을 보면 되는데 값은 약 12.5℃이다.

3.3.3 벽체의 습기 이동

습공기의 수증기압은 수분의 함유량이 증가함에 따라 높아진다. 건물의 재실자와 그들의 여러 가지 행위는 공기 중의 수증기를 추가하게 되므로 실내 공기의 수증기압은 외부 공기의 수증기압보다 높게 된다. 이와 같은 압력의 차이로 인하여 수증기가 벽체를 통하여 실외에서 실내로 이동하게 된다.

건축물에서 사용되는 재료들은 유리제품 등 몇몇을 제외하고는 내부에 공극이 있는 일반적으로 통기성과 흡수성을 가진 재료들이다. 건축 재료에 존재하는 수분은 구조체의 공극이나 모세관 또는 결정들의 경계면에 존재하게 되고, 이들 중 공극이나 모세관에 존재하는 수분들은 재료 양측이 평형상태가 아니면 이동이 생긴다(그림 3.4). 즉 기온이나 습도가 같지 않으면 재료 양측의 증기압이 다르며 수증기압이 높은 곳에서 낮은 곳으로 벽체 내에서 수분은 이동하게 되는 것이다.

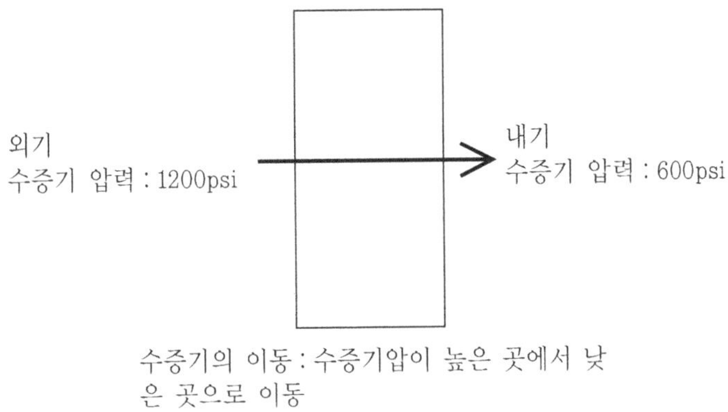

그림 3-4 수증기압에 의한 수증기의 이동

(1) 투습저항

수증기의 이동량은 수증기압의 차이가 클수록 많아지고 수증기(수분 이동)의 차단 능력이 커질수록 이동양은 적어진다. 수증기의 차단 능력은 재료의 두께에 따라 변하며 모든 건축 재료는 1m 두께를 기준으로 투습저항계수를 산정할 수 있다. 투습저항계수(r_v, Vapour Resistivity)란 습기의 이동에 대한 저항값을 각 재료의 단위 두께에 따라 측정한 값이다. 각종 건축 재료의 투습저항계수는 표 6.3과 같다.

투습저항이란 특정 두께를 가진 재료의 투습 저항을 말하며 다음 공식으로 구한다.

$$R_v = r_v L$$

여기서, R_v : 재료의 투습저항
L : 재료의 두께(m)
r_v : 재료의 투습저항계수

여러 가지 재료를 가진 구조체의 총 투습저항($R_v T$, Total Vapour Resistance)은 각각의 재료의 투습 저항을 모두 더한 값으로 다음 식에서 구할 수 있다.

$$R_v T = R_{v1} + R_{v2} + R_3 + R_{v4} \cdots$$

(2) 노점온도구배

벽과 같은 구조체 내부의 온도 변화는 이미 전 장에서 살펴보았다. 특정 재료에 따라 발생하는 구조체의 온도 변화를 구하는 방식을 사용하면 어떤 재료 층에서의 노점온도를 구할 수 있다. 그러나 벽체 내부의 공기의 노점온도는 직접적으로 구할 수가 없으며 습공기선도를 이용하여 노점 온도를 구할 수 있다. 즉 각 부분의 수증기압을 알아낸 후 그 수증기압에 따른 노점 온도를 습공기선도를 이용하여 구하는 것이다. 벽체 내에서의 수증기압의 변화는 다음 식으로 구할 수 있다.

$$dp = \frac{dR_v}{R_{vT}} \times P$$

여기서, dp : 특정 재료에서의 수증기압 강하

dR_v : 재료층의 투습저항

P : 전 구조체를 통한 총 수증기압 강하

R_{vT} : 전 구조층의 총 투습저항

수증기압의 변화는 도표에 기울기로 나타낼 수도 있으나 일반적으로 노점구배(dew-point gradient)를 그리기 위하여 사용된다. 구조체의 각 경계선에서의 노점은 그 지점에서의 온도와 수증기압을 맞춘 다음 습공기선도에서 찾을 수 있다.

3.3.4 내부결로 발생의 예측

건축 재료의 표면이나 내부에서의 결로 발생 가능성은 벽체 내외부의 온도 및 습도에 따라 좌우된다. 따라서 결로 발생 가능성을 예측하려면 벽체 내외부의 온도(여러 재료로 벽체가 구성된 경우는 각 재료의 온도)와 벽체 내외부에 존재하는 공기의 노점온도를 알아냄으로서 가능하다. 왜냐하면 결로 발생의 정의에 따라 습공기의 노점온도보다 물체의 온도가 높으면 결로가 발생하지 않으며 반대로 노점 온도보다 낮으면 결로가 발생하기 때문이다. 아래 그림3-5는 내부 결로가 발생하는 개념을 보여주고 있다.

그림에서 (가)는 벽체 내의 재료의 온도가 항상 공기의 노점온도보다 높기 때문에 결로가 발생하지 않는다. 그러나 (나)에서는 결로가 발생하는 영역이 있다. A점은 벽체 내 재료의 온도와 공기의 노점온도가 같기 때문에 결로가 발생하기 시작하는 부분이며 결로가 발생할 수 있는 구간은 A에서 B점까지다. 따라서 벽체 내부의 결로 발생을 예측하려면 벽체 내부의 온도와 공기의 노점온도를 알아내면 쉽게 결로 발생 여부를 알아낼 수 있다.

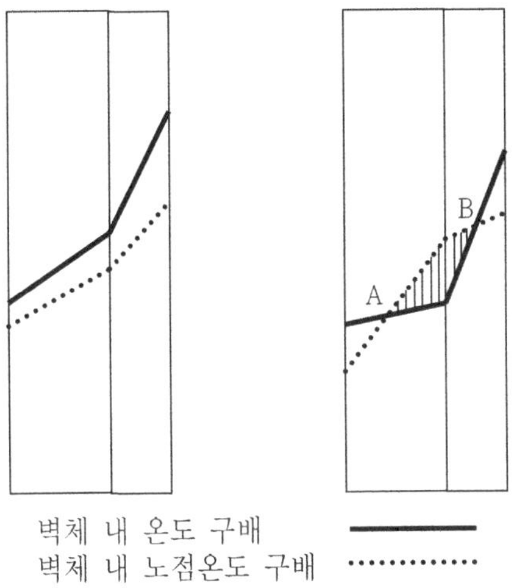

(가) (나)

그림 3-5 온도구배와 노점온도구배에 의한 벽체 내 결로 발생 유무판단

[예제 3-2] 아래 그림과 같이 어떤 외벽의 단면구조가 실외 쪽에 105㎜의 콘크리트가 있고 50㎜의 중공층, 25㎜의 단열재, 실내 쪽으로 100㎜의 집섬보드로 되어 있다. 구조체의 온도구배와 노점온도구배를 그리고 결로현상에 대하여 설명하라.

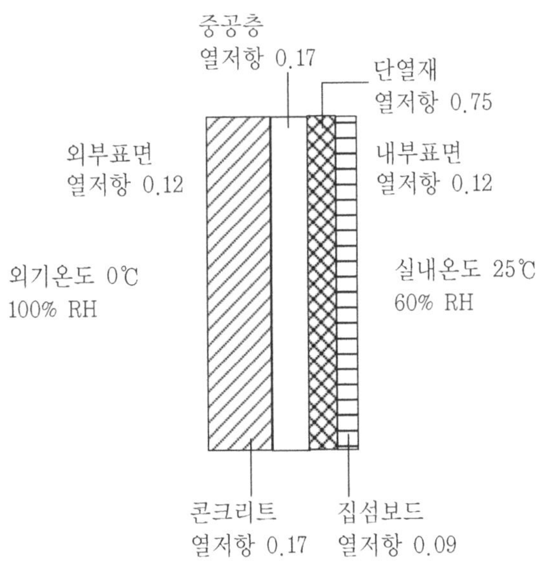

1단계: 열 저항값을 이용하여 재료 각층에서의 온도 상승(강하)과 각 경계 부분의 온도를 계산한다. 전체 온도 강하(dT)는 내부 온도와 외부 온도의 차이이므로 25℃이다. 열 저항값은 주어져 있으므로 아래 식을 이용하여 외부로부터 온도 상승을 구하면 아래 표

와 같다.

$$dT(\text{온도상승}) = \frac{dR(\text{재료의 열 저항})}{R(\text{전체 열 저항})} \times dT(\text{전체온도상승})$$

재료층	열저항(R)	온도상승(℃)	경계면에서의 온도(℃)
외부표면	0.12	2.18	0
콘크리트	0.13	2.3	2.18
중공층	0.17	3.1	4.48
단열재	0.75	13.6	7.58
집섬보드	0.09	1.64	21.18
내부표면	0.12	2.18	22.82
총 열저항	1.37	총 온도상승 25	

2단계: 투습비저항값은 재료에 따라 표 6.3에서 찾고 저항값을 이용하여 각 재료층에서의 수증기압의 상승을 계산하고 습공기선도를 이용하여 경계면에서의 노점온도를 찾는다. 결과는 아래 표와 같다.

외부 수증기압 = 습공기선도에서 0℃일 때 수증기압은 600㎩이다.

내부 수증기압 = 습공기선도에서 25℃일 때 수증기압은 1950㎩

총 수증기압의 상승 = 1350㎩

재료층	두께	투습비 저항(r_v)	투습저항 $R_v = r_v L$	수증기압 상승	경계면에서의 수증기압(㎩)	경계면에서의 노점온도(℃)
외부표면						
콘크리트	0.105	50	5.25	908	1508	13
중공층	0.05	1	0.05	9	1517	13.1
단열재	0.025	60	1.5	260	1777	15.5
집섬보드	0.1	10	1	173	1950	17
내부표면						
		총	7.8			

3단계: 위에서 구한 각 경계면에서의 온도와 노점온도를 이용하여 벽체 단면에 각 구배를 구하면 아래 그림과 같다.

예제의 경우 집섬보드의 표면온도가 노점온도보다 높기 때문에 이 상태에서는 표면결로가 발생하지 않는다. 그러나 벽체 내부에서는 구조체의 온도가 노점온도보다 낮은 부분이 있어 결로가 발생할 가능성이 있는 부분이 있다. 콘크리트 내부에서부터 단열재부부까지 결로가 발생할 수 있다.

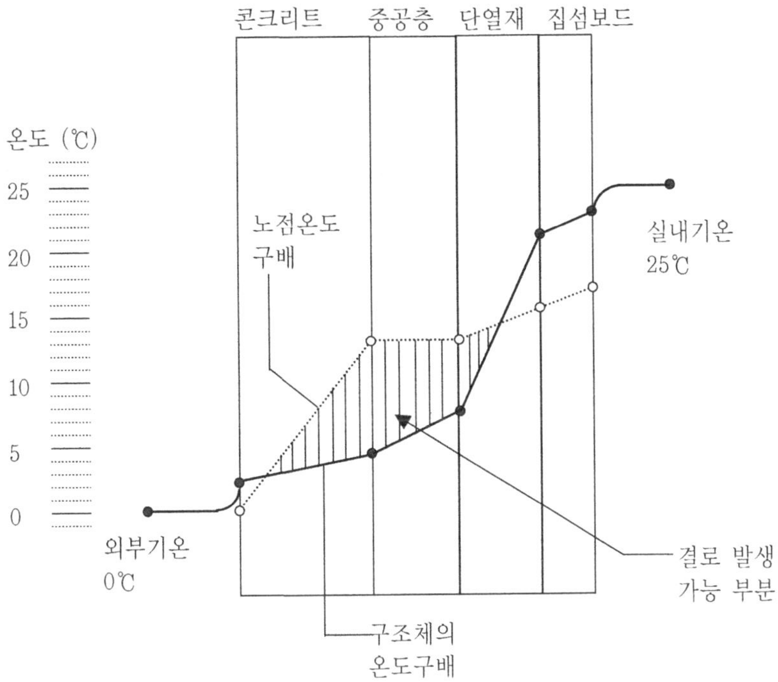

3.4 결로 방지책(Remedies for condensation)

결로의 원인들은 결로 방지를 돕는 방법을 동시에 설명할 수 있다. 지속적으로 나타나는 결로를 방지할 수 있는 세 가지 방법은 다음과 같다.

(1) 환기

환기를 함으로서 실내에서 발생하는 수증기 양을 감소시킨다. 이로서 결로를 발생시킬 수 있는 습한 공기를 제거하게 된다. 수증기 발생원 근처에서(예를 들면 부엌이나 세탁기가 있는 곳 등) 환기를 할 수 있다면 가장 큰 효과를 볼 수 있을 것이다. 겨울철에는 환기를 자주하게 되면 에너지 소비가 많게 되기 때문에 에너지 손실을 막을 수 있는 정도의 소량의 환기를 자주하는 것이 좋다.

(2) 난방

건물을 난방하게 되면 실내 표면 온도가 상승하므로 표면 온도는 실내 공기의 노점 온도보다 높게 유지된다. 더워진 공기는 또한 더 많은 수증기를 포함할 수 있는데 이 수증기는 나중에 찬 표면과 접촉하여 응축하기 전에 환기를 통하여 제거해 버리면 된다.

결로는 또 난방의 정도와 시간에 따라 영향을 받게 되는데, 일반적으로 높은 온도로 단시간 난방을 하는 것보다는 낮은 온도로 장시간 난방을 하는 것이 결로 방지에 유리하다. 콘크리트나 조적조와 같은 중량구조는 완전히 냉각되어서는 안 되며 건물 전체를 지속적으로 조금씩 난방을 함으로서 방지할 수 있다.

(3) 단열

단열을 함으로써 벽 전체를 통한 열 손실이 감소되고 실내 표면 온도를 높이게 된다. 조적벽과 같은 중량구조에서는 단열재를 내부 표면에 설치할 경우 난방 시 실내 공기온도를 빠르게 상승시키게 된다. 그러나 단열재가 실내 쪽에 있음으로 해서 벽의 바깥쪽 부분은 그대로 냉각되어 있으므로 내부 결로를 방지하기 위해서는 방습층의 설치가 필요하다.

(4) 벽체의 재료구성 방법

벽체 내부의 재료가 구성되는 방법도 결로 발생에 영향을 미친다. 그림 3.6은 재료의 열저항에 따른 구성방법과 투습저항 값을 이용하여 결로가 발생하지 않도록 벽체 내부 구성방법을 보여주는 예이다.

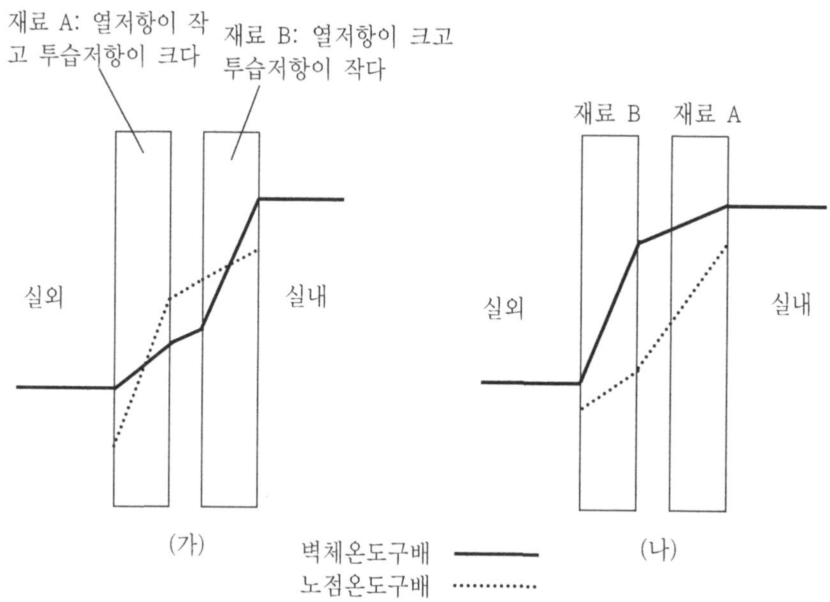

그림 3-6 다중벽체 재료 구성에 따른 내부결로

그림에서 (가)는 열저항이 작고, 투습저항이 큰 재료를 실외 쪽으로 둔 경우인데, 열저항이 작으면 구조체 온도구배는 초기에 매우 완만하다. 또한 재료가 투습저항이 커서 노점온도구배는 가팔라져서 벽체 내부의 한 곳에서는 반드시 온도구배와 교차하는 지점이 생기게 된다. 결과적으로 결로가 발생할 수 있다. (나)의 경우에는 재료를 정반대로 배열을 한 것으로 초기에 온도구배가 배우 가파르며(열저항이 크기 때문) 투습저항이 작아

수증기압의 변화는 완만하며 따라서 노점온도의 변화도 완만하여진다. 결론적으로, 내부 결로를 방지하기 위하여서는 결과적으로 외단열을 하는 경우 내단열을 하는 것이 보다 효과적이다. 또한 같은 재료로 벽을 구성한다 하더라도 벽체 내에서 어떻게 재료를 배치하느냐에 따라 결로 발생의 유무에 영향을 미친다.

벽체의 단열을 보강하기 위하여 벽체 안쪽에서 단열을 추가할 경우에는 습기 차단력이 우수한 성형 플라스틱 계열의 차단재를 사용하여야만 내부 결로를 막을 수 있다. 콘크리트 평지붕은 반드시 더운 지붕으로 시공한다. 효과적인 결로 방지를 위해서는 지붕형태와는 상관없이 반드시 지붕면에 환기구를 두는 것이 좋다.

(5) 방습층의 설치

외부에 면한 벽의 경우 외부로부터 빗물 침투를 막아야 하고, 벽체내의 습기는 밖으로 배출되도록 한다. 구조체 내부에서 결로가 발생할 가능성은 습공기가 구조체 내부에 침투하는 것을 막음으로써 감소시킬 수 있다. 이를 위해 방습층을 설치하는데 방습층이란 수증기의 투과에 대해 저항력이 높은 건축 재료의 층을 말한다. 방습층은 사용되고 있는 형태에 따라 다음과 같이 분류할 수 있다.

1. 액체막(Liquid films): 아스팔트 용액, 고무상태 또는 실리콘 상태의 페인트, 광택 페인트 등이 있다.
2. 성형막(Preformed membranes): 알루미늄 박판, 폴리텐 접착판, 폴리텐 판지, 아스팔트 펠트 및 비닐지 등이 있다.

내부 결로의 발생으로 구조체와 단열재에 피해를 줄 위험이 있는 경우에는 방습층을 반드시 설치하여야 한다. 일반적으로 방습층은 단열층에서 온도가 높은 쪽으로 설치하여야 한다. 구조체 내부에 있는 수증기는 밖으로 배출될 수 있어야 하므로 외부표면은 방수처리를 하더라도 수증기는 투과시킬 수 있어야 한다.

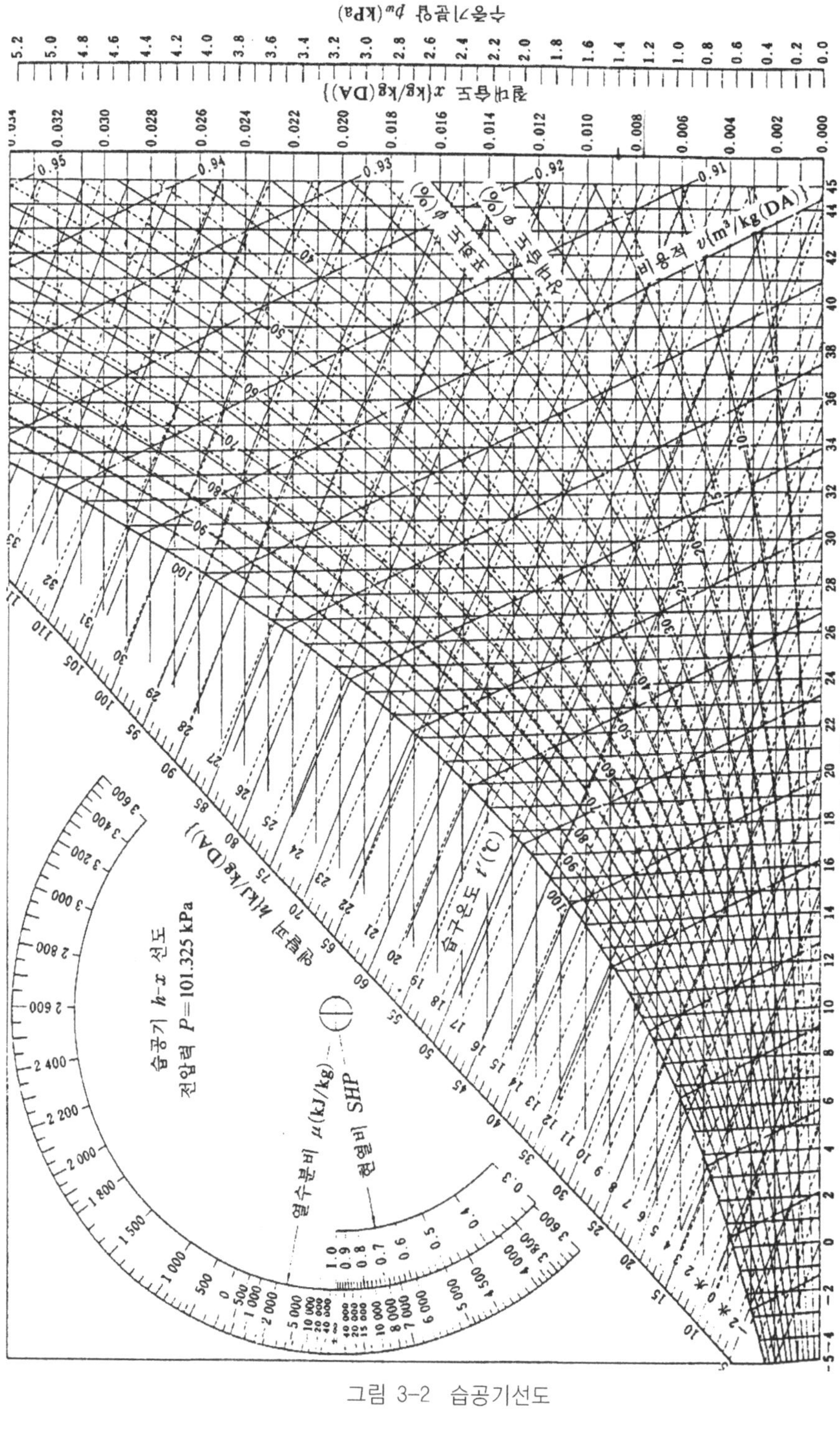
습공기 h-x 선도
전압력 P=101.325 kPa
수증기분압 p_w(kPa)
절대습도 x{kg/kg(DA)}
비용적 v{m³/kg(DA)}
건구온도 t(℃)
습구온도 t'(℃)
엔탈피 h(kJ/kg(DA))
열수분비 μ(kJ/kg)
현열비 SHP

그림 3-2 습공기선도

표 3-3 건축 재료의 투습저항계수

재료명	밀도(kg/m^3)	투습저항계수(r_v)
아스팔트		2000
에폭시 수지 충전제	2	2000
유성페인트	0.1	20000
PVC 마감	0.1	50000
폴리우레탄 마감	0.1	13000
콘크리트	2000	50
프리캐스트 콘크리트	2000	100
경량 석회 콘크리트	500	3.5
	600	4.0
	800	7.0
	1000	11.0
PVC 관		5000
폴리우레탄 관		100000
알루미늄 관	125	완전방수
고무관	1350	800
유리섬유관	75~100	1.2
광물섬유관	80~140	1.2
암면	58~65	1.2
코르크 관	120~450	10
압축 코르크관	200~400	12
스티로폼	15	20
	20	40
	30	60
	40	80
사출 스티폴 폼	40	200
	50	250
	60	300
폴리우레탄 폼	30	50
밤나무	600~900	50
참나무	500~900	50
전나무	400~700	50
소나무	300~800	50
석고 몰탈	1000~2000	10
석회플라스터	1600	15
포틀랜드 시멘트 및 석회몰탈	1800	35
시멘트 몰탈	1800	35
테라조	2000	50
석면 시멘트 관	1800	50
집섬 플라스터	1150	8
집섬 벽관	600~1200	10
합판(내부용)	430	50
합판(외부용)	700 이하	200
치장벽돌	1000	2
	1400	5
	1800	10

재료명	밀도(kg/m³)	투습저항계수(r_v)
강화벽돌	1900	90
	2000	180
	2100	400
	2200	1000
다공벽돌	1900	90
(slotted brick)	2000	180
	2100	400
	2200	1000
타일	1700	200
	2300	300
유리	2500	100000
공기층		1

제 4 장 환기 및 통풍

4.1 머리말

환기는 인간의 건강과 쾌적함에 중요한 역할을 한다. 인체의 발열을 해소할 뿐 아니라 실내의 수분과 이산화탄소, 박테리아와 같은 오염물질을 제거하고 건물 내 증발 효과를 도모한다. 자연환기는 크게 두 가지로 구분한다. 바람에 의한 환기와 굴뚝 효과에 의한 환기이다. 바람에 의한 환기는 압력차에 따른 공기의 흐름을 이용한 것으로 0.25㎧ 이하의 공기는 사람이 느끼지 못하며, 0.25~0.5㎧ 기류 속도에서 가장 쾌적함을 느끼게 된다. 굴뚝효과에 의한 환기는 건물의 실내외 온도차로 인한 비중이 낮아진 공기의 부양력에 의해 발생한다.

자연적인 환기는 실내외 온도 차나 바람의 영향에 의하여 자연적으로 바꾸어지는 경우이며 인공적인 기계적 장치를 이용하여 환기를 강제적으로 바꾸는 것은 기계 환기이다. 이 기계적인 환기는 자연적으로 환기를 할 수 없는 경우에 사용한다.

통풍이란 창을 개방하고 실내로 바람을 도입하여 거주자가 시원함을 얻는 것 등을 통풍이라고 한다. 바람을 이용하여 건물의 환기를 도모하기 위해 건물설계를 할 때에는 건축구조물 내·외부의 기류 형성과 디자인 요소를 이해할 필요가 있다. 넓은 의미에서 통풍은 환기에 포함되어 생각할 수 있지만 그 목적이나 현상을 취급하는 방법에서 일반 환기와 조금 다르다. 환기는 오염된 공기의 배출을 목적으로 하는 것에 반해 통풍은 바람을 잘 통하게 하는 것 그 자체를 말한다.

4.2 환기의 목적

일반적으로 오염된 실내 공기를 배제하고 신선한 공기를 도입하는 것을 환기라고 한다. 이 경우에는 도입하는 공기는 통상 대기이지만 이 대기가 청정하다는 것을 전제로 하고 있다. 그러므로 환기의 주목적은 실내의 청정한 환경을 유지하는 것에 있다. 그러나 좀 더 넓은 의미에서 자연환기나 인공 환기의 목적을 살펴보면 다음과 같다.

(1) 위생환기

건물 내에서 이용자의 삶을 영위하기 위해(숨쉬기, 조리나 난방 등) 필요한 산소를 공급하기 위해 외부의 공기와 내부의 공기를 바꾸어줄 필요가 있다. 또한 내부에서 발생한 냄새, 진분, 이산화탄소량을 외부에 배출할 목적을 가진 환기를 말한다. 1970년대 석유위기 후 사무소 건축에서 에너지 절약을 위한 기밀 현상으로 인하여 재실자가 두통이나 눈, 코의 통증을 호소하는 경우가 발생하였다. 이는 실내 오염 물질에 의한 사무소 근로자의 건강장애인데 이를 건물증후군(Sick Building Syndrome, SBS)이라고 한다. 이를 방지하기 위한 방법으로 계획적인 환기와 통풍이 이루어질 수 있도록 실 배치나 개구부의 위치와 크기, 환기시설의 계획이 필요하다. 또한 자연재료를 사용하고, 원인이 되는 화학물질을 함유하는 건재를 가능한 사용하지 않도록 한다.

(2) 인체 열교환을 위한 환기

재실자에게 쾌적한 열환경을 제공하고자 외부의 찬 공기를 내부로 유입시키고 인체에서 발생되는 열을 바람에 의한 convection이 가능하도록 하는 환기를 말한다.

(3) 구조체의 Cooling을 위한 환기

여름철 실내의 구조체가 외부 온도보다 높은 경우 야간에 외부 공기를 실내에 유입 구조체를 식히기 위하여 환기를 말한다. 주로 사무실 건축에 사용하며 밤에는 냉방을 중지하고 차가운 외부 공기를 실내로 유입하여 실내 열을 취득한 후 외부로 강제 환기 방식으로 방출한다.

(4) 결로 발생 방지를 위한 환기

실내에서 발생하는 수증기를 외부에 유출시켜 결로방지를 위한 환기를 말한다. 결로는 수증기에 의하여 발생하는데 수증기가 많이 발생하는 공간이나 수증기가 한 곳에 머무른 공간에 Fan을 이용한 강제 환기를 하여 수증기를 방출한다.

4.3 자연환기

4.3.1 온도차에 의한 환기

건물의 실내에서는 외기와의 온도차에 의해 공기의 비중량이 달라지게 되어서 환기가 일어나게 된다. 실내의 온도가 높으면 상부에서는 실내 공기가 배출되고, 하부에서는 외기가 유입된다. 이때 실내외 압력차가 0이 되어 공기의 유출입이 없는 면이 형성되는 이를 중성대라고 한다.

특히 고층건물에서는 엘리베이터실과 계단실에서는 천정이 매우 넓기 때문에 큰 압력차가 생겨 강하 바람이 불게 된다. 이를 굴뚝효과라고 한다. 이 굴뚝효과를 가장 잘 볼 수 있는 경우는 실내 아트리움을 형성할 때이다. 그림 4-1은 아트리움을 내부공간으로 형성한 경우 내부의 상승기류의 변화와 높이에 따른 실내온도를 보여주고 있다. 1층과 25층간의 온도 차이는 약 6~7℃로 나타나고 있다. 고층건물에서는 건물 높이의 50~70%가 되는 곳에 중성대가 위치하며 기밀한 건물에서는 건물 높이의 30% 되는 곳에 중성대가 위치한다고 보고되고 있다. 온도차에 의한 환기는 외부온도와 밀접한 연관이 있는데 같은 창을 통해서라도 겨울철의 환기량이 여름철의 약 2~4배 정도 많은 것으로 보고되고 있어 겨울철의 에너지 손실이 더 크다고 할 수 있다.

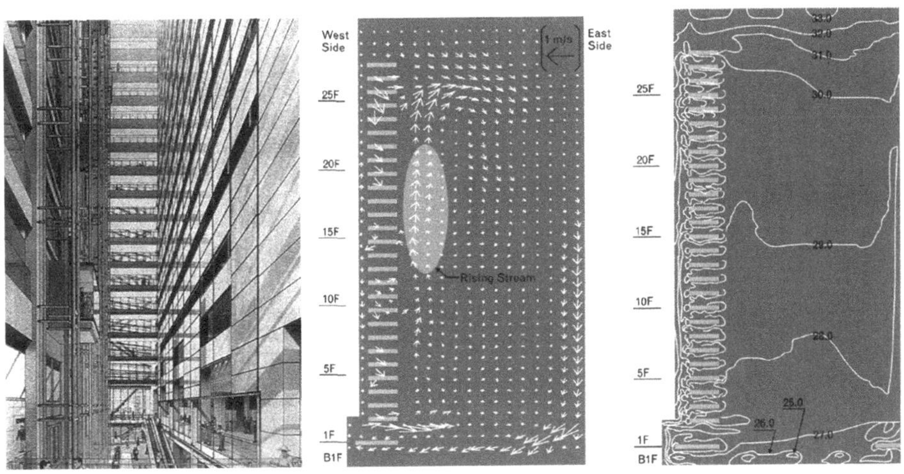

(a) 내부 공간 (b) 내부 기류 (c)온도분포곡선

그림 4-1 실내 아트리움 공간

4.3.2 바람에 의한 환기

바람이 발생하는 원인은 온도차에 의한 자연적인 대류 현상과 압력차에 의한 대류 현상으로 구분할 수 있다. 움직이는 기류는 직선 방향으로 나아가려는 경향이 있으며, 어떤 물체에 의해서 방향이 변하더라도 각을 이루며 변화하지 않고 완만한 곡선을 유지하며, 기류의 흐름은 연속성을 갖기 때문에 생성되거나 소멸되지 않는다.

그림 4-2에서와 같이 기류는 건물과 같은 장애물과 직면할 때 안정적인 기류의 형태에서 혼란스러운 기류의 형태로 바뀌며, 소용돌이의 기류는 안정적인 기류나 혼란스러운 기류 모두 나타난다. 또한 바람이 부딪히는 건물 주변은 정압(+, Positive Pressure)이 생기는 반면, 바람이 빠져나가는 건물의 반대쪽 측에서는 공기가 빨려 나가거나 부압(-, Negative Pressure)이 생긴다.

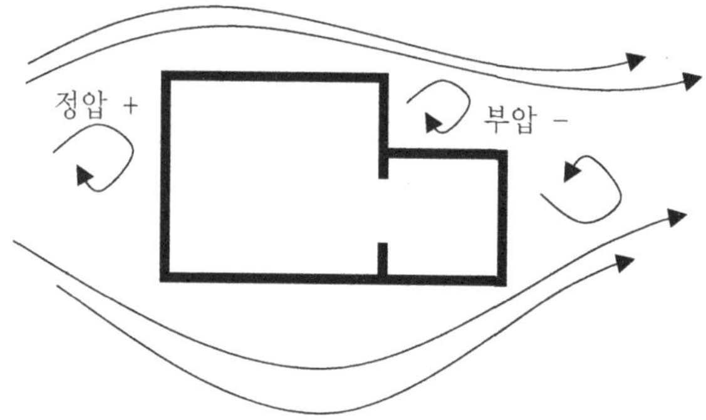

그림 4-2 건물 주변 기류에 따른 풍압

그림 4-3은 건물 주변에서 발생할 수 있는 기류를 나타낸 것이다. A와 같이 건물 주위를 수평으로 돌아가는 기류가 있으며, B와 같이 상부(지붕)위로 가는 기류가 있다. 또한 C와 같이 하부로 통과하는 기류가 있으며, D와 같이 하부로 내려가면서 와류를 일으키는 기류가 있다.

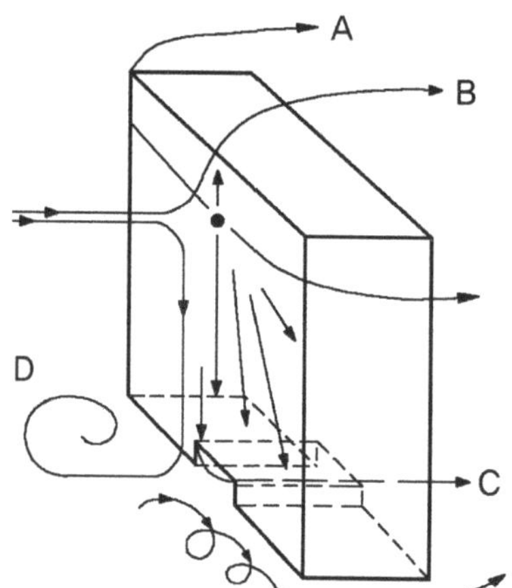

그림 4-3 건물 주위의 발생 가능 기류

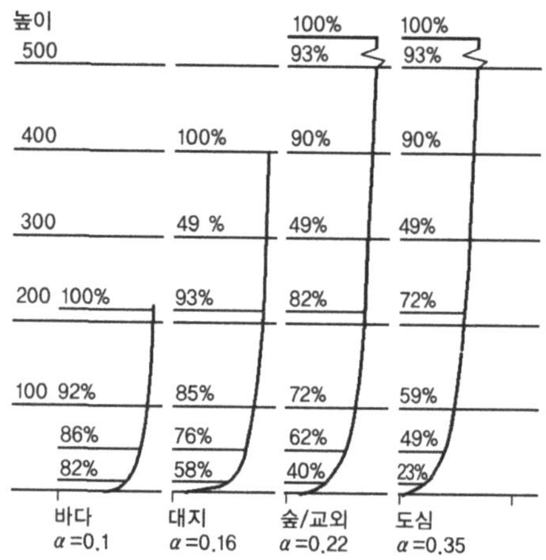

그림 4-4 고저에 따른 풍압

바람에 의한 환기는 풍압에 의해서 발생한다. 풍압은 풍속에 따라 달라지는데 풍력환기량은 풍속에 비례한다. 풍속은 바람이 부는 장소나 높이에 따라 다르다. 건물이 많은 도시에서의 풍속과 바다가 근접한 지역에서의 풍속을 비교하면 바다가 근접한 곳에서의 풍속이 더 크다. 그림 4-4는 지역별로 높이에 따른 풍속의 크기를 백분율로 나타낸 것이다. 도심과 같이 많은 건물이 있는 경우는 바다보다 높은 곳에 이르러야 풍속이 최대로 되는 것을 볼 수 있다.

새로운 건물을 계획하기 전에 풍동실험(그림 4-5)이나 Water Mapping Table Test(그림 4-6)를 실시함으로서 바람의 효용성, 속도 발생 빈도 등을 평가하고, 그에 따른 계획안을 작성함으로써 설계를 더욱더 환기나 통풍에 효율성을 높일 수 있다. 풍동실험은 하나의 건물을 이해하기도 하지만 건물 군이나 도시맥락에서 이용하기도 한다. Water Mapping Table은 작은 모형을 가지고 건물 내·외부의 기류의 흐름을 개념적으로 살펴보는데 매우 유용한 방법이다.

그림 4-5 풍동실험

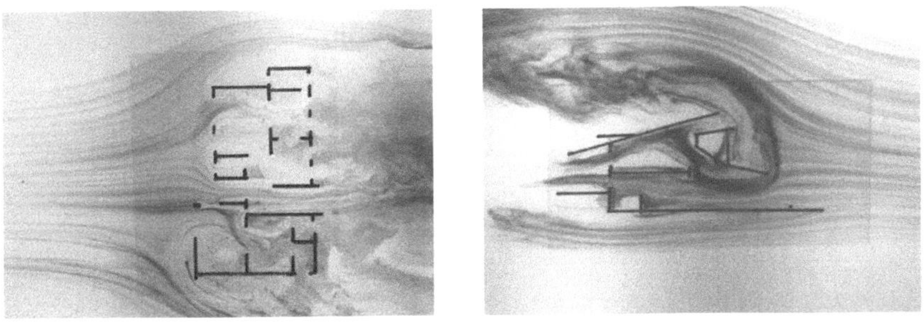

(a) 평면 (b) 단면

그림 4-6 Water Mapping Table을 이용한 기류의 흐름

건물 주위를 풍압은 건물의 형태에 따라 바람의 흐름이 달라지며 발생하는 정압과 부압의 크기와 위치도 달라지는데 그림 4-7은 일반적인 건물의 형태와 지붕의 형태에 따라 나타날 수 있는 풍압을 보여주고 있다.

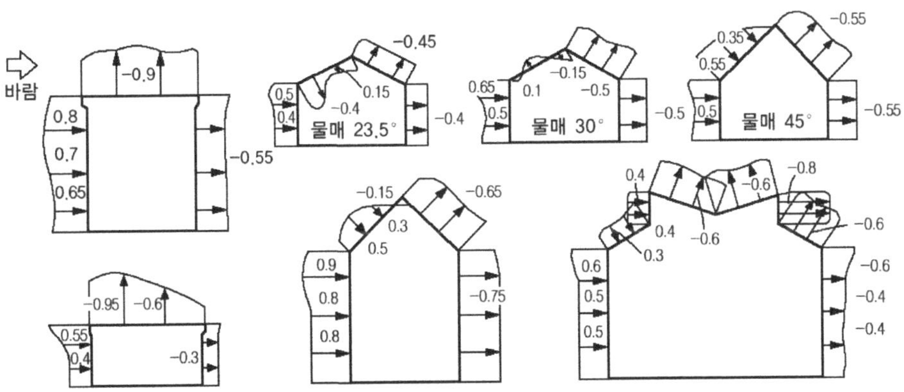

그림 4-7 건물 형태와 지붕 형태에 따른 풍압(숫자: 풍압, +정압, - 부압)

온도차에 의한 경우 창이 1개로도 대체로 창의 하부에서 공기가 유입되고, 상부에서 공기가 유출되지만 풍압에 의한 환기의 경우에는 반드시 바람의 입구와 출구를 설치하여야 한다. 풍압에 의한 환기를 효율적으로 하기 위해서는 입구와 출구는 풍압계수의 차이가 크게 되는 위치에 설치하는 편이 좋다.

4.4 필요환기량과 환기횟수

실내에서 사람이 쾌적하게 거주하고 작업할 수 있는 공기의 청정도를 유지하기 위하여 필요한 환기량을 필요환기량이라고 한다. 환기량은 오염의 종류와 발생량, 실의 용도에 따라 달라진다. 필요환기량의 산정에 고려되는 인자로는 산소, 이산화탄소, 온도, 습도, 분진, 기타 유해물질 등을 들 수 있다. 이에 따라 산소(O_2)의 결핍에 따른 환기량 계산법, CO_2의 증가에 따른 환기량 계산법, 수증기 발생량에 따른 환기량 계산법 등이 있다. 표 4.1은 건물에서 실에 정적한 환기량을 보여주고 있다.

표 4-1 건물에서 실에 따른 적정환기량

번호	실명	재실밀도 (m^2/인)	필요환기량 (m^3/m^2h)	번호	실명	재실밀도 (m^2/인)	필요환기량 (m^3/m^2h)
1	사무소 (일반)	5.0	6.0	9	사무소(개인)	4.2	7.2
2	은행영업실	5.0	6.0	10	오락실	3.3	9.0
3	상점매점	3.3	9.1	11	소회의실	1.0	30.0
4	백화점(일반매장)	1.5	20.0	12	바	1.7	17.7
5	레스토랑	1.0	30.0	13	미용실/이발소	5.0	6.0
6	연회장	0.8	37.5	14	주택/아파트	3.3	9.0
7	호텔객실	10.0	3.0	15	식당(영업)	1.0	30.0
8	극장/영화관	0.6	50.0	16	휴게실	2.0	15.0

환기회수(n)란 아래에 나타난 식과 같이 환기량 Q를 실용적 V로 나눈 값을 말한다.

$$n = \frac{Q}{V}$$

여기서, n : 환기회수 (회/h)

Q : 환기량 (m^3/h)

V : 실의 용적(m^3)

4.5 통풍

4.5.1 통풍의 이해

하절기에 개구부를 통해 실내로 바람을 도입하여 거주자가 시원함을 얻는 것 등을 통풍이라고 말한다. 환기가 오염된 공기를 배출할 목적이라면 통풍은 바람을 잘 통하게 하는 것을 목적으로 하고 있다. 현재 공기조화설비가 보급되어 통풍에 의존하지 않고 실내를 어느 정도 쾌적한 상태를 유지할 수 있으나 자연통풍을 잘 계획하고 이용하면 에너지 절감 효과를 볼 수 있다.

통풍 계획 시 고려하여야 할 것은 기후나 기상(계절풍, 풍향, 풍속 등) 조건, 건축물 주변의 조건, 실의 배치 등이 있다. 전통적으로 여름철 고온 다습을 견디는 방법으로 자연통풍의 효과를 기대하기도 하였다. 그림 4-8은 고온 저습한 중동지방에서 채풍구(Air Scoops)를 이용하여 계절풍을 실내로 유입하여 통풍의 효과를 보고 있는 예이다.

그림 4-10 채풍구를 지닌 주거, 이란

통풍은 실내에서 아래와 같이 크게 두 가지 방식에서 이루어진다.

(1) 공기압력의 차를 이용한 통풍

공기의 압력의 차이에 따른 공기의 흐름을 이용하여 건물 유입부와 출구 부분을 만들어 내부에서 통풍이 이루어진 방식이다. 재실자는 0.25~0.5% 이하의 공기에서 쾌적감을 느낌 압력의 차이에 따른 공기의 흐름을 이용 0.25~0.5% 이하의 공기에서 쾌적감을 느낀다.

(2) 굴뚝효과에 의한 통풍

건물의 실내외 온도차로 인해 비중이 낮아진 공기가 상부로 올라가는 부양력(Buoyancy)에 의한 환기, 즉 굴뚝 효과에 의한 방식에 따라서 이루어지는 것을 말한다.

4.5.2 통풍 계획

바람을 이용하여 건물의 환기를 도모하기 위해 건물 설계를 할 때에는 건축구조물 내외부의 기류형성과 내·외부의 디자인 요소를 이해할 필요가 있다. 이들을 살펴보면 다음과 같다.

(1) 외부 계획 : 건축물 주변의 수목류나 담 건축물 벽면의 돌출

도로 경계나 부지 경계 부근 울타리 등은 일반적으로 시선 차단의 기능을 목적으로 설치되지만 통풍을 유도하는 수단으로 사용될 수도 있다. 그림 4-9는 실내로 바람을 유입시키기 위하여 수목을 하나의 디자인 요소로 활용하여 바람몰이 수단으로 사용한 경우를 보여준다. 이 경우에 겨울철에는 바람이 건물로 유입되지 않게 수목은 활엽수로 하여야 한다.

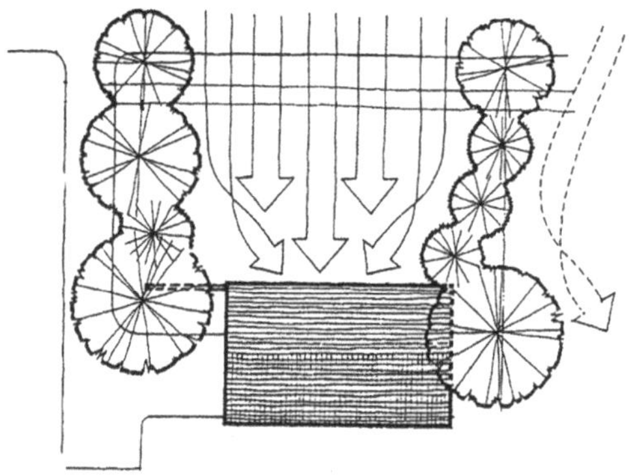

그림 4-9 수목을 이용한 바람몰이

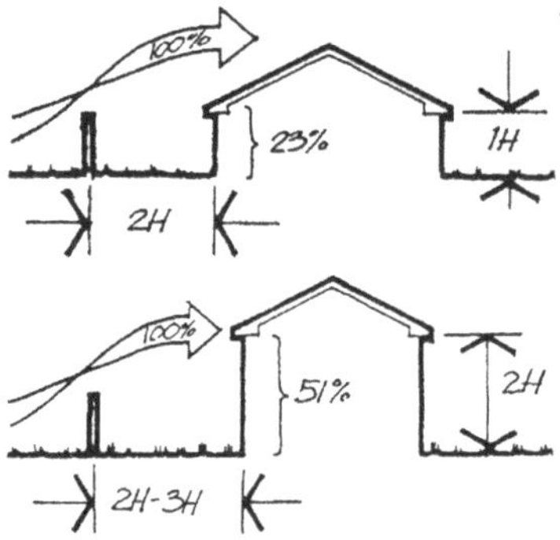

건물과 담장과의 거리	입면이 받는 평균 바람 속도
1H	26%
3H	28%
4H	36%
5H	42%
1H	26%
4H	36%
5H	42%
8H	64%

그림 4-10 담장 위치와 건물 높이에 따른 풍량의 변화

그림 4-10은 겨울철 바람을 막기 위해 바람이 부는 방향에 펜스(Fence)를 설치한 경우 바람을 받는 양을 건물의 높이, 펜스와 건물과의 간격에 따라 보여주고 있다. 그림 4-11은 건물 벽에 풍향을 조절하는 날개벽을 설치하여 실내로 기류를 끌어드리는 방법을 보여주고 있다. 벽을 고정시킬 수도 있으며 창을 이용하여 가변적으로 기류를 받아들일 수 있다. 이는 일종의 Wind Catcher의 역할을 한다.

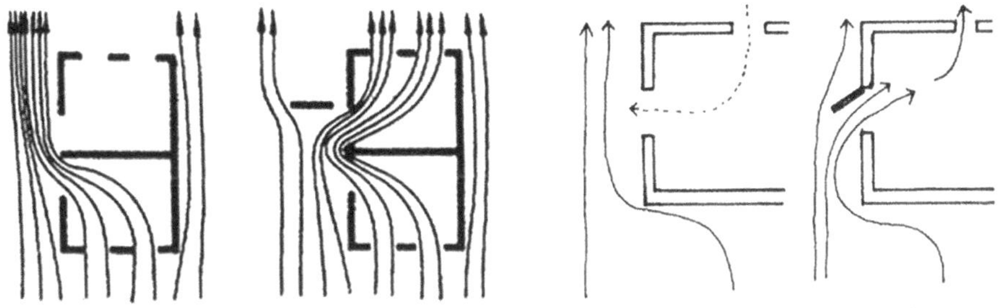

그림 4-11 날개벽과 창을 이용한 기류 방향의 변환

(2) 건물 내부 기류 계획:

내부 기류는 개구부의 위치, 크기, 형식, 실의 배치계획, 실 내부의 벽의 위치에 따라 많은 영향을 받는다. 개구부의 위치 관계에 의해서도 기류는 변화하고 내부에서 기류가 정체되는 현상도 다르게 나타난다. 그림 4-12에서 보는 것과 같이 일반적으로 평면상에서 개구부의 위치는 유입 부분과 유출되는 부분이 평행으로 배치하거나 모서리 부분에 개구부를 계획하면 내부에서 정체 현상이 일어나는 것을 볼 수 있다. 따라서 유입과 유출이 어긋나게 배치하는 것이 효율적인 통풍을 가져온다.

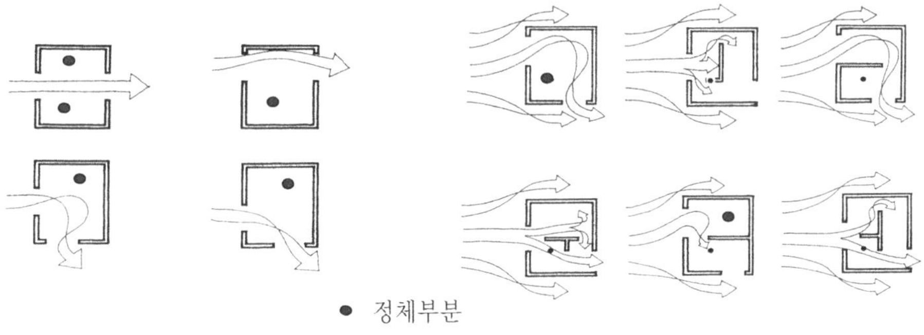

그림 4-12 개구부 위치와 내부 벽체 구성에 따른 기류의 정체

(3) 개구부의 디자인

개구부 주위의 차양이나 처마의 길이, 개구부 통풍을 위한 블라인드 디자인에 따라서 내부로 들어오는 기류는 다르다. 처마의 길이는 바람의 저항을 줄이면서 적당한 길이를

갖게 되면 내부에 기류를 유입하는데 도움을 준다. 개구를 단순한 창으로 하는 것보다는 기류의 흐름을 바꿀 수 있는 루버장치는 설치하는 것이 좋다.

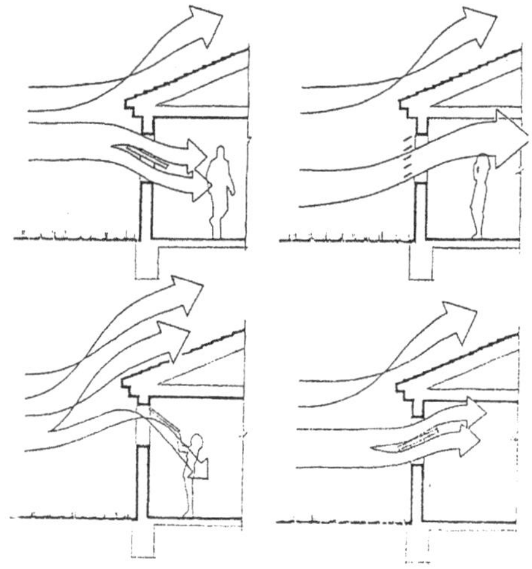

그림 4-13 개구부의 디자인에 따른 실내기류변화

(4) 베르누이와 굴뚝효과 디자인

건물 내부 기류의 특성을 파악하고 이를 적절히 건물 디자인에 이용하기 위해서는 베르누이 효과와 굴뚝효과를 먼저 이해할 필요가 있다. 그림 4-14는 베르누이 효과를 설명하는 그림으로 유체의 속도가 증가할수록 정압이 감소하는 현상 때문에 건물 내부에 부압이 발생함을 보여주고 있다. 부압이 발생하면 이곳에 공기를 채우기 위하여 외부에서 바람이 들어오게 된다. 이러한 현상을 건물에 효율적으로 이용한 예가 그림 4-15이며, 여기에서는 지붕의 환풍구를 벤츄리 또는 반 벤츄리 튜브 형태로 만들어 통풍을 원활히 하고 있음을 보여주고 있다. 또한 굴뚝효과에 의한 자연대류현상을 이용하여 건물 내의 공기를 효과적으로 배출하는 사례를 보여주고 있다.

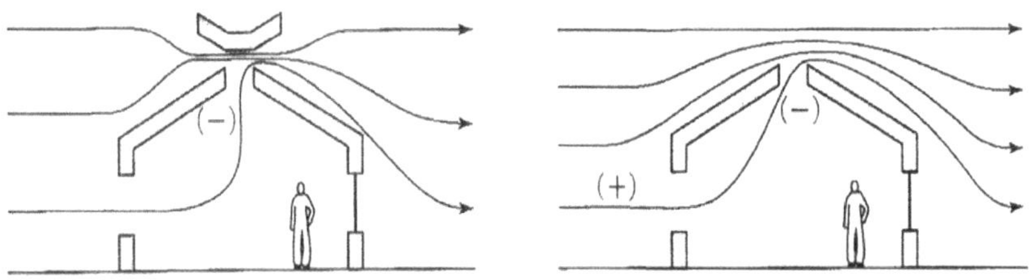

그림 4-14 건물에서의 베르누이 효과

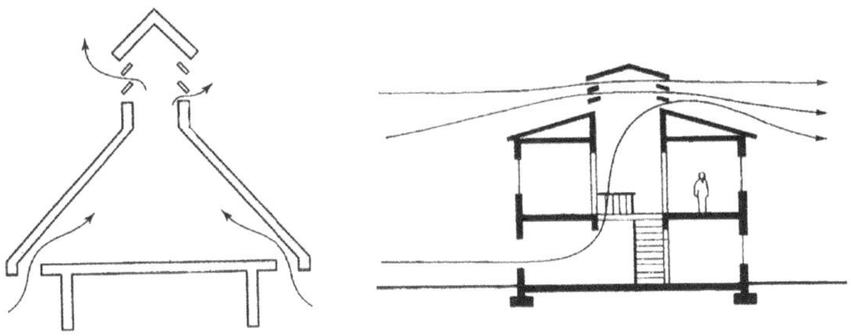

그림 4-15 베르누이 효과를 이용한 통풍

(5) 통맞춤 디자인

통맞춤이란 건물 내부 공간이 하나의 통처럼 되어서 한 바람이 개구부로 들어오면 내부 공간에 박힘이 없이 천정 부분(상부통맞춤)이나 반대편으로 빠져나가게 공간을 디자인 하는 방식이다. 따라서 건물 내에서 최대한의 통풍 효과를 얻기 위하여 실내 내부에 아트리움과 같은 공간을 설정하여 상부로 향한 통맞춤을 디자인하거나 맞통풍(Cross Ventilation)을 계획하는 곳이 바람직하다.

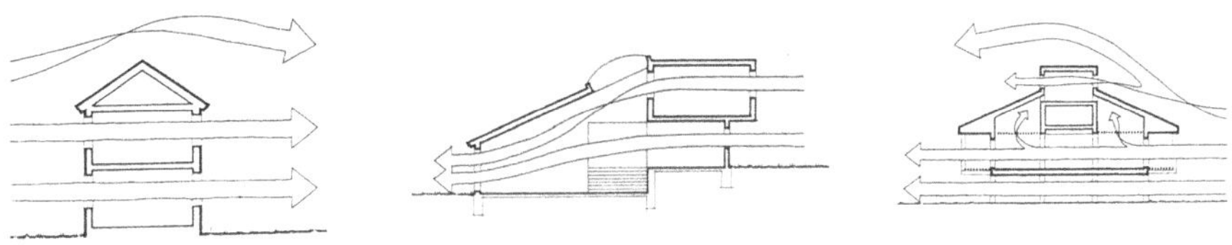

그림 4-16 통맞춤 디자인: Cross Ventilation

제 5 장 일조와 일사

5.1 일조 · 일사의 정의와 효과

5.1.1 일조의 정의와 효과

일반적으로 빛이 잘 들어오는 건물은 매우 쾌적하며, 건강함을 느끼게 한다. 태양의 방사선은 눈으로 느낄 수 있는 가시광선(可視光線) 이외에 파장이 짧은 자외선과 파장이 매우 긴 적외선을 가지고 있으며, 이들 중 특히 가시광선, 자외선의 효과를 포함한 부분을 일반적으로 일조(日照)에 의한 효과라 할 수 있다. 즉 일조란 빛이 들어오는 것을 의미하며, 태양의 열을 대상으로 하는 일사와는 구분하기도 한다. 일조권이라 함은 태양광을 받음으로서 여러 가지 혜택을 누리는 권리를 말하며, 그런 의미에서 일조란 단순히 양지의 문제라고도 할 수 있다. 일조는 우리들의 생활에 필수불가결한 자연요소이고 건축법에도 일조 확보를 위한 내용이 포함되어 있다.

일조(日照)에 의한 보건위생적 효과는 주로 자외선의 영향에 있다. 자외선은 화학선(化學線)이라고도 하며 상당히 강한 화학작용을 가지고 있고, 생체에 대해서도 강한 영향을 미친다. 지구에 도달하는 자외선 중에서 290~320nm의 범위를 건강선(健康線)이라 부르며, 인간의 건강과 깊은 관계가 있다. 건강선은 주로 다음과 같은 작용을 한다.

① 세포의 발육을 촉진시킨다.
② 혈액 중에 백혈구, 혈색소, 칼슘, 인, 철분 등을 증가시킨다.
③ 피하의 에르고스테린에 작용하여 비타민 D를 생성한다.

실제의 일조시간(日照時間)은 태양의 위치만으로는 정해질 수 없고, 그 지방의 기후에 의해서도 영향을 받는다. 그러므로 그 토지의 기상상황을 잘 조사한 후 창 등의 개구부 설계를 하지 않으면, 개구부가 일조를 받는 긍정적인 면보다는 동계의 열손실 등의 부정적인 면이 크게 되는 경우가 있다.

일조에 대한 용어를 살펴보면, 장애물이 없는 장소에서 청천 시(晴天時)에 일출(日出)부터 일몰(日沒)까지의 시간을 가조시간(可照時間)이라 한다. 기상학적으로는 태양의 중심이 지평선 상에 보일 때(일출, 일몰 시 태양고도의 2시각간(時刻間)의 시간수로 표시하고 있다. 그리고 실제로 직사일광이 지표(地表)를 비추는 시간을 일조시간(日照時間)이라 한다. 가조시간에 대한 일조시간의 백분율(百分率)을 일조율(日照率)이라 하고, 보통 각 지역의 1개월간의 값으로 가진 다음 식으로 표시한다.

$$\text{일조율} = \frac{\text{일조시간}}{\text{가조시간}} \times 100\% \qquad \text{(식 1)}$$

5.1.2 일조의 평가

(1) 일영시간 곡선도와 등시간일영도

건물의 경우 각 시간 일영선의 교점을 연결함으로서 일영곡선을 구할 수 있다. 이것은 건물에 의한 북측의 일조시간을 구체적으로 표시하는데 사용하는 것으로 일영시간 곡선도라 한다.

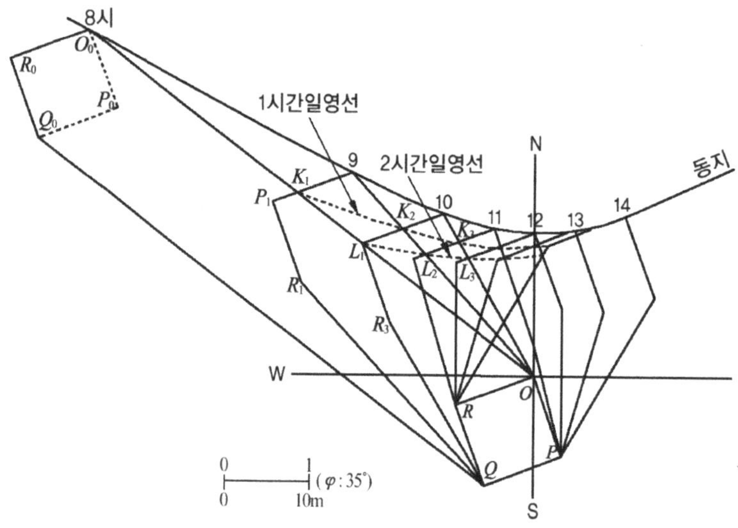

그림 5-1 일영시간곡선도와 등시간일영곡선도

(2) 월드램 태양위치도를 이용한 일조시간의 측정

일조환경을 분석하는 경우 월드램법이 보편적으로 사용되고 있는데 이 방법은 천구상의 태양경로를 수직평면 상에 직교좌표로 나타내고, 주변 건물들과 환경의 양상을 같은 시험형식으로 겹침으로서 임의의 날짜에 있어서 일조시간을 파악할 수 있는 기법이다. 따라서 가조시간에서 주변 건물의 그림자에 의한 장애시간, 즉, 일영시간을 차감한 일조시간을 검토할 수 있다.

그림 5-2 월드램 태양위치도를 이용한 태양경로의 예측

(3) 기타 일영분석사례

검토 대상인 건물의 도면을 이용하여 주위 건물에 의한 일영을 표시하게 되면 일영환경을 보다 쉽게 파악할 수 있다. 대상 건물이 평면, 단면, 입면도면에 주위 건물에 의한 일영을 표시하여 검토하면 된다.

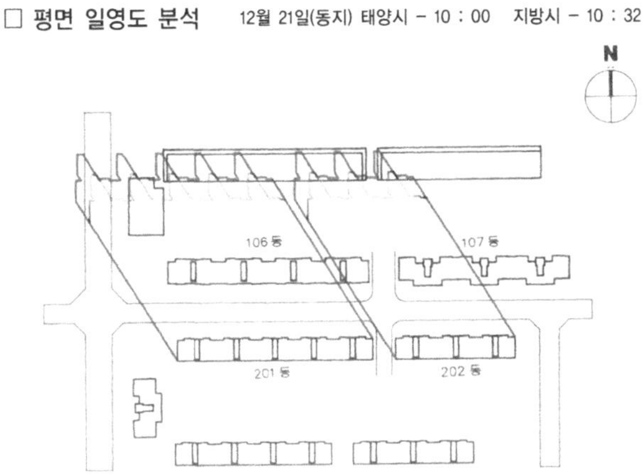

그림 5-3 평면일영도

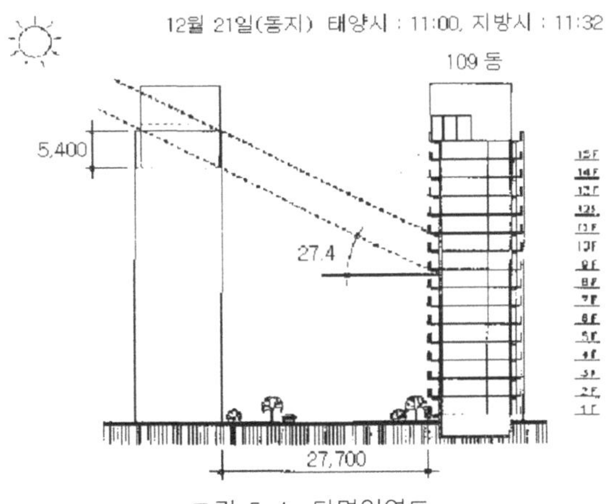

그림 5-4 단면일영도

□ 입면 일영도 분석   12월 21일(동지) 태양시 – 10 : 00 지방시 – 10 : 32

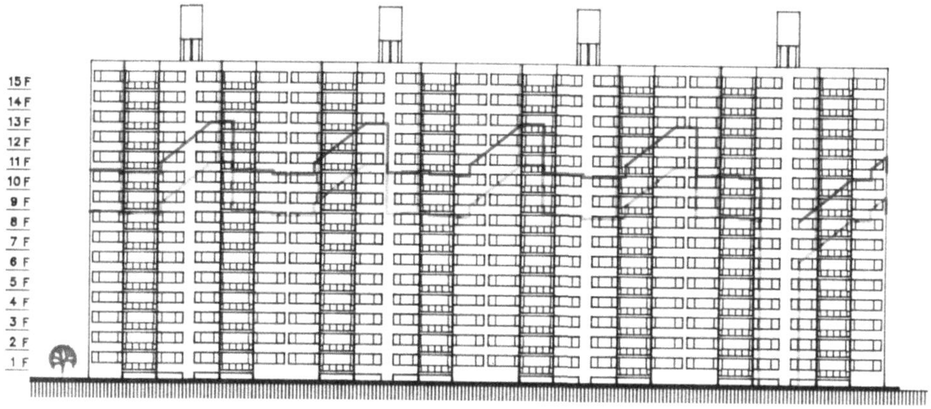

그림 5-5 입면일영도

① 평면일영도

평면일영도는 시각에 따른 일조 영향을 평면상으로 평가하여, 일조 영향 깊이를 평면상에서 분석할 수 있다. 그러나 주어진 날짜에 대한 평가만 가능하고 일조 영향의 정량적 평가(예 : 하루 중 몇 시간 일조)가 어렵다는 단점이 있다. 가해 건물에 의해 수평면(水平面)에 어느 날 어느 시각에 어느 정도의 음영이 생기는가를 도시하는 것으로서 이것에 의해 가해 건물에 만드는 일영의 크기가 묘사되므로, 그 도상에 피해 건물의 외형 및 주요 개구부의 위치를 표시하는 것에 의해 피해의 정도를 표시한다. 보통 오전 8시부터 오후 4시까지 1시간씩 경과했을 때의 일영을 동일 도면상에 그리게 되는데 통상 동지일을 기준으로 하며 태양시나 춘, 추분시를 기준으로 작성된 도면도 함께 참조할 수 있다.

② 입면 일영도

입면 일영도는 시각에 따른 피해건물의 입면도에 각 시간마다 생기는 음영을 표시한 도면으로 일조 영향을 입면상으로 평가하여, 일조 영향 범위를 입면상에서 분석할 수 있다. 그러나 주어진 날짜에 대한 평가만 가능하고, 정성적 평가가 어렵다는 단점이 있다. 이 도면에는 피해 건물의 각 개구부에 생기는 음영을 시간의 흐름에 따라 표현할 수 있기 때문에 피해를 잘 파악할 수 있다. 특히 아파트와 같은 고층건물일 경우에 개구부에 나타나는 일영을 알 수 있다. 그러나 이 도면에는 각 시의 태양의 방위각이 표현되지 아니하므로 이 도면에서만 의지하면 피해 정도가 실제와 차이가 있을 수 있다.

③ 단면 일영도

단면 일영도는 태양고도에 따른 일조 영향을 단면상으로 평가하여, 일조 영향 높이를 단면상에서 분석할 수 있다. 그러나 좌우 면에 대한 영향을 평가하기가 불가능하고, 일조 단면에서는 영향 받는 것으로 보이나 실제로 영향 없는 경우가 있다는 단점이 있다.

5.1.3 일사(日射)의 정의와 영향

일사(日射)는 태양으로부터 받는 열의 복사에너지를 말한다. 일사량(日射量)은 단위시간(單位時間)에 단위 면적 당(單位面橋當) 받는 열량으로 표현하며, 일반적으로 단위는 W/㎡(㎉/㎡·h)를 사용하고 있다. 일사(日射)는 직달일사(直達日射)와 천공일사(天空日射)로 나눌 수 있으며, 양자를 합하여 전천공일사(全天空日射)라고 한다.

직달일사는 태양으로부터의 복사가 지구 대기권 외에 도달하여 대기를 투과해서 직접 지표에 도달한 것을 말하며, 대기 중의 수증기와 먼지, 태양고도와 수조면의 각도 등에 의해 영향을 받는다.

천공일사는 태양으로부터 복사되어 공기분자, 먼지 등에 의해 산란을 일으켜 천공 전체로부터 방향성이 없는 일사로 되어 지상에 도달한 것을 말한다.

겨울철의 일사는 실온을 높이고 결로를 방지하는 효과가 기대되지만, 여름철의 일사는 냉방부하를 증대시킨다. 직사광에 의한 과다한 조도는 대비(contrast)나 불쾌 글래어(Glare)를 생기게 하여 시환경(視環境)을 악화시킨다. 또한 자외선의 강한 화학작용은 가구 등의 색을 변색시킨다. 따라서 건축물로의 일사나 창을 통한 일사는 필요한 때에만 도입하고 불필요할 때에는 차폐할 필요가 있다.

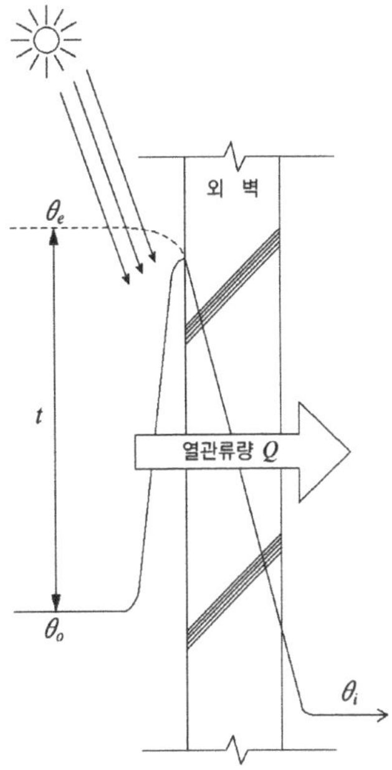

그림 5-6 벽면에서의 일사열유입

(1) 지붕과 벽면으로부터의 유입

건축물의 지붕과 벽면에 입사하는 일사는 벽 표면에 흡수되어 실내로 유입되고 여름철하계 냉방부하를 가중시킨다.

(2) 유리면으로부터의 유입

유리면에 입사하는 일사는 일부는 반사하고 일부는 유리에 흡수되고 나머지는 투과하여 실내의 열부하로 된다. 유리에 흡수되는 일사열도 시간경과와 함께 실내외로 복사된다. 열선흡수 유리(흡열유리)는 직접 투과하는 양은 작지만, 흡수한 후에 복사하는 양을 합치면 일사차폐의 점에서 보통 유리보다 조금 나은 면이다. 열선반사유리는 일사차폐의 점에서 뛰어나지만, 반사에 의해 다른 건축물에 영향을 미치거나 실내가 어둡게 되는 결점도 가지고 있다.

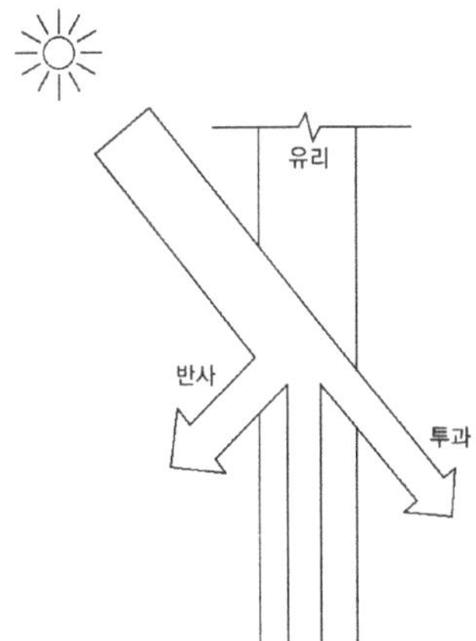

그림 5-9 유리면에서의 일사열 유입

5.1.4 일사량의 측정

일사량은 건축계획 및 공기조화, 냉난방계획에 있어서 기상조건 중에서 가장 중요한 요소 중의 하나이다. 일반적으로 기상대나 실제로 관측되는 일사량은 수평면 전천일사량이 보통이다. 건물에서의 열해석을 위해서는 수평면 일사량뿐만 아니라 수직면이나 경사면에서의 일사량을 알아야 한다. 따라서 수평면 전일사량을 경사면 일사량 또는 수직면

일사량으로 변환하여야 한다. 이러한 방법으로는 전천일사량을 직달성분과 산란(확사)성분으로 나누어 생각할 수 있다.

(1) 태양상수

태양으로부터 지구의 대기권 밖에 도달하는 일사량은 지구와 태양의 거리가 항상 일정한 것이 아니기 때문에 계절에 따라 다르다. 그러나 1년을 평균하면 일사의 방향에 수직인 면에서 받는 법선면일사량(法線面日射量)은 약 1,373W/㎡(1.966㎈/㎠ · min)이다. 이것을 태양상수(또는 태양정수)라 한다. 이와 같이 일부는 대기층의 수증기와 먼지에 의해 흡수되거나 산란되어 지표에 도달하는 것이 불가능하지만 태양상수는 대기 중에 흡수되기 전의 일사량으로 본다.

(2) 대기 투과율

대기 중에 수증기와 먼지의 양이 많으면 대기를 투과하는 일사량은 적게 된다. 지표에 도달한 법선면 직달일사량을 J로 하면 J/J_o 즉 태양상수에 대한 직달일사량의 비를 대기투과율이라 하며, P로 표시한다. 이것은 대기의 투명도를 표시하는 값으로서 대기오염지역은 그 밖의 지역보다 일반적으로 그 값이 작게 나온다.

(3) 직달일사량

직달일사량 가운데는 방사되는 방향에 수직으로 받는 법선면일사량이 수평면, 수직면 등의 수조면 가운데서 최대치를 나타낸다. 이것은 태양고도에 의해 차이가 나며, 고도가 높을수록 일사량도 커진다. 직달일사량은 1년을 통해서 태양정수와 태양고도의 변화에 의해 변한다.

대기 투과율 0.7의 경우에 직달일사량의 연변화를 그림 5-8에 표시하였다. 이것을 보면 수평면은 여름에 크고, 겨울에 작게 되는데 기온과 같은 경향을 띄고 있는 것을 알 수 있다. 한편 남쪽면의 일사량은 그 반대의 변화를 표시하고 있고, 청천공이 많은 지방에서는 남쪽면의 개구부가 실내의 열 조절에 유리한 것을 나타내고 있다.

전천일사량 = 직달일사량 + 확산일사량(확산성분)

$$J_{TH} = J_{DH} + J_{dH} = \sin h J_{DN} + J_{dH} \qquad (5\text{-}3)$$

J_{TH} : 수평면 전 일사량

J_{DH} : 수평면 직달일사량

J_{dH} : 수평면 확산일사량

J_{DN} : 법선면 직달일사량

h : 태양고도

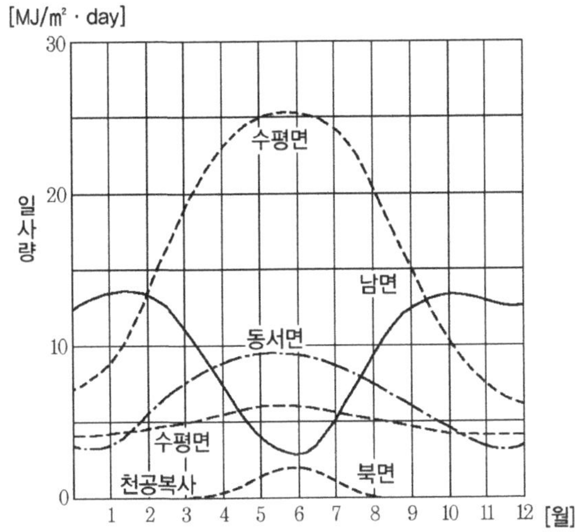

그림 5-8 일사량의 연변화

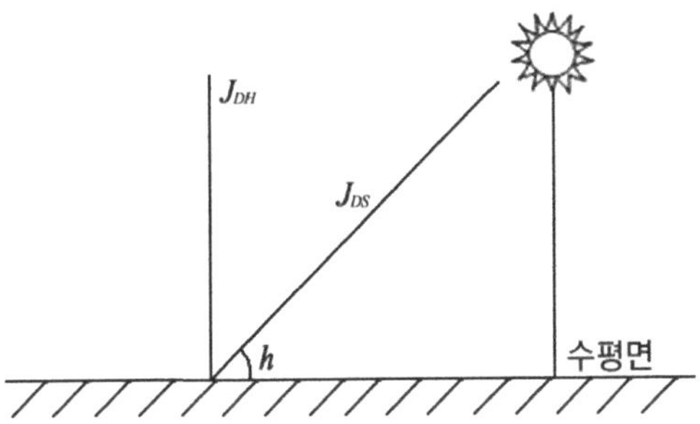

그림 5-9 수평면 직달일사량 및 법선면 직달일사량

5.1.5 일사량의 계산

(1) 수직면의 직달일사량

수직면에 작용하는 일사량의 직달성분은 벽면의 방위에 따라 변하며, 벽면에 대한 태양의 방위가 γ가 주어지면 그 방위의 벽면에 대한 수직면 직달일사량 J_{DV}는 다음 식에 의해 나타낼 수 있다.

$$J_{DV} = J_{DN} \times \cos h \times \cos \gamma \tag{5-4}$$

여기서, γ : 벽면에 대한 태양 방위각

A : 태양 방위각

ϵ : 벽면의 방위각

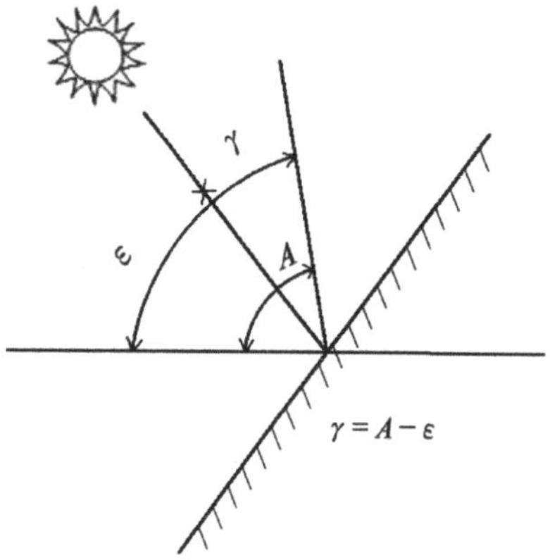

그림 5-10 수직면 직달일사량

(2) 수평면의 산란일사량

수평면과 θ의 각도를 이루는 경사면에서의 산란일사량은 수평면 산란일사량 J_{dH}에 경사면의 천공에 대한 형태계수(configuration factor 또는 angle factor)를 적용하여 산출할 수 있다. 경사면과 수직면의 산란일사량은 다음과 같이 산출할 수 있다.

$$J_d\theta = \cos^2\frac{\theta}{2} J_{dH} \quad (5-5)$$

단, $J_d\theta$: 경사면의 산란일사량

J_{dH} : 수평면 산란일사량

$\cos^2\frac{\theta}{2}$: 경사면의 천공에 대한 형태계수{=(1+cos θ)/2}

여기서, 수직면의 경우 θ = 90°이므로 수직면의 산란일사량은 다음식과 같다.

$$J_{dV} = \frac{1}{2} J_{dH} \quad (5-6)$$

(3) 형태계수

지상에 놓인 어떤 면이 천공복사를 받을 경우에 대한 형태계수는 다음과 같이 간단히 표시할 수 있다.

① 수직면의 경우

형태계수 $\varphi = \frac{1}{2}$

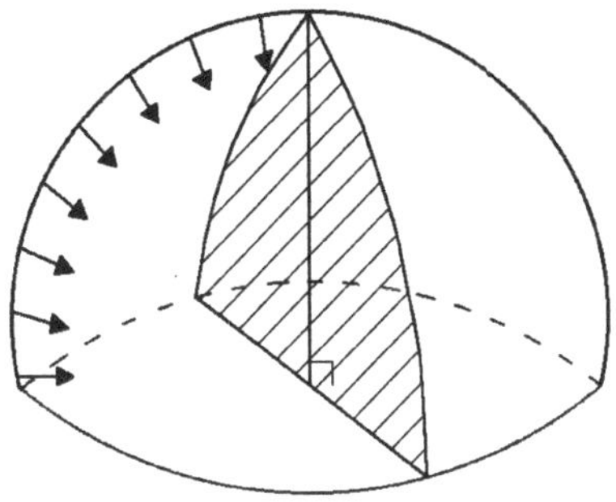

그림 5-11 수직면의 형태 계수

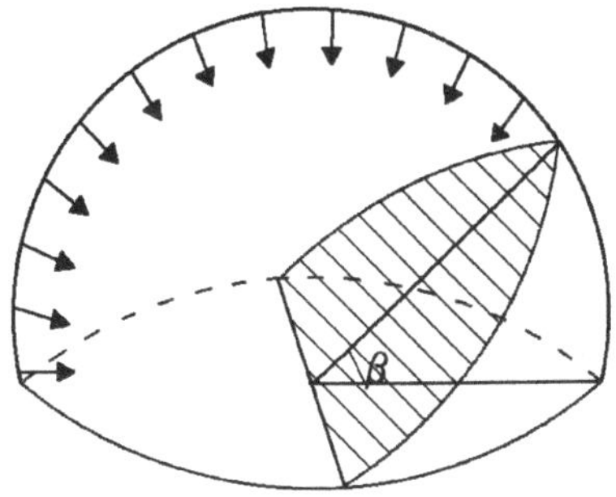

그림 5-12 경사면의 형태 계수

수평면과 반구면 전체에 대한 형태 계수는 1이 되며, 수직면의 경우 반구의 절반에 해당하는 것으로 보아 형태 계수 φ를 1/2로 가정한다.

② 경사면의 경우

$$\varphi = \cos^2\frac{\theta}{2} = \frac{1+\cos\theta}{2} \tag{5-7}$$

(4) 방위별 수직면의 일사량

건물의 외표면에 작용하는 일사의 영향을 파악하기 위해서 각 방위별 수직면 또는 경사면의 일사량을 산출해야 한다. 일사량의 관측치인 수평면 전일사량으로부터 각 방위의 수직면 일사량을 산출하기 위해서는 우선 전일사량에 대한 직달성분과 산란 성분으로 나누어야 한다.

전천공일사량을 측정할 때는 천공의 형태계수(φ)가 거의 1에 가까운 장소를 선정하며, 일사계는 부착된 수준기에 의하여 수평으로 설치하여야 한다. 측정이 장시간 계속될 때는 수시로 수준계로 수평을 확인하고, 유리구(glass dome)를 정기적으로 청소하여 청결하게 유지하며, 유리돔 내부에 실리카겔 등의 흡습제를 내장시켜 결로를 방지하여야 한다.

기상청 등에서는 보통 직달일사와 천공일사를 합한 전천공일사량을 측정하는 에프리형 일사계와 개량형인 네오형 전천일사계가 쓰이고 있다.

그림 5-13 일사량 측정기기

5.2 태양의 운동

5.2.1 태양의 위치와 시각(時刻)

태양계의 한 행성인 지구는 타원궤도로 태양 주위를 1년 주기로 공전하고 있으며, 동시에 공전면법선과 약 23.27°의 경사로 지축을 중심으로 하루를 주기로 자전하고 있다.

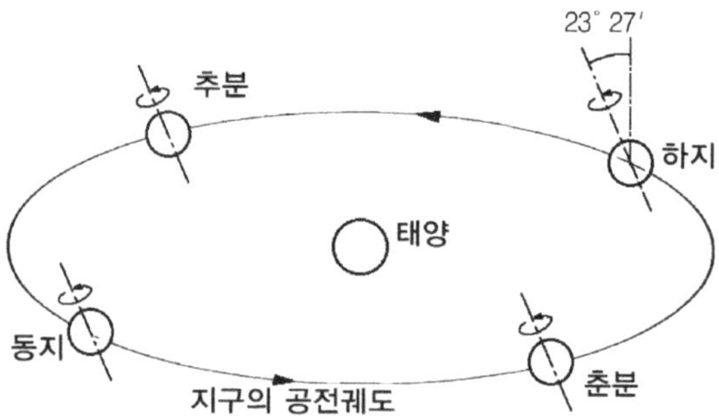

그림 5-14 지구의 공전

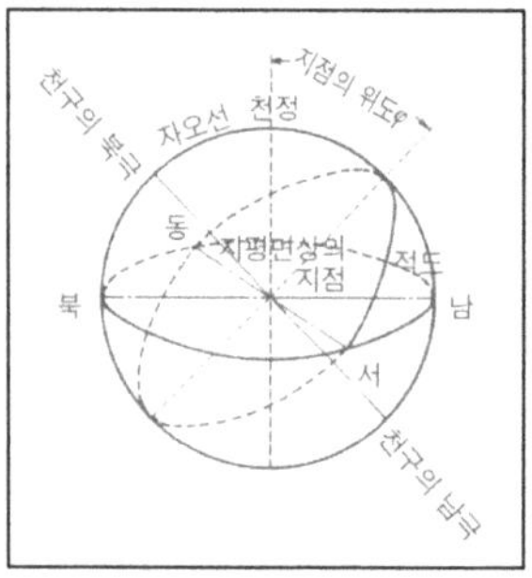

그림 5-15 천구

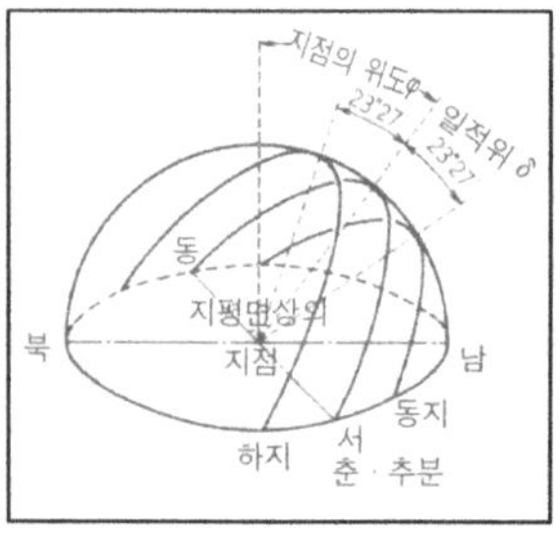

그림 5-16 태양의 일주궤도

지구상의 임의 지점에서 실제로 태양이 남중했을 때부터 다음 남중할 때까지를 1일로 한 것이 진태양일(眞太陽日)이라 하는데 그 시간의 길이를 24등분, 60등분해서 시(時), 분(分)을 정하는 시각의 체계를 진태양시라 한다. 지방에 따라 각각 다르기 때문에 지방태양시(地方太陽時)라고도 한다.

그런데 지구의 공전궤도가 완전한 원궤도가 아니므로 남중시에서 다음 남중시까지의 하루시간의 길이는 계절에 따라 정확히 일정하지는 않으므로 하루의 시간을 24시간으로 단정할 수는 없다. 그러므로 진태양시의 1년간을 통해서 평균한 값을 평균태양일로 생각하고 그 1/24를 1시간으로 한 것을 평균태양시라 한다.

진태양시와 평균태양시에는 차이가 있으며 이것을 균시차(均時差)라고 하는데 균시차는 매일 변화하는 값이며 그 최대는 11월 상순에 16분 30초 정도가 된다.

경도(輕度)가 15° 차이가 날 경우에 남중시는 1시간씩 차이가 나므로 통일 국가 내에서 시계(時計)가 통일되지 않으면 불편하기 때문에 시각(時刻)을 중앙표준시로 정하고 있다.

중앙표준시 T_s와 진태양시 T와의 관계는 다음과 같다.

$$T = T_s + \frac{L - 135}{15} + E \qquad (5\text{-}8)$$

여기서 E : 균시차(분)

L : 경도(°)

태양은 천구상의 위치로 표시된다. 천구에 관한 명칭은 그림 5-14에 나타낸 바와 같이, 지평면 상의 지점의 연직 위를 천정, 북과 천정과 남을 연결하는 선을 자오선, 지점에서 지축에 평행하게 그은 직선이 천구와 교차하는 점을 천구의 북극(또는 남극), 그 직선에 수직한 평면이 천구와 교차되어 생기는 큰 원을 천구의 적도라고 한다.

태양은 천구상을 그림 5-16과 같이 천구의 적도와 평행하게 움직이는데, 그 적도에서 벗어나는 각도를 일적위(日赤緯)라고 부른다. 일적위는 매일 변화하여 하지 및 동지에서 최대가 되며, 그 각도는 약 23°27′(지축의 경사각도와 동일하다)이다. 춘추분에는 태양이 천구의 적도 상에 있으므로 일적위는 0°이다.

태양의 천구상의 위치를 표시하기 위해서는 일반적으로 방위각과 고도각을 이용한다. 방위각은 남쪽을 0°로 하고, 동쪽에(-), 서쪽에(+)의 기호를 붙여 표시하며, 고도각은 수평면과 이루는 각도이다.

어느 지점, 어느 일시의 태양고도 h와 방위각 A는 다음 식으로 나타내어진다.

$$\sin h = \sin\delta \cdot \sin\varphi + \cos\delta \cdot \cos\varphi \cdot \cos t \tag{5-9}$$

$$\sin A = \frac{\cos\delta \cdot \sin t}{\cos h} \tag{5-10}$$

h : 태양고도　　$0 \leqq h \leqq 90°$

A : 태양방위각　　$-180° \leqq A \leqq +180°$

정남에서 서(午後)가 (+), 동(午前)이 (-)

φ : 위도　　$-90° \leqq \varphi \leqq 90°$(북위를 (+), 남위를 (-))

δ : 일적위　　$-23.5°$ (동지)$\leqq \delta \leqq +23.5$(하지)

t : 시각 $-180 \leqq t \leqq +180°$

남중시(정오)를 0°, 1시간을 15°로 하고, 오후가 (+), 오전이 (-)

5.2.2 태양의 위치도

(1) 태양궤적도

계절마다의 시각별 태양 위치를 알기 쉽게 표시하는 것은 일조(日照)와 일영(日影)을 검토하는데 있어 중요한 일이다. 여러 방법이 있지만 대표적인 태양위치도(太陽位置圖)가 태양궤적도이다.

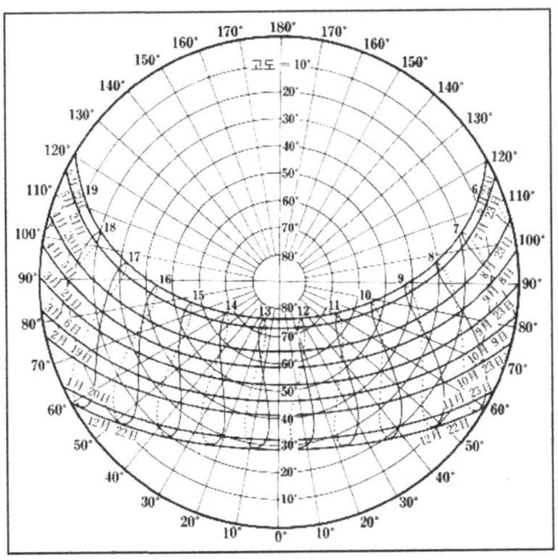

그림 5-17 등거리 투영법에 의한 신 태양궤적도
서울(북위 37° 34′, 동경 126° 58′)

종래의 태양궤적도는 균시차를 고려하여 진태양시의 환산작업이 필요하므로 사용상 번거롭고 많은 오차가 있을 수 있었다. 따라서 균시차를 고려한 신 태양궤적도를 사용하는 것이 간편하다.

(2) 월드램 태양궤적도

신 월드램 태양궤적도(太陽軌跳圖)는 태양의 위치를 간단하게 예측할 수 있도록 개발되었으며 특히 관측자가 천구상의 태양경로를 수직 평면상의 직교좌표로 나타낸 것으로 태양의 궤적을 입면상에 그릴 수 있기 때문에 매우 이해하기 쉽고 편리한 방법이다. 특히 태양열 획득을 일사량계산, 건물의 배치, 외부 공간의 설계, 실내의 정면 계획, 차양장치 등을 결정하는데 매우 중요하다.

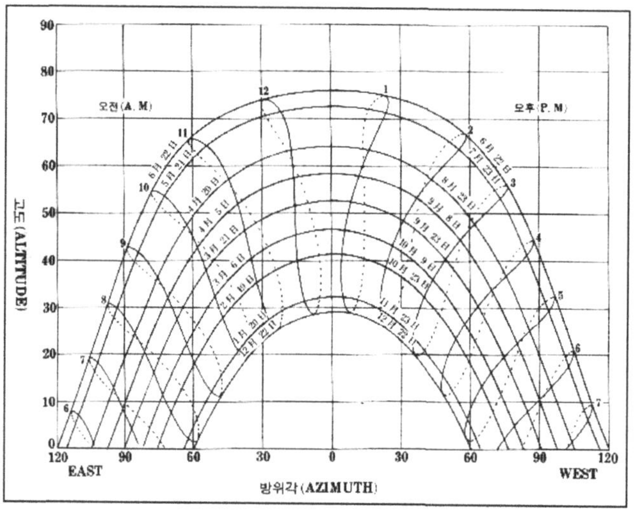

그림 5-18 신 월드램 태양궤적도 - 서울(북위 37° 34′, 동경 126° 58′)

5.3 건물에서의 일조와 일사

5.3.1 건물에의 일조

(1) 일조 시간

해가 잘 드는 건물은 건조하여 기분이 좋고 건강에도 좋으나 해가 잘 들지 않는 건물은 눅눅하여 불쾌하며 건강상으로도 바람직하지 않다.

일조의 좋고 나쁨은 건물에의 일조시간에 의해 평가되지만 일조시간은 그날의 날씨에 의해 변화한다. 따라서 하루 중 청천광일 경우에 외벽이 직사일광을 받는 시간 수를 그 외벽의 가조시간(可照時間)이라고 하여 일조시간의 기준으로 한다. 예를 들면 벽은 동서로 평행하므로 그것의 춘추분 가조시간은 일출에서 일몰까지의 12시간이 된다. 표 5-1에 벽면의 방위에 따른 가조시간의 변화를 나타내었다. 이것에 의하면 남면 · 남동면 · 남서면의 일조가 가장 양호하며 위생상으로도 바람직하다는 것을 알 수 있다.

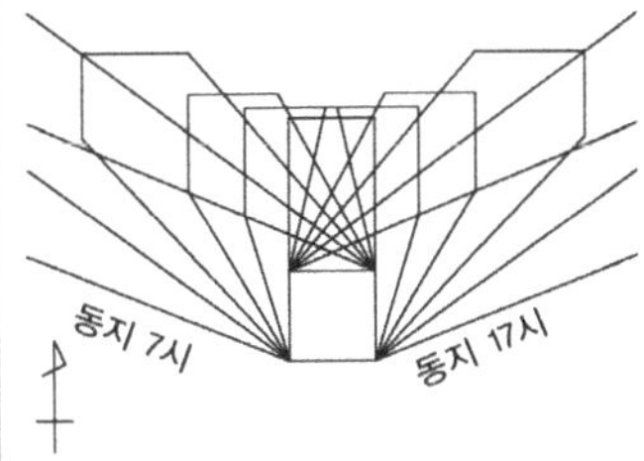

그림 5-19 동지 종일음영

표 5-1 벽의 방위별 가조시간

벽의 방위	하지	춘분 · 추분	동지
남 면	7시간 0분	12시간 0분	9시간 32분
남 동 면	8시간 4분	8시간 0분	8시간 6분
동 면 · 서 면	7시간 14분	6시간 0분	4시간 46분
북 면	3시간 44분	0분	0분
북동 · 북서면	6시간 24분	4시간 0분	1시간 26분
남 서 면	8시간 4분	8시간 0분	8시간 6분

(佐藤 鑑 「建築環境學」에서)

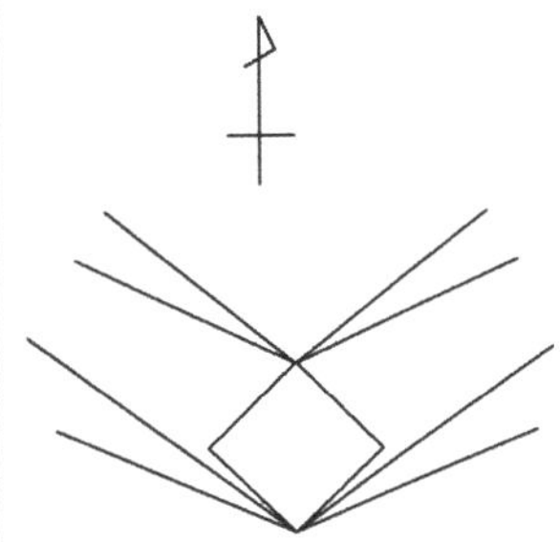
그림 5-20 종일 음영방지

(2) 건물의 음영

건물에 적절한 일조를 확보하기 위해서는 그 건물 자체의 방향이 중요하며 이와 더불어 다른 건물 등의 그림자가 영향을 주지 않도록 하는 것이 필요하다.

그림 5-19에 평면이 정사각형이며 남쪽으로 향한 건물 그림자의 동짓날의 시간적 변화를 나타내었다. 그림의 검은 부분은 종일음영이라고 하여 하루 중 일조가 들지 않는 부분이다. 동쪽에 북향 벽면에 볕이 들지 않는 것은 이것으로 이해될 수 있다. 그러나 이 경우도 그림 5-20과 같이 건물을 동서로 배치하면 종일음영을 방지할 수 있다. 특히 그림 5-21의 검은 부분은 1년 중 일조가 없는 부분으로 영구음영이라고 한다. 영구음영 역시 건물의 방향에 의해 방지할 수 있다.

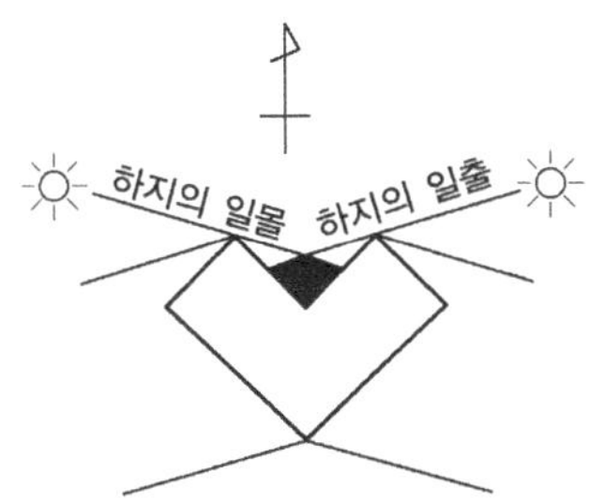

그림 5-21 영구음영

(3) 인동간격

건물 군에 있어서 바람직한 일조를 확보하기 위해서는 남쪽에 위치한 건물의 그림자가 영향을 주지 않도록 건물의 간격(인동간격)을 적절하게 결정하면 된다.

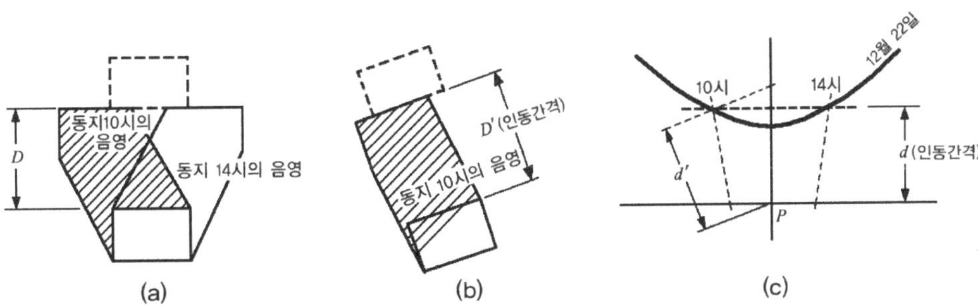

그림 5-22 인동간격

이를 위해서는 1년 중 건물의 그림자가 가장 길어지는 동지에 오전 10시부터 오후 2시까지의 4시간 동안 일조가 확보될 수 있도록 계획하는 것이 일반적이다. 그림 5-22(a)와 같이 건물이 남쪽으로 향하고 있는 경우, 그림 중 D가 필요한 인동간격이 되며, 그림 5-22(b)와 같이 동서로 기울어져 있는 경우에는 D'가 필요한 인동간격에 상당한다. 이들의 길이는 일영곡선 상에서 그림 5-22(c)의 d, d'와 같이 된다.

5.3.2 창에서의 일조

창으로부터 입사되는 직사일광에 의해 실내의 바닥이나 벽에 어느 정도의 햇볕이 드는가를 파악하는 것은 공간의 거주성을 결정짓는 하나의 요소로서 계획상 매우 중요하다. 전혀 햇볕이 들지 않는 공간은 비위생적으로 되기 쉽고, 반대로 여름철에 깊은 곳까지 햇볕이 들면 더위로 생활하기가 어렵다.

바닥면의 수조 범위는 일영곡선을 이용하여 건물 음영의 경우와 마찬가지의 방법으로 구할 수 있다. 즉, 그림 5-23에서 창의 A, B에 각각의 높이와 동일한 막대가 서있다고 가정하여, 각 막대의 그림자 선단에서 창면에 평행선을 그으면 그림 4-24와 같이 일조 부분이 구해진다. 이 경우, A점의 그림자 A'의 위치는 벽의 두께에 관계없이 A점의 높이에 의해서만 정해지는 반면, B점의 그림자 B'의 위치는 벽 두께가 두꺼울수록 창면에서 공간의 안쪽으로 들어오므로 수조 면적은 벽의 두께가 두꺼울수록 작아진다는 것을 알 수 있다. 각 시각마다 일조 부분을 그려서 그 궤적을 구하면 하루 중의 수조 범위, 즉 하루 중 한 번은 햇빛이 드는 범위를 알 수 있다.

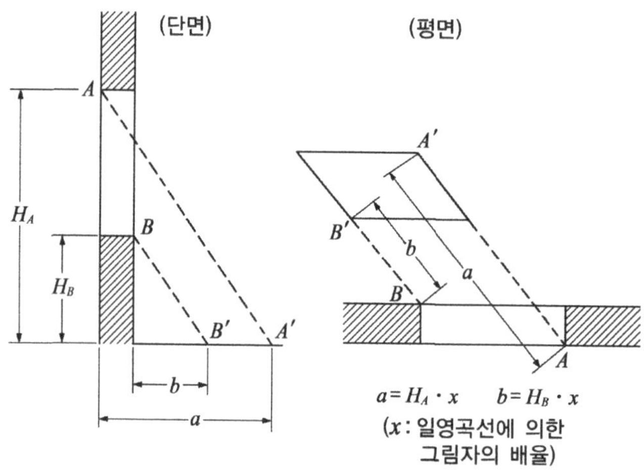

그림 5-23 창으로부터의 일조

수직면에 창이 있을 때 창을 통해서 실내로 들어오는 일조 상태를 알아보려면 그 방위만이 아닌 창의 위치, 크기, 차양 등을 고려하지 않고서는 정확히 알 수 없다. 우선 벽의 두께(창의 깊이)와 창 주위의 상태 등도 고려할 필요가 있다.

그림 5-24는 창의 수조범위를 방위별 · 계절별로 나타낸 것으로, 수직면에 있어 장방형의 창에서부터 바닥 위에 일조(日照)가 일어나는 현상을 1시간마다 표시한 것이다.

그림 5-24로부터 다음 사항을 알 수 있다.

① 남향 창의 수조 범위는 겨울철에 상당히 큰 반면, 여름철에는 매우 작고 창가 주변으로 제한되어 있다. 이 때문에 여름철의 일사는 간단한 차양으로도 쉽게 방지할 수 있다. 건물의 남쪽은 일조 · 일사면에서 특히 우수하므로 일반적인 건물의 주된 방위로 적합하다.

② 동 · 서향 창의 수조 범위는 봄에서 가을에 걸쳐 크고 또한 공간의 안쪽 깊숙한 곳까지 도달한다. 이 때문에 서향 창에 있어서는 여름철 일사차폐가 용이하지 않으며 차양 정도로는 간단하게 막을 수 없다. 여름철 실내 기후의 악화라는 점에서 이러한 일사차폐에 대한 검토가 특히 필요하다.

③ 남동 · 남서향 창은 남향 창 다음으로 바람직하다.

④ 북동 · 북서향 창은 겨울철에는 전혀 일사가 없고 여름철에는 비교적 수조 범위가 넓어지지만, 일조 · 일사의 점에서는 바람직하지 않다.

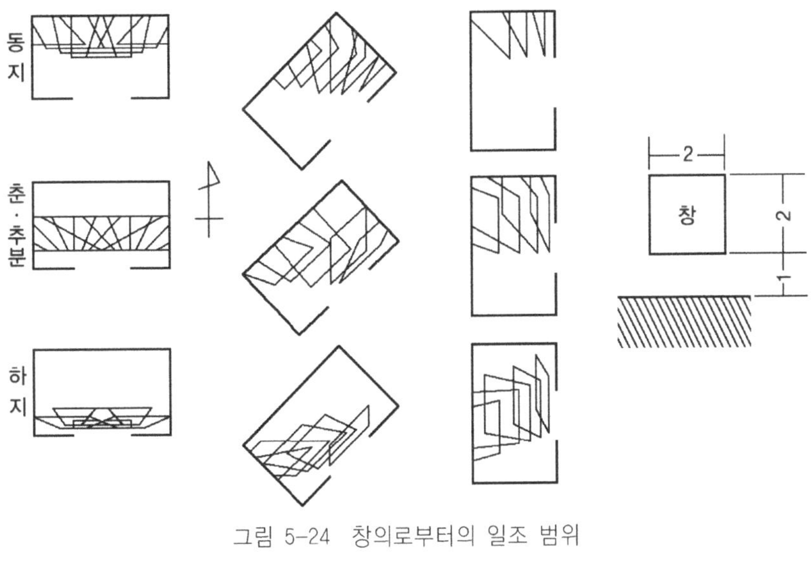

그림 5-24 창의로부터의 일조 범위

5.3.3 벽체의 일사

벽면과 같은 연직면의 직달일사량 J_v은 태양고도와 벽면에 대한 태양의 방위에 의해 변화한다. 벽면의 법선(벽면에 수직한 선)에 대한 태양방위각을 γ 라고 하면

$$J_v = J_n \cosh \cdot \cos\gamma (\mathrm{W/m^2}) \tag{5-11}$$

위 식에서 태양의 방위각(남북선과 태양의 방향이 이루는 각)을 A, 벽면의 방위가(남북선과 벽면의 법선이 이루는 각)을 α라고 하면,
$\gamma = A - \alpha$이므로

$$J_v = J_n \cosh \cdot \cos A - \alpha (\mathrm{W/m^2}) \tag{5-12}$$

로 된다.

5.3.4 지붕의 일사

지붕과 같은 경사면의 직달일사량 J_θ는 경사면의 방위각 및 경사면의 경사각(θ)에 따라 변화한다. J_θ는 수평면 일사량의 경사각도 성분 $J_{v\theta}$의 합으로 나타낼 수 있다.

$$J_\theta = J_{h\theta} + J_{v\theta} = J_h \cos\theta + J_v \sin\theta (\mathrm{W/m^2}) \tag{5-13}$$

위 식에서 θ가 커서 연직면에 가까우면 J_θ는 J_v에 가까워지고, θ=90°에서 $J_v = J_h$에 가까워지므로, θ=0°에서 $J_\theta = J_h$가 된다.

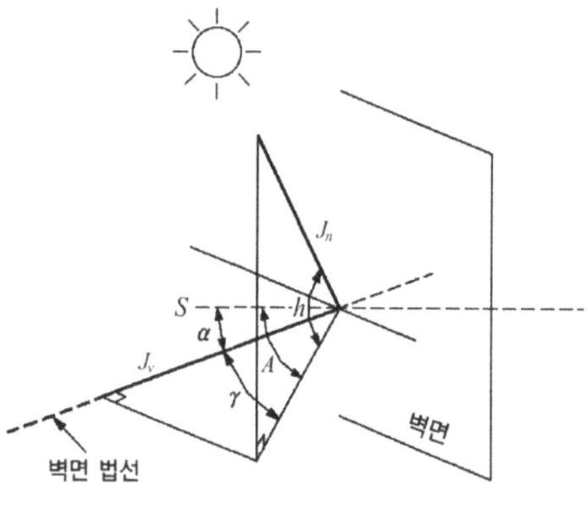

그림 5-25 벽면의 일사

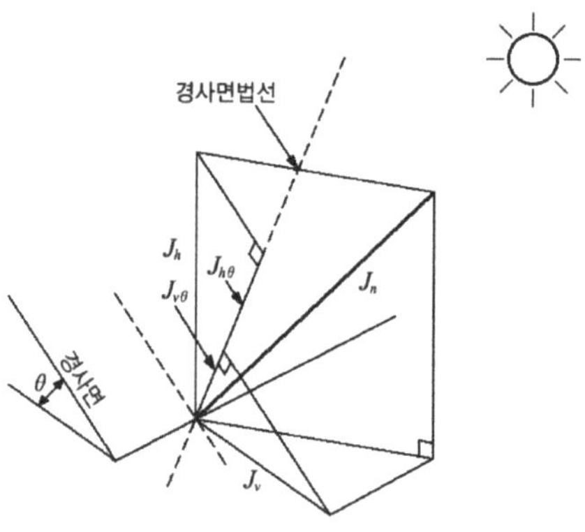

그림 5-26 경사면의 일사

5.4 건물에 있어서 일사의 조절과 이용

겨울철 일사는 실온을 높이고 결로를 방지하는 효과가 기대되지만, 여름철 일사는 냉

방부하를 증대시킨다. 직사광에 의한 과다한 조도는 대비나 불쾌 글레어(Glare)를 생기게 하여 시환경을 악화시킨다. 또한 자외선의 강한 화학작용은 가구 등의 색을 변색시킨다. 따라서 건축물로의 일사나 창을 통한 일사는 필요한 때에만 도입하고 불필요할 때에는 차폐할 필요가 있다.

5.4.1 일사차폐(日射遮蔽)

일사차폐의 목적 및 효과는 다음과 같다.

① 직달일사로 인한 다량의 열량이 실내로 들어오는 것을 방지하기 위한 것으로서 이것은 실내 기온의 상승을 억제하고, 인체에 대한 열환경의 악화를 방지하여 냉방부하를 경감시켜서 설비비, 경상비를 절약하기 위한 것이다.

② 직사일광의 실내입사(室內入射)로 인한 간접적인 해를 방지하기 위한 것으로 여름철에 인체에 직접 또는 반사된 일부가 열환경을 악화시키거나 또는 가구 등의 변색, 휨 등과 눈부심으로 인한 시작업의 방해가 일어나지 않도록 하는 것이다.

③ 일사차폐를 위한 구조물이 채광이나 통풍에 방해가 되지 않도록 해야 한다. 지향성(指向性) 유리블록 등을 사용하여 직사일광을 적극적으로 이용한다. 또한 루버 등을 사용하여 조도분포를 균일하게 하거나 통풍용 조절판을 이용하기도 한다.

④ 일사차폐 구조물은 조작이 간편하고, 고장이 적어야 하며, 보수 관리와 유리창의 청정(清浮)을 유지하는 구조이어야 한다.

5.4.2 차양(遮陽), 루버, 블라인드

차양은 단순한 일사의 조절 장치이다. 적당한 차양의 길이는 여름철의 일사를 막을 수 있으며, 동시에 동지의 일사가 실내에 유입되는 것을 방해하지 않는다.

창의 일조조절장치의 하나인 수평루버는 차양과 같이 남쪽면에 효과가 있고 수직루버는 오후의 서쪽에서 오는 빛을 차단하는 데에 효과가 있다. 인텔리전트 빌딩에 있어서 반사유리의 반사율을 작게 하여 실내가 어두워지는 것을 피하고 강한 일사에 대해서는 자동적으로 블라인드가 작동되어 조광하는 것도 사용되어지고 있다. 직사광은 지금까지 차폐되어야 할 것으로 여겨져 왔으나, 직사광의 입사각도에 따라서 블라인드 팬의 각도를 바꾸거나 적당한 각도에 팬을 고정하여 직사광을 천장으로 비추어 확산광으로 바꾸어 이용하는 것도 가능하게 되었다.

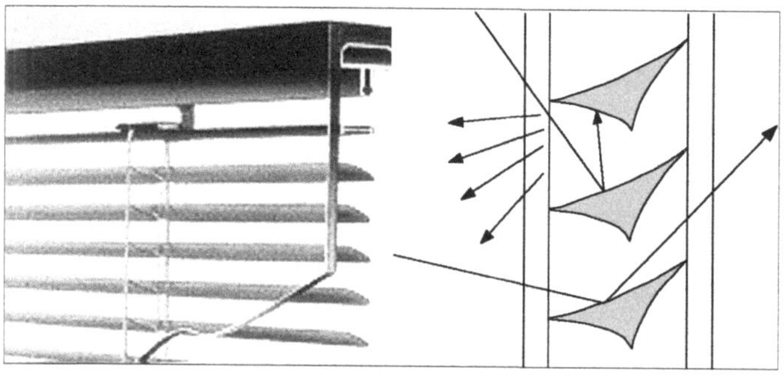

그림 5-27 블라인드 내장형 유리

표 5-2 차양 장치와 건물의 방위각

구분	형태	적정향	부적정향	구분	형태	적정향	부적정향
(수평) 차양발코니	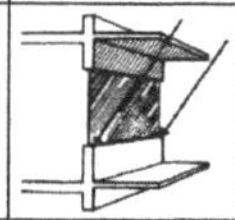	S	SE/N/SW	(수직) 루버	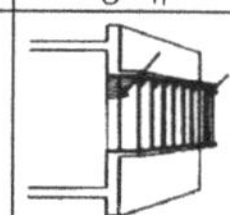	NW/N /NE	W/S/E
(수평) 가리개패널	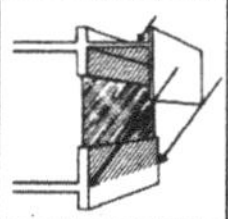	SW/SE	E/N/W	(수직) 가동루버	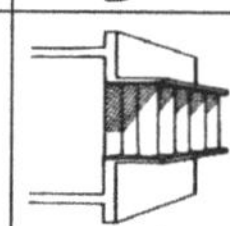	NE/E/SE	SW/W/NW
(수평) 루버		S	SE/N/W	(수직) 베네시안 블라인드	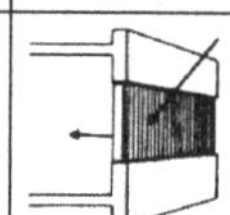	전방위	
(수평) 루버	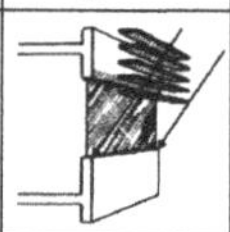	SE/S /SW	E/N/W	수직 썬스크린 · 발	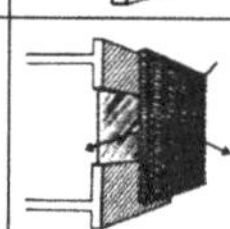	SW/W /E/SE	NE/N/NW
(수평) 차양+루버	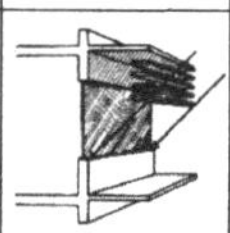	S	E/N/W	격자 루버	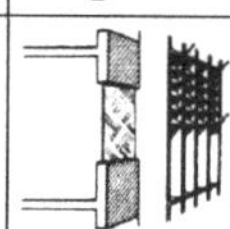	SW/SE	NW/NE
(수평) 어닝	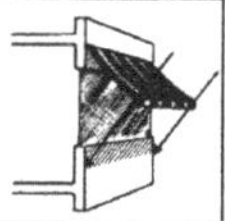	SW/W /E/SE	NE/N/NW	유리블럭	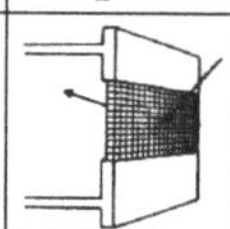	전방위	
(수평) 베네시안 블라인드	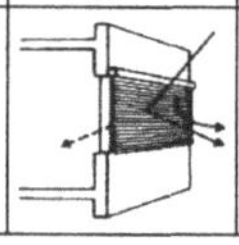	전방위		롤쉐이드	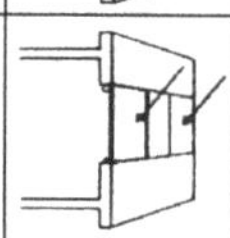	전방위	

5.4.3 자연채광을 고려한 창 디자인

실내에서의 빛을 확보하는 데 필요한 창의 크기는 법으로 규정되어 있다. 자연채광에 대한 법규는 일반적으로 바닥 면적에 대한 개구부의 비율(개구율)이나 주광률로서 규정하고 있다. 유럽의 경우 대개 주광률에 의한 규제를 시행하고 있으며, 우리나라 및 일본은 개구율로 기준을 정하고 있다. 건축법에는 거실의 창, 기타의 개구부로서 채광을 위한 부분의 면적은 거실 바닥 면적의 1/10 이상으로 규정하고 있다.

5.4.4 일사조절을 위한 기본계획적 요소

(1) 건축군(群)의 계획

각 건물의 용도, 기능을 고려해서 그 방위를 결정하고, 인동간격을 적당히 하여 주요 건물의 일조를 해치지 않도록 각 건물을 배치한다. 주택 단지에 있어서는 각 호(戶)에 대한 일조에 있어서, 외부 공간 특히 어린아이들의 놀이터에는 겨울철에 일정시간의 일조가 있는 것이 바람직하다.

S : 수직면 남향 직달일사량 N : 수직면 북향 직달일사량
E : 수직면 동향 직달일사량 W : 수직면 서향 직달일사량
SE : 수직면 남동 직달일사량 SW : 수직면 남서 직달일사량
NE : 수직면 북동 직달일사량 NW : 수직면 북서 직달일사량

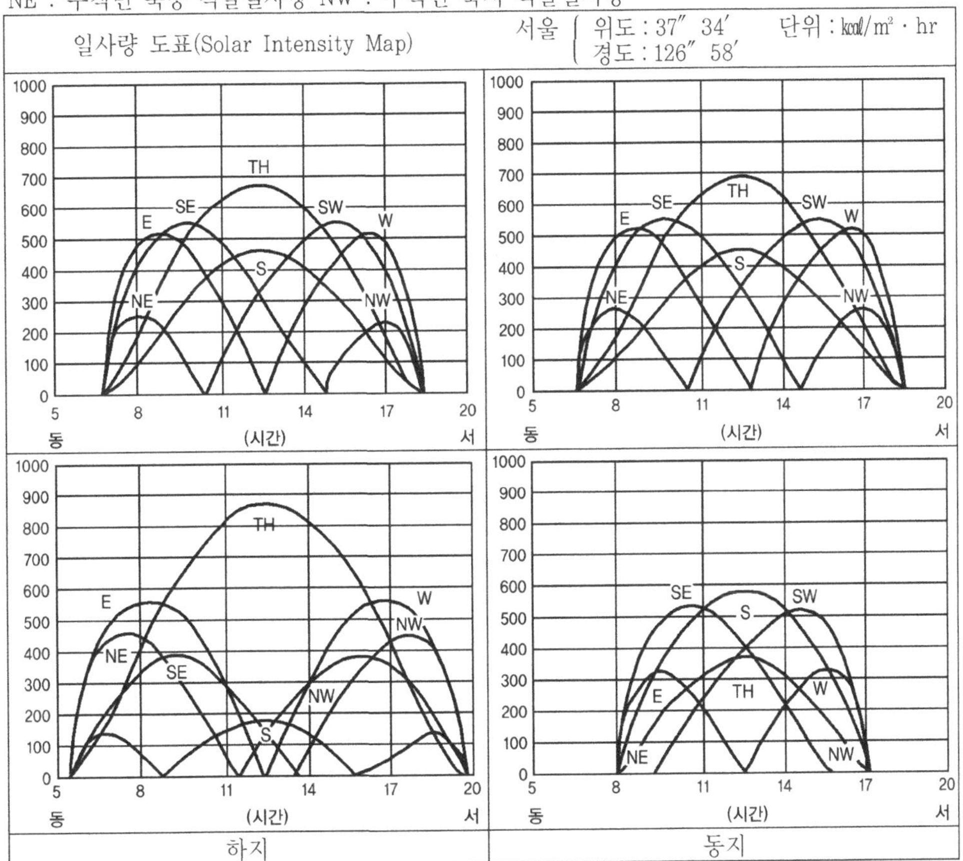

TH : 수평면 전일사량 E : 수직면 동향 직달일사량 SW : 수직면 남서 직달일사량
S : 수직면 남향 직달일사량 W : 수직면 서향 직달일사량 NE : 수직면 북동 직달일사량
N : 수직면 북향 직달일사량 SE : 수직면 남동 직달일사량 NW : 수직면 북서 직달일사량

그림 5-28 시간별 방위별 일사량 도표 (서울 지방)

그림 5-29 주택 각 실의 방위

(2) 방위(方位)

건물의 일사열 취득은 시간, 계절, 그리고 방위에 따라 달라지므로 1년을 통해 건물의 열평형(熱平衡)이 잘 이루어질 수 있도록 건물의 방위(方位)를 결정해야 한다. 형상이 복잡한 건물은 방위를 적절하게 설정하기가 어렵다. 일반적으로 최적 방위는 모든 중요한 건물 벽면(남향)이 난방기간 중에 최대의 일사량(日射量)을 받고 냉방기간 중 최소의 일사를 받을 수 있도록 건물이 위치되는 방위이다. 그림 5-28은 계절에 따른 향(向)의 일사량 계산치로서 계절에 의한 일사량의 변화를 나타낸 것이다. 일사량은 남쪽면이 여름철에 가장 적고 동쪽면과 서쪽면이 가장 많으며 겨울철에는 반대가 된다는 것을 알 수 있다.

5.5 자연형 태양열 시스템

자연형 태양열 난방시스템에 관한 가장 큰 관심은 난방비용을 절약할 수 있을 뿐만 아니라 초기 설계 및 시공 시 거의 추가 비용이 필요하지 않다는 점과 특히, 디자인 조작 및 보수 관리가 간단하다는 점에서 실현 가능이 크다고 할 수 있다. 자연형 태양열시스템은 태양에너지를 적용하는 방법에 따라 다음과 같이 구분할 수 있다.

5.5.1 직접획득방식

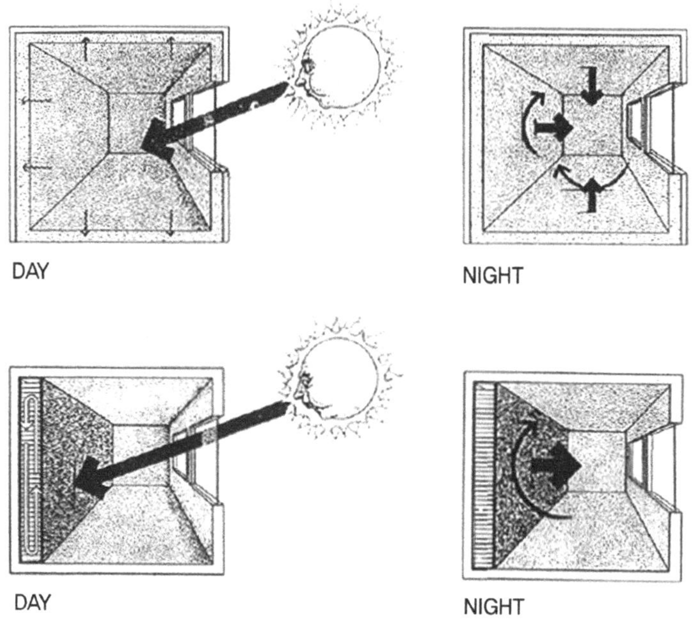

그림 5-30 직접 획득 방식

가장 간단한 자연형 난방 방식은 거주 공간에서 직접 열을 획득하는 것이다. 이 방식은 남면 유리창의 위치와 크기에 대응할 수 있도록 축열 부위의 용량과 배치를 고려해야만 한다. 겨울에는 정측창을 통하여 입사되는 일사만으로도 실내공간의 온도를 쾌적하게 하여 보조 난방에 들어가는 에너지를 줄일 수 있다.

5.5.2 간접획득방식

난방하려는 공간과 태양 사이에 일사를 흡수·축열하는 부위를 설치하여 이 부위에서 축열된 열을 실내로 방사함으로써 태양열을 실내에 간접적으로 전달하는 방식을 간접획득 방식이라고 한다.

간접획득 방식에는 기본적으로 두 가지 형태 축열벽 방식과 지붕연못방식이 있다. 축열 방식은 외측에서 일사를 받아 흡수된 열이 전도에 의하여 구조체를 통하여 실내로 방출된다. 열을 모으고 공급하는 기본적인 원리는 물과 축열이 같지만, 축열은 열이동이 전도에 의하며 물은 주로 대류에 의한다. 부착온실방식은 기본적으로 직접 획득방식과 간접획득방식을 조합한 것으로 기본적으로 일사는 온실의 후면 벽에 흡수되어 열로 바뀌고 이열의 일부가 건물로 전달된다.

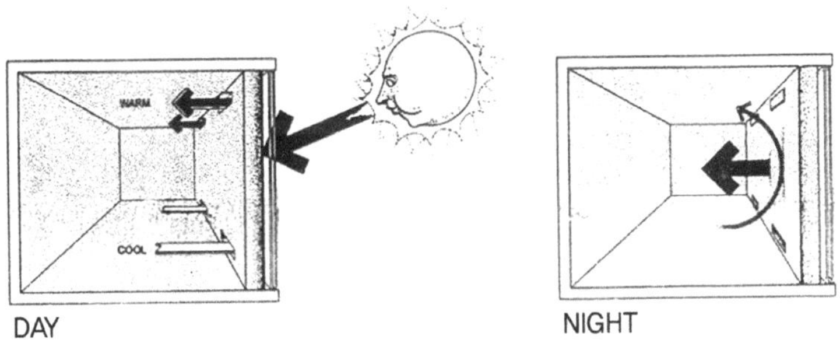

그림 5-31 간접획득방식-축열벽방식

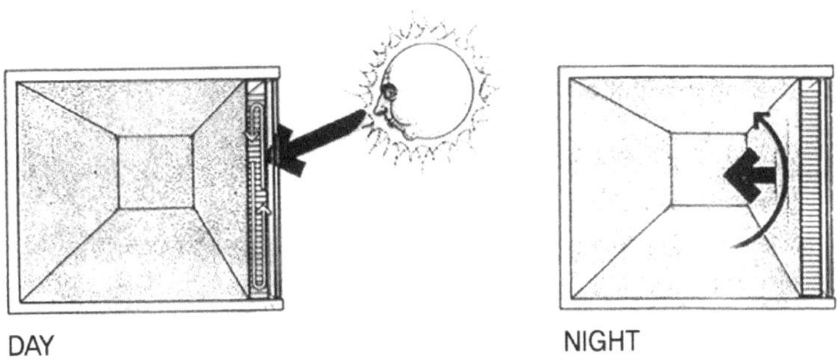

그림 5-32 간접 획득 방식-물벽 방식

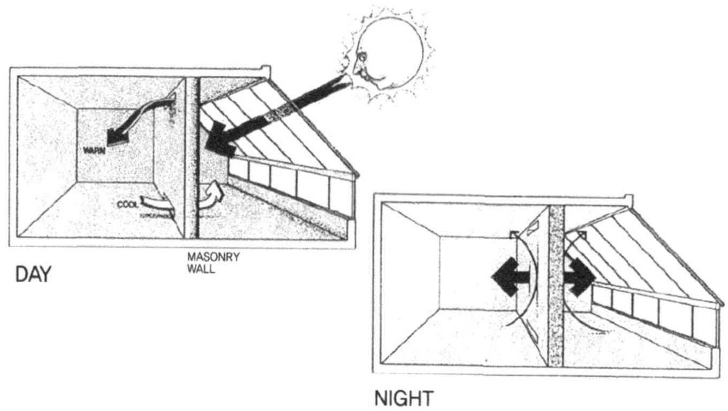

그림 5-33 부착온실방식(1)

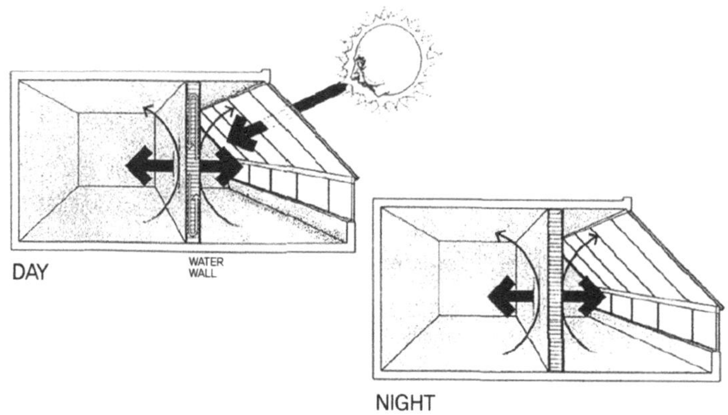

그림 5-34 부착온실방법(2)

5.5.3 분리획득방식

기본적으로 이 방식은 집열과 축열을 주거공간으로부터 분리하여 획득한다. 이 시스템은 건물과 별도로 독립적인 기능을 하기 때문에 필요시 자유롭게 열을 사용할 수 있다. 분리 획득방식에서 가장 일반적인 방법은 자연대류를 이용하는 것이다. 자연대류방식은 본질적으로 평판형 집열기를 사용하는 시스템이다. 시스템을 설계하고 치수를 결정하는 방법은 설비형 시스템의 평판형 집열기와 같지만 강제순환방식을 사용하지 않는다는 점에서 자연형 시스템이다.

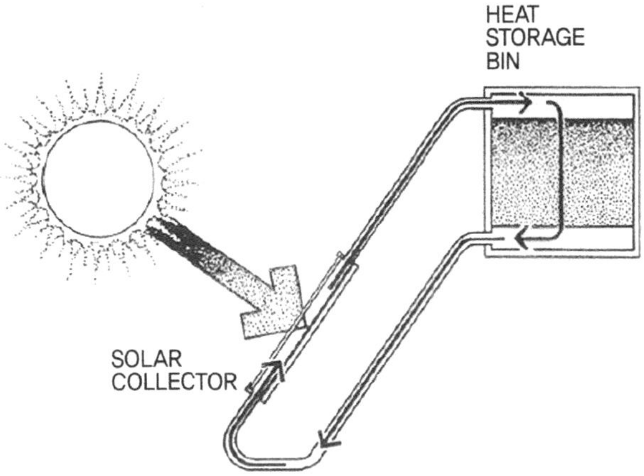

그림 5-35 분리획득방식

5.6 설비형 태양열 시스템

5.6.1 태양열 집열 시스템

현재 사용되고 있는 집열기의 종류는 크게 평판형 집열기와 진공관식 집열기 등 2가지로 나눌 수 있다. 그 중 진공관식 집열기란 동관이 접착된 흡열판과 덮개유리 사이의 빈 공간을 진공시켜 그 안에서 일어나는 자연대류의 영향을 제거함으로써 열손실을 최소화하여 보다 고온의 열을 얻을 수 있도록 한 태양열 집열장치이다. 현재까지 발전해 온 여러 가지 형태의 집열기들 중 비교적 단순한 형태의 평판형 집열기가 가장 널리 사용되어 왔는데 이는 조립 및 설치 관리에 소요되는 비용이 저렴하고 건물 형태와 잘 조화를 시킬 수 있는 구조로 되어 있기 때문이다. 잘 설계된 평판형 집열기는 121℃의 온도를 얻을 수가 있다. 이는 실 난방, 냉방 그리고 온수 급탕에 필요한 온도보다 높은 것이다.

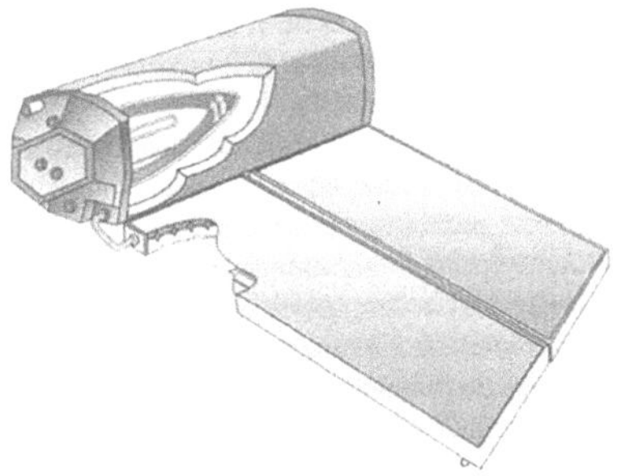

그림 5-36 평판형 집열기

그림 5-37 평판형 집열기

그림 5-38 진공관식 집열기

그림 5-39 진공관식 집열기

5.6.2 태양광 발전 시스템

태양전지인 Photovoltaic의 어원은 Photo라는 필름과 Voltage라는 전지의 합성으로 생겨난 용어이다. 태양전지는 태양에너지를 전기에너지로 변환시켜주는 반도체 소자로서 p형의 반도체와 n형의 반도체의 접합형태를 가지며 그 기본구조는 다이오드와 동일하다. 일반적으로 반도체에 빛이 입사하면 흡수되어 빛과 반도체를 구성하고 있는 물질과의 상호 작용이 일어난다. 그리고 (-) 전하와 (+) 전하를 띤 전자와 정공(전자가 빠져나간 것)이 발생하여 전류가 흐르거나 전기 그 자체가 발생하기도 한다. 이것을 반도체의 광전효과라고 한다. 이와 같이 태양의 빛 에너지를 흡수해 전기로 바꾸는 에너지 변환을 태양전지라고 말한다.

태양광을 직접 전기로 바꾸는 태양전지 시 시스템의 구성요소는 10㎝×10㎝(12.5㎝×2.5㎝, 15㎝×5㎝) 크기의 태양전지 셀(Cell)이 최소 단위이다. 일반적으로 실리콘 태양전지를 36매 직렬로 접속하여 동작전압을 18V까지 높이는데, 이것을 모듈이라고 부른다. 또한, 실용적인 출력을 얻기 위해 태양전지 모듈을 필요 매수 직렬 접속한 것을 그 위에 병렬접속으로 조합하여 필요한 발전 전력을 얻어내도록 하는 것을 태양전지 어레이(Array)라고 부른다. 지표에 도달한 태양광 에너지를 약 1kWh(에너지 밀도는 1㎡ 당 1시간당 1kW)로 가정하여 태양에너지를 변환효율을 약 10% 태양광발전 시스템을 사용하여 전기로 변환한다면, 1㎡ 당 0.1kW(100W)의 정격출력이 된다. 즉, 1㎡에서 1시간 당 0.1kWh의 발전을 하는 것이 된다. 따라서 10㎡의 태양전지로 1kW의 정격출력이라고 생각하는 것이 가능하다.

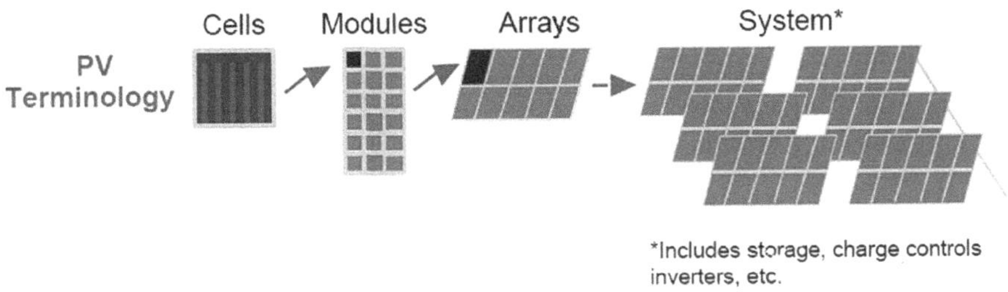

그림 5-40 태양전지 시스템의 구성

(1) 태양전지 모듈의 작동환경(Operating environment)

① 일사량(Solar Radiation)과 변환효율

에너지 밀도가 낮은 태양에너지를 최상의 효율로 이용하기 위하여 PV시스템 설치의 최적조건을 충족시키는 것이 경제적으로도 바람직하다. 정오부근의 일사강도가 가장 강할 때 최대 출력(용량)으로 발전이 되며 날이 흐리거나 구름이 낄 경우에는 출력이 감소하는 특성을 가진다.

표 5-4 태양전지 종류에 따른 효율 및 특성

태양전지의 효율		이론상 전력 변환 효율	상용화 변환 효율	색 상	특징
결정질 (Crystalline)	단결정(mono crystalline)	약 24%	약 14~17%	검정	수명이 길다 고가
	다결정(poly crystalline)	약 18%	약 13~15%	감청, 연초록, 황금, 회색 등 가능	단결정보다 수명이 짧고 싸다
비정질(amorphous)		약 13%	약 6~8%	고동색	수명이 짧다 저가

② 음영(Shade)

태양전지의 특성상 직사광선이 조사될 때 변환효율이 가장 좋고, 태양전지모듈은 여러 장의 태양전지를 직렬로 연결하여 만들어졌기 때문에 태양전지표면 전부 또는 일부에 그림자가 드리워 직사광선이 방해를 받을 경우 시스템 전체 에너지획득에 상당한 악영향을 미치게 된다. 그러므로 가장 일사 조건이 좋은 시간대에 태양전지설치장소 주변의 나무나 건물 또는 태양전지 자체에 의해 표면에 그림자가 들지 않도록 계획되어져야 한다.

③ 온도(Temprature)

태양전지시스템은 수광하는 태양복사에너지의 일부만 전기로 변환시키며 나머지는 모두 열로 방출된다. 따라서 전기를 생산하는 과정에서 자체적으로 발생하는 열과 주변 대기의 상태에 따라 주변에 비해 온도가 상승하여 실내공간의 열부하 증가와 시스템 변환효율에 영향을 미치게 된다.

(2) BIPV(Building Integrated Photovoltaic)의 분류

건물에너지 소비 억제를 위한 노력은 단열보강과 고효율 기기의 개발 등과 같은 절약 정책 위주로 추진되어 왔으나 이러한 기술이 건축물을 통한 에너지 위기의 궁극적인 대책이라 볼 수는 없다. 이러한 의미에서 건축물에 태양전지를 부착하는 BIPV기술은 보다 적극적인 기술로 최근 전 세계적으로 매우 큰 관심 분야이다. BIPV기술은 다른 기술에 비해 선진국에서도 비교적 최근에 시작된 기술 분야이고 소재개발과 같은 고난이 첨단기술이라기보다는 아이디어와 응용력이 중시되는 분야이다.

또한, 건축설계, 설비, 전기, 재료 및 제어 기술이 연계된 종합기술로 새로운 아이디어와 개념의 창출, 다양한 정보 수집, 선진기술의 선험적 경험 수집 등 정보 관련 분야도 큰 비중을 차지하고 있어 건물 구성 요소인 커튼 월(Curtain Wall), 천창, 차양, PV지붕 타일, 투명 PV창호 등에 매우 다양한 형태로 적용 가능성을 검토하고 있다. 그러나 BIPV는 변환 효율의 극대화만을 가지고 설계와 목표가 완성되었다고 볼 수 없으며 종합적인 과정에 의해 건축물의 이미지를 결정하는 요소로서 작용하기 때문에 관련 기술자와의 유기적 관계가 매우 중요하다.

그림 5-41 투광성 태양전지의 적용

그림 5-42 불투명 태양전지의 적용

그림 5-43 불투명 태양전지의 적용

① 장착방식별 분류

기존의 건물과 신축건물에 설치할 경우의 두 종류로 나눌 수 있다. 특히, 신축건물에서는 계획 단계부터 건물의 방향과 부착 부위의 마감재를 PV모듈과 어떻게 설치하느냐에 따라 다음의 3종류로 나눌 수 있으며 그에 따른 특징도 각각 달라질 수 있다.

표 5-5 부착방식에 따른 구분과 특징

	심 별		특 징
부착 방식	덧대기 방식		-기존 마감재 + PV모듈 -간격 유지로 PV모듈 통풍 가능, 자연 냉각 기능 : 변환 효율 양호 -설치용이 : 건축물 적용 초기 단계에서 적합
	덧붙이기 방식		-기존 마감재에 완전 밀착 -냉각 작용이 미약하므로 PV모듈 온도 상승 : 변환 효율 감소 -비교적 설치용이
	건물 일체화 방식		-PV모듈 = 마감재 -건축 요소로 가장 바람직함 -고도의 설치 기술 요구

② 적용 부위별 분류

■ 벽면형 부착 방식(Facades)

PV시스템을 건축물의 부착하는 방식은 기존 벽면에 수직으로 설치하는 방식과 태양에너지를 최대한 받기 위해 경사형 또는 차양형으로 설치하는 방법으로 분류할 수 있다.

건물 외벽에 설치되는 PV시스템은 건물의 외관 디자인 측면에서는 큰 영향을 미치며 변환 효율을 극대화시키기 위한 설치 조건을 충족시켜야 한다.

■ 지붕형 부착 방식(Rooftops)

건축물의 옥상에 설치되는 PV시스템은 건축물의 디자인적인 측면에는 큰 영향을 받지 않으며 PV모듈 상호간의 음영과 이상적인 설치 각도와 같은 PV시스템의 성능인자를 고려하여 설치한다면 그곳에서 얻어지는 전력량은 상당히 커진다.

제6장 빛 환경 기초

6.1 인간과 빛

6.1.1 빛의 지각

사람의 눈이 빛을 지각하는 과정은 그림 6-1과 같다. 즉, 1차 광원과 2차 광원의 색채와 휘도 감각을 눈이 지각하여 뇌에 전달하면 뇌가 종합적으로 빛을 해석하게 된다.

1차 광원
· 주광(청천공, 담천공, 부분 담천공)
· 백열등
· 형광등
· 고압수은등

눈(색채와 휘도감각을 뇌에 전달)
· 조절 작용
가깝고 먼 물체를 초점에 맞추는 능력
· 암순응
(망막에 있는 간상체의 감광도가 증가)
· 명순응
· 노안
(원시안 : 나이 때문에 수정체의 융통성 상실)

빛과 색을 본다

2차 광원
(빛의 파장을 변경시키는 자연적이거나 인공적인 물질)
· 대기(수증기, 먼지, 불순물)
· 조경 요소(예를 들면 구조물 근처의 지면, 나무)
· 조절판, 루버, 1차 광원의 렌즈
· 실표면과 마감

뇌(눈으로 지각한 것을 종합, 명령, 해석)
· 시신경(망막에서 뇌로 신호를 보낸다)
· 피질부(회백질, 시감각이 일어나는 곳)
· 관찰자의 기대, 경험, 감정이 지각에 영향을 미침

그림 6-1 빛의 지각

6.1.2 눈의 구조와 이미지의 형성

그림 6-2는 인간의 눈을 단면으로 표시한 것이다. 각막과 수정체는 여러 층으로 된 망막에 빛의 초점을 맞추고, 망막은 시신경을 통하여 뇌에 자극(신호)을 보내며, 동공의 크기는 홍체로 조절된다. 즉, 동공이 커지면 커질수록 눈에 들어오는 빛의 양은 증가한다.

휘도가 매우 높은 조건에서는(예를 들면, 야외의 밝은 하늘) 반대 현상이 일어난다. 즉, 동공의 크기가 감소하면, 눈으로 들어오는 빛의 양도 감소한다. 빛이 들어오는 양을 조절하고 망막의 감광도를 변화시키는 눈의 능력을 순응이라 한다. 즉, 홍체는 동공의 크기를 감소시켜 눈으로 들어오는 빛의 양도 감소된다.

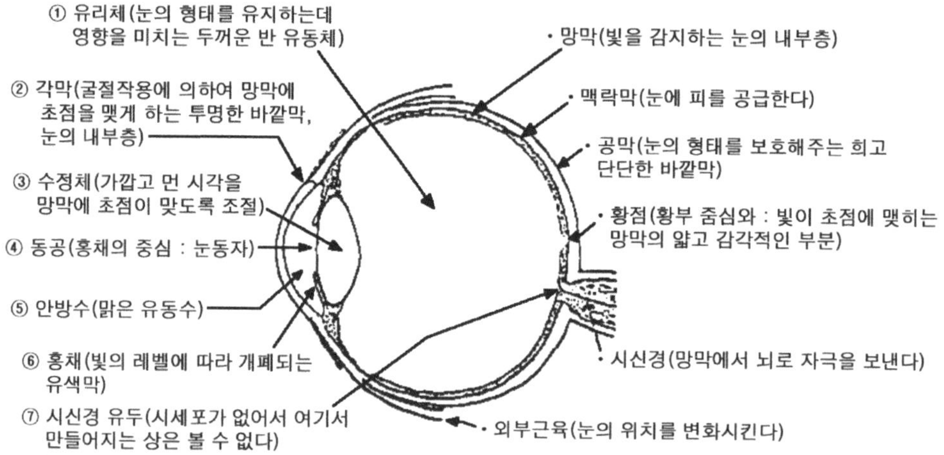

그림 6-2 눈의 구조

그림 6-3은 가깝거나 멀리 있는 대상물을 볼 때 나타나는 눈의 기능을 일반적으로 묘사한 것이다. 수정체의 형태가 변함에 따라 망막에 초점이 맺히는 눈의 능력을 조절 작용이라 한다. 근경(6미터 이내)에서는 수정체의 곡률이 증가하고, 동공이 홍체에 의해서 수축되며, 두 눈의 시선은 공통의 한 점에 집중된다.

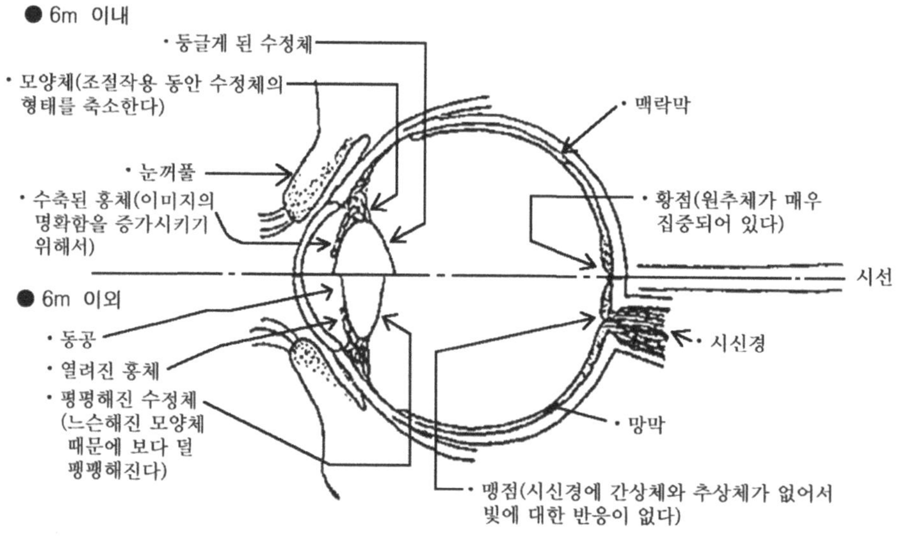

그림 6-3 눈의 이미지 형성

6.1.3 시각과 나이

시작업 성능(視作業性能)은 20대 후반부터 감소한다. 나이가 듦에 따라 시력은 감소되는데 그 이유는 나이가 듦에 따라 수정체가 황체현상을 일으키고 순응시간이 증가하며 글레어에 보다 민감해지기 때문이다.

그림 6-4에서 보듯이 나이가 증가함에 따라 최상의 시작업 성능을 얻기 위해서는 보통 사람보다 높은 조도 레벨과 최적 시작업 대비가 필요하다(그래프 왼쪽). 원시안은 모양체의 효율과 수정체의 융통성이 상실됨으로서 조절작용 능력이 감소되는데 이 현상은 주로 40대 이후에 나타난다(그래프 오른쪽). 이것은 가까운 점을 볼 수 있는 거리(즉, 얼마나 작업면 가까이 눈을 근접시키면 명확한 초점거리를 얻을 수 있는지)는 40대 주변에서 급격하게 증가한다. 나이가 증가함에 따라 나타나는 이러한 현상은 처방된 안경으로서 교정할 수 있다.

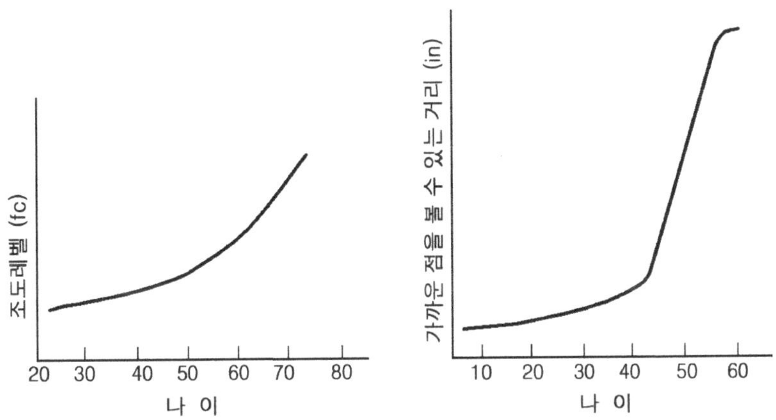

그림 6-4 시각과 나이와의 관계

6.1.4 주야의 시각

야간의 지각 상태는 휘도 레벨이 낮을 때(약 0.01fL 이하) 일어난다. 빛의 레벨이 낮을 때 망막속의 간상체는 감광도가 증가하는데 이 과정을 암순응이라 한다.

밝고 맑은 날 어두운 극장에 순응하려면 2분 혹은 그 이상의 시간이 걸린다. 완전한 암순응은 1시간 정도 걸린다. 명순응(예를 들면 맑은 날 해변을 거닐 때)은 보다 급격히 일어난다. 그러나 이 경우 때로는 고통스러워서 실눈을 떠야 하고 눈물이 나오려 한다. 1800년대에 요하네스 푸르킨예는 맑은 날 빨간 꽃이 파란 꽃보다 일반적으로 밝은 것처럼 보이는 것을 관찰하였다. 그러나 새벽이나 황혼 무렵엔 반대 현상이 일어났다. 즉, 파란 꽃이 빨간 꽃보다 밝은 것처럼 보였다. 이것은 눈의 색채 감광도가 변하는 것으로 이것을 푸르킨예 현상(변화)이라 한다(그림 6-5).

이것은 추상체의 지각으로부터 간상체의 지각으로 변화하기 때문이다. 추상체는 밝은 빛에서 잘 기능하고 노란-녹색파장(빨간 꽃)에서 최대 감광도를 가진다. 간상체는 어두운 빛에서 잘 기능하고 청색-녹색파장(파란 꽃)에서 최대 감광도를 가진다. 그림 6-5에서 실선은 주야의 시각에서 일어나는 푸르킨예 현상을 나타낸 것이다. 점선으로 된 주간의 시각 곡선은 추상체보다 빛에 민감한 간상체가 시각작용에 보다 적은 에너지가 필요하다는 것을 보여주고 있다.

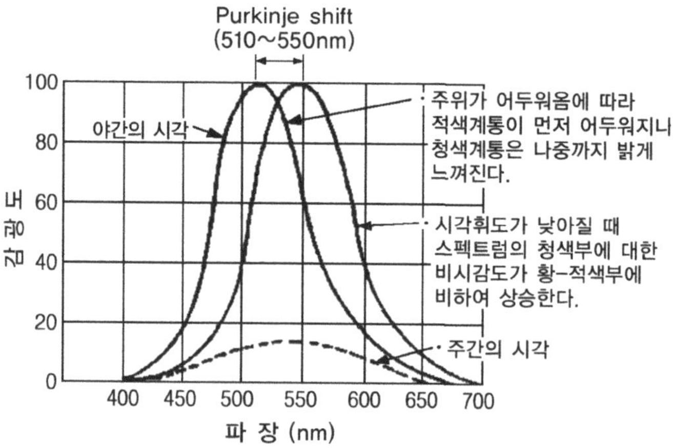

그림 6-5 푸르킨예 현상

6.1.5 조도 레벨과 가시도

가시도는 물체 크기, 휘도 레벨, 보는 시간. 조도 레벨(특히 조명이 불량할 때)이 증가할수록 향상된다. 그림 6-6에서 보듯이 큰 시험 물체의 최대 성능은 작은 물체보다 조도 레벨이 낮을 때 일어난다. 작은 시험 물체는 조도 레벨이 의미 있게 증가하여도 큰 시험 물체를 볼 때와 같은 성능을 얻지 못한다.

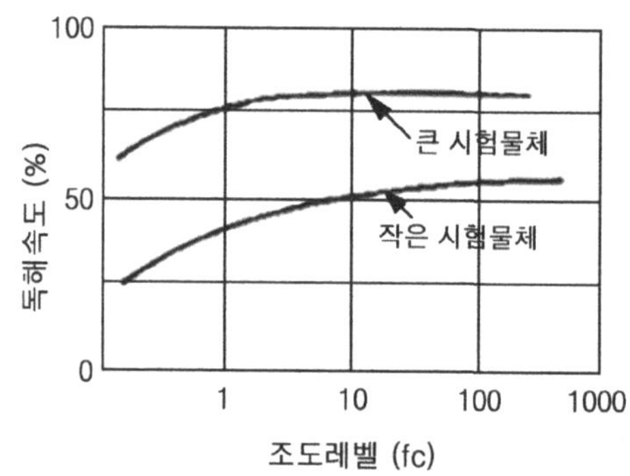

그림 6-6 조도 레벨과 독해 속도와의 관계

6.2 측광량

6.2.1 복사속과 광속

어떤 면을 통과하는 복사 에너지의 시간에 대한 비율을 복사속(radiant flux)이라고 하며, 단위는 Watt이다.

복사속을 시감(視感)으로 측정한 것을 광속이라 하며, 단위는 lumen(㏐)이다. 1lumen은 1㏅의 광도의 균등한 점광원에서 발산하는 광속 중 1입체각(立體角) 속을 흐르는 광의 양이다.

광속(㏐)이 몇 Watt의 복사속에 해당하는가의 값을 광의 일당량(mechanical equivalent of light)이라고 한다.

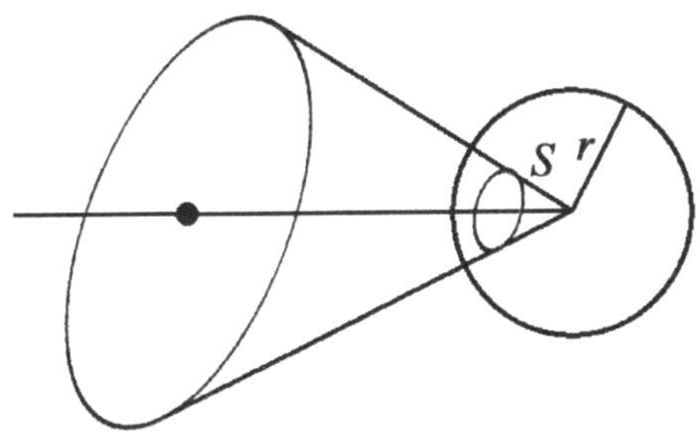

그림 6-7 입체각 $w = s/r^2$

6.2.2 조도

어떤 면에의 입사광속의 면적 당 밀도를 그 면의 조도라 한다. 즉 면적 dS에 광속 dF가 균일하게 입사하면, 조도 E는 다음과 같다.

$$E = \frac{dF}{dS}$$

조도의 단위는 취하는 단위 면적에 따라 다음과 같다.

1 lux = 1 lumen/㎡

1 photo = 1 lumen/㎡

1 foot-candle = 1 lumen/ft² = 10.764 lumen/㎡

조도의 일반적인 값은 표 6-1과 같다.

표 6-1 조도의 일반적인 값

장소	조도(ℓx)	장소	조도(ℓx)
직사광선의 지면상(여름)	100,000	맑은 날의 북쪽 창가	2,000
약간 흐린 날의 지면상	30,000~50,000	밝은 방(맑은 날)	200~500
몹시 흐린 날의 지면상	10,000~20,000	독서에 적당한 밝음	200~500
총공광의 지면상	10,000	1cd 점광원으로부터 ℓm	1.0
만월의 지면상	0.2	1cd 점광원으로부터 1km	10^{-6}

조도에는 다음 2가지 법칙이 있다.

(1) 입사각 코사인의 법칙

그림 6.8처럼 평행광속 F가 면적 S_1의 피조면에 직각으로 균등하게 입사할 경우, S_1 면상의 조도 E_1은

$$E_1 = \frac{F}{S_1} \ (\ell x)$$

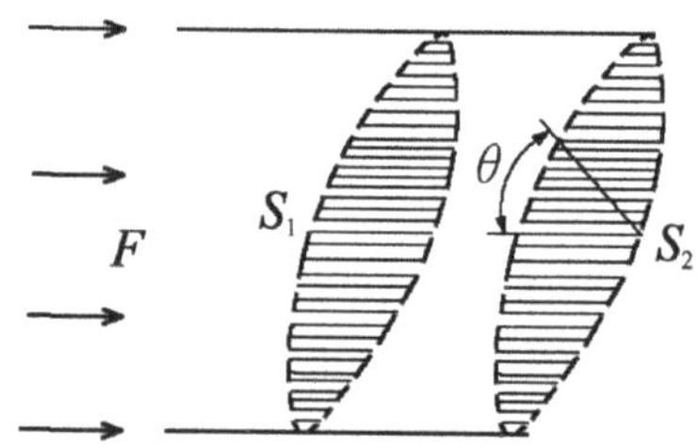

그림 6-8

그런데, $S_2 = \dfrac{S_1}{\cos\theta}$ 이므로

$$E_2 = \frac{F}{S_2} = \frac{F}{\dfrac{S_1}{\cos\theta}} = \frac{F}{S_1}\cos\theta = E_1 \cos\theta$$

즉, 조도는 기울어진 각의 코사인에 비례한다. 이것을 입사각 코사인의 법칙(cosine law of incident light)이라고 한다.

(2) 거리의 역제곱의 법칙

빛은 직진하므로 점광원으로부터 n배 떨어진 곳에서는 동일광속이 n^2배의 면적으로 퍼진다. 따라서 조도는 $1/n^2$배로 감소한다. 즉, 조도는 광원으로부터의 거리의 제곱에 반비례한다.

그리고, 광도도 m배가 되면 광속도 m배로 되므로, 조도는 광도에 비례한다.

그림 6-9에서 광원의 광도를 I(cd)라 하고, 입체각 w중에 방사하는 광속을 F(ℓm)라고 하면, $F = wI$로 된다.

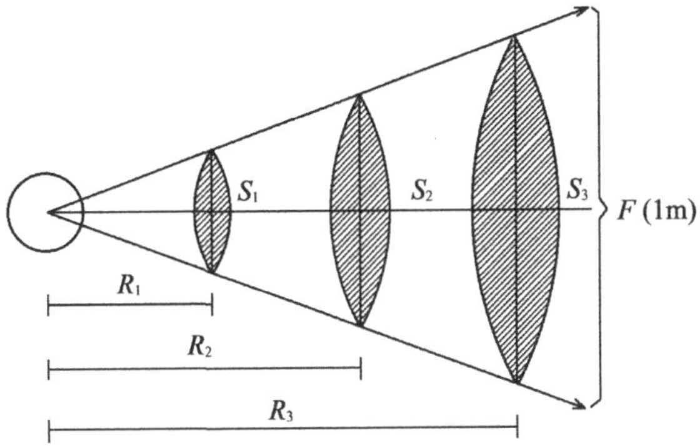

그림 6-9

광원으로부터 R_1, R_2, R_3의 각점에서 광속 F가 통과하는 면적을 각각 S_1, S_2, S_3라고 하면,

$$S_1 = R_1^2 w$$
$$S_2 = R_2^2 w$$
$$S_3 = R_3^2 w$$

로 된다. 따라서 S_1, S_2, S_3의 조도는 각각

$$E_1 = \frac{F}{S_1} = \frac{Iw}{R_1^2 w} = \frac{I}{R_1^2}$$
$$E_2 = \frac{F}{S_2} = \frac{Iw}{R_2^2 w} = \frac{I}{R_2^2}$$
$$E_3 = \frac{F}{S_3} = \frac{Iw}{R_3^2 w} = \frac{I}{R_3^2}$$

인 관계가 성립한다. 이것으로부터 E를 구할 수 있다.

$$E = \frac{I}{R^2} \ (\ell x)$$

즉, 조도는 광도에 비례하고, 거리의 제곱에 반비례한다. 이 관계를 거리의 역제곱의 법칙(inverse square law of distance)이라고 한다.

6.2.3 광속발산도

물체가 보이는 것은 그 물체로부터 방사한 광속이 눈에 들어오기 때문이다. 따라서 밝음은 그 물체가 눈의 방향으로 방사하는 광속밀도의 대소에 따른다.

어떤 물체의 표면으로부터 방사되는 광속 밀도를 그 점의 광속발산도(luminous radiance)라 하며, 이것을 R로 표시하면, 방사광속의 분포가 균일할 때는 다음과 같다.

$$R = \frac{dF}{dS} \ (\mathrm{rlx})$$

여기서, dS(㎡) : 발광면의 면적, 1rℓx=1ℓm/㎡

발광면이 2차 광원 즉, 다른 광원으로부터의 광속의 반사 또는 투과에 의할 경우에는 광속 발산도 R은 조도 E(ℓx)에 그 면의 반사율(ρ)또는 투과율 ($\wp$)를 곱한 것과 같다.

즉, 반사면상의 광속 발산도 : $R\rho = \rho \cdot E$

투과면상의 광속 발산도 : $R\gamma = \gamma \cdot E$

6.2.4 광도

점광원(point source)의 어떤 방향에 발산광속의 입체각 밀도를 그 방향의 광도라 한다. 점광원은 실제로는 존재할 수 없으나 조도 계산의 편의상 광원 크기의 5배 이상 되는 거리에서는 이 광원을 점광원이라고 본다.

지금 입체각 w 내에 광속 F가 균일하게 발산되고 있다면, 광도 I는 다음과 같다.

$$I = \frac{dF}{dw}$$

점광원으로부터 전공간(全空間)에 균일하게 광속이 발산되고 있으면 광도 I는 다음과 같다.

$$I = \frac{4\pi}{dF}$$

광도의 단위는 촉광 또는 candela(cd)로 표시하며, 1 candela는 점광원을 중심으로 하여 반지름 1m의 구면을 생각하여, 그 구면의 1㎡의 면적을 뚫고 나오는 광속이 1 lumen일 때 그 방향의 광도를 1 candle 이라고 한다. 그리고 평균 수평광도는 광원의 중심을 통과하는 수평면상의 광도의 평균을 말하며, 평균구면광도(平均球面光度)는 모든 방향의 광도의 평균을 말한다. 이것을 또 구면광도라고도 한다.

1 candela = 1 candle power

6.2.5 휘도

광원, 반사면 그리고 투과면은 밝게 빛난다. 우리가 물체를 식별하는 것은 이 밝음의 차이에 의한다. 밝음의 정도는 똑같은 광도를 가진 광원에서도 넓은 면적으로 발산될 때와 좁은 면적으로부터 발산될 때 각각 광원의 밝음이 다르다.

예컨대 투명전구를 볼 때와 이것에 외구를 씌워서 볼 때 광도에는 큰 차이가 없으나 눈부심은 대단히 다르다. 그리고 이때 눈 쪽으로 향하고 있는 면적은 광원의 전면적이 아니고, 눈 쪽으로 향하고 있는 투영 면적이다. 그러므로 어떤 면의 밝음, 즉 휘도 B는 다음과 같이 정의된다.

즉, 어떤 면의 어떤 방향의 휘도란 그 방향에서 본 투영 면적 당의 광도로 표시한다.

$$B = \frac{dI}{dS}$$

여기서, S : 밝은 면을 보고 있는 방향으로의 투영면적

I : 그 방향의 광도

단위는 cd/m^2 또는 보조 단위로 apostilb(cd/cm^2)를 사용한다.

6.2.6 광량(quantity of light)

광속의 시간적분을 광량(quantity of light) 이라 한다. 1 lumen의 광속이 1시간 동안 지속되었을 때의 광량을 단위로 하여 이것을 1 lumen-hour라 한다. 광량을 Q라 하면,

$$Q = \int_0^t F dt \quad (\ell m\text{-}h)$$

광량은 램프가 수명 중에 발산한 광의 양을 표시할 때 사용된다. 예컨대 램프의 최초 발산 광속이 1,300(ℓm)이며, 점등함에 따라서 시간에 비례하여 감소하여 1,000시간 후에는 그의 10%를 손실하였다고 하면, 그 전구가 1,000시간 중에 발산한 광량은 1,235,000 lumen-hour가 된다.

건축조명에서 일반적으로 사용하는 측광량(빛의 단위)을 표로 정리하면, 표 6-2와 같다.

표 6-2 측광량

측광량		정의	기호	단위	단위약호	차원	비고
광속		$F=K_m\int\phi(\lambda)V(\lambda)d\lambda$ 단위시간 당 흐르는 광의 에너지량	F	lumen	ℓm	ℓm	$\phi(\lambda)$:방사속 $V(\lambda)$:표준비시감도 K_m:최대시감도 (680ℓm/W)
광속의 면적밀도	조 도	$E=\frac{dF}{dS}$ 단위면적 당 입사광속	E	lux	ℓx	$\frac{lm}{m^2}$	S:수조면의 면적 영미에서는 조도의 단위로서 foot · candle(ℓm/t², fc)을 사용한다. 1fc=10.76ℓx
	광 속 발산도	$R=\frac{dF}{dS}$ 단위면적 당 발산광속	R	radlux	rℓx	$\frac{lm}{m^2}$	S:발산면의 면적
발산광속의 입체각밀도	광 도	$I=\frac{dF}{dw}$ 점광원으로부터의 단위입체각 당 발산광속	I	candela	cd 촉광	$\frac{lm}{sr}$	w:입체각 sr:입체각의 단위 (steradian)
광도의 투영면적밀도	휘 도	$B=\frac{dI}{dS}$ 발산면의 단위투영면적 당 단위입체각 당의 발산광속	B	$\frac{candela}{m^2}$ nit	$\frac{cd}{m^2}$ nt	$\frac{lm}{m^2\cdot sr}$	apostilb(asb)라는 단위도 사용된다. 영미에서는 foot · lambert(fL)를 사용한다. 1fL=$\frac{1}{\pi}$cd/m² 1cd/m²=πasb =0.2919fL

6.3 건축조명개요

6.3.1 건축조명의 정의 및 분류

(1) 조명의 정의

국제조명위원회(CIE, Commission International de I'Eclairage)에서는 조명(lighting)을 「물체와 그 주변을 볼 수 있도록 비추는 것」이라고 정의하고 있다. 이 가운데 「비추는 것」에 해당하는 영어는 「illumination」이지만, 이것도 우리말로는 조명이다. 따라서 조명이란 영어의 lighting과 illumination에 상당하는 두 가지 의미를 갖고 있다고 할 수 있다. 원래 조명은 후자의 의미를 강하게 내포하고 있지만 오늘날 우리가 취급하는 건축기술로서의 조명은 전자의 의미를 나타내고 있다.

조명이 물체와 그 주변을 볼 수 있도록 비추는 것이라는 정의는 조명이 갖고 있는 역할과 비교할 때 너무 고전적인 느낌이 든다. 시대상(視對象)인 특별한 물체를 상정하고, 그것이 주변에서 구별되어 보이도록 밝게 비춘다는 것은 조명의 기본적인 역할이다. 어떤 사물이 보이도록 조명을 논하는 것을 明視論(The Science of Seeing)이라 하고, 그 명시론은 최근에 이르기까지 조명학의 가장 중요한 연구과제였다.

그러나 현대의 조명은 물체가 보이도록 하는 것만이 역할이 아니라는 것은 명확한 사실이다. 조명은 공간의 분위기를 연출하고 있기 때문이다. 조명으로 인하여 공간에 매력적인 느낌을 주거나 압박감을 조성하는 등의 매우 복합적인 인상은 공간에 어떤 특성을 부여하기도 한다. 조명은 사람에게 공간의 인상을 부여함으로써 감정을 유발시키고, 이 감정으로 인하여 행동에도 영향을 미치고 있다.

CIE용어집에는 따로 조명환경(luminous environment)이란 용어도 정의되어 있다. 즉, 조명환경은 '빛(조도와 조도분포, 조도의 형태와 색채), 색채(색상, 채도, 실내의 배색, 연색)와 실의 형태에 의해서 실 가운데 형성되어 나타나는 생리적, 심리적 환경'이라고 정의되어 있다. 이 정의는 물체가 보이는 것 이외의 조명 역할도 잘 나타내고 있다. 어떠한 조명환경을 설계 목표로 하는가는 현대조명의 중요한 과제이다.

6.3.2 조명에 대한 인식

인간은 빛, 음, 냄새 등 외계로부터의 여러 가지 자극을 감각기관에 의하여 정보로써 받아들여 이것을 판단하여 행동하고 있다. 이러한 감각기관에는 눈, 귀, 코, 피부, 혀 등 오관이 있으며, 각각의 정보취득능력은 표 6-3과 같이 차이가 있다.

표 6-3 감각종류별 정보취득능력

감각의 종류	정보능력(%)
시각(눈)	87.0
청각(귀)	7.0
후각(코)	3.5
촉각(피부)	1.5
미각(혀)	1.0
계	100.0

표 6-3을 보면 인간에 있어서 가장 중요한 것은 시각임을 알 수 있다. 눈에 이상이 있을 경우 행동하는데 가장 큰 영향을 미치는 것을 알 수 있으며, 눈으로 보는 것이 가장 정확한 정보를 얻는 수단이다.

그런데 이와 같이 중요한 시각에 직접적으로 관계되는 것이 조명이다. 아무리 건강한 눈을 갖고 있어도 조명이 빈약하면 보기에 나쁘고, 일상생활의 모든 행동에 지장이 생기며, 사회 전체로써도 기능이 손실된다. 이와 같이 인간이 존재하는 곳에는 반드시 조명이 필요하며 좋은 조명을 얻기 위하여 조명기술은 모든 인간에게 매우 중요한 기술이라 할 수 있다.

조명이 인간에게 미치는 효과는 크게 나누어 보면 두 가지 측면이 있다. 첫째는 물체가 잘 보인다거나 혹은 보기 어렵다는 등의 보이는 정도로써 생리적 또는 양적인 면이다. 둘째는 심리적 또는 질적인 면으로써 아름답다든가 혹은 쾌적하다든가 하는 등 인간의 감정에 관계되는 면이다. 이 중 후자는 실내 건축 조명에 있어서 특히 중요하다. 조명의 심리적 효과에 대한 극단적인 예는 빛이 없는 암흑세계를 생각하면 상상이 될 것이다.

일찍이 뉴욕시의 큰 정전사고 때 심리적 불안에 의해 발생한 대공황과 혼란은 조명의 중요성을 다시금 인식시킨 것으로써 이와 같은 사고는 언제 우리들 주변에서 일어날지 모른다.

조명은 어떤 일이나 생활 등 모든 장소에 필요한 것으로써 좋은 조명으로 바람직한 시작업(視作業)을 얻는 것은 인간의 본능적인 욕구이다. 또한 의 · 식 · 주 자체의 가치가 크게 영향을 받는다는 것을 잊어서는 안 된다. 문자 그대로 "밝은 생활", "밝은 사회"로 발전하기 위하여 조명은 필수불가결한 요소이며, 현대 조명의 역할이 점점 증대한다는 것을 인식해야 할 것이다.

본다는 것, 즉 시작업은 인간의 기본적 활동으로서 이에 대응하여 시환경이 존재하게 된다. 시작업은 인간의 시각과 광(光)의 사태에 의해서 좌우되므로 이들에 관한 올바른 지식은 좋은 시환경을 구성하는데 빼놓을 수 없는 것이 된다.

건축 공간에 빛을 공급하는 것은 건축 조명이라 한다. 자연광을 광원(光源)으로 하는 경우를 주광조명 또는 채광이라 하고, 인공광을 광원으로 하는 경우를 인공조명 또는 단순히 조명이라 한다. 자연광과 인공광을 조합하여 쾌적한 시환경을 창조하는 것이 중요한 문제이다.

6.3.3 조도레벨과 창의성과의 관계

시작업(視作業)이 보다 세부적일수록 디자이너가 건축 조명을 주관적으로 설계하거나 다룰 수 있는 자유도는 감소된다. 그림 6-10에서 보듯이 건축 조명을 주관적이거나 직관적으로 디자인하거나 표현할 수 있는 디자이너의 기회와 사용자의 세부 시작업 요구 사이에는 역상관 관계가 있다.

예를 들면, 복도나 로비처럼 세부적인 시작업이 간헐적이거나 드물게 일어나는 공간은 자연채광이나 인공조명을 설계할 때 디자이너가 공간을 최대한 자유롭게 취할 수 있다. 그러나 병원의 수술실같이 높은 조도 레벨이 필요한 공간은 디자이너가 직관적으로 공간을 다룰 수 있는 기회가 거의 없이 매우 조심스럽게 건축 조명을 다루어야 한다.

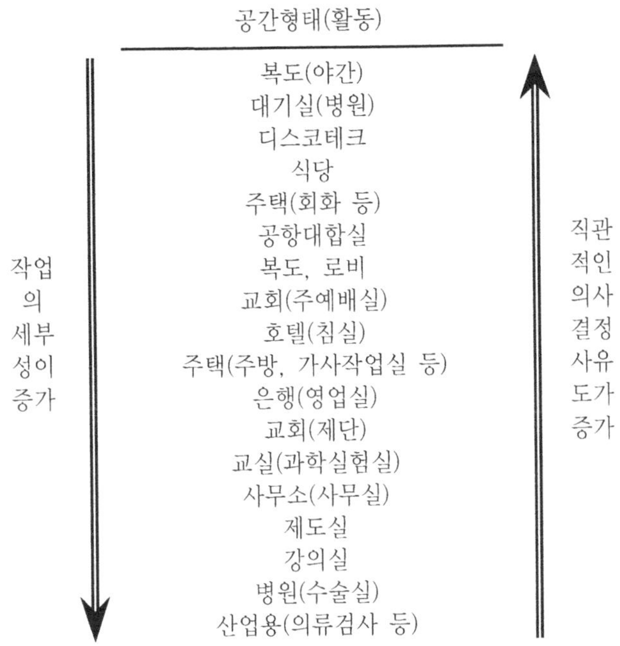

그림 6-10 조도레벨과 창의성과의 관계

6.3.4 건축조명 설계대상의 변천

보통 작업이 이루어지는 평면, 예를 들면 평면, 제도판, 작업대 등의 표면을 작업면(working plane)이라 한다. 어떤 작업이 이루어지는가가 확실하지 않은 실(室)은 바닥 위 85㎝의 수평면을 작업면으로 간주하는 것이 국제적인 관행이다. 작업면은 조명학적으로 매우 중요하다. 바로 작업면에서 사물을 보기 때문이다.

작업면 이외의 실내가 조명과 관계가 없는 것은 아니다. 책상 위만 전기스탠드로서 밝게 하여 실내등을 꺼버리는 경우와 책상 위를 밝게 하는 동시에 실내등도 점등하여 실전체도 밝게 하는 것과는 어느 것이 시작업에 유리할 것인가? 많은 연구들은 후자를 지지하고 있다.

특정한 장소만을 비추도록 설계된 조명을 국부조명(localized lighting), 영역전체를 비추도록 설계된 조명을 전반조명(general lighting)이라 한다. 국부조명과 전반조명의 균형을 취하는 것이 조명 설계의 목적 가운데 하나인 것은 이전부터 논의된 것이다. 그러나 전반조명을 어느 정도로 밝게 하면 좋은가, 즉 작업면과 실내면의 휘도비를 어느 정도로 하면 좋은가는 어려운 문제이다. 이 답은 시력과 시작업 성적만으로는 알 수가 없다. 장시간 주의가 집중된다던가 안정감 있는 기분이 든다는 등의 심리적 요인이 크기 때문이다.

이와 같은 문제를 해결하기 위해서는 고찰 방법을 근본적으로 바꿀 필요가 있다. 종래의 작업면 중심의 조명에서 떠나 처음부터 공간 전체의 빛 배분을 생각하는 방법이다. Logan(1952)은 여러 가지 자연계의 휘도 분포를 실측하여 그것을 실내취도분포의 기준으로 할 것을 주장하였다. 그러나 자연계와 인공적 공간은 본래 같은 것이 아니기 때문에 그의 주장은 많은 논란을 일으켰다. 하지만 그의 고찰 방법이 종래의 작업면이란 구속을 피하고 있다는 점에 주목한다면 당시로서는 새로운 발상으로 이해할 수 있다.

그러나 휘도분포론도 실내 표면을 문제로 하고 있고, 그 한도로써 작업면이 아닌 점과 또 「면」을 취급하고 있다. 면의 밝기가 아니고 「공간」의 밝기, 공간의 빛의 흐름의 방향과 세기를 다룸에 따라 완전한 공간 조명의 이론이 전개되기 시작한 것은 근래의 일이다.

1967년 CIE(국제조명위원회) 워싱턴 대회에 Cuttle 등은 새로운 개념을 발표하였다. 논문은 「작업면을 떠나서(Beyond the working plane)」로서 그들은 보통 평면조도 대신에 벡터조도(illumination vector)와 스칼라조도(scalar illuminance)를 제안하였다.

벡터조도란 공간의 어떤 점에서 빛의 흐름의 세기와 방향을 나타낸다. 그림 6-11은 실내 공간에서 벡터의 흐름을 나타낸 것이다. (a)는 측창주광에 의한 것, (b)는 인공광에 의한 것, (c)는 양자의 합성조명방식(PSALI)에 의한 벡터조도의 흐름을 나타낸 것이다. 그들의 시험에 의하면 벡터의 방향은 수평에서 30° 전후가 좋다고 한다. 이 그림에서는 (c)가 인간이 앉을 때의 눈높이 부근에서 벡터가 바람직한 방향을 얻을 수 있는 것을 알 수 있다.

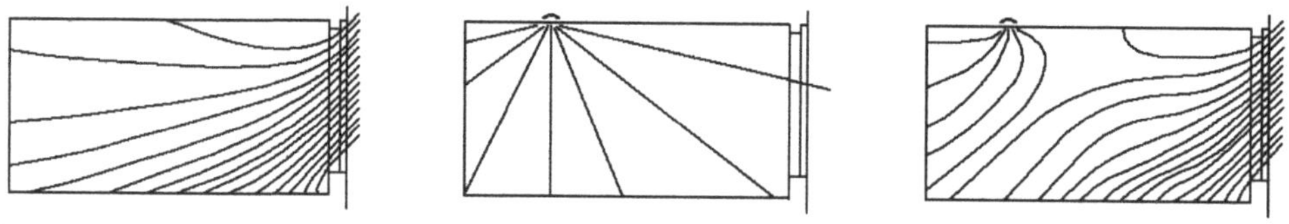

(a) 측창주광에 의한 벡터의 흐름 (b) 일렬로 된 형광램프에 의한 벡터의 흐름 (c) 주광과 인공광의 합성

그림 6-11 실내공간에서의 빛의 흐름

스칼라조도란 공간이 작은 구면상에서의 조도이다. 이것은 평면조도와 같이 평면의 기울기에 관계가 없고, 임의의 점에서 하나의 값이 정해진다. 로비같이 특별한 작업면이 없는 실에서는 평면조도보다도 스칼라조도가 기준으로서 적합하다. 수평면 보다 아래쪽에서 오는 빛도 공간의 밝기에 기여하기 때문이다. 벡터조도나 스칼라조도의 도입에 따라 공간을 취급하는 조명학도 크게 발달하고 있다.

6.4 건축조명의 질

형광램프 보급 이전의 시대에는 조명의 질이 언급된 적이 거의 없었다. 형광램프는 종래에 고려할 수 없었던 높은 조도를 용이하게 실현하였지만 동시에 몇 가지 질의 문제를 야기 시켰다. 조명의 질에 대하여 가장 많이 연구된 것은 크게 글레어(눈부심, glare)와 연색(연色, color rendering) 및 빛의 방향성이다.

6.4.1 글레어의 조절

시야 내에서 순응하고 있는 휘도보다 현저하게 높은 휘도 부분이 있거나 휘도 부분이 큰 부분이 있으면, 보는데 방해가 되고 불쾌하게 된다. 이와 같은 현상, 즉 시지각(視知覺)을 방해하는 밝은 빛을 글레어라고 한다. 이때 보는데 방해가 되는 경우를 시력저하 글레어(disability glare), 불쾌감을 느끼는 경우를 불쾌 글레어(discomfort glare)라고 한다.

시력저하 글레어는 시작업에 필요한 시각적 정보를 지각하는 능력을 감소시킨다. 그것은 시대상 물체의 휘도에 영향을 받는다. 예를 들면, 책상 위의 직사일광, 마주 오는 자동차로부터의 고광도 헤드라이트로 인한 위험한 상태. 그림 6-12에 나타낸 것은 인간의 시야에서 직접적인 밝은 광원으로 인해 일어나는 글레어의 예이다. 이것을 직접글레어(direct glare)라고 한다. 또한 광원의 이미지를 반사하는 번들번들하거나 윤이 나는 표면에서 일어나는 글레어를 반사 글레어(reflected glare)라고 한다. 불쾌 글레어와 시력저하 글레어는 직접광이나 반사광에 의하여 일어난다. 이 불쾌 글레어는 불쾌하고 심지어 고통스럽지만 작업의 수행능력을 의미 있게 감소시키지는 않는다. 그것은 전 시야 내의 휘도 상태에 영향을 받는다.

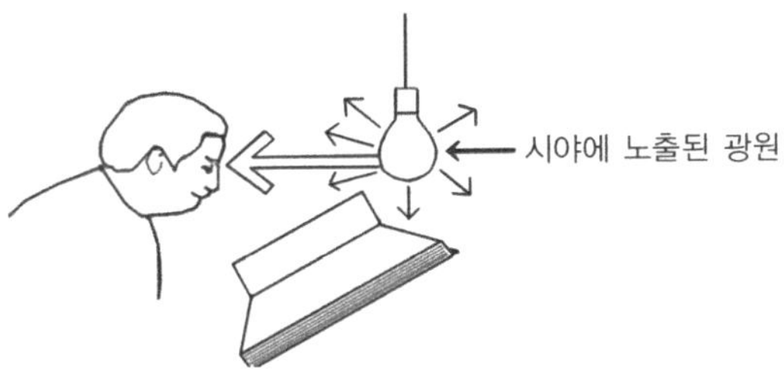

(a) 직접글레어

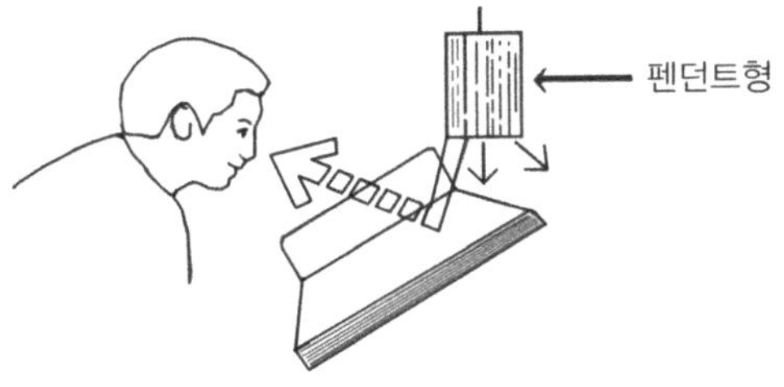

(b) 반사글레어

그림 6-12 직접글레어와 반사글레어

여기서 시력이 저하하는가 안하는가를 기준으로 하는 경우와 불쾌한가 유쾌한가를 기준으로 하는 고찰방법은 전혀 별개의 것이다. 상식적으로 분류하면 전자를 생리적 기준, 후자를 심리적 기준이라 할 수 있다.

생리적 기준은 시기능 (visual performance)의 기준이라 부르기도 한다. 시기능은 주로 안구의 광학적 기구에 의해 결정된다. 시기능을 표시하는 대표적인 기준은 시력이지만 그 외에도 시작업의 성적, 눈의 피로 정도 등이 있다. 이런 것을 근거로 한 조도연구는 어느 것이나 모두 시기능의 수준에서 조명의 좋고 나쁨을 문제로 하고 있다.

심리적 기준을 쾌적성(visual satisfaction)의 기준이라 한다. 쾌적성은 눈의 광학적 기구보다는 대뇌의 판단 작용과 큰 관계가 있다. 최근의 조명 연구에서는 쾌적성을 중요시하고 있지만 한마디로 쾌적이라고 해도 쾌적(comfort)과 즐거움(pleasantness)과는 그 의미가 다르다. 이 말은 우리나라 말로서는 명확하게 구별하기가 어렵지만 서구, 특히 영국에서는 확실한 구분을 하고 있다.

예를 들면, 조도레벨 500룩스는 시기능 레벨의 필요 조도, 1,000룩스의 쾌적 레벨의 조도, 2,000룩스는 즐거움 레벨의 조도라는 설명이 가능하다. 여기서 500룩스는 그렇다고 하더라도 실제 1,000룩스는 모든 사람이 유쾌한 느낌을 갖는 조도이지만, 2,000룩스가 되면 너무 밝아서 즐거워도 밝기가 너무 지나치다고 느끼는 사람이 나올 정도이다. 즉, 이상과 같은 3개의 레벨은 항상 일직선으로 같은 레벨에 있는 것은 아니다.

시력저하 글레어는 시기능 레벨의 문제, 불쾌 글레어는 불쾌레벨의 문제이지만 이 경우 어떤 광원의 휘도가 증가할 때 어떤 글레어가 먼저 발생하는가는 상황에 따라 다르다. 불쾌 글레어가 먼저 일어나고, 시력저하 글레어가 나중에 일어나는 것 같이 생각되지만 즐거운 글레어(pleasant level glare)도 있을 수 있다. 예를 들면 샹들리에나 축제 때 야간의 노출전구로 인한 글레어에는 즐거움이 있다고 말할 수 있다.

근래에 영국조명공학회의 코드에서는 불쾌글레어의 평가를 조명 설계상 조도와 동등하게 중요시 취급하고 있다. 실내 광원의 휘도, 광원 주변의 휘도, 광원의 위치와 크기 등에서 불쾌 글레어가 계산되고 그 양부가 판정되도록 되어 있다. 그러나 우리나라에서는 아직 이러한 것에 큰 관심을 기울이지 않고 오늘에 이르고 있다.

6.4.2 연색성

연색이라는 것은 광원이 물체의 색채를 보는데 미치는 효과이다. 형광램프의 청백빛은 출현 당시 백열전구에 익숙하게 된 눈에는 이상하게 느껴져서 사람의 얼굴색을 황색으로 병자처럼 보이게 하는 등 매우 어색하였다. 이에 따라 연색을 평가하는 연구가 각국에서 이루어졌으며, 동시에 형광램프의 분광분포도 여러 가지로 개선되었다.

CIE에서는 여러 개의 시험색을 사용하여 그것을 기준광원으로 조명했을 때와 시료광원에서 조명할 때 연색평가득점을 100점 만점으로 구하는 방법을 제시하고 있다. 광원의 연색성은 일반적으로 평균 연색평가수 Ra로 수량화하고 평가된다. Ra는 색의 재현성을 구하는 기준으로 100이 최고치이다. 각종 광원의 Ra 수치는 중간적 채도를 갖는 적(赤)에서 청(青)까지 8색의 시험색을 기준 광원과 비교해 생기는 색은 엇갈림의 정도에 의해 구해진다. 즉 색의 엇갈림이 기준 광원에 비해 많을수록 Ra는 저하한다.

평균 연색 평가수에 대해 특수 연색 평가수가 있다. 사고 방법은 Ra와 같지만 시험색이 고채도인 적색을 R9으로 하고, 마찬가지로 황색(R10), 녹(R11), 청색(R12), 서양인의 피부색(R13), 나뭇잎색(R14), 동양인 여성의 피부색(R15)으로 정하고 있다. 광원에 따라서는 Ra가 좋아도 R9~R15어딘가가 나쁘거나, 반대의 경우도 있다. 예를 들어 일반형 메탈 할라이드(metal halide) 램프는 Ra 70 이상이라도 R9가 마이너스 100을 넘을 경우도 있다. 이 경우 고채도의 적색은 가라앉은 색으로 보인다. 또 형광 수은 램프처럼 Ra는 50 정도라도 R14이 80 이상인 경우도 있다. 이것은 단순히 녹색의 잎으로 덮인 수목 조명만이라도 램프비용이 싼 형광 수은 램프로도 충분히 효과가 있는 것을 의미한다. 일반적으로 연색효과를 높이고 싶은 공간은 Ra와 R9, R15이 뛰어난 광원의 사용을 권한다. 그것은 보다 많은 색채를 아름답게 보이게 하는 것을 가능하게 한다. 그러나 조명에 따라서는 아무리 광원의 연속특성이 좋아도 충분히 살리지 못하는 경우도 있다. 그래서 연색 효과를 높이는 조명 설계에서는 다음에 서술하는 몇 개의 조건을 만족시킬 필요가 있다.

첫 번째로는 고조도 조명으로 하는 것이다. 달밤의 경치는 모두 잿빛인 것처럼, 극단적인 말로 0.1ℓx 이하에서는 Ra 100의 광원이든 Ra 40이든 색을 보는 법에는 큰 차이는 없다. 보다 선명하게 보이려면 보통 500ℓx 이상의 조도가 필요하다.(면적이 있는 조명 대상은 일부분뿐이라도 고조도가 취해지면 전체의 색이 이미지 된다). 또한 반사율이 낮은 색채에 대해서는 적어도 1,000ℓx 이상이 요구되지만, 한편으로 재질과 마무리 완성에 따라 별 조도를 높이지 않는 것이 대상물의 깊이를 증가시키는 효과도 있다.

두 번째는 조명 대상에 따라 광원의 색온도를 고려하는 것이다. 색온도 이미지 중에서 충실성과 부드러움의 교차 현상이 일어나는 약 3,500K를 경계로 그 이상이 되면, 특히 5,000~7,500K의 광원으로 Ra 100 혹은 그것에 가까운 광원은 자연 주광으로 보는 색과 비슷해 충실성이 높아진다. 그리고 3,500K 이하의 광원은, 예를 들어 Ra 100에서도 자연 주광에 의한 색을 보는 방법과 다르다. 그러나 저색온도 광원은 사람의 얼굴색과 요리의 색 등 특정대상이 자연광보다 좋게 보이는 경우도 있다.

세 번째로 재질감이 동반된 색은 광원이 갖는 빛의 양과 질을 고려할 필요가 있다. 물체의 광택이 있는지 없는지에 따라서 광원의 지향성과 조사방향이 색을 없애기도 부각시키기도 하기 때문이다. 예를 들어 보석과 식기류 등의 빛이 있는 색채는 할로겐램프 같은 지향성이 높고 광원에 의한 조명이 효과적이다.

일반적으로 연색성이 높은 광원은 비싸고, 램프효율이 그다지 좋지 않다. 그 때문에 조명 경제를 우선하는 공간은 Ra 수치가 다소 낮더라도 램프 효율이 높은 광원이 사용된다. 이 같은 광원에 의한 전반조명 공간에서도 악센트가 되는 국부 조명만 고조도이고 고연색 조명으로 하면 분위기가 많이 개선된다. 반대로 색채가 보다 섬세한 조명의 질을 중시하는 공간은 자연광이 태양광과 천공광의 합성이 되는 것처럼, 몇 종류의 다른 스펙트럼 분포를 갖는 광원의 조합이 좋은 결과를 가져오는 경우도 있다. 그리고 때로는 색

온도 변환 필터와 ND 필터를 구사한 섬세하고 치밀한 연색 표현도 필요하다.

색의 지각은 인간의 오감(五感) 가운데 가장 뛰어난 특성이다. 그리고 아름답게 보이는 색채군과 만났을 때 사람들은 감동한다. 그리고 사람에 따라 색채의 좋고 나쁜 것은 미묘하게 다르다. 연색효과를 중시하는 조명 설계에서는 연색평가 데이터만으로 광원을 결정하는 것은 피해야 한다. 가능하면 오너와 클라이언트를 교체해 실제와 가까운 상황 가운데에 대상의 색이 좋게 보이는 광원을 눈으로 확인하고 결정하는 자세가 중요하다.

6.4.3 빛의 방향성

점등한 백열전구 아래에 손을 비추어 보면 예리한 그림자가 생긴다. 이에 비해서 완전한 담천공 상태의 옥외에 있는 사람의 그림자는 분명하지 않다. 전자와 같은 빛은 흐르는 방향을 정확히 알 수 있기 때문에 방향성이 강하다고 말하고, 후자와 같은 빛은 각 방향으로 흩어져 있으므로 확산성이 높다고 말한다.

완전한 담천공 상태의 확산성이 높은 광원은 인공광원이나 일반적인 측창에 희한 주광에서는 생각할 수 없으므로 조명의 빛은 약간의 방향성을 갖는다고 말할 수 있다. 이 방향성(directional qualities)은 빛의 질에 대한 문제 가운데 중요한 요소로서 우선 주광선의 방향성을 정하는 것이 중요하다.

주광선은 작업자 자신과 작업자가 가진 도구 등의 그림자가 작업면에 생기지 않도록 방향을 정해야 한다. 즉, 손이나 도구로 인한 그림자가 발생하지 않도록 할 필요성이 있다. 일반적으로 주광선의 방향은 작업자의 왼쪽 위 (45°)가 좋다고 하지만, 실제로 작업자의 방향이 정해지지 않은 방이 않으므로 이런 방에는 높은 고도가 무난하다.

광원이 직접 눈에 보이게 되면, 물체를 분명히 비추는 모든 지점에서 쉽게 볼 수 있었던 것도 바라보기가 어렵게 된다. 즉, 물체에 반사되어 작업자의 눈을 비추는 위치엔 광원을 주지 말아야 한다. 물체 표면의 작은 광원이 눈에 지나치게 보이면, 물체가 이상하게 거칠게 보인다. 이것은 방향성이 강한 주광선이 5°나 10° 정도의 매우 낮은 각도에서 물체 표면을 비출 때 일어난다. 이런 낮은 각도의 광선은 일반적인 명시작업을 할 경우 쓸모가 없다.

주광선이 둘 이상일 때는 그림자도 둘 이상 생겨서 그림자가 분리되는 현상이 생긴다. 이것은 물체를 바라보는 것을 나쁘게 할 뿐만 아니라 사람들에게 불안감과 초조감을 준다. 따라서 주광선은 방향이 하나인 것이 좋다. 이러한 주광선의 방향 이외에 주광선의 세기를 어떻게 정하는가도 문제이다. 빛의 방향성이 강해서 음영이 생기면 작업에는 나쁘지만, 물체의 형태를 깊이 있게 보이도록 하고 실내에 활기를 준다. 사람의 얼굴은 일반적으로 그림자가 생기는 경우에 더 예쁘게 보인다.

이에 비하여, 확산성이 크고 음영이 불확실한 빛은 사람과 물체를 평탄하게 보이도록 하지만, 손에 의한 그림자와 반사에 의한 눈부심 등의 피해가 없기 때문에 좋은 환경을 만든다. 따라서 작업 조명으로는 음영이 생기지 않는 방향의 빛을 표준으로 한다. 확산성의 정도를 간단히 평가하기 위해서는 작업평면조도와 같은 위치의 최대 연직면 조도의 비율을 취하고, 그것이 3 : 1~1 : 3이면 좋다.

주광선의 방향과 세기에 관해서는 종래에도 많이 얘기되어 왔지만 최근 약 20년 사이에 매우 발달하여 전혀 새로운 개념이 나타나고, 이에 대한 정량화와 주관적 평가가 실시되고 있다.

방향성의 문제는 음영의 문제이지만, 여기에서는 물체 자신의 어둡게 된 부분을 음(shade), 이외의 부분에 투영된 물체의 어두운 모습을 영(shadow)으로 구별하고, 일반적으로 그림자의 총칭으로서의 음영을 사용하였는데 이 구별은 도학에서의 구별과 일치한다.

6.4.4 광막반사와 반사영상

시대상(視對象) 표면에 광원이 비춰지면 당연히 바라보기 나쁘게 되는데 여기에는 2가지 경우가 있다.

첫째, 표면에 고휘도의 광원상이 비쳐 보이고 그것이 마치 광원을 직접 볼 때의 직접 글레어와 같이 광원의 눈부심을 느끼게 되는 경우인데 이것을 반사글레어(reflected glare)라 한다.

둘째, 표면에 비치는 광원상(光源像)은 번쩍이며, 눈부심을 일으킬 뿐만 아니라 물체의 형태도 잘 알 수 없게 하여 그 물체를 보기가 어려운 경우이다. 광원의 휘도가 비교적 낮고, 물체의 표면에 광택이 있는 경우에 표면의 휘도와 색채가 변화해서 이러한 현상을 일으키는데, 이것은 글레어라 하지 않고 광막 반사(veiling reflection)라 한다.

책상 위에서 독서할 때 광원의 위치가 그림 6-13의 범위에 있으면 반사글레어나 광막 반사를 일으킬 가능성이 있다. 이 범위는 사무실의 책상 작업에서 시선의 85%가 수직에서 0°~40°의 각도 사이를 움직인다는 조사 결과에 기초하여 결정된 것이다. 광원의 위치

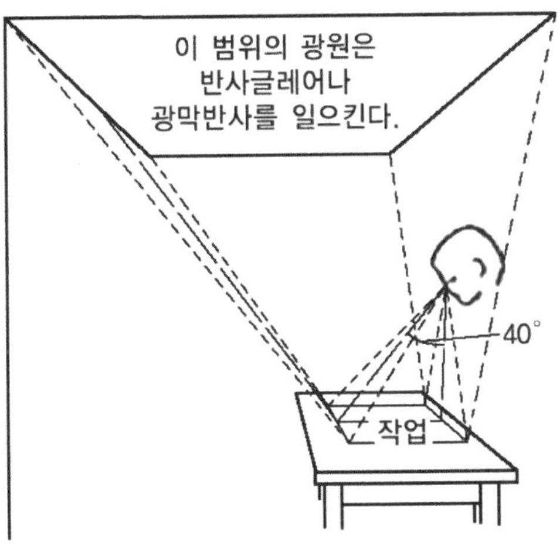

그림 6-13 광원의 위치와 광막 반사

는 이 범위 이외의 어느 곳도 좋지만, 이 범위 안쪽으로 광원이 있는 경우에는 이 범위 밖에서 별도의 광원이 충분한 고조도를 유지해야만 보는데 방해를 주는 경우가 적게 된다.

유화, 사진 및 유리를 통해서 보여지는 전시물 등에서는 대상표면이 비쳐서 보기 어렵게 되는 경우가 있으므로 유의해야 한다. 미술관 등의 전시조명에서 공원의 위치는 특히 엄밀히 검토해서 정할 필요가 있다. (그림 6-14 참조)

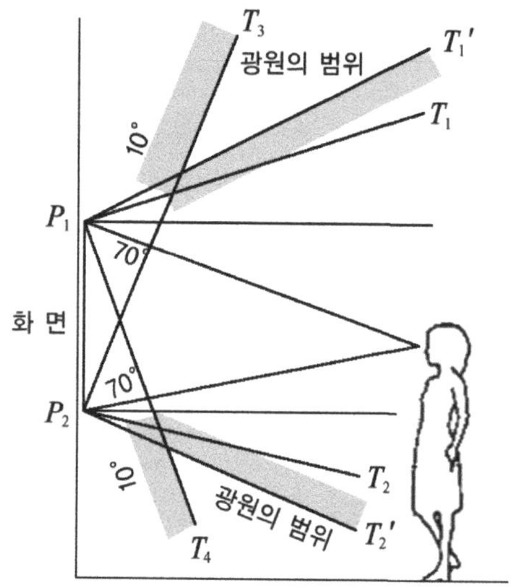

그림 6-14 벽면 전시에서의 광원의 위치

첫째로 광원은 대상 표면에 정반사하여 사람의 눈에 도달하는 범위 내에 위치되어서는 안 된다. 그림 6-14에서 눈의 높이는 1.5m로, 눈에서 시대상물까지의 거리는 그림(시대상물)의 대각선 길이의 1.5배로 한다. 그림 6-14에서 P_1T_1과 P_1T_2 사이의 범위에 있는 광원은 피해야 된다.

다음으로 대상 표면에 가깝고 저각도로 입사하는 빛은 윤곽을 매우 드러나게 하므로 바람직하지 않다. 그러므로 입사각 70° 이하, 그림 6-14의 P_2T_3와 P_1T_4보다 좌측에 광원을 두는 것은 피해야 한다. 이처럼 전시조명에서는 반사글레어나 광막 반사를 일으키지 않는 범위에 광원을 설치해야 한다. 특히, 유화까지의 거리가 좀 더 근거리일 경우가 있으므로 광원의 범위는 더욱 더 제한될 수 있다. 더구나 전시조명에서는 다음에 언급하는 반사 영상을 방지하는 것도 중요하다.

제 7 장 자연 채광 계획

7.1 자연 채광의 광원

7.1.1 직사일광과 천공광

태양으로부터 방사되어 지구에 도달하는 빛은 대부분 직사일광으로써 지표면에 도달한다. 그러나 태양으로부터의 직사일광은 변동이 심하고, 광원으로서 직접 이용될 수 없을 뿐만 아니라 유해한 경우가 많다.

따라서 건축물의 채광 계획에서는 원칙적으로 직사일광보다 천공광을 광원으로 한다. 맑은 날에 태양으로부터 방사되어 지구에 도달한 빛의 대부분은 직사 일광으로써 지표면에 도달하지만 그 일부는 대기층에서 산란 또는 흡수된다. 산란된 빛의 일부는 직접 또는 산란을 반복해서 지표면에 도달한다. 이것을 천공광(天空光)이라 한다. 흐린 날일 때 빛은 구름에서 확산 투과 또는 반사되어 지표면에 도달한다. 이 중에는 지표면에서 반사되어 다시 구름에서 반사된 빛이 있는데 이것을 담천광(曇天光)이라 한다. 천공광과 담천광을 합하여 천공광(天空光 sky light)이라 하고, 직사일광과 천공광을 합하여 주광(晝光)이라 한다.

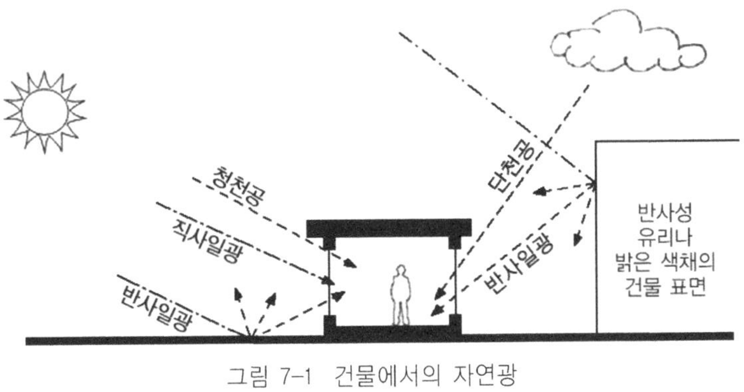

그림 7-1 건물에서의 자연광

7.1.2 반사광

직사일광은 시간에 따라 조도의 변동이 심하고 실내가 열적으로 과열되기 때문에 반사광을 실내조도원으로 이용한다. 수평면 조도가 90,000~100,000ℓx일 때 10%의 반사율을 갖는 지면은 9,000~10,000ℓx(2870~3100cd/m²)의 청천공휘도와 동일하다.

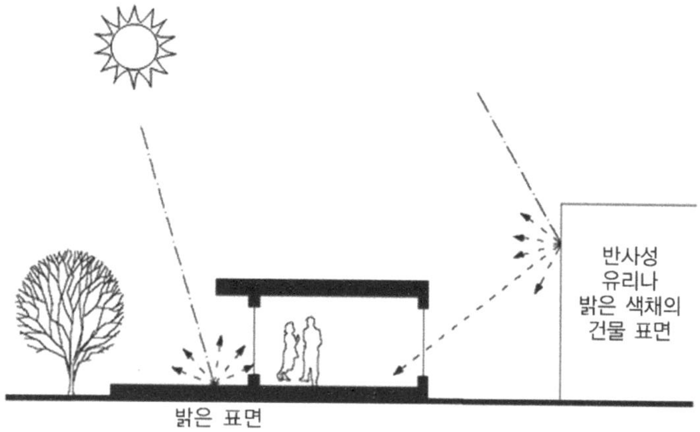

그림 7-2 반사광에 의한 자연채광

7.1.3 천공 상태

자연 채광에 관한 설계나 에너지 절약을 해석하기 위해서는 천공 상태를 어떻게 가정할 것인가가 가장 중요한 고려 사항이 된다. 즉 자연 채광의 설계에 있어서는 천공의 최소설계 기준이나 혹은 천공의 최저 상태를 알아야만 한다. CIE 표준 담천공(標準曇天空 CIE Standard Overcast Sky)과 표준 청천공(標準晴天空 CIE Standard Clear Sky) 모델은 이러한 필요에 의해서 개발된 것이다. 지정학적으로 볼 때 특정한 천공 상태가 강하게 나타나는 유럽 일부 지역이나 건조한 열대 지역은 한 가지 천공 상태가 계속적으로 비슷하게 나타난다. 그러나 북미 지역이나 한국 같은 곳에서는 이러한 표준 천공이 항상 일정하게 나타나지 않는다. 이러한 천공으로부터 도달하는 태양의 위치, 대기 조건 등에 영향을 받으며 운량에 따라 다음 3가지로 구분할 수 있다.

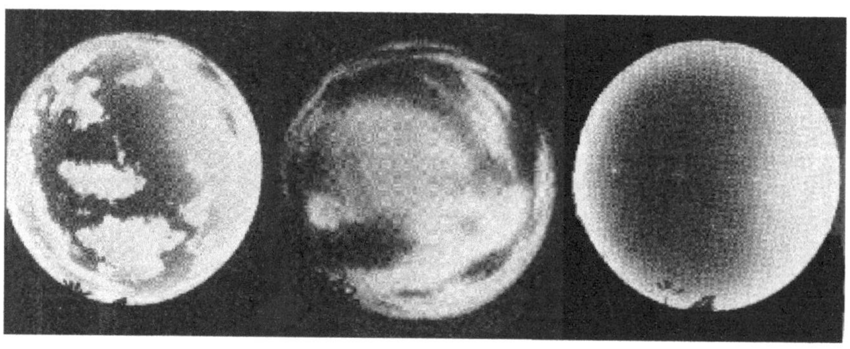

그림 7-3 천공 상태(Partly Cloudy Sky, Overcast Sky, Clear Sky)

운량으로서 천공의 상태를 분류할 수 있는데 기상대에서 매 3시간마다 측정하는 운량 관측치는 전체 천공을 10으로 하고 구름이 덮여 있는 부분을 천공 전체에 대한 10분수로 표시한다. 하늘에 구름이 없거나 1/10 이하일 때를 0이라 하고 운량이 2 이하의 경우를 쾌청, 8 이상을 담천, 3~7 사이를 청천이라 한다.

(1) 청천공(晴天空 Clear Sky)

청천공의 전천공 조도는 천공으로부터의 확산 조도성분과 보다 더 큰 비율을 차지하는 직달일사 조도 성분의 두 가지로 이루어진다. 청천공 하의 전천공 조도에 대한 여러 가지 실험적 공식들이 여러 연구자들에 의해 발표되어졌으며, 이들 대부분의 공식들이 전체 조도가 태양고도에 직접적인 영향을 받는다는 데에는 일치하고 있다. 청천공에서 천공광의 휘도와 색도는 주로 대기의 혼탁도와 태양고도에 의해 영향을 받는다. 대기 혼탁도가 낮아 대기가 맑을 때 천공은 휘도가 낮아지고, 푸른색을 강하게 띤다.

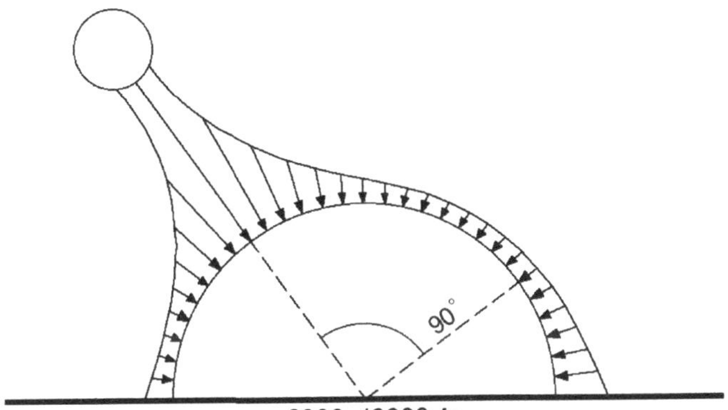

그림 7-4 청천공하의 휘도, 조도 분포

(2) 담천공(曇天空 Overcast Sky)

담천공 상태는 영국이나 스칸디나비아 그리고 북서 태평양 지역 같은 북쪽 기후에서 1년 중 대부분을 차지하고 있다. CIE에 의해 주광 계산을 위한 설계용 표준천공(標準天空)으로 정의된 이 천공은 지평선에서부터 천장까지 약 1:3의 비로 증가하는 불균일한 밝기 분포를 가지고 있다. 불균일한 천공 휘도 분포 하에서 실내 주광 레벨을 정확히 계산하기 위해서는 실내 관찰점으로부터 천공각(Sky Angle)을 측정하기 위한 천공 분도기가 필요하게 된다. 이러한 분도기는 영국에서 개발한 BRS(Building Research Station)로부터 구할 수 있다. 그러나 천공 분도기를 사용하는 방법은 아직까지도 많은 시간과 노력을 들여야만 한다는 단점을 가지고 있다. 이러한 복잡한 과정을 단순화하는 일반적인 방법이 담천공의 천공 휘도가 균일하다고 가정하는 것이다. 이러한 균일한 휘도 분포를 갖는 천공에서는 태양의 고도가 주어지면 외부 전천공 조도를 구할 수 있게 된다. 이러한 단순화의 이점은 고도에 따른 천공의 휘도 계산을 할 필요가 없어진다는 것이다.

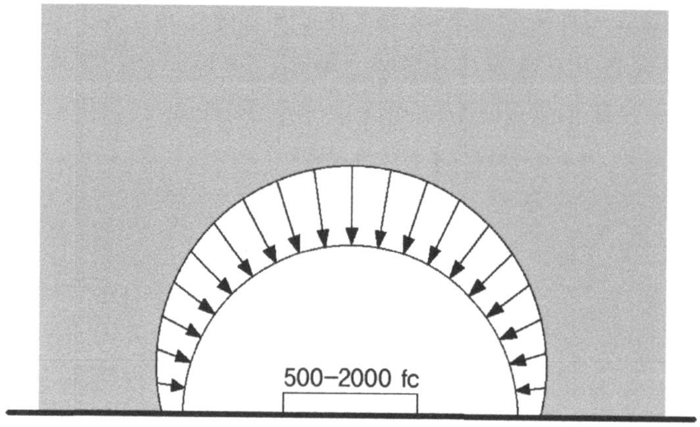

그림 7-5 담천공하의 휘도, 조도

(3) 부분담천공 (Partly Cloudy sky)

부분담천공은 내포하고 있는 무한한 변화 가능성 때문에 이 천공의 휘도를 수학적으로 표현하는 것은 불가능하게 된다. 조도의 경우 구름 모서리로부터 반사된 태양빛이 첨가되기 때문에 부분적으로 구름 낀 하늘로부터의 조도가 청천공으로부터의 조도보다 10~15% 정도 높다는 것에 주목할 필요가 있다. 주광율의 개념이 원래는 운천공의 경우에만 상용이 되었으나 최근에는 청천공과 부분적으로 구름 낀 천공에까지 확대되어지고 있다.

(4) 인공천공

모형실험을 통하여 주광의 영향을 예측하고자 하나 실외 조건의 기후 변동이 심하여 연구의 한계가 있으므로 균일 휘도 또는 CIE휘도분포를 가지는 표준 담천공의 인공 천공을 활용한다.

그림 7-6 인공천공

그림 7-7 인공천공

7.2 자연채광의 계산과 주광율

채광계획(採光計劃)의 광원(光源)이 되는 천공의 휘도는 계절이나 시각, 기상 등에 따라 계속 변동한다. 이에 따라 실내의 빛의 상태도 계속해서 변화하므로, 빛의 량(量)과 그 분포에 관해서 단순히 조도를 설계 기준으로 할 수는 없다.

7.2.1 채광주간(採光晝間)

일출이나 일몰 전후의 태양 고도가 낮을 때는 천공 휘도가 작게 되어 채광의 광원으로서 적당하지 않다. 일반적으로 태양의 고도가 10° 이상인 천공을 채광에 유효하다고 보고, 그 시간대를 채광주간(採光週間)이라 한다.

그림은 북위 35°의 채광주간이다. 실제의 채광 계획에서는 건물의 용도나 사용 시간대, 사용 빈도 등도 합하여 채광을 필요로 하는 시간대(時間帶)를 결정할 필요가 있다.

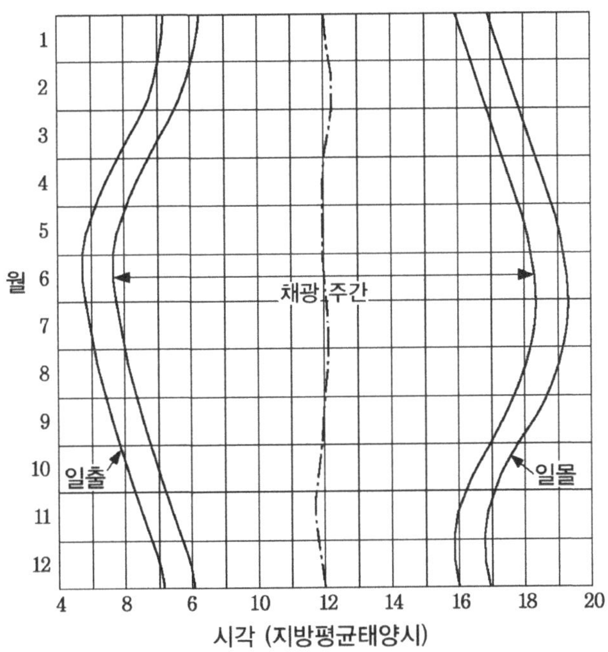

그림 7-8 채광주간(북위 35°)

7.2.2 면광원(面光源)의 입체각 투사율법칙

(1) 기본식

채광창이나 인공조명의 면광원에 균일휘도로서 완전확산성에 따른 직접조도계산은 기본적으로 균일휘도 L[cd/m²], 면적 S[m²]에 있어서 면광원위의 임의의 1점 Q를 포함한 미소면적(微小面積) dS에 따른 수조면(受照面) T위의 점 P의 조도 dE_d는 QP 방향의 감도를 $dI(\theta)$로 하면,

$$dE_d = \frac{dI(\theta)\cos i}{r^2} \tag{7-1}$$

이 된다.

여기서 r, i, θ는 그림 7-9에서 나타낸 것과 같으며, $dI(\theta)$는 휘도로 표현한다면 $dI(\theta) = L \cdot dS \cdot \cos\theta$로 나타낼 수 있으며,

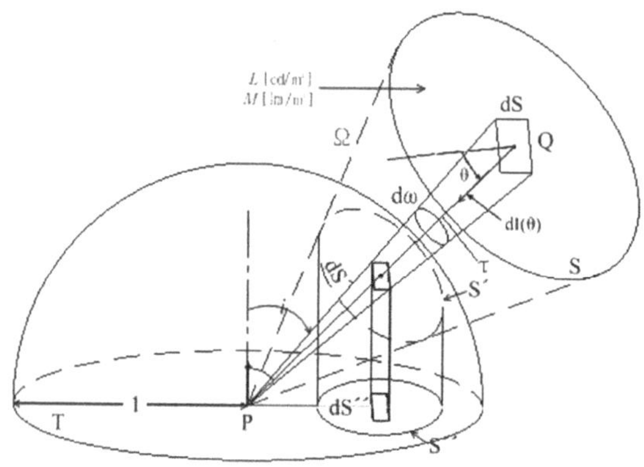

그림 7-9 면광원과 입체투사각의 법칙

따라서 dE_d는

$$dE_d = \frac{L \cdot dS \cdot \cos\theta \cdot \cos i}{r^2} \tag{7-2}$$

면광원 전체에 따른 직접조도 $E_d[lx]$는

$$E_d = L\int_s \frac{\cos\theta \cdot \cos i}{r^2} dS \tag{7-3}$$

그림 7-9에 의해서 P를 정점으로 하여 dS를 포함한 미소입체각 dw는 $dw = \cos\theta \cdot dS/r^2$이므로

$$Ed = L\int_\Omega \cos i \, dw \tag{7-4}$$

Ω는 P점으로부터 S를 포함한 입체각이며, 이 2식이 면광원에 의한 조도계산의 기본식

이다.

면광원은 완전확산성으로서 그 광속발산도 M[ℓm/㎡] 는 $M=\pi L$에 의해서 그 휘도 L [cd/㎡]와 $M=\pi L$의 관계가 있다. 따라서 Ed는 다음 식과 같이 나타낼 수 있다.

$$Ed = M\int_s \frac{\cos\theta \cdot \cos i}{\pi r^2} dS = M\int_{\Omega} \frac{\cos i}{\pi} dw \qquad (7\text{-}5)$$

(2) 입체각 투사율

위 식에 따라서

$$c = \int_s \frac{\cos\theta \cdot \cos i}{\pi r^2} dS = M\int_{\mho} \frac{\cos i}{\pi} dw \qquad (7\text{-}6)$$

로 하면,

$$E_d = \pi L \cdot c = M \cdot c \qquad (7\text{-}7)$$

c는 기하학적 양으로서 면광원의 형태, 크기, 수조점과의 위치관계만으로써 결정된다. 이것은 입체각 투사율(형태계수 : Configuration Factor)이라 부르며, 통상 [%]로 나타낸다.

(3) 입체각 투사의 법칙

그림 7-9에서 수조점 P를 중심으로 하고 T를 밑면으로 하는 반경 1의 반구(半球 이것을 단위구라 부른다)를 만들어 P를 정점으로 하여 광원(面積 S)을 포함한 입체각 Ω에서 단위구를 잘라 S'로 한다. 다음에 S'를 밑면에 수직으로 투사하여 S''(이것을 입체각 투사도라 부른다.)를 그려 그 면적을 구한다. 이 면적 S''의 밑원(盧圓)의 면적 π에 대한 비례를 취하면, 이것은 광원의 투사율 c로 한다. 이것을 입체각투사의 법칙이라 한다.

그림 7-9에서 광원(面積 S)상의 미소면적(微小面積) dS에 대해서 위에서 설명한 바와 같은 조작을 하여 dS', dS''를 만들어 dS와 dS'는 동일입체각 dw를 포함해서

$$dw = \frac{dS \cdot \cos\theta}{r^2} = \frac{dS'}{1^2} \qquad (7\text{-}8)$$

또 $dS'' = dS'\cos i$ 이므로 $dS'' = dS \cdot \cos\theta \cdot \cos i / r^2$ 이 되며, 이것을 원전면적(源全面積) S에서 적분하면,

$$S' = \int_s \frac{\cos\theta \cdot \cos i}{r^2} dS \qquad (7\text{-}9)$$

이 식과 투사율 c의 식 7-6을 비교하면,

$$c = \frac{S''}{\pi} \qquad (7\text{-}10)$$

또는 위의 식 7-7을 대입하면 $Ed = L \cdot S''$ 라는 관계를 얻게 된다. 따라서 입체각 투사의 법칙은 "휘도(輝度) L[cd/m²]의 면광원 S에 의한 P점의 직접조도는 S를 앞에서 설명한 바와 같이 투사된 면적 S''[m²]에 L을 곱한 값이 된다." 하더라도 이 법칙을 사용하는 데는 복잡한 형태를 이뤄 면광원의 투사율을 도원식(圖原式)으로 구할 수 있다.

(4) 장방형 광원의 투사율

채광창과 같이 장방형광원에 의한 투사율을 간단하게 구하기 위해서는 광원면과 수조면(受照面)이 수직인 경우로서 그림 7-10(a)에 나타낸 P점의 투사율 c_v는 $\cos\theta = c/r$, $\cos i = y/r$, $r = \sqrt{x^2+y^2+c^2}$, $dS = dx \cdot dy$로 하면,

$$\begin{aligned} c_v &= \int_0^b \int_0^a \frac{cy}{\pi(x^2+y^2+c^2)^2} dx \cdot dy \\ &= \frac{1}{2\pi}\left(\tan^{-1}\frac{a}{c} - \frac{c}{\sqrt{b^2+c^2}}\tan^{-1}\frac{a}{\sqrt{b^2+c^2}}\right) \end{aligned} \qquad (7\text{-}11)$$

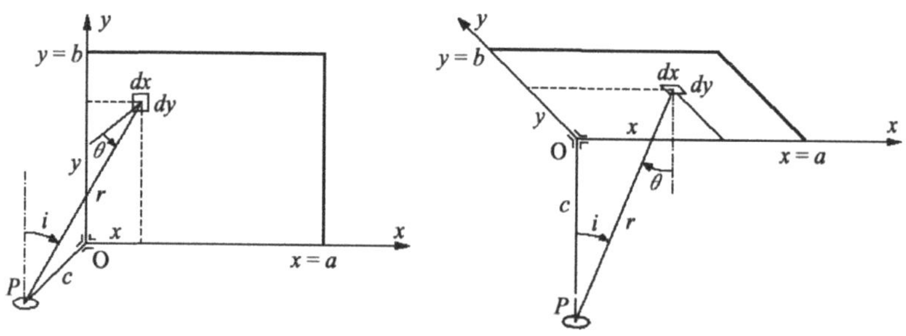

(a) 광원과 수직인 수조면 (b) 광원과 평행한 수조면

그림 7-10 장방형 광원

광원과 수조면(受照面)이 평행인 경우 그림 7-10(b)를 참조하면, 투사율c_p는

$$\begin{aligned} c_p &= \int_0^b \int_0^a \frac{c^2}{\pi(x^2+y^2+c^2)^2} dx \cdot dy \\ &= \frac{1}{2\pi}\left(\frac{a}{\sqrt{a^2+c^2}}\tan^{-1}\frac{b}{\sqrt{a^2+c^2}} + \frac{b}{\sqrt{b^2+c^2}}\tan^{-1}\frac{a}{\sqrt{b^2+c^2}}\right) \end{aligned} \qquad (\text{식}7\text{-}12)$$

로 나타낼 수 있다. 그러나 이와 같은 식에 의하여 계산하는 것이 매우 불편하므로 편리한 방법으로 직접투사율을 읽을 수 있는 그래프를 사용할 수 있다.

그림 7-11(a)와 그림 7-11(b)는 각각 광원면과 수조면(受照面)이 수직인 경우와 광원면과 수조면(受照面)이 수평인 경우에 있어 장방형광원에 따른 투사율을 나타낸 것으로 $a/c = a_0$ 및 $b/c = b_0$를 구하여 $(a_0,\ b_0)$의 좌표값을 읽음으로써 투사율을 쉽게 얻을 수 있다.

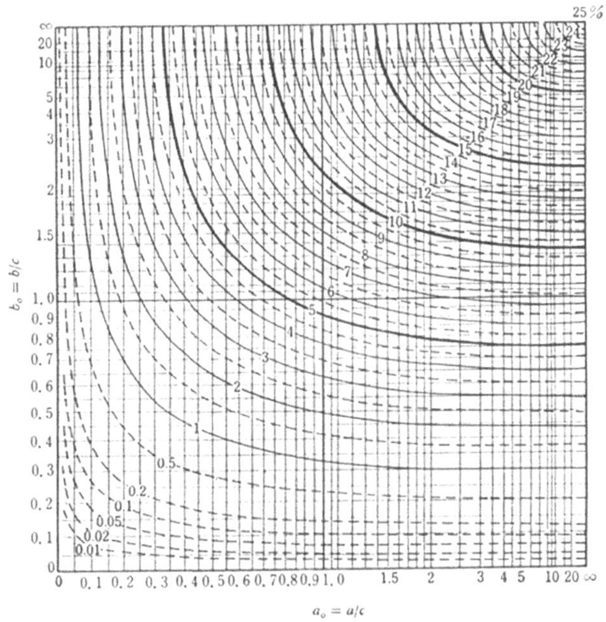

(a) 광원면과 수조면이 수직인 경우

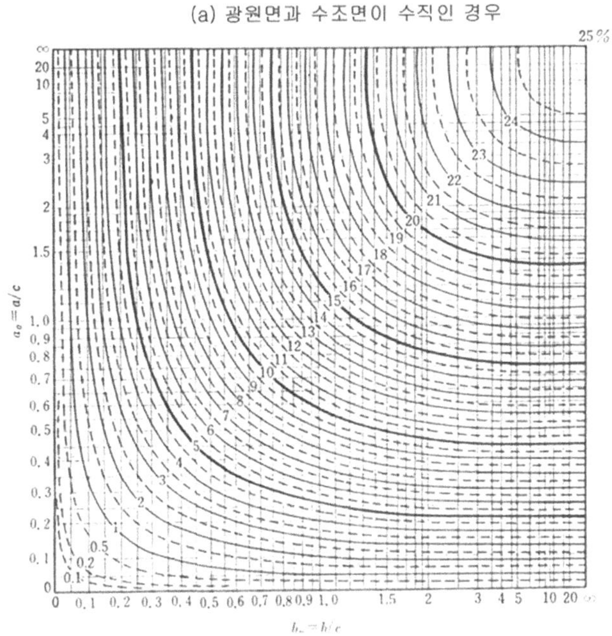

(a) 광원면과 수조면이 수직인 경우

그림 7-13 장방형 광원에 의한 투사율

7.3 주광률의 계산

채광에 의한 실내의 조도는 창의 재료나 구조 이외에 수조점과 창의 기하학적인 관계, 천공의 휘도와 그 분포 등에 의해서 결정된다. 그 중에서 천공의 휘도와 분포는 극히 불안정한 경우가 많으므로 조도에 대신하는 채광 계획의 지표로서 주광률이 정의되어 있다. 즉 옥외의 주광조도는 시시각각 변화하므로 실내의 조도도 이에 따라 변하게 된다.

채광설계에 있어서 이와 같이 변화하는 조도를 실내 밝기의 기준으로 하는 것은 불합리하므로, 이것을 대신하는 것으로 주광률을 사용한다. 주광률 D 는 수조점의 수평면 조도를 E, 그때의 전천공 조도를 E_s라 할 때 다음 식으로 표시된다.

$$D = \frac{E}{E_s} \times 100\% \qquad (7\text{-}13)$$

식 중 E_s의 경우 실용적으로는 실내에서 그다지 멀지 않은 옥상 등 전체 천공이 보이는 위치에서는 천공광에 의한 수평면 조도가 사용되며, 일반적으로 5,000ℓx를 최저 기준값으로 한다. 채광설계에 있어서, 예를 들어 외부조도가 5,000ℓx가 되었을 때, 실내에 100ℓx의 조도가 필요한 경우의 D는 2%이어야 하므로, 이 값을 목표로 창 등의 설계를 행하게 된다. 표에 일반적으로 사용되는 주광률의 기분을 나타낸다.

표 7-1 주광률의 기준(일본건축학회 편 「채광설계」에 의함)

작업 또는 실	기준 주광률[%]	각 경우의 실내 조도[ℓx]			
		밝은 날	보통	어두운 날	매우 어두운 날
장시간의 독서, 제도	3	900	450	150	60
독서, 사무, 일반 교실	2	600	300	100	40
회의실, 응접실, 강당, 병실 일반	1.5	450	225	75	30
단시간의 독서(주간), 미술관, 전시장	1	300	150	50	20
주택의 거실 · 식당, 호텔 로비	0.7	210	105	35	14

주광률은 천공의 상대적인 휘도 분포, 창과 수조점의 기하학적인 관계, 방의 형상, 마감 등에 의해서 결정되며, 천공의 휘도값 그 자체의 영향은 받지 않는다. 따라서 천공의 상대적인 휘도 분포를 결정하면 주광률은 기하학적인 수치로 결정되며, 채광 계산의 지표로 할 수가 있다.

주광률에는 창을 광원으로 하는 직접 조도에 의한 성분과, 실내의 상호 반사 조도에 의한 성분이 있다. 이것을 각각 직접주광률(直接晝光率), 간접주광률(間接晝光率)이라 한다. 직접주광률과 간접주광률을 D_d와 D_r, 직접 조도와 간접 조도를 E_d와 E_r의 비 $\frac{E_r}{E_d}$을 C_r로 하면, 주광률은 다음 식으로 표시할 수가 있다.(주광률(晝光率)의 계산에 관해서는 여러 가지 약산법이 제안되고 있다. CIE에서도 공식 권장하고 있는 채광계산법(DAYLIGHT, CIE Publication No. 16, 1970)이 있으나 여기에서는 「新訂 建築學大係22, 室內環境計劃」에 표시되어 있는 것을 더욱 간략하게 소개하였다.)

$$D = D_d + D_r = \frac{E_d + E_r}{E_s} = \frac{E_d}{E_s} \cdot \left(1 + \frac{E_r}{E_d}\right) = D_d \cdot (1 + C_r) \qquad (7\text{-}14)$$

주광률은 창밖의 장해물이나 창 재료의 투과 성능, 창 구조 등의 영향을 받지만, 이것을 무시한 직접주광률을 D_p, 창의 투과율을 γ, 창 재료의 오염 정도를 나타내는 유지율(維持率)을 M, 확산 또는 투과의 정도를 나타내는 계수를 D_0, 창 면적에 대한 창살면적의 비를 δ, 벽 두께나 창틀 두께에 관한 계수를 F로 하면, 창밖에 장해물이 없는 경우의 주광률은 다음 식으로 표시된다.

$$D = D_d \cdot (1 + C_r) = D_p \cdot \gamma \cdot M \cdot D_0 (1 - \delta) \cdot F(1 + C_r) \qquad (7\text{-}15)$$

7.4 채광방식의 분류

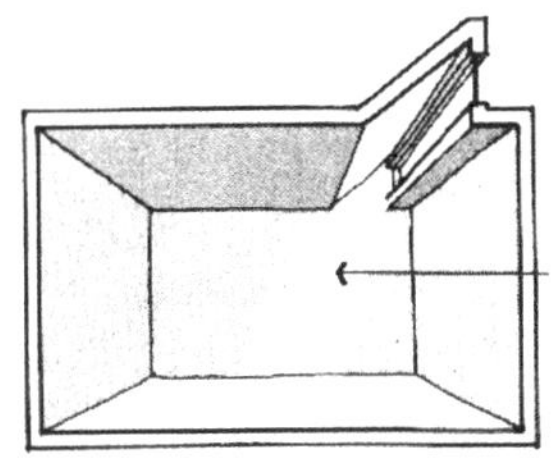

그림 7-14 편측 고창

채광이란 실내에 주간의 자연광을 도입하여 바람직한 빛의 환경을 만드는 것이다. 채광방식은 일반적으로 측창채광, 천창채광, 정측창채광으로 분류된다.

7.4.1 측창채광(side lighting)

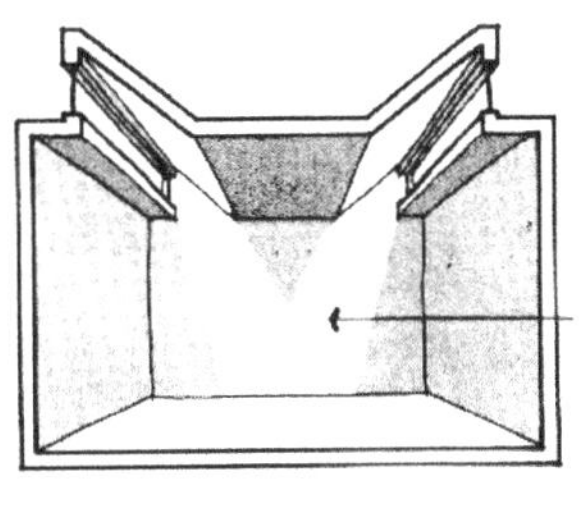

그림 7-15 양측 고창

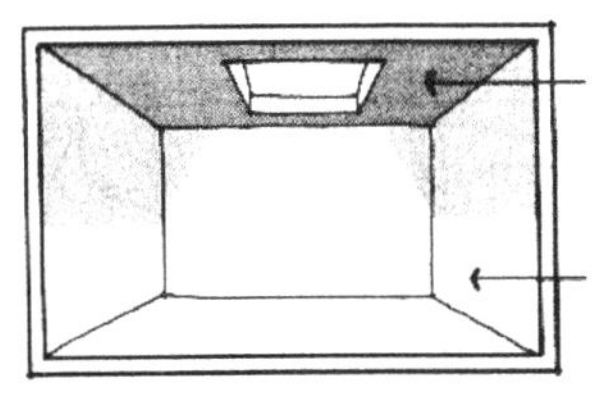

그림 7-16 천창채광

벽면에 대하여 일반적으로 연직인 창에 의한 채광을 측창채광(side lighting)이라 한다. 측창채광 중 벽의 한 면에만 채광하는 것을 편측채광(unilateral lighting)이라 하는데 이것이 가장 많이 쓰이는 방식이다.

일반적으로 편측채광은 방구석의 조도가 부족하며, 조도 분포가 불균형하고, 방구석의 주광선 방향이 저각도로 되는 등의 문제점이 있다. 그러나 편측채광은 건축설계상 무리가 없고, 앞에 설명한 문제점은 인공조명의 병용에 의하여 용이하게 보강할 수 있다. 또 시각적으로 편측채광에서는 수평방향으로 외부를 볼 수 있다는 유리한 점이 있다.

마주보는(대향하는) 두 벽면에서 채광하는 측창채광을 양측채광(bilateral lighting)이라 한다. 양측채광은 채광량적으로 유리하지만 주광선이 두개로 되어 그림자가 나누어짐과 동시에 분위기도 둘로 나누어질 단점이 있다. 같은 2면 채광이라도 모서리를 낀 2면 채광이 문제가 된다. 물론 이론상으로는 3면 채광도 4면 채광도 가능하지만 그와 같은 예는 거의 없다. 같은 측창이라도 높은 위치에 있는 것을 고창이라 하고, 그것에 의한 채광을 고창 채광(highside lighting)이라 한다. 고창은 방구석에 빛을 공급하는 데는 유효하지만 천창이 높은 건축 외에는 만들기 어렵다.

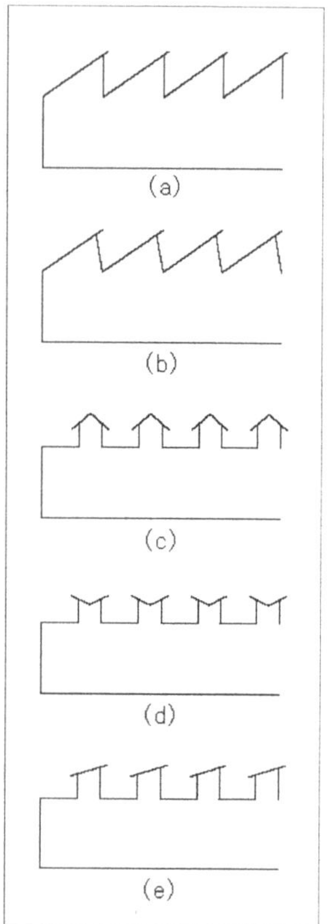

그림 7-17 sawtooth roof lighting과 monitor roof lighting

7.4.2 천창채광(Top lighting)

지붕면에 있는 수평 또는 수평에 가까운 창을 천창이라 하고, 그것에 의한 채광을 천창채광(top lighting)이라 한다. 천창채광에서는 편측채광의 문제점인 방구석의 저조도, 조도분포의 불균형, 방구석의 추광선 방향의 저각도 등은 해소된다. 그 대신 시선방향의 시야가 차단되므로 폐쇄된 분위기가 되기 쉽다. 또한 말할 것도 없이 천창은 평면계획상 하기 어렵고 구조시공, 특히 비처리가 어렵다.

천창 중에서 천창이 있는 방에서 천창하부로 확산재료들 사용하면 밑에서 올려다보았을 때 빛의 우물같이 보이는데 이것을 광정(light well)이라 한다. 광정을 연속적으로 배치하면 겉보기에는 광천정처럼 된다.

천창이 있는 실은 그림 7-18처럼 외부의 빛을 천장 아래로 확산시키기 위하여 확산유리를 사용하여 빛의 우물(광정)형태로 한다.

경사면으로 된 광정(光井)은 천공과 천장 경계 부근의 휘도비를 부드럽게 해주는 천장채광장치이다. 광정의 측면은 반사율이 높은 무광택 재료를 사용한다. 또한 어떤 과열점을 만들어낼 수 있는 광택성 마감 재료는 피한다. 광정을 투과한 주광이 실내에 효과적으로 분포되기 위해서는 광정지수는 0.9보다 작아야 한다. 광정의 개구부는 넓고 길 때 깊이는 좁은 것이 효과적인 형태이다.

광정지수는 L_W는 다음공식으로 구한다.

$$L_W = 0.5H\frac{(W+L)}{(W\times L)} \qquad (7\text{-}16)$$

여기서 L_W : 광정지수(no units)

L : 광정길이(ft)

W : 광정폭 (ft)

H : 광정깊이(ft)

이중 아크릴로 된 돔형 천장은 공기 중에서 빛을 확산시키고 열을 방지하기 위하여 반투명체의 유리섬유 단열재를 사용할 수 있다. 그러나 이러한 조명 천창 요소는 실내를 어둡게 지각시키는 점이 있으므로 유의해야 한다.

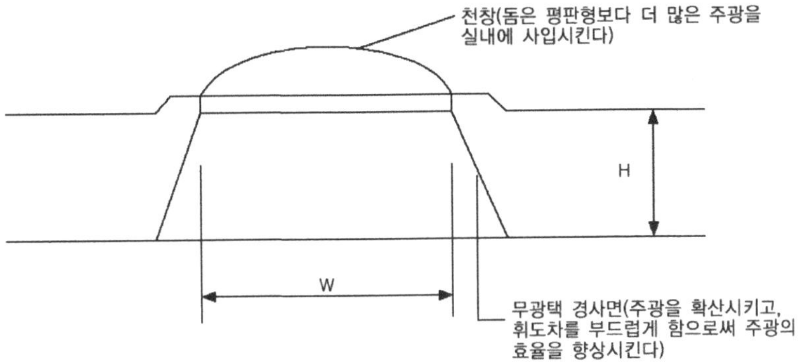

그림 7-18 피라미드형 광천정

7.4.3 정측창채광(top side lighting)

지붕면에 있는 수직 또는 수직에 가까운 창에 의한 채광을 정측창채광(top side lighting)이라 한다. 정측창과 천장의 차이는 창이 수직이냐 수평이냐의 차이뿐이다. 측창을 실내 아래쪽에서 올려다보면, 수직인 창 배치를 바라볼 수 있는 것이 보통이다. 그림 7-16(a)~(b)는 미술관에 있어서 정측창채광의 4가지 예이다. 그림이 걸려 있는 벽면의 광량을 수평면의 것보다 크게 하기 위해서는 정측창이 천창보다 더 유효하다. 그림 7-16(e)도 청측창채광이지만 이 형은 clerestory lighting이라고 한다. 다음에는 큰 면적의 공장에서 사용되는 대표적인 정측창채광이 2가지 있는데 sawtooth roof lighting과 monitor roof lighting 이 바로 그것이다.

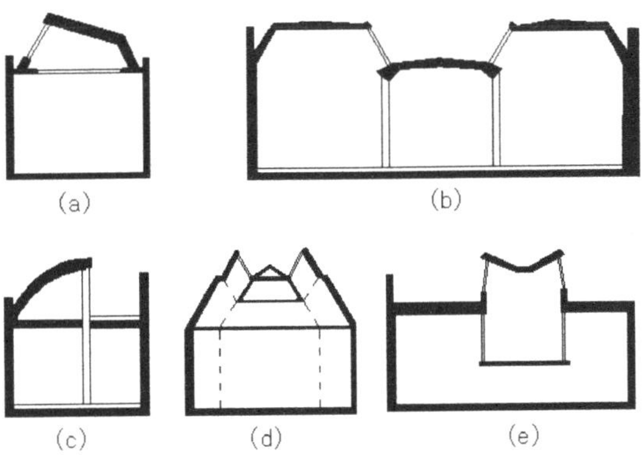

그림 7-19 미술관의 정측창

그림 7-17(a)~(b)는 sawtooth roof lighting의 예로서 창면을 북향으로 하면 직사일광의 열이나 글레어를 막기 쉽다. (c)~(e)는 monitor roof lighting의 예이다. (e)는 창을 북향으로 하면 (a)에 가까워질 것이다. 클리어스토리 개구부나 혹은 일련의 톱니지붕과 같

이 생긴 개구부는 실내의 넓은 공간에 빛을 입사시킬 수 있다. 남향 클레어스토리는 겨울에는 실내에 빛을 입사시키고, 여름에는 빛을 입사시키지 않도록 디자인할 수 있다. 클레어스토리 개구부 높이 H_C는 적어도 창개구부 높이 H_w의 1/2 이상 되어야 한다. 실내를 균일하게 채광하기 위한 클레어스토리 개구부에서는 실내부측의 벽까지는 바닥에서 클레어스토리까지는 높이 H_t를 2배 이상 초과해서는 안 된다.

7.4.4 설비형 자연채광 방식

(1) 개요

고도성장 시대에 건설된 건축물은 대부분 경제성을 위주로 설계되어 왔다. 그러나 현재는 인간성의 회복과 생활환경을 자연과 조화를 시키려는 움직임이 전개되고 있다. 이러한 상황을 배경으로 자연광에 의해서 얻을 수 있는 쾌적성이나 정신적 안정감이 중요시됨으로써 자연채광의 중요성은 더욱 크게 인식되고 있다.

현재 도심부에 건설되는 오피스, 호텔 및 고층아파트 때문에 주변 환경은 자연 채광이나 통풍 면에서 여러 가지 제약을 받고 있다. 이러한 제약을 기존의 자연채광수법으로는 해결하기 어렵기 때문에 설비를 이용한 자연채광 시스템에 대해서 관심이 높아지고, 실제 도입에도 증가하고 있다.

즉, 도시가 고층화, 과밀화 되면서 일상생활 춤 자연의 태양광을 접근하려는데 인간의 요구가 점점 더 증가하고 있다. 이러한 시대적 요구에 따라 실제로 일본, 홍콩 및 구미에서는 단독주택, 맨션, 오피스 등 자연광이 필요한 공간이지만 건축적인 채광 수법으로 실내에 자연광을 유입할 수 없는 곳에 여러 가지 하드웨어를 사용함으로써 필요한 자연채광을 실시하고 있다. 이러한 자연채광 방식을 편의상 「설비형 자연채광 방식」으로 부르기로 한다.

(2) 종류와 적용 방법

설비형 자연채광 방식으로 조성된 공간은 인공조명으로 조성된 공간보다 더 쾌적하고 건강한 환경을 창조하며 건물 내에 태양광을 도입하는 방식은 태양광이 요구되는 장소에 따라 크게 3가지로 분류할 수 있다.

① 건물의 일영부에 태양광을 도입하는 방법

건물주변에 고층건물이 있어 채광하고자 하는 건물에 일영이 생길 경우에 일조를 확보하는 방법으로서 인공적인 방법으로 자연채광을 보완하는 것이다. 여기에는 태양광 자동추미방식과 자연광수동추미 방식이었다.

② 건물의 중정이나 아트리움에 태양광을 도입하는 방법

태양이 들지 않는 중정이나 아트리움에 나무를 심고, 커뮤니티 스페이스로서 쾌적한 장소를 제공함과 동시에 빌딩의 이미지를 연출한다. 여기에는 태양광 자동추미 방식, 블록거울(block mirror)방식 및 건축화 덕트 방식이 있다.

③ 건물의 내부나 지하실에 태양광을 도입하는 방법

자연광이 유입되지 않는 장소에 태양광을 도입하여 활기 있는 공간을 제공한다. 여기에는 톱라이트 방식, 광선반 방식, 광덕트 방식 광 화이버(fibre)식이 있다.

표 7-2 설비형 자연채광 방식의 종류

채광장소	채광방식	해설	그림
건물의 일영부	태양광 자동추미 방식	태양의 위치에 맞추어 반사 거울을 제어하여 태양직사광을 도입하는 방식. 태양광을 일정한 장소에 조사할 수 있고, 고층건축물에 사용 가능	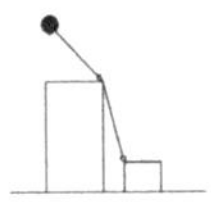
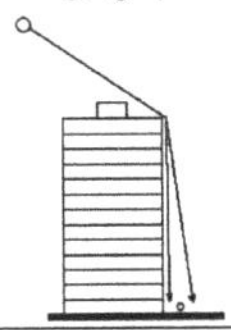	태양광 수동추미 방식	건물의 각도를 수동으로 제어하여 태양직사광을 도입하는 방식. 2-3시간 정도의 일조시간을 얻을 수 있는 간이타입으로 코스트적으로 유리	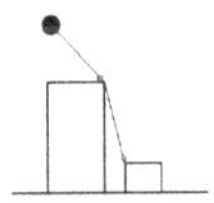
중정, 아트리움	태양광 자동추미 방식	태양의 위치에 맞추어 반사 거울을 제어하여 태양직사광을 도입하는 방식. 태양광을 일정한 장소에 조사할 수 있고, 고층건축물에 사용 가능	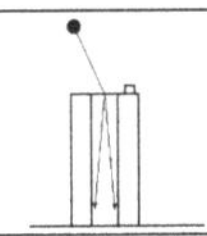
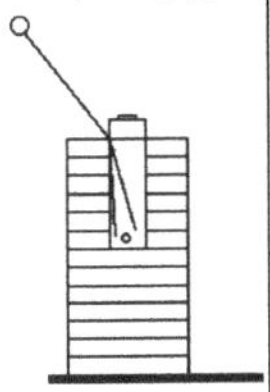	블록거울 방식	건물 상부의 정해진 각도에 배치된 거울을 이용하여 태양직사광을 내벽에서 산란시키면서 도입하는 방식. 건물이 중층인 경우 유리하고 내부 전체가 밝아진다.	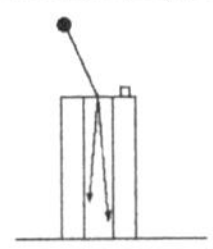
	건축화 덕트 방식	건물의 내벽에 고반사체를 붙이고, 천공광을 상호 반사에 의해 받아들이는 방식. 건물 내부 전체가 밝아지고 익사이팅한 빛을 얻을 수 있다.	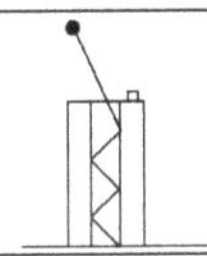
건물의 내부	톱라이트 방식	지붕에 설치한 돔으로 천공관을 내장재의 반사에 의해서 실내로 받아들이는 방식. 코스트가 저렴하여 이용하기 쉽다.	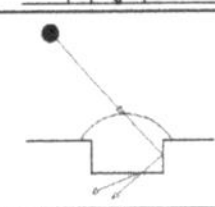
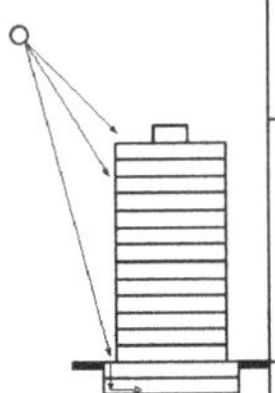	덕트 방식	채광구로부터 입사하는 천공광을 고반사 거울로 구성된 도광 덕트에 의해 빛을 실내로 도입하는 방식. 효율이 높고 자연광에 가까운 빛을 얻을 수 있다.	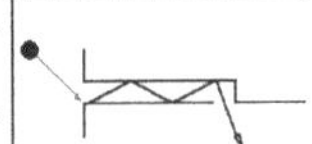
	광화이버 방식	태양 위치에 맞추어 최적각도로 제어된 렌즈로 태양직사광을 집광하고 광화이버에 의해 건물 내부로 도입하는 방식. 도광로를 임의로 굴절시킬 수 있다.	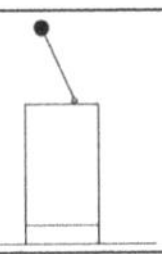
	광선반	광선반은 측창의 외부나 내부에 알루미늄이나 은도금금속과 같은 반사율이 높은 재질을 사용하며 외부의 주광을 측창을 통하여 실내에 유입시킬 수 있다.	

(3) 태양광 자동 추미 방식

태양광 차동추미방식은 마이크로프로세서를 이용하여 태양광을 자동적으로 추미하는 방식이다. 이것은 건물의 옥상에 자동추미구동장치(반사거울)를 설치하여, 거울의 반사광을 흡수부를 통해서 벽면 빛 지상의 소정위치에 조사하는 방식이다. 이 장치는 제어장치가 자동추미 구동장치에 구성되어 있고, 태양 위치의 변화(태양 고도각, 태양 방위각)

를 시각 파라미터로서 연산제어부에 의해 산출되고, 건물의 조사 위치에 맞추어 반사거울의 고도, 방위각을 결정한다. 이 각도를 전기량으로 변환하여 구동장치에 전달함으로써 반사거울을 회전 제어한다. 설치 장소의 위도, 경도, 시각, 조사방향을 입력하면 자동적으로 추미동작이 일어난다.

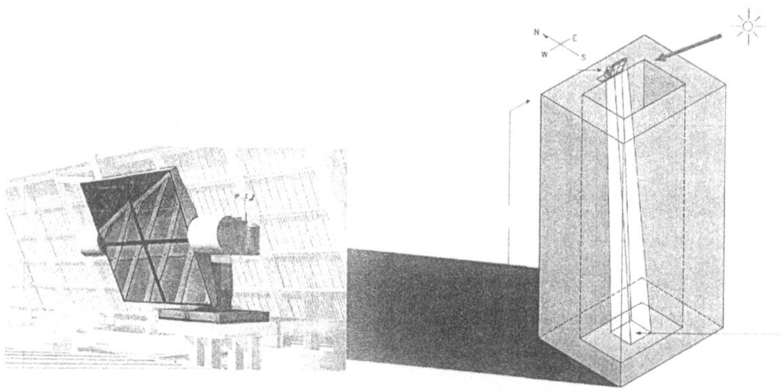

그림 7-32 태양광 자동 추적 장치

이 시스템은 반사거울을 자동적으로 고정시키기 위한 고도축, 방위축 고정부, 풍속계 및 리모트 발신기와 신호를 교환하는 안테나부로 구성되어 있다. 제어장치는 태양 위치의 변화에 따라 반사거울의 각도를 산출하는 연산 제어부, 현재의 태양 위치, 풍속 및 시각 등을 표시하는 표시부, 각종 조건을 입력하고 수동으로 조작하기 위한 조작부, 고도각 구동모터를 구동 제어하기 위한 모터 드라이버부가 있다. 이 장치의 동작 모드는 조건설정모드, 자동추미모드 및 매뉴얼 동작모드 등 크게 3개의 모드로 구성된다. 이 장치의 추미원리와 동작모델은 다음과 같다.

① 현재의 년 월 일, 시각, 설치 장소의 위도, 경도 및 태양 위치(태양 고도각, 태양 방위각)을 산출한다. 여기서 태양 방위는 다음 식으로 구한다.

$$\sin S\alpha = \sin\phi \cdot \sin\delta + \cos\alpha\phi \cdot \cos\alpha\delta \cdot \cos t$$
$$\sin S\beta = \cos\delta \cdot \sin t \cdot \sin S\alpha \qquad \text{(식 7-17)}$$

여기서, $S\alpha$: 태양 고도각(度)
$S\beta$: 태양 방위각(度)
ϕ : 설치 장소의 위도(度)
δ : 태양적위(度)
t : 시각(度)(진태양시)

을 각도로 표시한 양으로서 1일을 360°에 대응시켜 정오를 0°, 오전 6시를 -90°, 오후 6시를 +90°로 한다.

② 반사거울의 각도(거울의 고도각, 방위각)를 산출한다(태양입사각과 그 반사광은 거울과의 법선방향과 축대칭인 것으로 산출).

③ ②에서 산출한 반사거울의 각도를 전기량으로 변환하고, 반사거울을 구동제어한다.

④ ①, ②를 시시각각 되풀이하여 소정의 위치에 태양광을 조사한다.

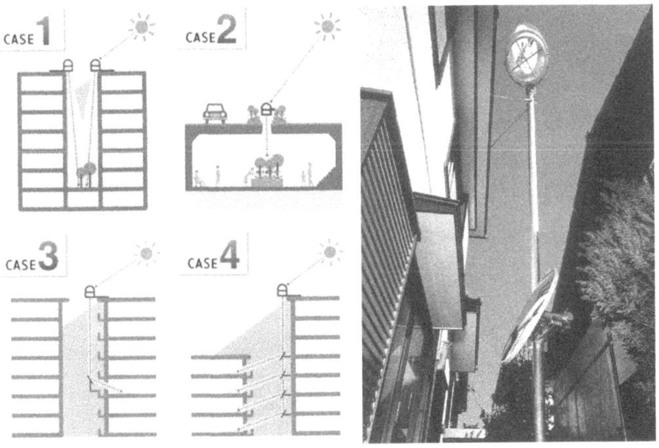

그림 7-33 자동추미원리에 의한 태양광 반사장치(1)

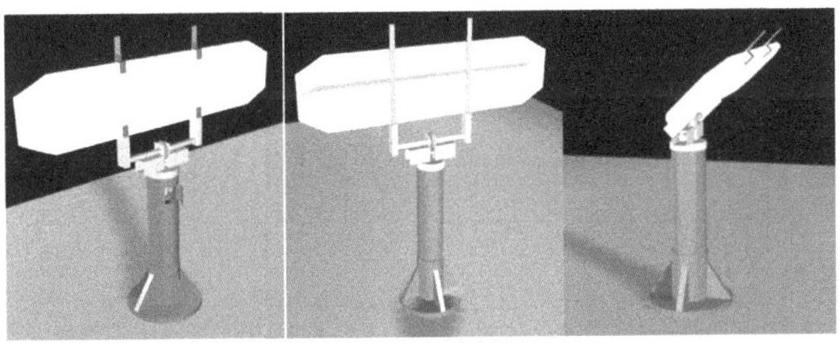

그림 7-34 자동추미원리에 의한 태양광 반사장치(2)

그림 7-35 자동추미원리에 의한 태양광 반사장치(3)

(4) 태양광 수동 추미 방식

이 방식은 태양광의 위치 변화를 미리 컴퓨터로 계산하고, 최적반사각도에 적합하도록 반사거울을 설정함으로써 반사광을 건물의 일영부와 중정 등 소정의 위치에 조사하는 방식이다. 이 방식은 조작반과 수동추미 구동장치(반사거울)로 구성된다. 설치 장소의 위도, 경도, 시각, 조사방향에 미리 맞추어 설정되어 있는 각도로 2~3개월에 한 번씩 원격 조작으로 반사거울을 변화시킨다. 건물 높이가 20m 이내일 때 주로 사용하며, 유효하게 조사할 수 있는 시간은 약 3시간이다.

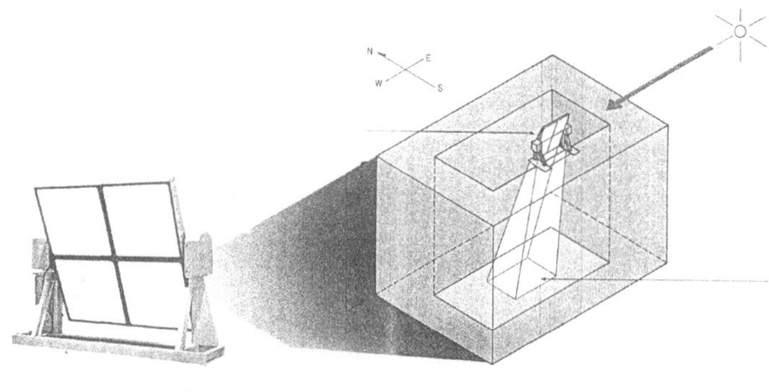

그림 7-34 태양광 수동 추적 장치

① 시스템의 구성

태양위치의 변화(태양 고도각, 태양 방위각)를 시각의 파라미터로 해서 컴퓨터를 산출하고, 건물의 조사 위치를 고정시킨다. 반사거울의 각도는 1개월마다 계산하지만, 그 차이가 5° 이내일 경우는 평균값을 취한다. 보통은 반사거울의 고도각만을 움직이는 일축 구동방식을 채용한다.

수동추미구동장치는 반사거울, 반사거울을 구동하는 고도각 구동부, 회전위치를 검출하는 센서부, 일정한 각도로 반사거울을 고정시키는 고도축 고정부로 구성된다. 조작반은 미리 설정된 각도로 반사를 자동적으로 회전하고, 고정하기 위한 제어부(시컨서 이용)와 수동운전을 하기 위한 작업부로 구성된다.

② 수동추미 방식에서 얻을 수 있는 조도와 빛의 에너지

조도와 빛의 에너지의 분포는 앞의 자동추미방식과 같지만, 시간에 따른 태양 위치 변화에 맞추어 조사 위치가 이동한다. 조사 범위는 주변 환경에 따라 설정하며, 유효 채광 시간은 약 3시간이다.

③ 효과와 제원

이 장치는 건물에 일영이 생겨 일조를 얻을 수 없는 장소나 실내의 식재에 태양광을 도입하는 것으로 하루 3시간씩 약 6,000ℓx를 조사한다. 3개월에 한 번씩, 원격조작으로 반사거울의 각도를 바꾼다.

(5) 광덕트 방식

채광덕트는 외부의 주광을 덕트를 통해 실내로 유입하는 장치이고 태양광을 직접 도입하기 보다는 천공산란광 즉, 낮 기간 중 외부조도를 유리면과 같이 반사율이 매우 높은 덕트 내면으로 도입시켜 덕트 내의 반사를 반복시켜가면서 실내에 채광을 도입하는 방법이다. 채광덕트의 구성은 채광부, 전송부, 방광부로 구성되어 있고 설치방법에 따라 수평채광덕트와 수직채광덕트로 구분한다.

① 수직형 덕트방식

이 방식은 건물의 지붕, 옥상 등의 채광돔에서 채광으로 도광덕트에 의해 수직으로 필요한 실에 도입시키는 것이다. 덕트는 최장 10m까지 연결할 수 있고, 2층 주택의 1층 실내부터 5층 건물의 1층까지 채광이 가능하다. 이 방식으로 일상생활에 영향을 받지 않는 수준의 안정된 조도를 얻을 수 있다.

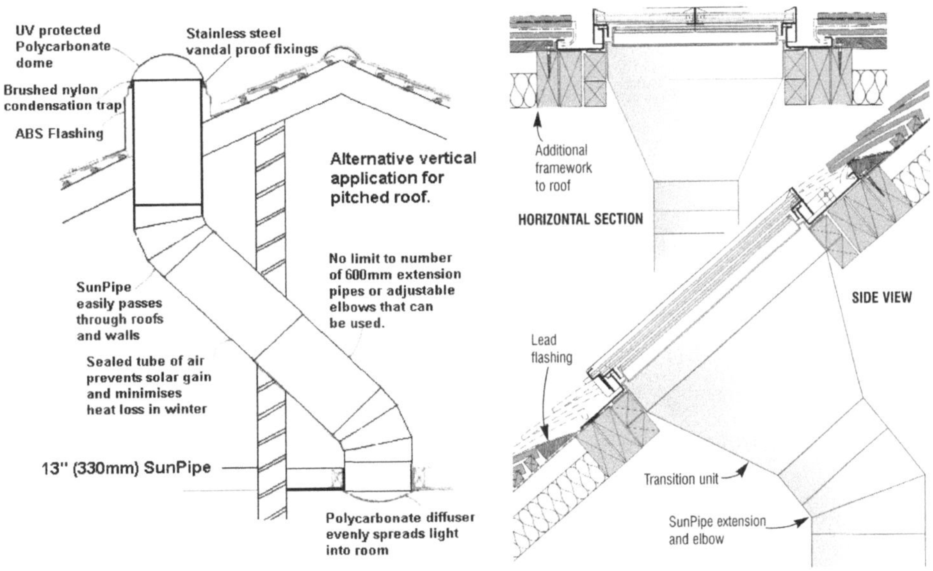

그림 7-35 수직형 덕트방식

② 수평형 덕트 방식

이 방식은 건물 측벽의 채광벽에서 채광하여 수평으로 실내에 입사시키는 방식이다. 실내는 최장 10m까지 연결할 수 있고, 맨션 등의 무창실을 채광하는데 이용된다. 설치위치와 방향에 따라 조도가 변화한다.

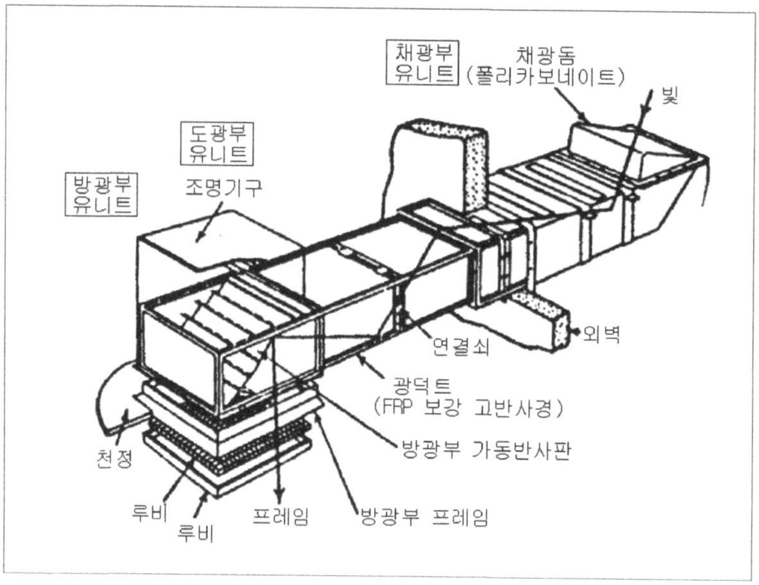

그림 7-36 수평형 덕트 방식

③ 수직·수평 병용형 덕트 방식

수직 도광 덕트와 수평 도광 덕트를 조합한 방식이다. 건물 구조에 따라 다양하게 응용할 수 있으며 지하실의 채광 등에도 이용된다.

(6) 광선반 방식

빛선반은 측창의 외부나 내부에 알루미늄이나 은도금금속과 같은 반사율이 높은 재질을 사용하며 외부의 주광을 측창을 통하여 실내에 유입시켜서 실내 시환경을 향상시키고 인공조명으로 사용되는 에너지를 절감하는 장치이다.

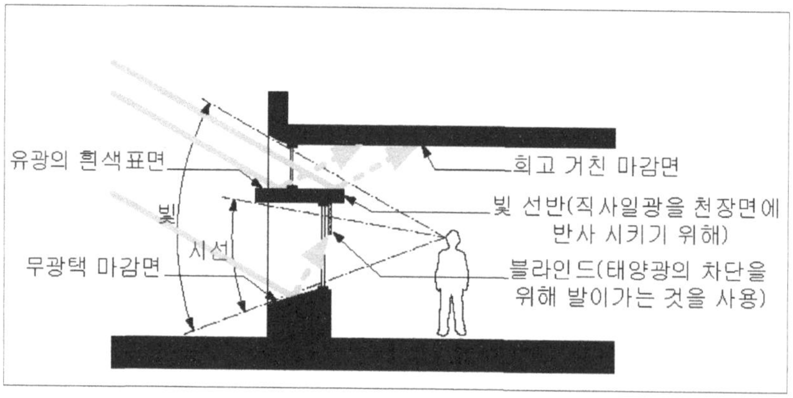

그림 7-37 광선반의 원리

그림 7-38 천공상태에 따른 광선반의 효과

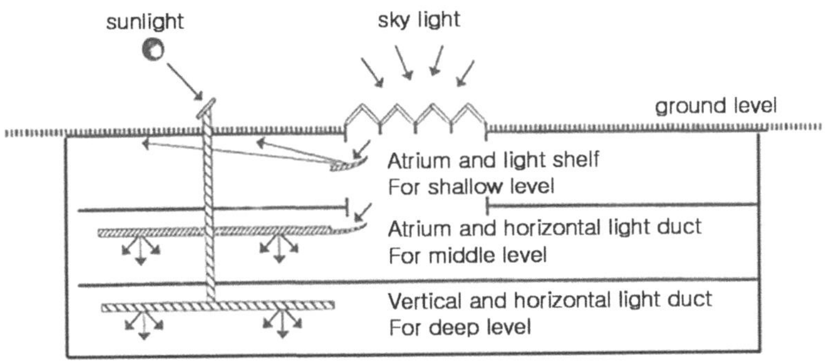

그림 7-39 지하 공간에 있어 광선반과 광덕트의 응용

(7) 광화이버 방식

광화이버란 태양의 위치변화(태양고도각, 태양방위각)를 시각 파라미터로 하여 연산 제어부로 산출하여 추미함으로써 태양광을 콜렉터로 집광하여 광화이버 케이블로 도광하는 장치를 말한다. 콜렉터는 광학적 다층막 형성기술을 응용한 반사 집중방식으로 태양광 에너지 중에서 가시광(380~780㎚)만 뽑아내고, 자외선과 적외선은 제거하고 있다. 광화이버 케이블은 플리마쿠라 화이버를 사용하고 40m를 도광할 경우 총 효율은 12%이다.

제어부는 집광장치 안에 내장해 두고, 광화이버 케이블은 건물 내의 샤프트에 케이블

루크를 부설하여 인슐록으로 묶어 배선한다. 집광장치는 아크릴제의 돔으로 커버시키고 구동부와 일체로 콜렉터가 배치된다.

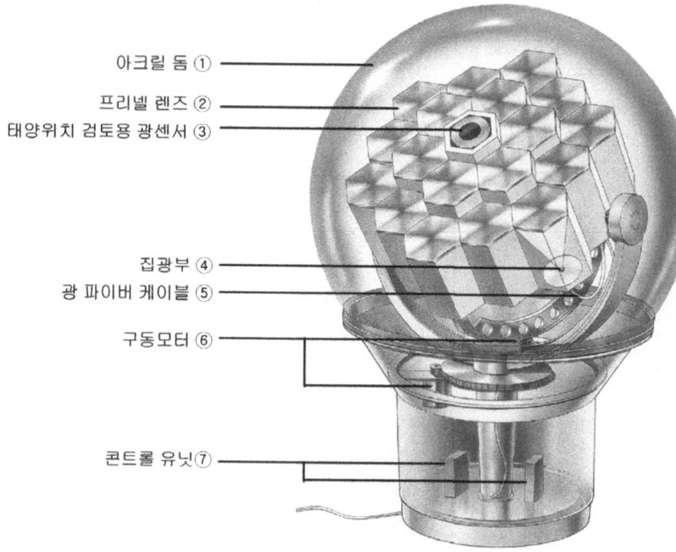

그림 7-40 광화이버의 구조

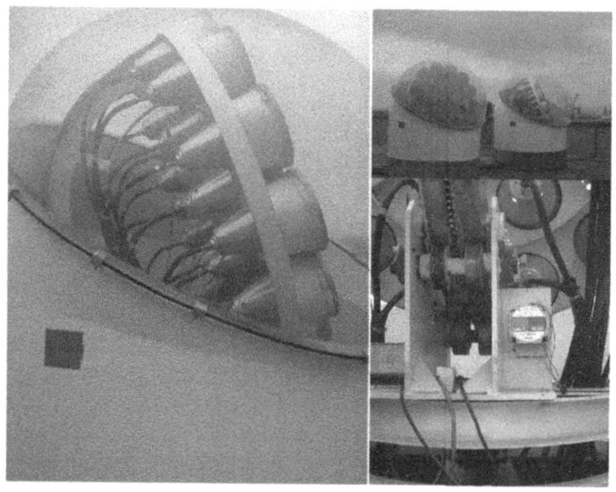

그림 7-41 화이버를 이용한 선 트래킹 시스템

(8) 선 스쿠프(sun scop)를 이용한 자연채광

홍콩 상하이 은행 본점의 신축 계획에서 중요한 목적의 하나는 지상층에 있는 플라자에 가능한 매력적인 환경을 조성하는 일이었다. 이를 위하여 바람의 난류를 막는 방법을 연구하기 위해 상세한 풍동 실험을 실시하였으며, 또한 은행 홀의 트인 곳을 거쳐서 플라자에 이르는 건물 중심 부분에 햇빛을 입사시키는 계획을 고안하였다. 이것은 이 건물의 가장 독특한 특징의 하나로 되어 있는 장치, 즉 선 스쿠프 시스템으로서 반사거울을 설치하는 것이었다. 하나의 선 스쿠프는 내부의 아트리움 꼭대기에 설치하고, 또 다른 하나는 이와 평행하게 건물 남쪽 바깥에 설치되어 있다.

그림 7-42 홍콩 상하이 뱅크의 선 스쿠프(sun scope)

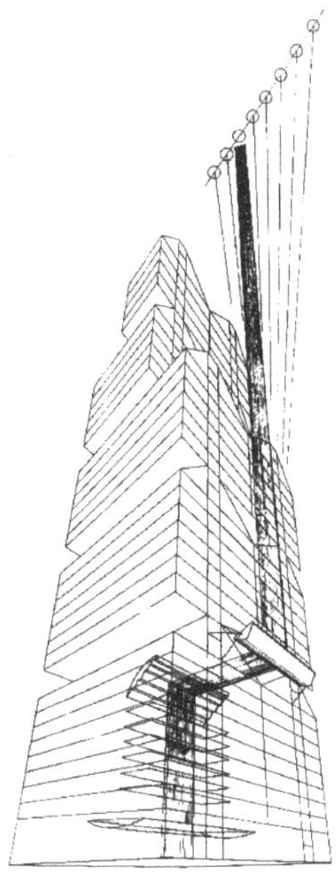

그림 7-43 선 스쿠프에 의한 자연광의 실내 유입

건물 외부의 선스쿠프는 1년 내내 태양을 추적하여 2층 높이를 지닌 11층에서 일하는 사람들의 머리 위를 아무 지장 없이 통과하여 건물 내부열로 향하여 햇빛을 반사하고 있다. 내부의 거울은 아트리움 윗부분 전체에 걸쳐 만곡한 스크린을 형성하여 트인 곳을 거쳐서 유리 소피트(glass soffit)를 투과하여, 플라자 바닥까지 자연광을 비친다.

제 8 장 인공조명 계획

8.1 인공조명의 개념

8.1.1 인공조명의 설계 목표

태고시대부터 인류는 태양광의 혜택으로 생활을 유지하여 왔으나 태양광만으로는 현대와 같은 문명의 발전이나 생활의 향상이 있을 수가 없었다. 자연광과 더불어 기름, 초, 가스 등 여러 가지 수단에 의하여 인공광이 차례차례 이용되어 온 역사에 대하여는 여기서 생략하고, 이것들은 인간의 절실한 요구에 대한 인류의 지혜와 노력이 쌓인 성과라 할 수 있다. 그러나 이러한 수단으로 얻어지는 빛은 극히 빈약한 것이었다.

전기에 의한 인공조명시대는 1879년 에디슨이 탄소 필라멘트 백열전구를 발명함으로써 시작되었다. 이것은 그때까지 빈약한 인공조명을 비약시키는 계기가 되어 새로운 조명시대를 맞이하게 되었다. 그 후 오늘날까지 약 100년 사이에 많은 기술 혁신에 의하여 사회가 눈부시게 발전하였으며, 여기서는 조명의 발달도 크게 공헌하였다고 본다. 이 100여년 사이에 진전된 조명의 발달은 다른 과학기술과 같이 가속도적이었다. 우리 모두 잘 알듯이 광원이 발달되어 실용화되는 한편, 조명 이론이나 응용 기술에 관한 연구도 활발히 진행되어 조명 수준은 점차 향상되어 왔다.

우리나라의 근대 조명 역사는 기껏해야 반세기에 걸친 짧은 기간이다. 이렇게 볼 때 조명은 아직 젊은 기술이며 이제부터 깊고 넓게 발전하는 과정에 있다고 할 수 있다. 오늘날 가정에서는 전자계산기나 자동기계, 도시에는 고층빌딩, 지하도, 교통면에서는 새로운 자동차, 제트여객기 등 신문명의 산물이 많은 곳에서 볼 수 있으며 사회는 눈부시게 발전하고 있다. 동시에 물질문명이 진보하는 반면, 인간성의 회복도 그 필요성이 강조되어 왔다.

조명의 공헌은 모든 인간, 모든 장소에 대하여 발휘되는 것이라는 점에서 인간을 위한 기술로써 조명은 보다 중요시되어야 할 것이다. 조명기술적 측면에서 볼 때 초기 단계에는 시작업을 대상으로 하는 명시조도(좁은 의미)가 위주였으나 점차 인간을 중심으로 하는 쾌적조명이 발전하고 있으며, 명시조명과 쾌적조명을 통합시키는 설계 기술이 주요한 설계 목표가 되고 있다.

8.1.2 기준 조도의 변천

일반적으로 조명의 양을 나타내는 데는 조도를 사용하고 있지만, 그러나 반드시 조도여야 한다는 이유는 없다. 인공광원일 경우 창면 휘도를 취급할 수도 있다. 그러나 조명되어야 할 물체를 상정해서 그 곳의 조도를 생각하는 것이 누구라도 알기 쉽다. 모든 물체의 표면에는 물리적 특성이 있으므로 표면 특성에 따라 값이 변하는 휘도를 사용하는 데는 어려움이 많다. 따라서 조도가 가장 단순해서 실내 공간의 조명 기준으로 사용하기가 쉽다.

인공조명의 역사는 보통 룩스를 높이는 역사라고 한다. 인공광원이 옛날에는 공기 중에서 목재, 어유, 식물성유 등의 연소에서 시작되어 근세에 이르러 석유램프가 나타나고, 19세기의 초반부터 가스등이 나왔다. 가스등 다음으로 19세기 이후는 탄소아크등, 탄소선 진공전구 등의 전등조명 시대가 나타났다. 20세기 초에는 텅스텐 전구가 발명되어 백열전구가 매우 발달되었고, 1930년대에는 자외선 방사를 가시광선으로 변하게 하는 형광램프가 발명되었다. 그 이후부터 오늘날까지는 방전등이 계속 개발되고 있다.

이와 같은 인공광원 발달의 주된 목적이 조도를 증대시키는데 있다는 것은 이미 알려진 사실이다. 그림 8-1은 각국의 사무실 기준조도의 변천을 나타낸 것이다. 이 그림을 보면 10년마다 기준 조도가 2배로 되는 점을 점선으로 나타냈는데, 20세기 초반부터 기준 조도는 이러한 추세로 증가하고 있다. 물론 기준 조도의 증가는 광원의 발달 없이는 불가능하였다.

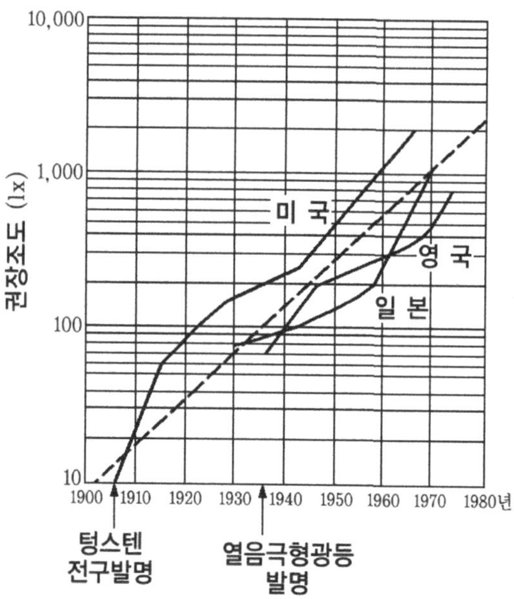

그림 8-1 사무실 기준 조도의 변화

적당한 조도에는 시력뿐만 아니라 시작업성적, 눈의 피로, 쾌적성 등도 조도결정의 요인임으로 이러한 것을 다룬 실험도 많다. 그러나 재미있게도 옛날 실험에서는 현재의 기준에서 보면 저조도를 좋다고 한 것이 많다.

1940년의 일본 조명학회의 명시론에 따르면, 야간에 독서를 할 때 매우 피로가 적은 조도를 160lux라고 나타나 있다.

그 이유는 옛날 실험에는 실험실에서 고조도를 만드는 것 자체가 곤란하고, 무리하게 고조도를 만들면 글레어가 현저하게 증가할 뿐만 아니라 인간은 그 시대의 생활환경에 넓은 의미로는 순응하였기 때문에 환경과 떨어진 고조도를 좋다고 생각하지 않는 경향도 있었을 것이다.

그런 의미에서 엄밀한 실험을 기초로 하여 현대에 나타난 적정 조도는 그것이 인간의 눈에 최적하다고 보증할 수는 없다. 그것은 어디까지나 현대의 생활환경과의 균형에서 결정된 것이다. 이것은 환경을 강하게 지배하는 경제력과 큰 관계가 있음을 알 수 있다. 기준 조도가 과거에는 영국이 높았지만 최근에는 일본이 더 높은 점을 보면 조도 레벨은 각국의 경제력과도 깊은 관계가 있다고 이해할 수 있다.

조도 기준의 높은 점을 볼 때 경제적인 조명이라면 조명(주로 조도)을 향상시킴으로써 인간이 얻는 이익과 조명에 관한 비용(설비비+운전비) 사이가 균형이 되어야 한다. 다만 공장이나 오피스 등에서는 이익을 쉽게 계산할 수 있지만 주택 등에서는 계산하기가 어렵다. 경제가 발전하면 상대적으로 조명비는 저렴하게 되므로 무엇보다도 조명은 향상된다. 한편 1970년대에 들어서 2차에 걸친 에너지 위기 이후 에너지 절약과, 조명에 관한 소비전력의 절약 필요성에 따라 최근에는 일직선으로 증가되어온 조도 레벨에 새로운 문제를 안겨 주었다.

이에 따라 일본의 경우 조도 기준인 1975년에 개정된 JIS에서도 조도 레벨의 증가를 보류하고 있다. 이렇게 하여 조명에도 룩스를 높이는 역사는 에너지 부족이라는 사실에 의해 정체 또는 저하시키는 결과를 나타내었다. 그러나 조도 레벨의 저하나 단순한 소등은 그 동안의 조명연구 결과를 무시하는 것으로써 근시의 증가, 작업능률의 저하, 근로의욕의 감퇴, 인사사고의 증가 등을 야기함으로 매우 신중하게 취급되어야 한다고 국제조명공학회는 권고하고 있다.

8.2 조명 기구와 배광(Luminaries & Light Distribution)

조명 기구는 조명시스템 중에서 실제적인 조명 효과와 가장 직접적으로 관련된 기기로 한국산업규격에 의하면 "주로 광원의 배광 및 광색을 변환하는 기능을 지니고, 이들 광원을 고정하고 보호하며 전원을 접속하기 위해서 필요한 모든 것을 갖춘 기구 및 점등에 필요한 부속장치를 포함한다(KS C 8008 조명용어)"라고 정의하고 있다.

또한, 배광은 광원의 각 방향에 대한 광도 분포를 말하며 조명 기구의 가장 중요한 요소이다. 광원의 중심을 통과하는 평면위의 광도 분포를 표시하는 극좌표곡선을 배광곡선(light distribution curve)라 하며 수직면위의 각 방향 광도분포를 표시하는 수직배광곡선과 수평면위의 각 방향 광도 분포를 표시하는 수평배광곡선이 있다. 조명설계에서 실용상으로 수직배광곡선이 더 많이 활용된다.

8.2.1 조명 기구(Luminaries)

조명회사의 제품목록을 보면 다양한 형태의 조명 기구를 볼 수 있다. 그러나 조명 기구를 선택할 때, 어떤 조명 기구가 적합한지 선택하기는 쉽지 않다. 이는 각 조명 기구가 가징 특징을 정확히 이해하지 못하기 때문이다. 따라서 이 절에서는 건축과 인테리어에서 사용되는 조명 기구의 종류와 특성을 개괄적으로 설명하였다.

(1) 매입형 조명 기구(Recessed luminaries)

천장, 벽 또는 바닥 등 건축 구조물에 조명 기구 전부를 매입하는 방식으로 대표적인 조명 기구로 다운라이트가 있다. 천정이 낮을 경우에 주로 사용되며, 빛의 확산이 잘되고 공간 전체를 밝게 해준다는 장점이 있고 천정을 깨끗하게 처리를 할 수가 있어 부분조명과 전체 조명 등 그 쓰임이 다양하다.

외부로 조명 기구가 돌출되지 않고 직접 구조체에 매입하는 조명이므로 깔끔한 실내공간을 연출할 수 있다. 그러나 조명 기구의 선택이 잘못되거나 설치 후 위치를 이동해야 할 경우에는 수정이 쉽지 않으므로 사전에 신중한 조명계획이 필요하다.

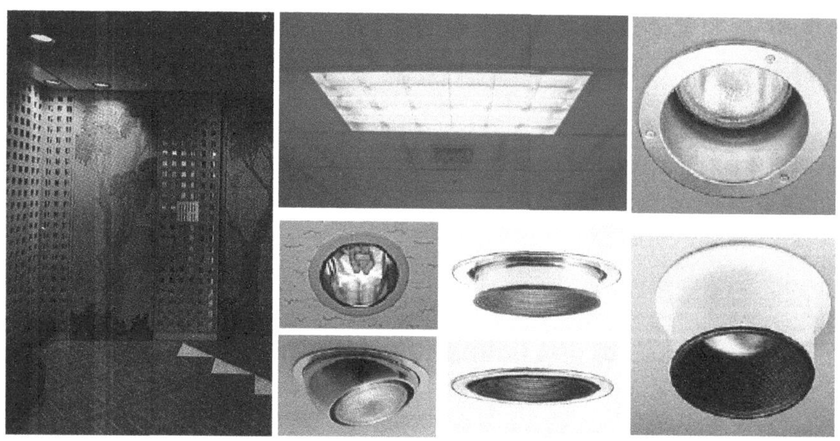

그림 8-2 매입형 조명 기구

(2) 트랙 시스템(Track system)

트랙 시스템은 전선의 역할과 조명 기구를 부착할 수 있는 기능을 지닌 조명 구조물(lighting structure)을 말한다. 트랙 자체를 조명 기구로 활용하거나 별개의 조명 기구(예, 스포트라이트)를 부착할 수 있으며 많은 장점을 지니고 있으나 설치비가 증가하며 장식적인 측면이 고려되어야 한다.

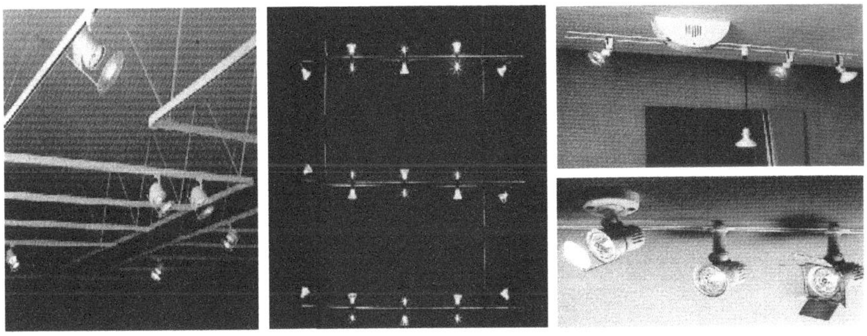

그림8-3 트랙 시스템(스포트라이트 설치)

(3) 스포트라이트(Spotlights)

특정 대상물이나 표현물을 악센트 조명을 위해 주로 사용되며 상대적으로 좁은 빔 각도를 갖는 조명 기구를 말한다. 스포트라이트는 대상물에 원근감 및 입체적인 효과를 제공하며, 광원의 위치에 따라 다양한 실내 분위기를 연출할 수 있다. 그러므로 실 전체의 전반조명과의 조화를 생각하고 설치하는 것이 좋다. 스포트라이트는 특히 무대조명에 있어 특히 그 비중이 크다.

그림 8-4 스포트라이트

(4) 펜던트(Pendents) 및 샹들리에(Chandelier)

천장에서 체인이나 파이프 등을 이용하여 매달아 조명하는 방식으로 조명 기구 자체가 액세서리 역할(장식적인 요소)을 한다. 이 조명을 선택할 때 광원이 사람의 눈에 직접 도달하지 않도록 하는 것을 선택하는 것이 좋고 공간 전체 분위기를 밝게 만들게 하고 싶다면 부분조명과 함께 쓰는 것이 바람직하다.

펜던트 중 샹들리에는 빛의 효율보다는 장식적인 성격이 강한 실내 조명 기구이다. 실내 분위기에 따라 형태, 크기, 색, 소재 등을 적절히 선정하여야 한다. 대형 샹들리에의 경우에 많은 하중을 요하므로 천장 내에 별도의 보강이 필요하고 에너지 절약을 위해 조광기 및 회로를 분리하여 설치하는 것이 바람직하다.

그림 8-5 펜던트 및 샹들리에

(5) 벽 부착 등(Bracket)

벽체에 설치하는 조명 기구로 브래킷(bracket)이라고 하며 장식적인 성격이 강하고 부착면의 마감재나 실내 분위기와 조화를 이루어야 한다. 브래킷은 대부분 반 간접형의 배광을 가지며, 부착되는 위치가 시선 내에 있으므로 휘도조절이 가능하다. 일반적으로 휘도가 낮은 광원을 사용하여야 한다.

그림 8-6 벽 부착 등(Bracket)

(6) 스탠드(Stand lightings)

책상이나 바닥에 위치하여 필요에 따라 자유로이 이동할 수 있어 기동성이 좋은 국부 조명 기구로 장식 조명 및 실내 전반 조명에 대한 보조 조명 기구 등으로 다양하게 사용되고 있다. 명시적인 요소가 강한 책상 위에 사용되는 스탠드는 전구스탠드가 사용되며 분위기 조명용인 바닥 스탠드의 경우 의장성 있는 조명 기구가 사용된다.

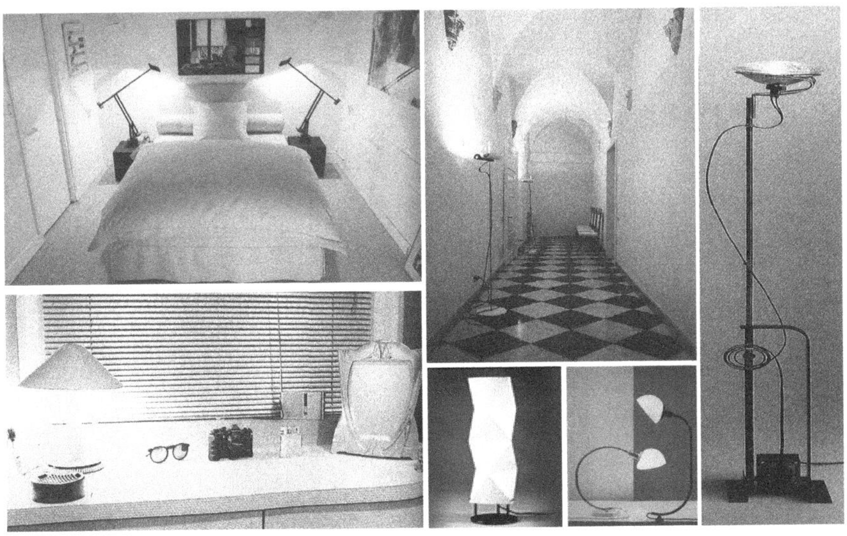

그림 8-7 스탠드

(7) 투광조명(Flood lightings)

주로 옥외 조명 기구로 실내에서는 체육관 등 넓은 장소에서 일부 사용된다. 일반적으로 옥외의 환경, 눈, 비, 강풍, 직사일광 또는 먼지, 가스, 수분에 내구성을 발휘하는 구조와 재질로 제작되어야 한다. 투광기는 빛을 멀리 보내거나 넓게 조사하기 위해 특수목적의 빔 각을 필요로 할 때 사용되므로 고용량의 램프를 사용한다.

실내·외 모든 장소에서 쓰일 수 있으므로 커버 유리 재료의 내열성 가공이나 기구 몸체의 내열구조로 램프의 수명을 연장시키고 반사판에 의해 빛의 흐름을 제어한다. 조명설계는 피사면의 크기, 주변여건에 따른 소요 조도 산정과 반사율 등을 고려하여 빛의 손실이 적은 조명 기구를 선정하는 것이 중요하다.

그림 8-8 투광조명

8.2.2 조명 방식(Lighting classification)

(1) 배광에 따른 조명 방식(Light distribution & classification)

배광에 따른 조명 방식은 국제조명기구(CIE)에서 재안한 분류방식으로 광속의 배광 분포 비율에 따라 직접 조명(direct lighting), 반직접 조명(semi-direct lighting), 전반확산조명(general diffuse lighting), 반간접 조명(semi-indirect lighting) 그리고 간접 조명(indirect lighting) 등 다섯 가지로 분류된다.

영국의 조명학회에서 조명 기구의 아래 방향의 배광을 10종류로 분류한 것을 BZ(British Zonal Classification)분류라 한다. 이 BZ분류는 광원의 각 배광이 수식으로 표시되므로, 컴퓨터 등을 이용한 수치 계산에 이용할 수 있다. 일반적으로 분류된 BZ번호가 적을수록 바로 아래쪽의 빛이 크고 조명의 효율이 높다. 또한, 옆 방향으로 발산하는 빛이 적으므로 글레어 발생이 감소하게 된다.

표 8-1 배광 및 조명방식

조명방식	조명 기구의 예와 정의		특징	
			장점	단점
직접조명	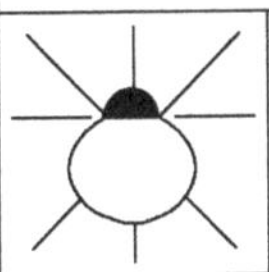	상향광속 0~10(%) 하향광속 100~90(%)	- 조명률이 좋다. - 먼지에 의한 감광이 적다. - 벽, 천장의 반사율의 영향이 적다. - 자외선 조명이 가능하다. - 설비비가 저렴하다	- 눈부심이 발생하기 쉽다. - 시야의 직사광을 차단하기 위해 15~25° 차광각이 필요.
반직접조명	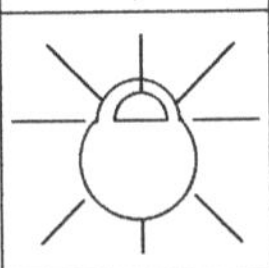	상향광속 10~40(%) 하향광속 90~60(%)		
전반확산조명	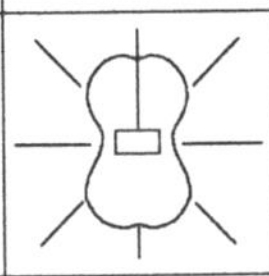	상향광속 40~60(%) 하향광속 60~40(%)	- 직접조명과 간접조명의 중간 특성을 지닌다.	- 직접조명과 간접조명의 중간 특성을 지닌다.
반간접조명	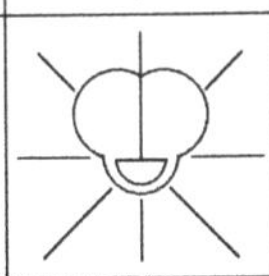	상향광속 60~90(%) 하향광속 40~10(%)	- 조도가 균일하다. - 음영이 적다. - 연직물체에 대한 조도가 높다.	- 낮은 조명률. - 먼지의 감광이 크다. - 물체에 입체감을 주기 어렵다. - 천정면 반사율 영향이 크다.
간접조명	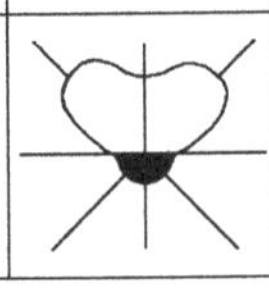	상향광속 90~100(%) 하향광속 10~0(%)		

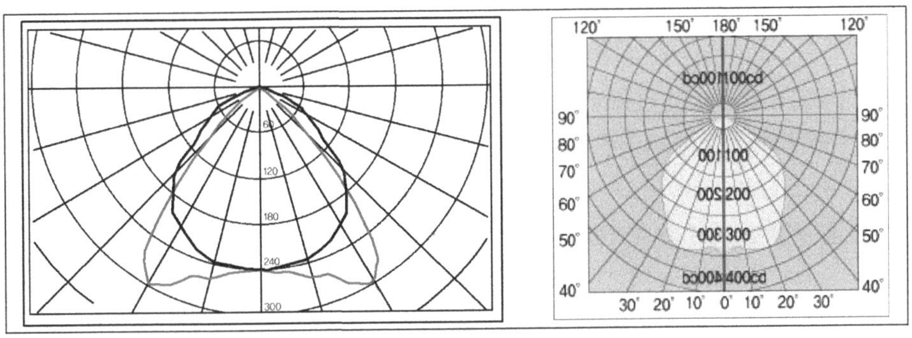

그림 8-9 BZ분류에 의한 배광곡선

(2) 기구 배치에 따른 조명 방식(Classification by arrangement)

조명 기구의 배치에 따른 조명 방식의 분류는 전반조명방식(ambient lighting), 국부조명방식(task lighting) 그리고 전반·국부병용방식(TAL, task and ambient lighting) 등이 있다. 전반조명방식은 실 전체를 균일하게 조명하는 방식으로 균제도가 높은 조도 분포를 보인다. 조도계산은 광속법(lumen methods)에 의하며 램프는 동일한 균등하게 배치한다.

국부조명방식은 실내의 일부분이나 물체를 국부적으로 조명하는 것으로 직접 조명방식에 의한 것이 많다. 조명 방향에 따라 질감의 명확성에 영향을 미치고 모델링 효과를 유발할 수 있다. 일반적으로 실 전체에 전반조명을 계획하고 조도가 부족한 부분에 국부 조명을 보조적으로 활용한다.

전반 조명 : 직접 조명 방식
국부 조명 : 책상 조명 기구

전반 조명
(간접 조명 방식)
국부 조명
(책상 조명 기구)

전반 조명
(간접 조명 방식)
국부 조명
(가구 내장 조명)

그림 8-10 전반 · 국부 병용 조명

8.2.3 건축화 조명(Architectural Lighting)

건축화 조명이란 조명이 건축과 일체가 되는 조명방식으로 특별한 조명 기구를 사용하지 않고 천장, 벽, 기둥 등의 건축부분을 광원으로 만들기 위해 건축 구조물에 광원을 설치하거나 표면 반사광을 이용하여 실내를 조명하는 조명방식을 말한다.

따라서 건축화 조명은 건축공간의 조명적 디자인이므로 천장이나 벽면의 크기, 선, 색채 등의 전체적인 조화를 고려하여야 한다. 따라서 광원의 효율이나 광색, 또는 광원의 배치 등에 세심한 배려가 있어야 한다. 조명이 인테리어 디자인의 중요한 요소로 고려되고 있는 오늘날 건축화 조명은 새롭고 세련된 실내공간의 연출수단으로 그 활용도가 크게 증가하고 있다.

(1) 다운라이트(Downlighting)

대부분 천장 매입형으로 기구 노출이 거의 없이 천장 면이 잘 정돈되어 보이는 것이 장점이다. 필요한 공간 연출 계획에 따라 알맞은 기구의 선택과 배광연출이 필요하며, 매입형의 경우에 설치 후 수정이 쉽지 않으므로 사전에 신중한 조명계획이 필요하다. 다운라이트는 기능과 용도에 따라 전반조명용, 월 워셔(wall washer)용 그리고 다운 스폿(down spot) 등으로 구분된다.

매입형 전반조명 월 워셔 다운 스폿

그림 8-11 다운라이트

① 전반 조명용 다운라이트 : 일반적인 다운라이트의 차광각은 45°로 만들어지며 천장의 높이에 따라 적절한 차광각을 사용하여 광원에 의한 눈부심을 줄이고 효율적으로 광속을 사용할 필요가 있다.

② 월 워셔 다운라이트(wall washer down light) : 벽면을 고르게 조명하는 다운라이트로서 기능에 따라 바닥과 벽면을 동시에 조명하는 싱글 월 워셔, 더블 월 워셔, 코너 월 워셔가 있다. 바닥과 벽면의 밝기 대비가 크지 않아 부드럽고 편안한 공간을 연출하며 공간이 확장되어 보이는 경향이 있다.

③ 다운 스폿(down spot) : 특수램프를 사용하거나 별도의 반사경을 지닌 기구를 넣어 제작되며 360° 회전과 전후 45° 정도의 조절이 가능하여 방향성 있는 조명에 적합하다. 조사면의 거리와 면적에 따라 광속과 빔 각(beam angle)이 결정되며 주로 상점 조명 및 실내 공간의 악센트 조명용으로 사용된다.

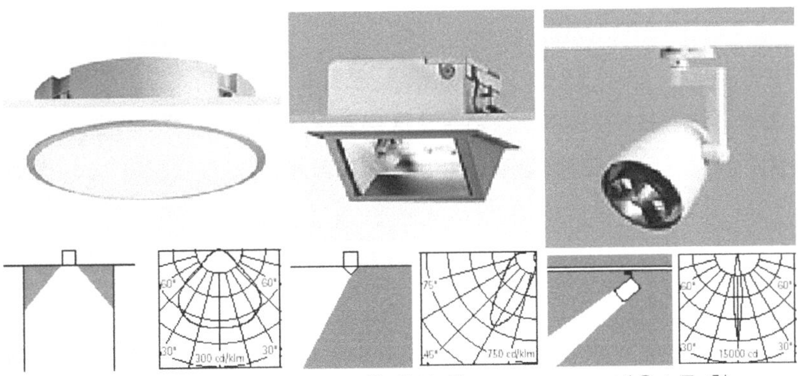

전반조명 형 월 워셔 형 다운스폿 형

그림 8-12 다운라이트 조명기기

(2) 코퍼 및 라인 조명(Coffer & line lighting)

다운라이트의 일종으로 천장 면을 원형 또는 사각형으로 파서 내부에 조명 기구를 설치하는 방식으로 천장의 단조로움을 없애는 간접조명방식을 코퍼 조명이라 한다. 또한, 천장 면에 직선의 형태로 매입된 조명방식을 라인 조명이라 하며 보통 형광램프가 조명원으로 사용된다.

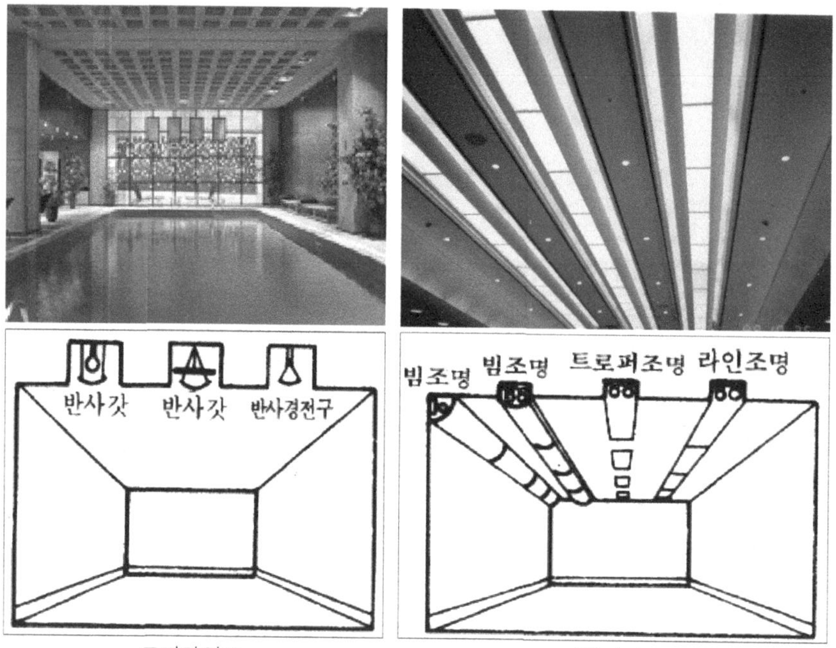

코퍼라이트　　　라인라이트

그림 8-13 코퍼 조명, 라인 조명의 예

(3) 루버천장 조명(louvered ceiling lighting)

천장 면에 루버를 설치하고 그 속에 광원을 배치하는 조명방식으로 루버의 재질은 금속, 플라스틱, 목재 등이 사용되며 그 형태와 설치 방법에 따라 다양한 조명 효과를 연출할 수 있다. 루버의 보호각에 의해 광원이 관찰자에게 직접 노출되지 않아 눈부심을 억제할 수 있어 조명 기구의 휘도를 낮추며 높은 작업면 조도를 얻을 수 있다.

(4) 광천장 조명(luminous ceiling lighting)

천장 면에 확산투과성 패널(panel)을 붙이고 그 안쪽에 광원을 설치하는 조명 방식이다. 일반적으로 사무실 조명 등 양적 조명설계가 필요한 실에서 널리 활용되며 천장 휘도가 낮고 실내에 음영이 없는 쾌적한 빛을 얻을 수 있으나 실내 분위기가 단조롭게 연출될 수 있다. 그러므로 국부조명 등의 보조조명을 이용한 조명계획이 필요하다.

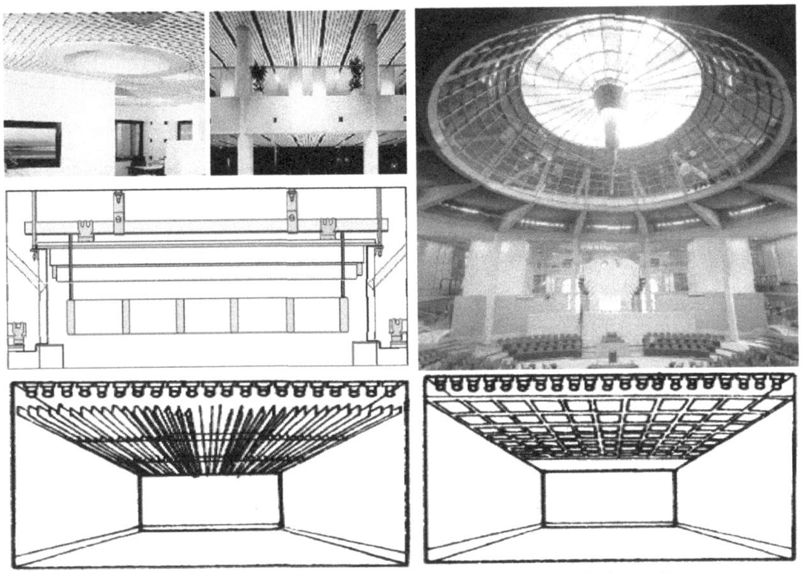

루버천장 조명　　　　광천장 조명

그림 8-14 루버천장 조명, 광천장 조명의 예

(5) 코브 및 핀 홀 조명(cove & pin hole lighting)

광원을 천장 또는 벽면 뒤쪽에 설치한 후 벽 또는 천장에 반사된 반사광을 이용하여 실내를 조명하는 간접 조명 방식이다. 일반적으로 조명효율이 나빠 비교적 높은 조도를 필요로 하지 않는 실의 분위기 조명에 적합하다.

코브조명은 낮은 천장에서 주로 사용되며, 천장이 높게 보이는 착시현상을 연출한다. 조명계획은 다른 보조조명과 병용하여 사용하는 것이 좋다. 핀 홀 조명은 특정 장소를 강조하기 위한 악센트 조명의 하나로 호텔 카운터, 주택의 싱크대 및 세면대 등에 주로 사용되는 조명 방식이다.

(6) 코니스 및 밸런스 조명(cornice & balance lighting)

코니스는 벽 윗부분에 장식으로 두른 돌출부를 말하며, 벽 등의 연직면을 위에서 아래로 하향 조명하는 조명 방식이다. 천장이 낮은 곳이나 좁은 방에서 많이 사용되며 실내에 부드러운 분위기를 연출하나 조명 효율이 나쁜 단점을 지닌다. 밸런스 조명은 벽면을 동시에 하향 조명 및 상향 조명하는 간접 조명방식으로 벽 및 천장 면에 반사된 반사광을 이용하여 실내 전반 조명용으로 활용할 수 있다.

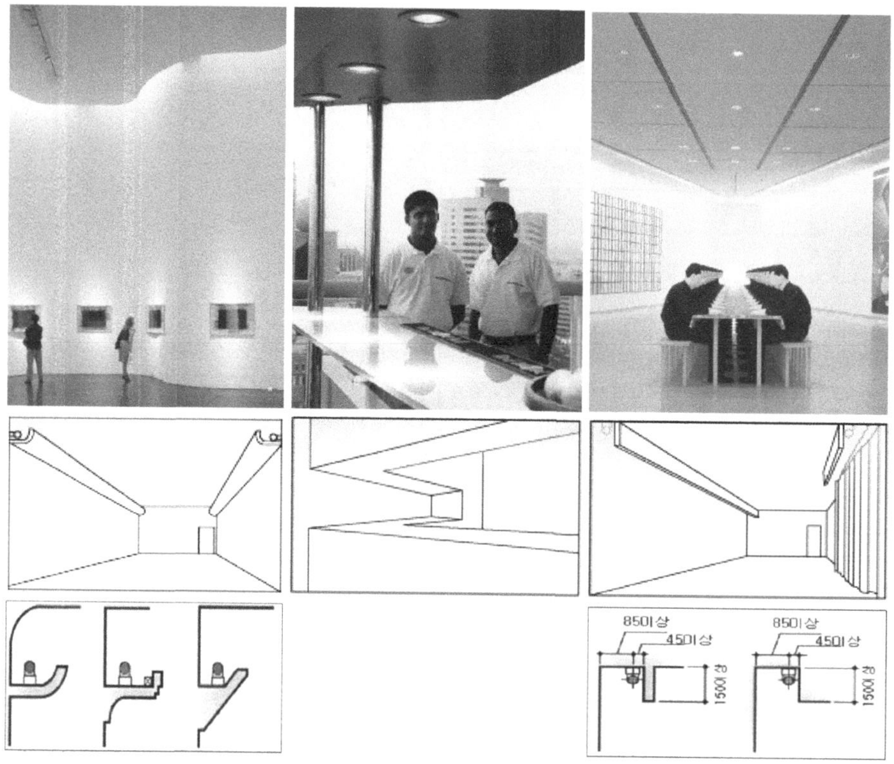

코브 조명 핀 홀 조명 코니스 조명

그림 8-15 코브조명, 핀 홀 조명, 코니스 조명의 예

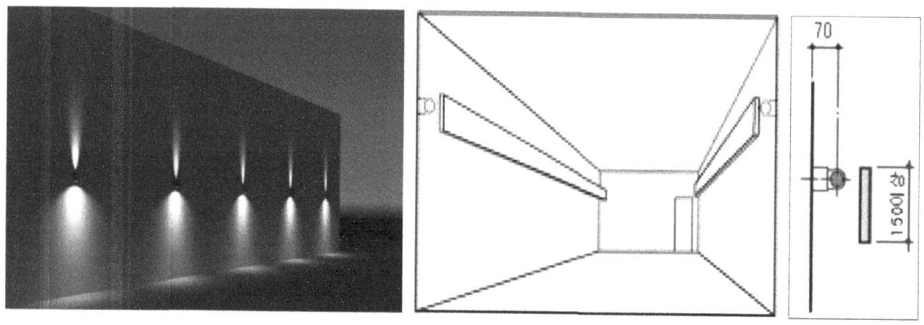

그림 8-16 밸런스 조명의 예

8.3 조명설계 및 제어(Lighting Design & Control)

조명계획은 실내에 단순히 밝기를 제공하는 것이 아니라 실내 작업에 적합한 소요조도를 제공함과 동시에 쾌적한 실내분위기를 연출하여야 한다. 또한, 조명설비의 유지 관리 및 자연광 등을 활용한 에너지 절약 계획이 고려되어야 한다. 이 장에서는 조명 설계 방법 및 에너지 절약을 위한 조명제어 기법에 대하여 다루고 있다.

8.3.1 조명 설계 (Lighting design)

실내 조명 설계를 위해서는 먼저 조명 방식, 광원 및 실내에서 일어나는 작업의 종류에 따른 소요 조도의 결정 등을 근거로 조명 계산에 의해 필요 조명 기구의 수의 설정 및 배치를 결정한다. 조명 계산은 전반 조명에 사용되는 광속법(lumen methods)과 국부 조명 또는 가로 조명 등과 같이 주위의 반사광을 고려하지 않고 직접조도를 계산하는 축점법(point methods)이 있다.

(1) 광속법(lumen methods 또는 flux methods)

광속법이란 실내 천장 면에 균등하게 배치된 광원에서 나오는 광속이 작업 면에 균일하게 분포된다고 가정할 때, 소요되는 수평면 평균조도에 대한 광원수를 구하는 것으로 조명 기구의 배광, 실의 형상, 치수, 천장, 벽, 바닥의 반사율 및 광원의 특성과 조명 기구 및 실의 유지율과 보수율 등을 고려하여 계산한다.

광속법은 실내에 필요한 광원 수 또는 조명 기구의 수는 다음과 같이 계산된다.

$$N = \frac{E \times A}{F \times U \times M} \qquad (8\text{-}1)$$

여기서, N : 실내에 필요한 광원(또는 조명 기구) 수
E : 실 소요조도 (ℓx), A : 실 면적 (m²)
F : 광원(또는 조명 기구) 1개당 전광속 (ℓm)
U : 기구의 조명률, M : 램프의 보수율

조명률(coefficient of utilization)은 광원의 전광속과 작업면에 유입되는 유효광속과의 비율을 말한다. 작업면에 유입되는 빛은 직접광과 반사광으로 구성되므로 조명률은 실의 현상, 높이, 천장, 벽 등의 반사율과 조명 기구의 배광에 영향을 받는다. 이 때, 실의 형상과 작업면까지의 높이와의 관계를 실지수라 하며 다음과 같이 계산된다.

$$\text{실지수} = \frac{X \times Y}{H(X+Y)} \qquad (8\text{-}2)$$

여기서, X : 실내의 폭(m),
Y : 실내의 깊이(m)
H : 광원부터 작업면까지의 높이(m)

실내의 반사율은 천장 및 벽의 마감에 따라서 변화하며, 특히 창이 있는 벽면에서 창

및 벽 부분의 면적을 가중평균한 반사율을 적용한다. (표 8-2)는 마감에 따른 실내면 반사율의 예를 보여주고 있다. 실지수 및 반사율이 경정되면 각 제조회사에서 제공하는 광원의 조명률표에 의하여 조명률을 산정한다.

표 8-2 실내면 반사율

마 감	반사율 (%)	마 감	반사율 (%)
백색 회반죽벽	60~80	콘크리트(바탕)	25
흰색 벽	60	백색 타일	60
연한 색 벽	50~60	리놀륨	15
짙은 색 벽	10~30	백색 페인트	60~80
목재(황색 바니스칠)	30~50	연한 색 페인트	30~60
붉은 벽돌	10	짙은 색 페인트	10~30
회색 텍스	40	흑색 페인트	5

조명 기구를 설치한 다음 시간이 지나면서 실이나 기구가 더러워지고 램프의 광속이 저하되어 실내 작업면의 평균 조도가 낮아지므로 초기 조명 설계에 이를 고려하여야 한다. 이러한 계수를 보수율(maintenance factor)라 하며 기구의 구조, 실의 더러워진 상태에 따라 변화한다. 일반적으로 제조회사에서 제공된 보수율에 실의 관리 상태에 따라 보정하여 설정한다.

(2) 축점법(point methods 또는 point by point methods)

국부조명 등 점광원에 의한 직접조도를 계산하는 축점법은 빛의 역자승의 법칙(inverse-square rule)과 코사인 법칙을 이용하여 작업면 조도를 계산하는 방법이다. 이때, 원거리의 면광원(광원과 수조점의 거리가 면광원의 장변의 길이의 5배 이상일 때) 점광원으로 간주하여 조도를 계산한다.

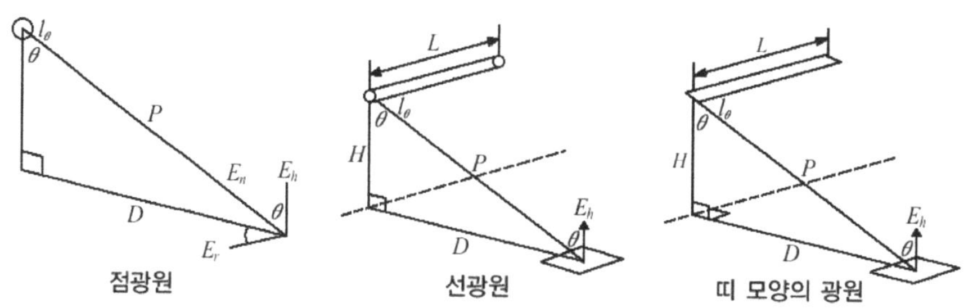

그림 8-17 축점법에 의한 조도계산

점광원에 의한 수조면 위의 한 점의 법선면 조도(E_n) 및 수평면 조도(E_h) 그리고 수직면 조도(E_v)의 계산은 다음과 같다.

법선면조도 $En = l_\theta / P^2$ (8-3)

수평면조도 $Eh = En \cdot \cos\theta$ (8-4)

수직면조도 $Ev = En \cdot \sin\theta \cdot \cos\beta$ (8-5)

선광원에서의 조도계산은,

$$Eh = l_\theta \left[\frac{1}{2P} \left\{ \frac{H}{P} \tan^{-1}\frac{L}{P} + \frac{HL}{L^2 + D^2 + H^2} \right\} \right] \tag{8-6}$$

띠 모양 광원(하부에 확산 루버를 지닌 형광램프)의 조도계산은,

$$Eh = l_\theta \left[\frac{1}{2P^2} \left\{ \frac{H}{P} \tan^{-1}\frac{L}{P} + \frac{HL}{L^2 + D^2 + H^2} \right\} \right] \tag{8-7}$$

(3) 조명 설계 순서(Lighting design process)

조명 설계는 먼저 실의 용도에 따른 소요조도의 설정, 고원의 설정, 조명방식 및 조명 기구 및 조명률을 결정한 후 실에 필요한 조명 기구 대수를 광속법에 의해 계산한다. 조명 기구는 적절한 기구간격에 따라 배치되며 컴퓨터 프로그램을 이용하여 계획된 조명설계의 조도분포 및 휘도분포를 검토, 보완한다. 이 후, 점멸 및 스위치의 위치를 결정하며 설계도면을 완성한다.

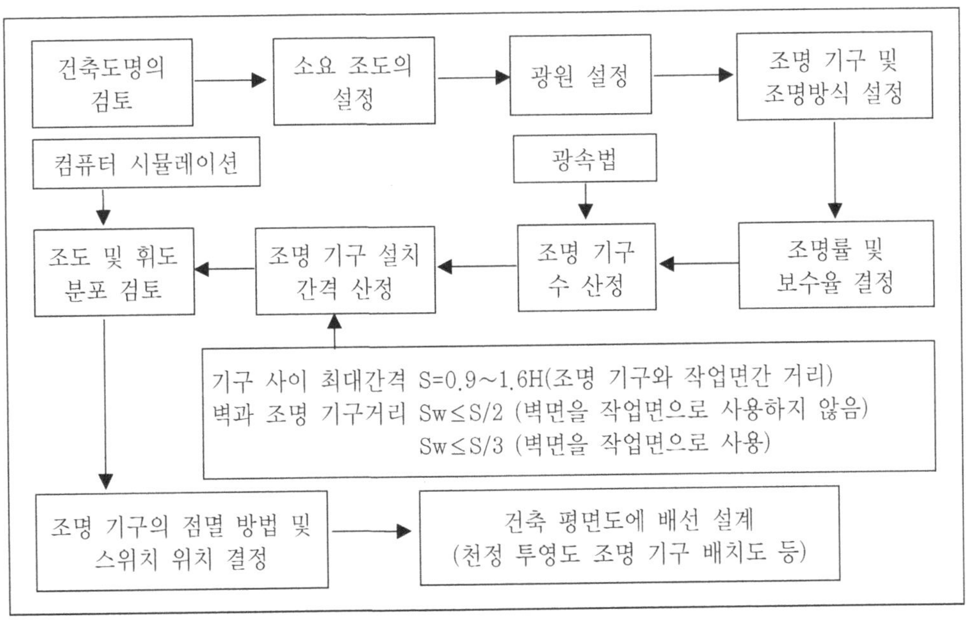

그림 8-18 조명설계의 순서

8.3.2 조명제어 (Lighting control system)

조명제어는 실내에 불필요한 조명을 차단함으로써 건물의 에너지 사용량을 감소하며 보다 효율적인 실내조명을 목표로 한다. 즉, 조명제어를 통해 실내 시환경(visual environment)의 쾌적성을 유지하며 조명 기구 유지관리의 효율성을 높이고 에너지 절약 효과를 얻을 수 있다.

(1) 조명제어방식 (Lighting control system)

대표적인 조명 제어 방식은 점멸 제어(on/off control) 방식, 조광 제어(dimming control) 방식 그리고 스텝 제어(step control) 방식으로 구분된다. 점멸 제어는 가장 기본적이고 경제적인 조명 제어 방법으로 제어의 원리가 간단하고 여러 가지 시스템에 쉽게 적용할 수 있는 장점이 있다.

점멸 제어 방식의 제어 원리는 제어 시스템의 제어부로부터 초기 입력된 조건에 따라 조명 기구의 작동을 결정하는 2진(0 또는 1) 신호를 받아 조명 기구 입력 전원을 개·폐하는 방식이다. (그림 8-19(1))은 제어조건과 제어신호의 관계를 나타낸다.

스텝제어는 점멸제어와 조광제어의 중간 형태로 조명 기구의 출력을 사전에 정해진 단계별로 나누어 입력신호에 따라 순차적으로 변화시키는 방법이다. 점멸제어에 비하여 작업면에 급격한 조도 변화를 일으키지 않으며 조명제어가 가능하고 조광제어 방식보다 설치비가 저렴한 장점이 있다.

(그림 8-19(2))는 단계별 제어방법을 적용한 조명 시스템 구성에서 제이조긴과 제어신호의 관계를 나타내며, 제어/연산부로 입력되는 제어 조건의 변화에 따라 제어기로 입력되는 제어신호가 정해진 제어 기준 단계에 따라 구분된다.

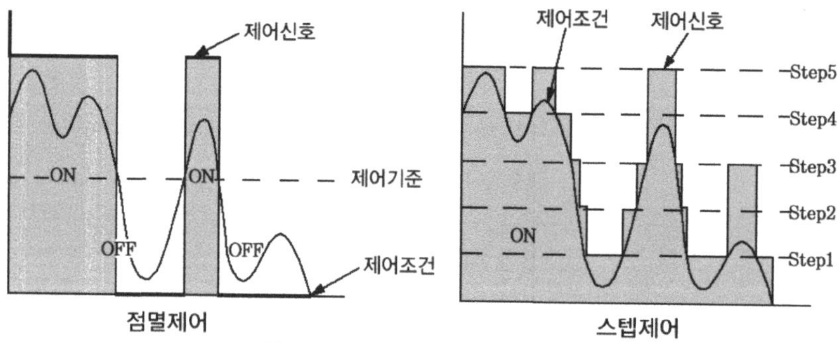

그림 8-19 제어 조건 및 제어 신호

조광제어는 제어기로부터 입력된 신호의 크기에 따라 조명 기구의 입력전력량을 0~100(%)까지 연속적으로 변화시키는 제어방식이다. 정확한 조명 제어가 가능하여 실내 작업에 필요한 조도를 일정하게 유지할 수 있다. 그러나 다른 방식보다 구성이 복잡하고 고가로 고급 제어시스템에 사용한다.

조광제어는 조명기구 광원에 따라 입력출력과 출력광속 비가 다르게 나타나므로 광원의 특성을 고려하여 제어시스템을 설정하여야 한다. 그림 8-20은 조광제어 방법을 적용한 조명 시스템 구성에서 제어조건과 제어신호의 관계를 나타내며, 제어/연산부로 입력되는 제어조건의 변화에 따라 제어기로 입력되는 제어신호가 동일한 비율로 변화한다.

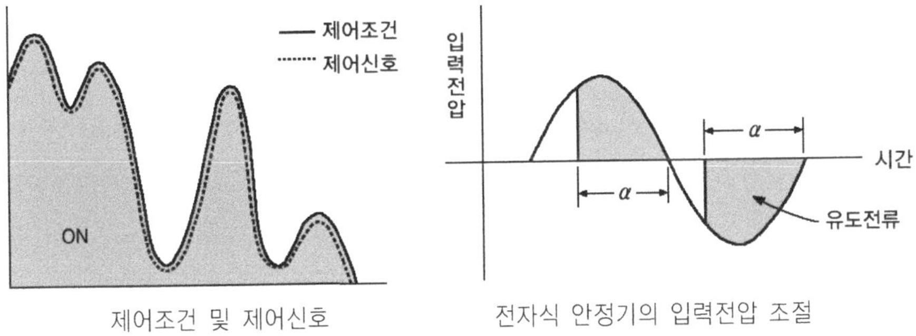

그림 8-20 조광제어 방법

재실감지 제어는 적외선 센서나 초음파 센서 등에 의해 재실자의 유무를 감지하여 자동적으로 조명을 점멸하는 방식이다. 이 방식은 작은 점멸이 예측되는 공간에서는 시작업의 쾌적도를 저해할 수 있기 때문에 공용 부분의 제어와 라커룸, 응접실, 회의실 등 부정기적인 실의 제어에 주로 사용된다.

적정조도 조정제어 방식은 정기적으로 조명 기구의 출력조도를 측정하여 센서에 의해 자동적으로 조광하는 방식을 말한다. 이 방식은 조명 기구의 보수율을 고려하여 계획 초기 단계에 실 소요 조도보다 높게 설정되는 여유조도를 절감할 수 있다.

이외에 실내 공간의 사용시간에 따라 조명 기구를 점등하는 타임스케줄 제어 및 실내로 유입되는 자연광의 강도를 조광용 센서를 이용해 감지하고 이를 바탕으로 인공조명을 제어하는 주광연동 제어방식이 있다.

(2) 조명 제어 알고리즘 (Algorithms of Lighting control)

조명제어 알고리즘은 개방루프(open-loop system) 시스템과 폐쇄루프(closed-loop system)이 있다. 개방루프 시스템은 외부로부터 광센서에 유입되는 자연광의 조도레벨을 감지하여 인공조명 기구의 출력을 제어하는 방식이다.

광센서는 창문 근처에 실내로 유입되는 자연광만을 감지할 수 있도록 센서의 시야를 좁게 하여 설치한다. 제어 알고리즘이 단순한 장점이 있으나 조명 기구의 사용시간 경과에 따른 출력광속의 저하를 고려하지 않은 단점이 있다.

폐쇄루프 시스템은 작업면으로 유입되는 자연광과 인공조명광이 작업면에서 천장을 향해 반사되는 반사광의 조도 레벨을 센서로 감지하여 인공조명 기구의 출력광속을 제어하

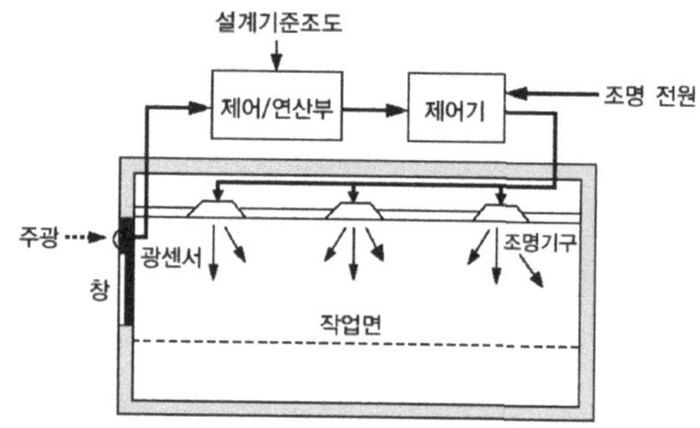

그림 8-21 개방루프(open-loop) 시스템

는 방법이다. 즉, 인공조명 기구로부터 나온 빛을 감지하고 그 정도에 따라서 다시 인공조명 기구의 출력광속을 제어하는 방식이다.

조광용 센서의 위치는 자연광에 의해 조명이 가능한 영역에서 창문으로부터의 깊이의 2/3 지점 천장에 하향으로 설치한다. 조광용 센서의 시야는 넓은 지역을 바라볼 수 있게 하지만 창문으로부터의 자연광은 직접 보이지 않도록 하고 작업면의 반사광을 측정할 수 있도록 배치한다.

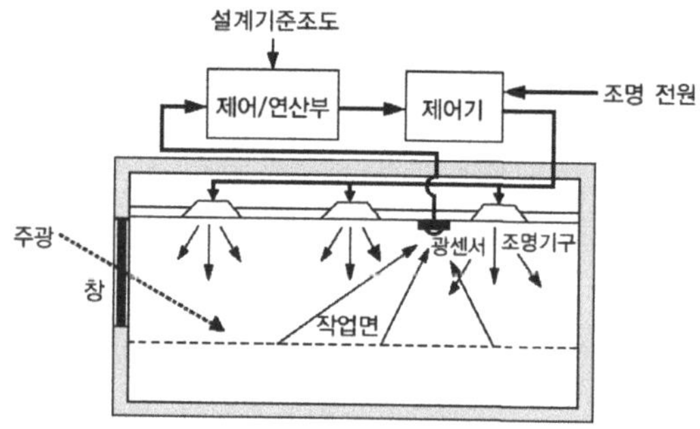

그림 8-22 폐쇄루프(closed-loop) 시스템

8.3.3 상시 보조 조명 설계(PSALI)

상시 보조 조명 설계(PSALI, Permanent supplementary artificial lighting of interior)는 주간의 실내 조명에 있어서 창에서 들어오는 자연광과 실내의 인공조명을 합리적으로 조화시킴으로써 쾌적하고 보다 경제적인 조명 환경을 형성하고자 하는 주간의 조명기법으로 조도 기준형과 휘도 기준형이 있다.

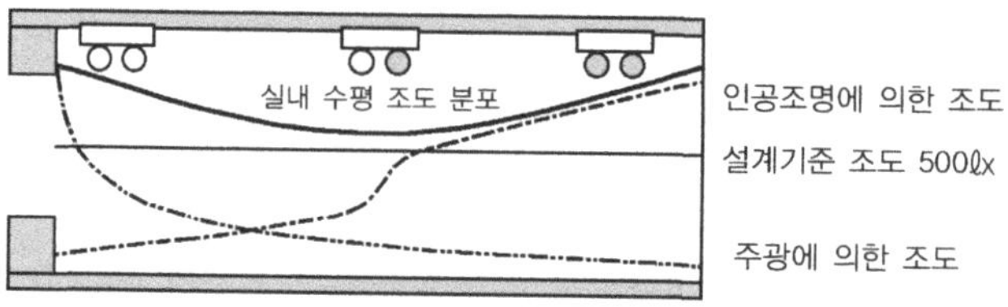

그림 8-23 PSALI 개념도

창 부근의 조도가 자연광만으로 충분하다고 판단되어 인공조명을 소등하는 경우, 빛의 방향성이 저해되고 음영이 발생하는 등 조명의 질이 저하된다. 조도 기준형 PSALI는 에너지 효율적인 조명을 위해서 실내 측과 창 부근의 조도를 균일하고 균형 있게 유지하는 조명기법이다.

주간에 실내에서는 창 쪽의 휘도가 매우 높아지면 창에서 가까운 천장이나 벽은 어둡게 보이며 대비효과에 의해 창 표면에서의 눈부심이 발생한다. 또한, 관찰하는 물체나 인물은 실루엣 현상으로 어둡게 보이며 실내는 더욱 어둡게 느껴진다. 이를 방지하기 위해 휘도 기준형 PSALI는 실내의 인공조명을 창의 휘도에 비례하도록 하고 그 균형을 유지하기 위한 조명기법이다.

8.4 컴퓨터응용 조명설계(Lighting Design by Simulation)

조명설계 및 성능 예측을 위해 정립된 수학 및 기하학적 평가방법들은 1980년 이후 새로운 알고리즘의 개발 및 컴퓨터의 발달로 이용한 실내·외의 장애물, 실내 마감처리, 창의 배치 등 다양한 조명조건에 따른 채광성능 예측이 가능하게 되었다.

표 8-3 조명성능 평가프로그램 (LD+A, 2002)

특성 \ 프로그램		Lumenmicro	ADELINE	Lightscape	Radiance	Auto Master
분석 내용	실내	o	o	o	o	
	실외·도로	o	o	o	o	o
	스포츠	o	o	o	o	o
	무대조명	o	o	o	o	–
하드웨어	운영체계	win/NT	DOS/win	win/NT	win/NT/UNIX	DOS/win
	시스템용량	16M	16M	64M	32M	12M
분석 범위	측정점조도	HV	HVS	HVS	HVS	HVS
	수평면조도	HVS	HVS	HVS	HVS	HVS
	경사작업면		o	o	o	o
	직사일광	o	o	o	o	o
	내부반사광	o	o	o	o	o
	비확산광		o	o	o	–
	표면휘도	o	o	o	o	–
	자연채광	–	o	o	o	–
	경제성분석	–	o	o	o	–
프로그램 특성	3D이미지	o	o	o	o	o
	CAD와의 호환성	DXF	DXF	DXF	DXF, MGF	DXF
	내부장해물	o	o	o	o	–
	조명 기구수	un	un	un	un	un
	등조도곡선	o	o	o	o	o

현재, CAD 프로그램의 우수한 모델링 기능과 다양한 그래픽 기능을 도입하여 계획된 채광 및 조명성능 평가뿐만이 아니라 가상 이미지를 통한 시각적 평가도 가능한 통합시스템으로 발전하고 있다. 현재, 사용되고 있는 대표적인 평가프로그램으로 LD+A의 조사결과는 표 8-3과 같다.

8.4.1 SUPERLITE 프로그램

미국의 로렌스 버클리 연구소(LBNL, Lawrence Berkely National Laboratory)에서 개발되었으며 외부의 태양위치와 천공상태, 외부 장애물, 창문 및 개폐장치, 실내 반사율 등을 입력하여 실내 조도를 계산한다.

복잡한 기하학적 형태의 실, 창문, 내부 칸막이, 외부 차양 등에 대한 해석이 가능하다. 특히, 광선반(Light shelf), 경사창, 천창, 광정 등에 대한 모델화가 가능하며 기본적인 알고리즘은 광속전달법(Luminous flux transfer method)에 의한다.

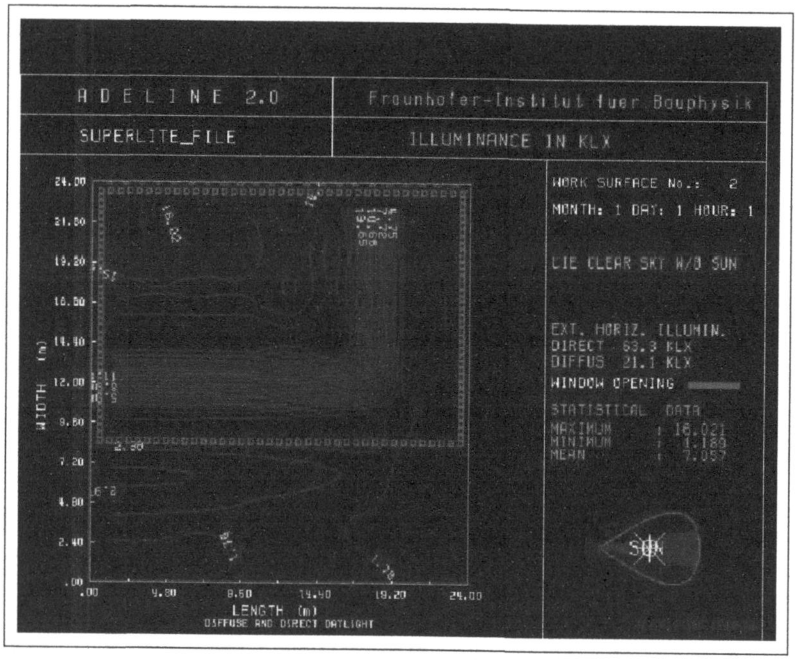

그림 8-24 SUPERLITE 프로그램

8.4.2 Lumen-Micro 프로그램

미국 라이팅 테크놀로지(Lighting Technologies)사에서 개발된 실내조명 환경의 성능분석을 위한 컴퓨터 프로그램으로서 자연채광과 인공조명의 성능을 동시에 분석할 수 있으며 상호 보완적인 조명계획이 일괄적으로 가능하다.

그림 8-25 Lumen-Micro 프로그램

수평 · 수직면 평균 조도를 도출하며 공간 내부 표면의 광속발산도를 산정하여 표면의 휘도 분석 및 시각화가 가능하고 조명 환경 내의 시각적 안정도의 평가가 가능하다. 또한, 천창, 고창, 광선반, 차양, 외부 건물의 영향 등 다양한 건축 요소가 포함된 포괄적안 조명성능 평가가 가능하다.

많은 조명 기구의 광학적 자료가 데이터베이스화되어 있어 초기의 조명설계 및 대안설정이 용이하다. 기본적인 그래픽 기능을 지니며 또한 일반적인 CAD 프로그램에서 작업한 모델을 DXF형태로 호환되는 장점을 지니고 있다.

우수한 그래픽 기능을 지니고 있어 시뮬레이션 분석결과는 조도 분포도(contour)와 실내 시환경의 이미지 일러스트레이션을 제공하고 있다. 그 결과, 조명원의 시각적인 영향을 파악할 수 있는 장점이 있다.

8.4.3 ADELINE 프로그램

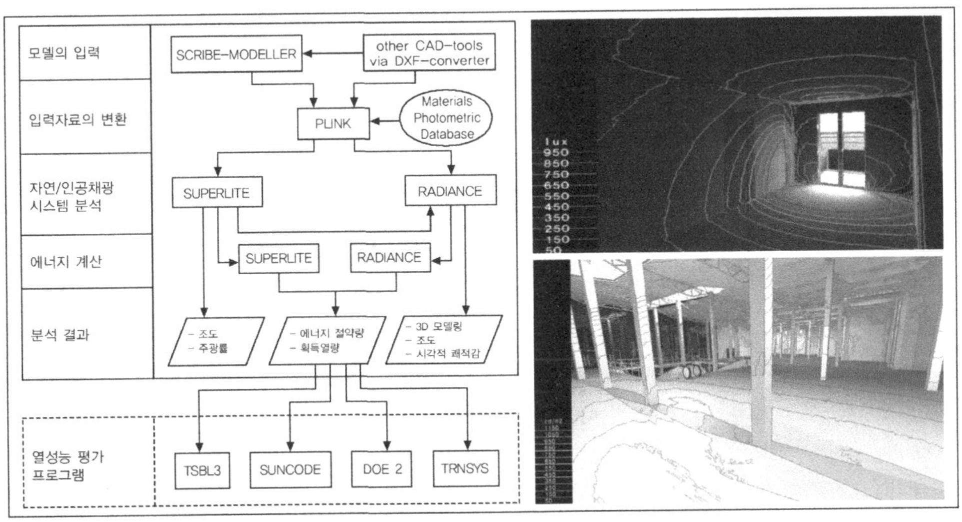

그림 8-26 ADELINE 프로그램

미국 LBNL에서 개발된 프로그램으로 DOS 운영체계로 운용되던 기존의 평가방법들을 Window version으로 전환한 프로그램으로 SUPERLITE와 RADIANCE 프로그램을 접합시킨 조명·채광성능 평가용 프로그램이다.

CAD 프로그램을 포함하여 기본적으로 그림 8-26과 같이 다섯 가지 요소(Scribe Moduller, PLink, Superlite, Radiance, Superlink와 Radlink)로 구성되어 있으며, TSBI 또는 DOE 프로그램과 연계하여 연간 조명에너지 해석이 가능하다.

8.4.4 Lightscape 프로그램

미국 "라이팅 테크놀로지사(Lighting Technologies)"에서 개발하여 "오토 데스크(Auto Desk)"사에서 판매하고 있는 조명 렌더링 및 시뮬레이션 프로그램이다. 조명 성능 해석 방법은 광속 전달과 광선 추적을 함께 사용하여 3차원 이미지로 표현할 수 있다.

프로그램의 입출력 기능이 다양하며 복잡한 형태의 재질을 이미지 파일을 이용하여 현실적인 표현하고 화면상에서 대화식의 연속적인 표현이 가능하다. 그러므로 자연채광과 인공조명 성능의 정량적 평가와 정성적 평가가 가능하다.

그림 8-27 Lightscape 프로그램

8.4.5 RADIANCE 프로그램

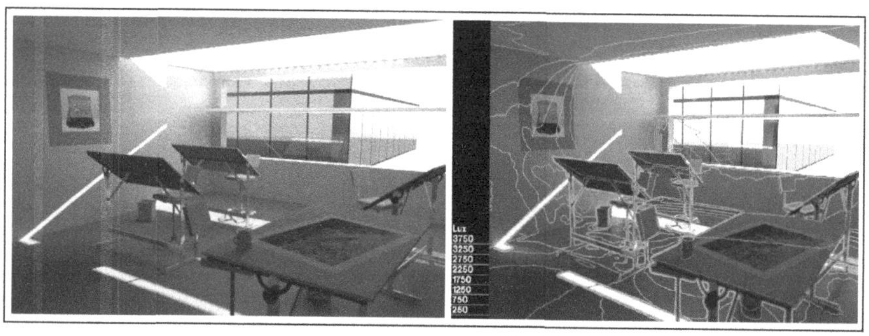

그림 8-28 RADIANCE 프로그램 (1)

미국 LBNL의 조명연구 팀이 개발한 프로그램으로 공간내부의 조도 및 휘도 분포 계산이 가능하며, 3차원 공간의 가시화를 제공할 수 있는 채광 및 조명 성능 해석용 프로그램이다. 현재, Unix 버전을 비롯하여 DOS버전, Windows 버전이 개발되었고 인터넷을 통하여 무료로 배포되고 있다.

그림 8-29 RADIANCE 프로그램 (2)

Radiance 프로그램의 조명성능해석 방법은 몬테카를로 방법(Monte carlo method)과 역으로 빛을 추적하는 광선추적법(Backward Raytracing Technique)을 사용하여 양방향 반사면과 투과 및 확산성에 대한 분석이 가능하다. 현재, 조명분야뿐만 아니라 그래픽 분야에서도 렌더링 도구로 사용되고 있다.

8.5 옥외 경관 조명 설계

건축조명은 주로 내부 공간을 밝히고 실내 분위기를 연출하는 역할을 담당하여 왔으나 최근 야간에 새롭고 창조적인 거리와 도시 이미지를 부여하는 부가적인 역할이 요구되고 있다. 이를 경관 조명이라 하며 안전성, 쾌적함 등을 기준으로 조명을 통한 조화로운 도시의 구성과 아름다움의 연출을 목적으로 계획되고 있다.

경관 조명은 도시공간의 안전과 쾌적함을 보장하며 야간경관의 연출을 통하여 도시의 형태, 기능, 역사, 문화 등을 부각시켜 새로운 볼거리로서 사람들의 시각적 즐거움과 만족감을 부여할 수 있다. 즉, 도시환경을 가꾼다는 큰 개념 속에서 조명의 명시적 기능과 심미적 기능을 동시에 수행하는 조명 개념이다.

8.5.1 경관 조명의 원칙

경관 조명은 물리적인 빛의 양, 세기 그리고 색을 이용한 미적창조의 디자인을 실현하는 수단으로써 명시기능은 안전, 방화, 방범의 측면이고 심미적 기능은 대상 및 주변 환경의 분위기, 감성, 문화성 등으로 분류된다. 일반적으로 경관조명을 계획할 때 고려해야 할 사항들은 다음과 같다.

① 경관조명의 대상 건축물 및 가로가 지닌 개성, 역사, 풍토, 문화 그리고 주변 자연환경 등이 표현되도록 건축물 및 가로의 이미지를 부각시킨다.
② 도시의 축을 형성하는 각 도로에 대하여 다양한 조명수법, 가로등의 디자인, 광원의 선택 그리고 가로등의 배치 등을 명확히 한다.
③ 도시의 거주자와 방문객들에게 시간의 흐름, 계절감 등을 느끼도록 한다.
④ 불쾌한 눈부심을 없애고, 주위로 새는 빛을 최소한으로 억제한다.

특히, 건축물에 대한 경관조명을 실시할 때는 연출하고자 하는 건축물의 장식적 효과, 각종 규정 및 법규, 조명용 투광기의 위치, 경관조명에 적합한 외부 조도레벨, 조명설비 및 조명설비량, 균제도와 조명 범위, 그리고 경관조명 설비의 유지·관리 프로그램 등을 고려하여야 한다.

야간경관 조명설계의 주요 변수는 조명의 밝기와 색상을 들 수 있다. 국제적으로는 건축물의 투광조명의 조도 및 휘도에 관련하여 밝기가 권장되고 있다. 일반적으로 경관조명에서의 밝기는 조명대상물의 표면 마감(재료의 반사율)과 그 배경의 밝기에 따라 설정된다.

옥외조명에 대한 북미조명학회(IESNA)의 조명가이드 라인은 건축 경관조명에 대한 평균 조도레벨을 표 8-4와 같이 제시하고 있다. 일반적으로 조명하고자 하는 건물의 재료나 표면의 반사율이 20% 이하인 경우는 효과적인 경관조명을 할 수 없기 때문에 이러한 경우는 반사율이 높은 외장재의 사용이 권장된다.

표 8-4 경관 조명 권장조도

조명대상의 표면	표면의 상태		주위의 상태(추천 조도, ℓx)		
	색상	반사율(%)	밝음	보통	어두움
흰 대리석 크림색의 테라코타 백색벽토	희다	70~85	150	100	50
콘크리트 밝은 색 석회석 밝은 회색과 담황색 석회석 담황색 벽돌	밝다	45~70	200	150	100
보통회색 석회석 일반 황갈색 벽돌	보통	20~45	300	200	150
일반 붉은 벽돌 다갈색 돌 착색된 나무 어두운 회색 벽돌	어둡다	10~20	500	300	200

* 참조 : 주위의 상태 - 밝음 : 빌딩가, 광고사인의 밀집지대(12cd/㎡)
보통 : 광고 사인이 적은 비즈니스가(6cd/㎡)
어두움 : 광고 사인 적은 장소(4cd/㎡)

그러나 외부 조명에서 평균조도와 최소조도의 비가 10 : 1 이상 차이가 나면 관찰자에게 시각적 문제점을 야기할 수 있다. 이를 광해라 하며 특히 자동차 운전자의 시야를 고려한 경관조명계획이 이루어져야 한다. 가로변 등에서 경관조명에서 효과적인 연출을 위하여 권장하는 휘도비는 다음과 같다(표 8-5).

표 8-5 경관조명 권장 휘도비

조명 효과	최대 휘도비
주위와의 조화	1 : 2
약한 강조	1 : 3
강조	1 : 5
강한 강조	1 : 10

8.5.2 경관조명 수법

(1) 공간형태별 조명수법

국제조명위원회(CIE)에서는 도시 및 교외의 각종 공간에 따라 각각의 특성에 맞춰 조명을 시행하는 권장수법을 다음과 같이 제안하고 있다.

표 8-6 공간별 경관조명 수법

공간의 구별		사용용도
E1	본질적으로 어두운 경관의 지역	국립공원, 매우 아름다운 경관의 지역
E2	low district brightness	도시의 외곽지역이나 도시 내 거주지역
E3	middle district brightness	도시거주지역
E4	high district brightness	주거지역과 상업지역이 혼재된 도시지역

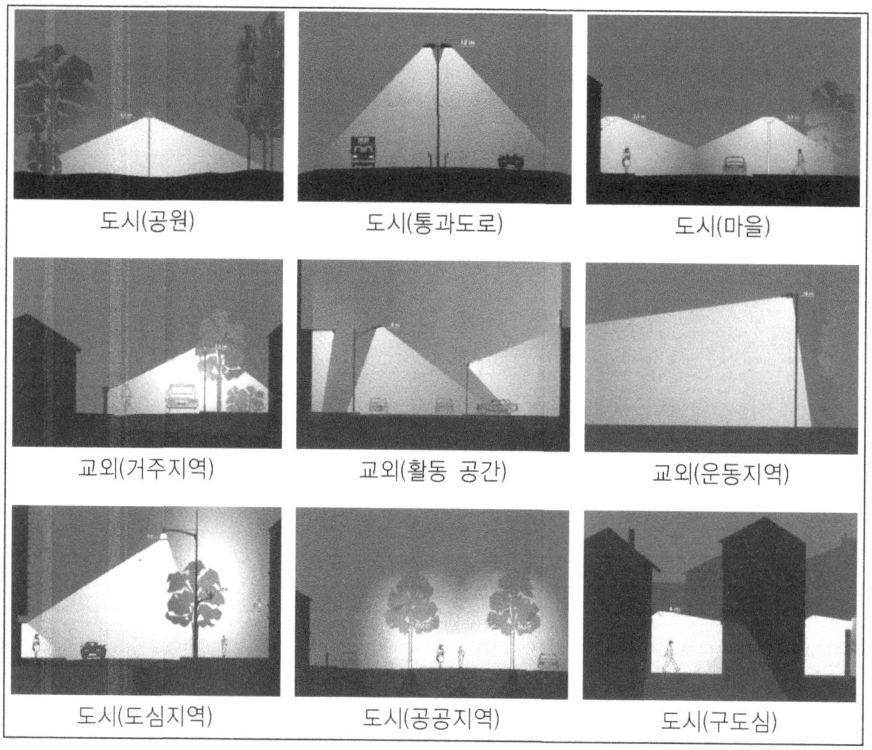

그림 8-30 공간별 경관조명 수법

(2) 건축 조명 수법

건축물의 야간 옥외조명은 도시 또는 한 지역 전체의 야경을 결정하는 경관조명의 관점에서 계획되어야 한다. 그러므로 다양한 조명기술들은 주변 경관과의 조화를 이루며 건축물의 특징을 강조하여 건축물의 이미지 고양과 새로운 상징적인 랜드 마크(land mark)의 창조를 위해 다양한 조명기법이 시도되고 있다.

Tower of Milky Way, 일본 / 동경 NEC 본사, 일본

그림 8-31 랜드 마크로써 경관 조명

① 지상에서 투광조명

건축물 주변의 공간이 충분히 확보에서 건축물 전체를 조명하는 효과적인 조명 방법이다. 그러나 건물 외관을 일률적으로 조명하는 조명방식(uniform lighting)은 매우 평이한 느낌을 주어 건축물의 입체감이 감소할 수 있다. 또한 지상에 설치된 조명 기구의 보호와 글레어를 피하기 위하여 루버 및 보호 장치의 설치가 필요하다.

지상에서 투광조명 / 건축 구조물에서 투광조명

주변 구조물에서 투광조명

그림 8-32 건축물 조명방식 (1)

② 건축 구조물에서 투광조명

건물 외벽에 부착한 조명기기에 의해 건축물을 직접 투광조명하는 방식으로 주요 부분을 강조하며, 건물의 입체감을 높일 수 있는 매우 효과적인 경관조명 수법이다. 이때 조명 기구를 관찰자의 시선으로부터 감출 수 있도록 계획하여야 하며, 전체 벽면의 조명보다 특정 지역을 강조하는 악센트 조명(focused lighting)으로 계획된다.

③ 주변 구조물에서 투광조명

건축물 전체를 조명하는 조명기법의 하나로 조명 기구와 건축물 사이에 충분한 공간이 확보되지 않았을 때, 주변건물이나 투광을 위한 폴을 세워 건축물을 투광조명하는 조명 방식이다.

일류미네이션 조명 건물 내부로부터 조명

그림 8-33 건축물 조명방식 (2)

④ 일류미네이션 조명

수많은 작은 포인트 조명에 의한 일류미네이션 조명은 명쾌하고 활동적인 분위기를 연출하기 위한 가장 효과적인 방법이다. 많은 사례에서 보면 작은 포인트 조명은 건축물의 가장자리를 따라 설치되어진다. 이러한 일류미네이션 조명은 종종 상업지구와 매우 활달한 분위기가 요구되어지는 공간에서 볼 수 있다.

⑤ 건물 내부로부터의 조명

야간에 개구부를 통하여 흘러나오는 부드러운 실내조명을 이용한 경관조명 방식으로 이러한 조명을 위해서는 건축설계 단계에서부터 충분한 고려가 필요하다.

(3) 가로조명 수법

가로조명은 단순히 밝기만을 고려해 안전과 보안에 치중하였으나 최근의 가로조명은 기본적인 목적 이외에 각 지역의 특성에 맞추어 창조적이며 인지도가 높은 야간 분위기의 연출이라는 관점에서 이루어지고 있다.

일반적으로 조사 면적의 증대와 관리상의 이유로 높은 가로조명을 선호하는데 이런 조명방식은 도로면을 효과적으로 조명할 수 있고 안정적인 분위기를 조성할 수 있다. 그러나 보다 친근한 공간감을 연출하기 위하여 정원조명과 같이 광원이 낮은 위치에 계획하여야 한다. 이런 조명방식은 조명면적이 감소하나 밝고 어두운 영역의 리듬감 있는 가로

계획이 가능하다.

표 8-7 가로조명 기구의 배광곡선

공간의 구별	사용용도
전방향 확산형 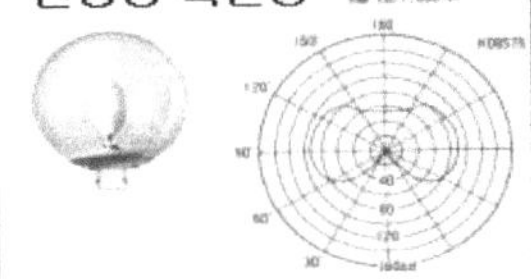	발광 부분이 보이는 것으로 광원 그 자체로 공간을 조명 · 연출하는 계획에 적합하여 도로면의 밝기보다 화려한 가로, 역전, 광장에 적합하다.
하향 주체형 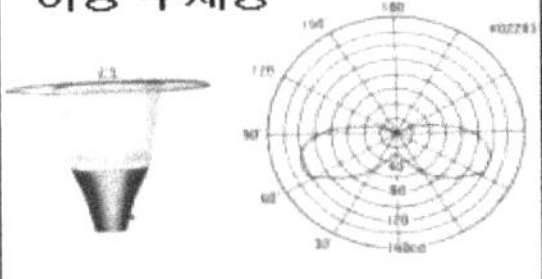	상방향을 제한하고 측면과 하방향 중심으로 빛이 방사되며 지상면의 조명효과가 크다.
하방향 주체형 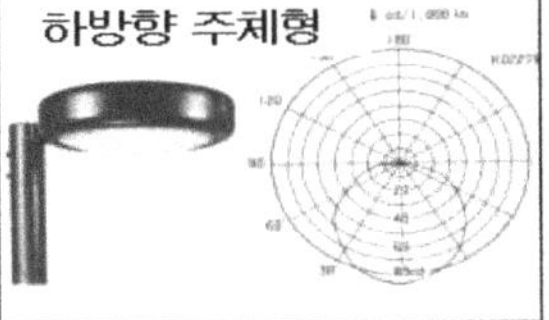	광원으로부터의 대부분 빛은 하방향으로 방사된다. 눈부심이 원인이 되는 횡방향의 강한 빛이 적고 효율이 가장 좋아 일반적 도로나 광장에 적합하다.
하방향 중심형 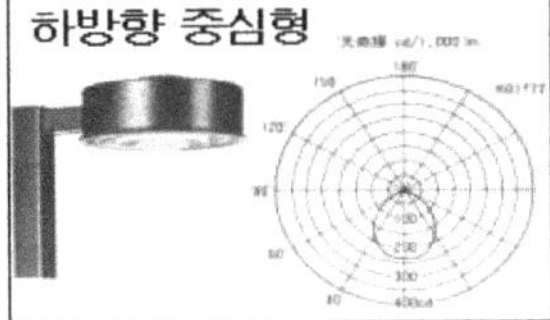	횡방향 빛이 거의 없고, 반사갓을 이용한 부드러운 빛이 비춰진다. 주택가, 상업용 빌딩에 적합하다.
상.하방향형 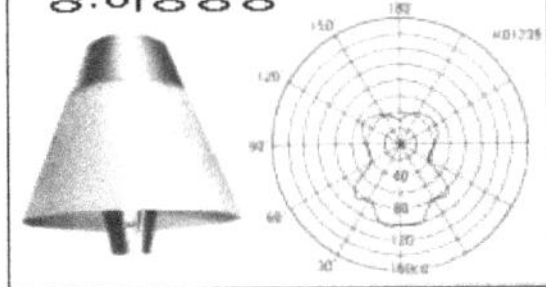	수평방향을 제한하고 상방향과 하방향에 적당한 빛을 발산하게 한다. 키 큰 수목이 많은 공원 및 광장의 통로에 적합하다.

가로변 건축물 벽면에 브래킷을 이용하여 도로면과 건축벽면을 동시에 조명하는 기법은 보다 밝고 안전한 분위기를 연출할 수 있다. 특히, 도로면이 좁고 폴 등을 이용한 조명계획이 어려운 경우에 효과적이다. 이 때, 전방향 확산 조명원을 사용하면 소요조도 및 야간의 상징성을 확보하기 쉬우나 활기차고 매력적인 가로분위기 형성에는 다소 부족한 조명방식으로 글레어를 발생시켜 불쾌감을 유발할 수 있다.

보차혼용 도로의 가로조명은 보행자 지역의 안전을 확보하며 그 지역 특성에 알맞은 분위기를 연출할 수 있도록 계획되어야 하다. 보통 공원 등에 계획되는 보행전용 도로는 광원의 높이와 광원 간의 간격은 조명연출의 분위기를 결정짓는 중요한 요소이다. 일반적으로 1~1.2m 높이의 조명 기구가 계획되며 어두운 주변과의 대비로 보행자의 기대감을 증가시킬 수 있다.

표 8-8 가로조명 수법(1)

조명 수법		특 징
		높은 조명원을 이용한 가로조명: 하향조명의 하나로 아늑한 가로 분위기를 조성.
		낮은 조명원을 이용한 가로조명: 리듬감 있는 가로 분위기 형성.
		건축물 벽면에 의한 가로조명: 브래킷을 이용한 조명방식으로 다른 방식의 조명보다 밝고 안전한 분위기를 연출.

표 8-9 가로조명 수법(2)

조명 수법	특 징
 	특정지점 강조 가로조명 : 사람이 모이는 버스정거장 또는 이와 유사한 공간에 보다 밝은 빛을 집중적으로 조명가로조명 방법.
 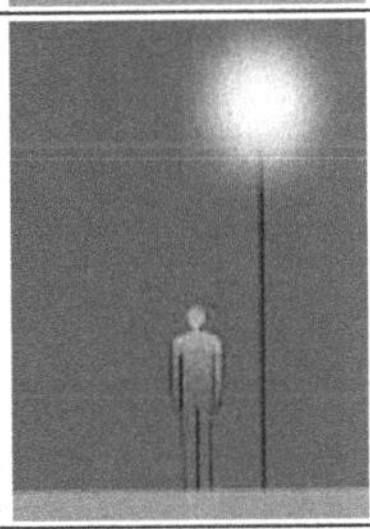	전방향 확산 가로조명 : 글레어에 의한 불쾌감을 일으킬 수 있으나 가로의 전반적인 밝기만을 제공하는 조명에는 효과적.
 	가로수를 이용한 가로조명(1) : 가로의 드라마틱한 분위기를 형성시킬 수 있는 가장 효과적인 조명방법. 그러나 가로수의 성장에 영향을 미칠 수 있다.
 	가로수를 이용한 가로조명(2) : 식목을 향한 빛을 약하게 하고 가로 전반의 조명을 병행할 수 있도록 계획.
	보행자 전용도로의 가로조명 : 밝게 조명된 보행로 통로와 어두운 주변의 대비로 보행자의 기대감을 증가.

센타이현 동금동구상점회, 일본

고베 하버랜드 만원광장, 일본

찰스부르크 거리, 독일

세타가야 비즈니스 스퀘어, 동경

신 가와사키 미쓰이 빌딩, 일본

교토 역전 보행자 광장, 일본

오키나와 라마다 르네상스, 일본

도메이 고속도로 서비스 지역, 일본

그림 8-34 가로조명 사례

5.2.4 공원 및 광장의 조명 수법(Park & Plaza Lighting)

공원의 경관조명은 전체적으로 균일한 밝기로 명암의 연출을 고려한, 전반조명을 기본으로 한다. 일상생활의 조화를 위해 불안함을 느끼지 않는 밝기를 확보하며, 아름다운 경관과 감성 있는 연출, 경제성 등을 고려한 조명계획을 세울 필요가 있다.

특히, 자연환경과 관련하여 생태계의 기초가 되는 식물은 보다 세심한 계획이 필요하다. 식물은 하루에 일정한 양의 빛이 필요한 데 필요 이상의 빛을 오랜 시간 쬐이는 것은 식물성장에 도움이 되지 못한다. 즉 빛의 양이나 시간이 지나칠 경우 식물이 휴식을 취할 수 없게 되는 것이다. 따라서 식물의 종류와 특성에 맞추어 광원과 조명시간을 조절할 필요가 있다.

그림 8-35 공원 경관 조명

표 8-10 공원 경관 조명의 기준조도 (KS)

장소	조 도 (lux)	비고
안내판, 설명판	70 - 150	
특정의 수목, 조형물	70 - 150	국부적 강조조명은 이 수치 이상
정원, 화단	30 - 70	국부적 강조조명은 100lux 이상
도로	7 - 15	
산책로	3 - 7	
연못	3 - 7	
호수	15 - 30	
광장	30 - 70	집회장 등의 경우는 20lux 이상
오락장	3 - 7	
옥외의 휴게실	7 - 15	
주차장	7 - 15	
도로, 계단	3 - 15	
출입구, 전화박스	7 - 15	

일반적으로 공원의 주된 장소의 조도는 5~30(lux)로 하고 조명할 장소나 대상물에 적정 조도를 선택하는 것이 좋다. 공원 경관조명은 하이폴 조명, 일반 폴 조명, 낮은 폴 조명, 낮은 지중매설 조명방식으로 구분할 수 있으며 이러한 조명방식의 특징은 (표 8-11)과 같다.

표 8-11 공원 경관조명의 방식과 특징

조명방식	특 징
하이폴 조명방식	① 광장의 중심적, 상징적 경관을 형성하고 도시의 아름다운 경관을 조성한다. ② 조명효율이 좋고 경제적이다. ③ 조명 폴의 난립이 적어 광장 전체의 이용효율이 높다.
일반 폴 조명방식	① 높이 3-4배의 간격으로 배치하면 연속된 공간에서 빛의 아름다움을 얻을 수 있다. ② 표준적인 조명 기구의 사용이 쉽다.
낮은 폴 조명방식	① 인간과 가까운 위치에서 친근감, 온화감을 느끼게 한다. ② 보수관리가 용이하다. ③ 빛과 그림자 연출이 용이하고 광장 등의 악센트 조명이 가능하다.
낮은 지중매설 조명방식	① 빛의 악센트를 만든다. ② 지상에 색조를 주고, 안정감을 준다. ③ 보수관리가 가장 용이하다. ④ 유도 및 주의를 요하는 효과적인 위치에 적합하다.

바르셀로나 조각 공원, 스페인　　로열 플라자, 일본

그림 8-36 공원 조명 사례

공원경관 조명의 광원은 효율 및 수명 등이 좋은 수은등이나, 멀티 할로겐 백열전구, 안정기 없는 수은등, 형광등 이 적합하다. 또한, 산책로와 같은 지상이나 및 주변 전반을 조명할 경우에는 폴 등을 사용한다. 폴의 높이는 좁은 산책로는 4.5m, 넓은 산책로나 공간이 열린 산책로는 6m 그리고 광장 등 넓은 공간은 6~9m가 적합하다.

개인 정원과는 달리 공공공원은 불특정한 다수의 방문객들이 존재한다. 따라서 조명계획에 있어서도 조경설계가의 사적취향을 강조하는 것보다는 많은 방문객의 안전에 더욱 비중을 두어야 한다. 특별히 광장, 계단, 보행통로의 구석진 곳 그리고 분수 또는 수변의 가장자리는 충분한 빛이 요구되어진다.

8.2.5 기타 조명수법

광장의 보행통로, 분수, 나무 아래, 조형물 등의 주변에 설치된 벤치 또는 조망장소에서 아늑하고 조용한 분위기를 연출하기 위해서는 낮은 컬러 온도의 따듯한 빛을 지닌 광원을 선택한다. 조명 기구는 사람의 눈보다 낮은 위치에서 조명할 수 있도록 계획한다. 또한, 편안한 분위기를 연출하기 위해서는 색온도와 조도의 균형 있는 조화가 필요하다.

낮은 색온도와 높은 조도는 무더운 분위기를 연출하며, 높은 색온도와 낮은 조도는 우울한 분위기를 연출하기 때문에 의도하고자 하는 분위기에 따라 조명되는 빛의 양과 질을 충분히 고려하여 계획하여야 한다. 공원이나 광장의 각종 조형물은 조명을 이용하여 더욱 다양한 모습과 의미를 연출할 수 있다. 이 때, 조명된 조형물은 그 주변의 상징물로서 방향감과 시각적 즐거움을 제공한다.

벤치 및 조망장소의 조명

분위기 조명

조형물 조명

그림 8-37 기타 조명 사례

런던 템스 강 경관 조명, 영국

암스테르담 경관 조명, 네덜란드

프라하 경관 조명, 체코

그림 8-38 도시의 경관 조명 (1)

루체른 경관 조명, 스위스

피렌체 경관 조명, 이탈리아

그림 8-39 도시의 경관 조명 (2)

제 9 장 음향 이론

건축 공간의 주요 환경 조절의 한 분야로서 음향학은 실내·외의 이상적인 청취 조건과 내·외부 건축 공간에서 거주자가 과도한 소음이나 진동에 대해 충분히 보호될 수 있는 환경을 조성토록 하는 것이다.

거주자에게 보다 적절한 음향 환경을 제공해줄 수 있기 위해서는, 건축가나 건축기술자가 건축 환경의 음향적인 성능에 관한 원리 및 실제 문제에 대한 충분한 이해와, 이들을 효율적인 방법으로 설계에 응용할 수 있어야 한다. 특히, 최근 인구 증가에 따른 각종 오디토리엄(극장, 강당, 음악당, 다목적 홀 등)의 급진적인 수요 증가와 많은 수용 인원의 필요성, 관객과 연출자 간의 융통성 또는 순응성 등에 따른 고도화된 음향적 요구에 대한 충족뿐 아니라 각종 교통기관 및 가전제품의 출현이나 건물의 기계화 등으로 인한 소음 문제 해결이 절실히 요구되고 있다. 따라서 건축음향계획의 목적은 인간의 욕구를 만족시켜줄 수 있는 음환경을 창출하는데 필요한 음향적 설계 과정을 습득하도록 하는데 있으며, 크게 다음 두 가지로 나눌 수 있다.

- 제반 청취목적에 맞는 바람직한 실내 음환경의 제공 : 실내음향학(Acoustic Design)
- 소음, 진동방지 또는 충분한 감쇠 : 소음 제어(Noise Control)

본 장에서는 이러한 건축 음향 계획의 목적을 달성하기 위한 기초 단계로 음의 기본적인 물리적 성질과 주관적 특성을 이해하고 예제를 통해 습득하도록 한다.

9.1 음의 물리적 성질

9.1.1 음의 발생과 특징

(1) 음의 발생과 전파 속도

음은 진동 매체(振動媒體)가 귀에 주는 자극에 의하여 생기는 감각이다. 음향시스템의 주요 구성 인자는 음원(音原), 음의 매체(媒體), 수음기(受音器)로 구분된다. 사인파(正弦波)인 음을 편의상 시각적으로 나타내면 그림 9-1과 같다.

음의 속도는 음이 통과하는 물질의 성질에 따라 영향을 받는다. 공기 중의 음속(sound velocity)은 대개 다음 식으로 표현된다.

$$c = 331.5 + 0.6t \text{ (m/s)} \qquad (9\text{-}1)$$

여기서, t : 공기 중의 온도(℃)

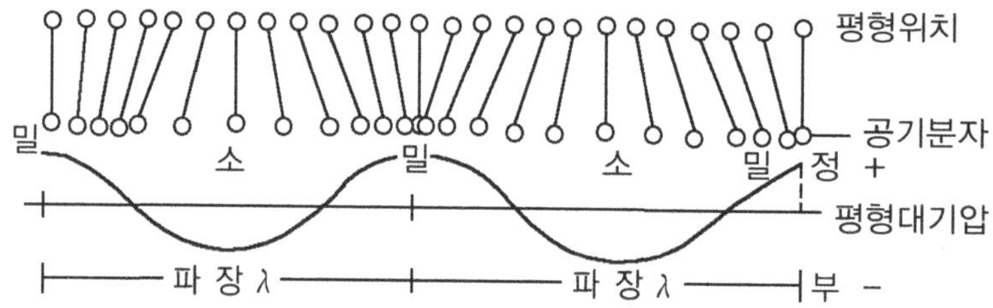

그림 9-1 음의 발생과 전파

보통 음은 상온에서 340㎧로 계산하며 고체나 액체에서는 그 비중(density)과 탄성(elasticity)에 의해 더 빠른 속도로 전파된다.

(2) 주파수(frequency)

음이 전파될 때에는 파동 현상이 나타난다. 이때 음이 1초간에 진동하는 횟수를 주파수(frequency)라 하며 단위는 ㎐(c/s)를 사용한다.

음의 파장(λ), 주파수(f), 그리고 음속(c)과의 사이에는 다음과 같은 관계가 성립한다.

$$\lambda = \frac{c}{f} \text{ (m)} \qquad (9\text{-}2)$$

한 개의 주파수만을 가진 음, 즉 한 개의 사인파 곡선으로 표시될 수 있는 음을 순음(pure tone)이라 한다. 그러나 대부분의 음은 여러 개의 폭넓은 주파수 성분을 갖고 있으며, 이를 복합음(complex tone) 또는 광대역음(broad-band sound)이라 부른다.

서로 인접한 주파수 밴드의 중심 주파수를 f_1, f_2라 하면 $n = \log 2^{f_2/f_1}$에서 $n = 1$일 때를 옥타브밴드(octave band), $n = 1/3$일 때를 1/3 옥타브밴드라고 한다. 옥타브밴드의 중심 주파수와 상 · 하한 차단 주파수는 표 9-1과 같다.

표 9-1 옥타브밴드의 중심 주파수와 상 · 하한 주파수

44 89 177 354 707 1.4K 2.8K 5.6K 11.3K

63	125	250	500	1K	2K	4K	8K
저주파수			중간주파수			고주파수	

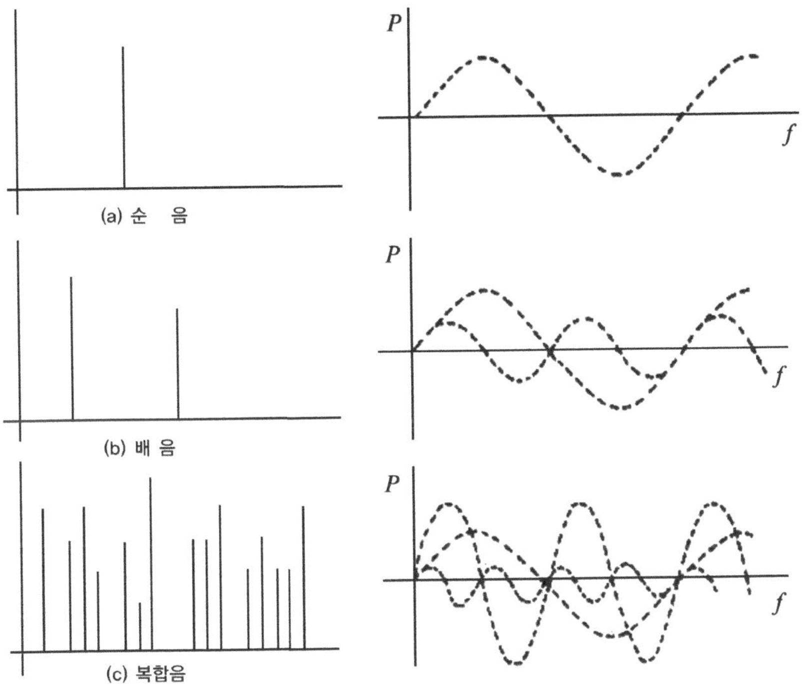

그림 9-2 순음과 복합음

[예제 9-1] 인간의 가청주파수 범위인 20㎐에서 20,000㎐까지의 파장을 구하라.

[예제 풀이] 파장 $\lambda = \dfrac{c}{f} = \dfrac{340}{20 \sim 20,000} = 17(m) \sim 17(mm)$

[예제 9-2] 어느 특정음의 주파수가 500㎐일 때 이 주파수의 파장(λ) 및 주기(T)를 구하라.

[예제 풀이] $\lambda = \dfrac{c}{f} = \dfrac{340}{500} = 0.68\ (\text{m})$

$$T = \frac{1}{f} = \frac{1}{500}\ (\text{초})$$

9.1.2 음의 크기와 물리량

(1) 음압과 음압 레벨(sound pressure level)

매체 속의 음량(音量: sound quantities)은 음압 또는 음의 세기로 측정이 가능하다. 음압은 음파에 의해 공기진동으로 생기는 대기 중의 변동으로서 단위 면적에 작용하는 힘이다.

사람이 소리로 들을 수 있는 음압의 범위는 1000㎐에서 $2\times10^{-5} \sim 2\times10^{2}$N/㎡(㎩)이다.

음압레벨은(SPL)은 어떤 음의 음압(P)이 기준음압의 몇 배인가를 대수(對數)로서 나타낸 것이며 다음과 같이 표현한다.

$$SPL = 20\log\frac{P}{P_0} \text{ (dB)} \qquad (9-3)$$

여기서, P_0은 기준음압(2×10^{-5}N/㎡)으로 1000㎐에서의 최소 가청치이다.

음 압 Sound pressure (Pa)	음의 세기 Sound Intensity (W/㎡)	음의 세기레벨 또는음압레벨 Sound intensity level or Sound pressure level (dB)	실제 생활에서의 소음 Noise in the envirerment
63.2	10	150	
20	1	120	이륙하는 비행기의 주위
6.32	0.1	110	시끄러운 디스코텍
2.0	0.01	100	소음이 심한 공장
0.632	0.001	90	대형화물자동차
0.2	0.0001	80	복잡한 가로모퉁이
0.0632	0.00,001	70	분주한 사무실
0.02	0.000,001	60	일상적인 대화 (1m 이내)
0.00632	0.0,000,001	50	조용한 도시의 낮시간대
0.002	0.00,000,001	40	조용한 도시의 밤시간대
0.000632	0.000,000,001	30	조용한 교외의 낮시간대
0.0002	0.0,000,000,001	20	조용한 시골
0.0000632	0.00,000,000,001	10	사람의 호흡소리
0.00002	0.000,000,000,001	0	최소 가청음 영역

그림 9-3 음의 세기, 음압과 데시벨(㏈)

(2) 음의 세기와 음의 세기레벨(sound intensity level)

음파의 방향에 직각되는 단위 면적을 통하여 1초간 전파되는 음의 에너지량을 음의 세기라고 하며 다음 식으로 표시된다.

$$I = \frac{P^2}{\rho C} \text{ (W/m}^2\text{)} \qquad (9-4)$$

여기서, P : 음압(N/㎡)

ρC : 공기의 고유음향저항 또는 임피던스(impedance) = 400(N · s/㎥)

ρ : 공기밀도, 상온에서 보통 1.22kg/㎥
c : 음속(m/s)

음의 세기에 대한 실효치를 I(W/㎡), 그 기준치를 I0(W/㎡)라고 할 때 음의 세기레벨(IL)은 다음과 같다.

$$IL = 10\log\frac{I}{I_0} \ (\text{dB}) \qquad (9-5)$$

여기서, 기준음세기 I_0는 10^{-12}W/㎡이다.

[예제 9-3] 음압이 2×10^{-2}N/㎡인 음은 몇 dB인가?

[예제 풀이] $SPL = 20\log\frac{2\times10^{-2}}{2\times10^{-5}} = 60(dB)$

[예제 9-4] 음압 2×10^{-1}N/㎡인 음의 세기와 음의 세기레벨은 얼마인가

[예제 풀이] ① 음의 세기 $I = \frac{P^2}{\rho C} = \frac{(2\times10^{-1})^2}{400} = 10^{-4}(W/m^2)$

② 음의 세기 레벨 $IL = 10\log\frac{I}{I_0} = 10\log\frac{10^{-4}}{10^{-12}} = 80(dB)$

[예제 9-5] 60dB 음의 세기는 얼마인가?

[예제 풀이] $IL = 10\log\frac{I}{I_0}$

$60 = 10\log\frac{I}{10^{-12}}$

그러므로 $I = 10^{-5}$(W/㎡)

9.1.3 음의 합성과 분해

(1) 음의 합성

n개의 음압 레벨이 L_1, L_2, $L_3 \cdots L_n$(dB)일 때 합성된 음압 레벨(L)은 다음 식에 의하여 산출한다.

$$L = 10\log(10^{L1/10} + 10^{L2/10} + 10^{L3/10} + \cdots + 10^{\text{Ln}/10})(\text{dB}) \qquad (9-6)$$

또한 위 공식 대신 표 9-2를 이용하여 합성음을 구할 수도 있다.

표 9-2 합성음의 보정치(dB)

$L_1 - L_2$	0	1	2	3	4	5	6	7	8	9	10
보정치(α)	3	2.5	2.1	1.8	1.5	1.2	1.0	0.8	0.6	0.5	0.4

동일 음압 레벨(L_1)이 n개일 때의 합성 음압 레벨(L)은 다음과 같다.

$$L = L_1 + 10\log(n)(\text{dB}) \tag{9-7}$$

(2) 음의 분해

측정하고자 하는 대상음이 있을 때 그 이외의 주위 소음을 배경 소음(background noise)이라 한다. 대상음을 L', 배경 소음을 L_2라 할 때 합성음 L_1과 배경 소음의 차에서 보정치(표 9-3)를 구하여 이를 다시 합성음에서 빼면 대상음의 음압 레벨을 계산할 수 있다.

여기에서 두 개의 음압 레벨차인 대상 음압 레벨(L')을 구하는 공식은 다음과 같이 산정된다.

$$L' = 10\log(10^{L1/10} - 10^{L2/10})\ (\text{dB}) \tag{9-8}$$

표 9-3 배경 소음의 영향에 대한 보정치(dB)

$L_1 - L_2$	3	4	5	6	7	8	9	10
보정치(α)	-3.0	-2.3	-1.7	-1.3	-1.0	-0.8	-0.6	-0.5

[예제 9-6] A = 73dB, B = 68dB일 때 이 두음의 합성음은 얼마인가?

[예제 풀이] $L = 10\log(10^{73/10} + 10^{68/10}) = 74.2\ (dB)$

[예제 9-7] 오디토리엄(auditorium)의 환기용 천장 디퓨저(diffuser)에서의 음압 레벨이 500㎐에서 40㏈이다. 이 디퓨저가 모두 20개 있을 때 전체 환기구에서 발생하는 음압 레벨은 얼마인가?

[예제 풀이] $L_1 + 10\log(n) = 40 + 10\log 20 = 40 + 13 = 53(dB)$

[예제 9-8] 어떤 공장 내에서 어느 기계의 소음을 측정한 결과 소음레벨이 90㏈이었다. 이 기계가 가동을 멈추었을 때는 86㏈로 되었다. 이 기계의 소음 레벨은?

[예제 풀이] 90 - 86 = 4, 표 1-3에서 보정치는 -2.3dB이므로
90 - 2.3 = 87.7(dB)

9.1.4 음원과 음의 전파

(1) 음원의 파워 레벨

음원으로부터 음향 출력(power)은 1초간 방사된 음에너지로서 단위 W(Watt)로 측정된다. 음원의 평균 출력에 대한 몇 가지 예를 들면 다음과 같다.

제트여객기 : 10kW
가속중인 오토바이 : 1kW
50kW 송풍기 : 10^{-1}kW
대집단 오케스트라 : 10^{-2}kW
커피 그라인더(grinder) : 10^{-3}kW
일상대화 : 10^{-4}kW

음원의 파워레벨(PWL)을 구하는 식은 다음과 같다.

$$PWL = 10\log\frac{W}{10^{-12}}\ (dB) \tag{9-9}$$

음을 발생시키는 음원은 거리에 따른 상대적인 기하학적 크기에 의해 점음원(point source), 선음원(line source), 면음원(area source) 등으로 구분된다.

(2) 음의 전파특성

실외와 같은 자유음장에서 점음원의 음파는 구(球)의 형태로서 모든 방향으로 일정하게 확산된다(그림 9-4).

어느 파워레벨(PWL)의 점음원으로부터 거리 r(m)되는 위치의 음압레벨을 SPL(dB)이라 하면 음압 레벨과 거리의 관계는 다음과 같다.

$$SPL = PWL - 20\log(r) - 11 \text{ (구면파 전파)} \tag{9-10}$$

$$SPL = PWL - 20\log(r) - 8 \text{ (반구면파 전파)} \tag{9-11}$$

또, 음원에서의 거리가 r_1(m)에서 r_2(m)로 될 때 음압레벨 SPL_1(dB)과 SPL_2(dB)의 차이는 다음과 같다.

$$SPL_1 - SPL_2 = 20\log(r_2/r_1) \qquad (9\text{-}12)$$

즉, 음파가 점음원일 때는 거리의 비가 2배일 때마다 6㏈씩 감쇠한다.

선음원은 점음원의 집합이라고 할 수 있으며, 그 음파는 2차원적으로 그림 9-5와 같이 확산된다. 원통의 표면적은 반지름에 비례하여 증가하고 음의 세기는 음원으로부터 거리에 반비례하여 감소한다.

단위 길이 당 파워레벨(PWL)에서 어느 거리(r)에서의 음압 레벨(SPL)은 다음과 같다.

$$SPL = PWL - 10\log(r) - 8 \ \text{(구면파 전파)} \qquad (9\text{-}13)$$

$$SPL = PWL - 10\log(r) - 5 \ \text{(반구면파 전파)} \qquad (9\text{-}14)$$

거리 r_1(m) 및 r_2(m) ($r_2 > r_1$)에서의 음압 레벨차는 선음원의 길이(1)가 거리(r)에 비해 아주 큰 경우 ($r < 1/3$), 다음 식이 성립되어 거리에 비가 2배될 때마다 3㏈씩 감쇠한다.

$$SPL_1 - SPL_2 = 10\log(r_2/r_1) \qquad (9\text{-}15)$$

(3) 음의 지향성(sound directality)

자유음장에서의 음의 전파는 음원의 종류에 따라서 각기 다른 지향특성을 갖게 되며, 일반적으로 극다이어그램(polar diagram)으로 나타낸다.

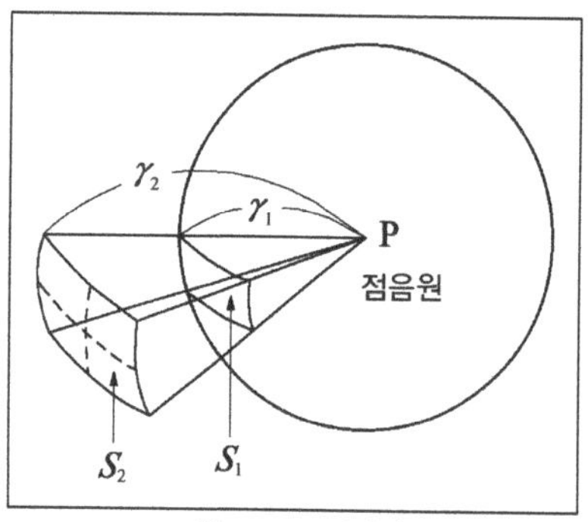

그림 9-4 점음원

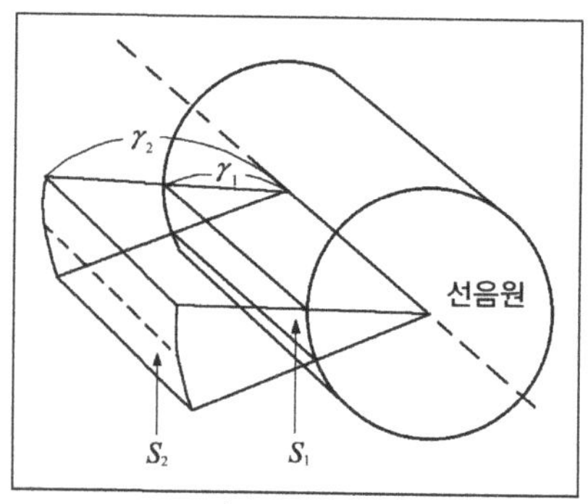

그림 9-5 선음원

음원의 크기에 비해 음파장이 매우 클 때의 음에너지는 모든 방향으로 균일하게 방사되고, 파장이 음원의 크기보다 작은 고주파수음은 음이 퍼져나가는 각도가 좁고 예민하게 된다.

그림 9-6에서 곡선은 스피커의 동일 음압 분포 형태를 나타낸다. 여기서, 음원을 중심으로 한 원형은 모든 방향으로 균일하게 방사되는 것을 뜻하며, 100㎐의 경우이다. 1000㎐와

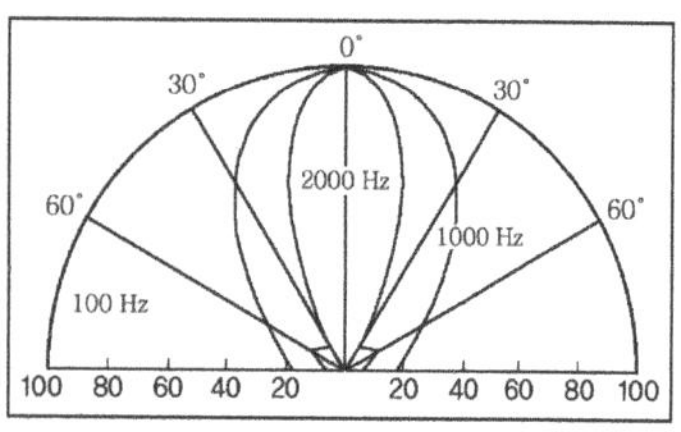

그림 9-6 스피커의 지향 특성

2000㎐일 때는 스피커의 축을 중심으로 하여 지향 특성의 각도가 점차로 좁아지는 것을 알 수 있다. 사람의 음성도 지향 특성이 있으며, 얼굴의 전면과 후면에 있어서 음세기의 차이는 고주파수(3400㎐)일 때 대략 18㏈ 정도이다.

(4) 기상 조건에 의한 영향

대기 중의 공기는 정지한 상태로만 있지 않으며, 균일하게 분포되어 있지도 않다. 맑은 날씨의 주간인 경우 대기는 지표면 가까이서 고온이 되며, 공중으로 올라갈수록 저온이 된다. 또한 기온이 높을수록 음의 속도가 빨라지므로 그림 9-7과 같은 음의 전파특성을 보여준다.

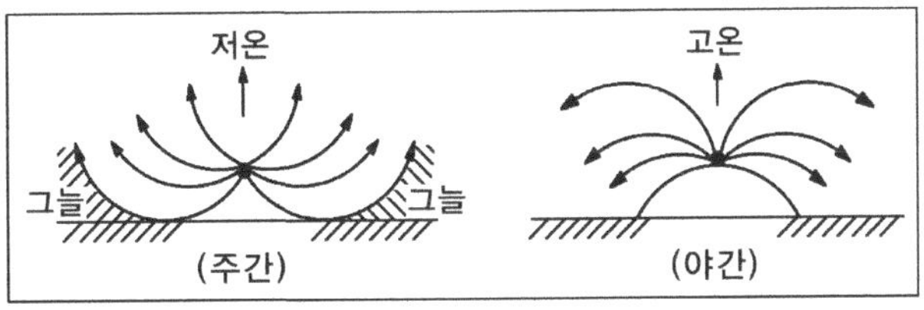

그림 9-7 기온의 상하 분포에 의한 음의 굴절

지상의 바람은 공중으로 높이 올라갈수록 풍속이 커지는 경우가 많다. 바람 부는 쪽과 음이 방향이 반대가 되면, 음이 잘 전파되지 않는 그림자(shadow zone)가 생기지만 같은 방향인 경우는 멀리까지 음이 전달된다(그림 9-8).

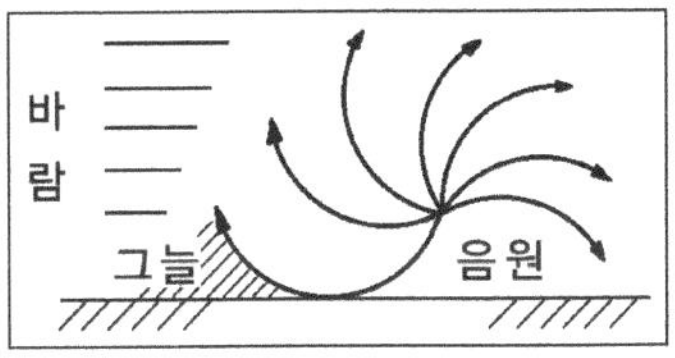

그림 9-8 바람에 의한 음의 굴절

[예제 9-9] 파워 레벨이 100㏈일 때 음향 출력은 얼마인가?

[예제 풀이] $PWL = 10\log\frac{W}{10^{-12}}\ (dB)$

$\therefore\ W = 0.01(Watt)$

[예제 9-10] 출력 0.001W인 작은 점음원으로부터 10m 떨어진 곳의 SPL을 구하라.

[예제 풀이] $PWL = 10\log\frac{W}{10^{-12}} = 10\log\frac{0.001}{10^{-12}} = 90(dB)$

그러므로 $SPL = PWL - 20\log r - 11 = 90 - 20\log 10 - 11 = 59\ (dB)$

[예제 9-11] 선음원으로부터 30m 거리에서 80㏈이다. 이때 10m 위치에 있어서의 음압 레벨은 얼마인가?

[예제 풀이] $SPL = 80 + 10\log(30/10) = 84.7(dB)$

9.2 음의 주관적 성질

9.2.1 청각(aural perception)

음의 감지는 귀에 의해서 이루어진다. 인간의 귀는 바깥귀(外耳), 가운데귀(中耳), 속귀(內耳)로 구분된다. 공기 중에 전파된 음이 외이도(外耳道)를 지나 고막에 도달하면 진동으로 바뀐다. 이 진동은 망치뼈(hammer), 모루뼈(anvil), 등자뼈(stirrup)라는 세 개의 작은 뼈(聽小骨, ossicles)에 의해 타원창막(oval window)까지 전달되며, 이 막을 통하여 속귀의 달팽이관(cochlea)에 도달된다.

달팽이관 속에는 관의 길이에 따라 관 내부를 이등분하고 있는 기저막이 있는데 여기에 약 25,000개의 말초신경이 연결되어 있다. 이 말초신경은 액체 속에서의 소리의 진동을 감지하여 머리카락 같은 청각신경을 통하여 대뇌의 감각중추에 도달함으로써 각종 주파수에 선택적으로 반응하여 소리로 느끼게 된다(그림 9-9).

청각은 주파수에 따라 많은 차이를 느끼며, 방향과 거리에 대한 중요 지각기능을 가지고 있다.

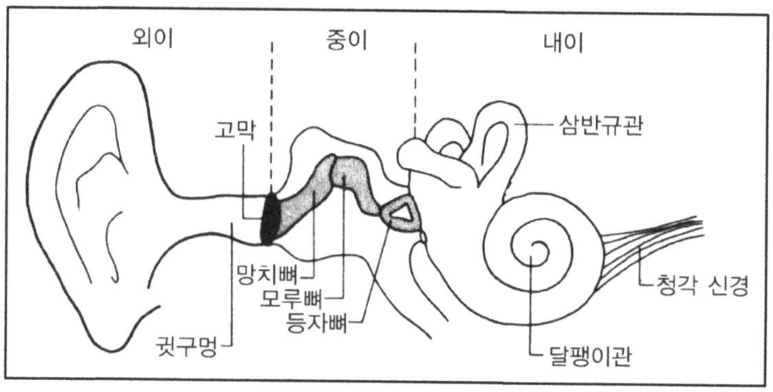

그림 9-9 귀의 구성

9.2.2 주파수와 음높이

주파수의 변화에 따른 청각의 성질을 음의 높이(pitch)라고 한다. 이때 고주파수음은 높게, 저주파수음은 낮게 감지된다. 인간의 감각으로는 음이 주파수의 배수에 따라 그 배수만큼 높게 들리는 것은 아니다. 이러한 주파수와 음의 높이 관계는 그림 9-10에서와 같이 1000㎐에서 60㏈ 음압레벨의 높이를 1000이라 하고, 그 2배의 높이를 2000, 그 1/2의 높이를 500으로 하는 멜(mel) 척도(scale)를 사용하고 있다. 정상적인 사람의 청각으로 감지할 수 있는 가청주파수 범위는 20~20,000㎐이다.

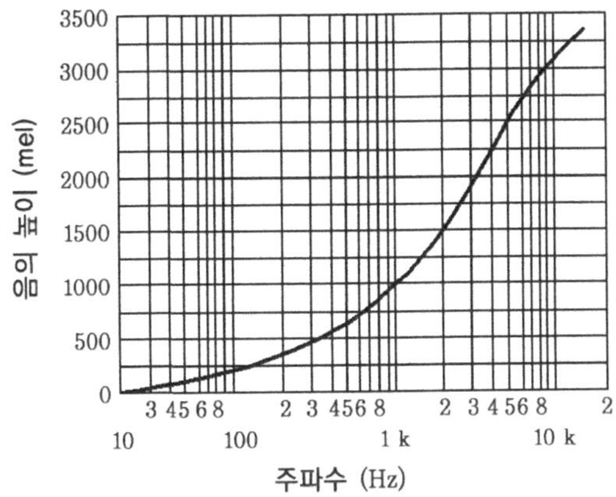

그림 9-10 주파수와 음높이

9.2.3 음의 크기레벨(loudness level of sound)과 음의 크기

음의 크기 레벨(loudness level)은 감각적인 음의 크기를 나타내며, 단위는 폰(phon)을 사용한다. 그림 9-11에서 각 곡선상의 숫자를 음의 크기 레벨이라고 한다. 데시벨(dB)은 물리적인 척도인데 비해 폰(phon) 척도는 귀의 감각적 변화를 고려한 주관적인 척도이다.

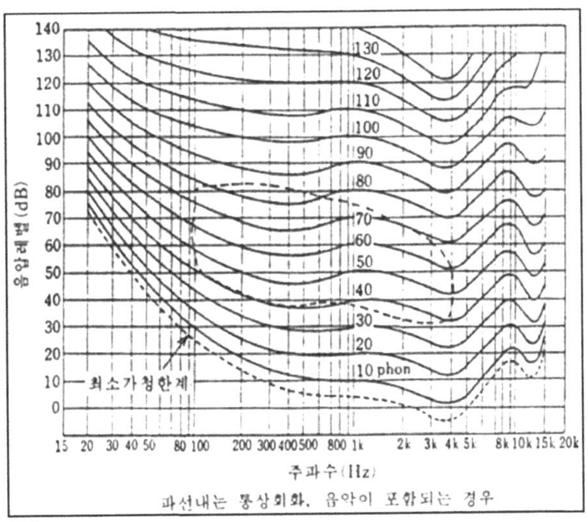

그림 9-11 음 크기의 등감곡선(ISO 권장)

어떤 음의 크기레벨이란 인간이 그 소리의 크기를 1000Hz 순음의 크기와 같다고 판단될 때 이 순음의 음압 레벨을 dB로 표시한 것이다. 즉, 1000Hz 순음의 음압 레벨이 "A"dB인 음과 동일한 크기로 들리는 음을 "A"phon 음이라 한다. 이와 같이 사람의 청각으로 지각되는 음의 크기는 주파수에 따라 차이가 있어 평탄하게 선형적으로 느껴지지는 않는다.

음의 감각적 크기를 보다 직접적으로 표시하기 위하여 손(sone) 단위를 사용한다. 손 값을 2배로 하면 음 크기는 2배로 감지된다. 음 크기(SN)와 음의 크기 레벨(PN)과의 관계는 다음과 같다.

$$SN = 2^{(PN - 40)/10} \tag{9-16}$$

9.2.4 음의 청감 보정 특성

인간 청각 기관의 작용은 주파수에 따라 음이 일정한 크기로 들리지 않으므로 소음공해 등의 문제를 취급할 때는 인간의 청각 기관과 흡사한 증폭기를 사용하여 음을 측정하게 된다.

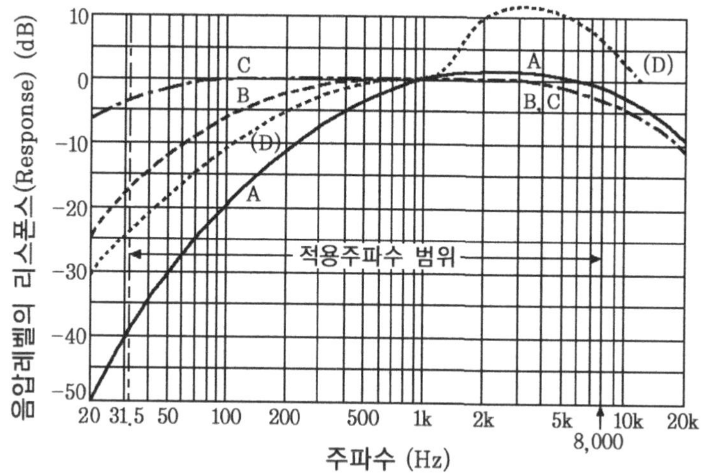

그림 9-12 지시소음계의 청감 보정 회로

표 9-4 각 가중척도의 청감 보정 특성

주파수(Hz)	A 특성	B 특성	C 특성	D 특성
63	-26.2	-9.3	-0.8	-11.6
125	-16.1	-4.2	-0.2	-6
250	-8.6	-1.3	0	-1.9
500	-3.2	-0.3	0	0
1000	0	0	0	0
2000	1.2	-0.1	-0.2	8
4000	1	-0.7	-0.8	10.9
8000	-1.1	-2.9	-3	6

음의 크기 또는 음의 크기 레벨은 직접 측정될 수는 없으나 가중치(상대음압 레벨) 방법에 의해 음 크기의 등감음도곡선을 유사하게 그릴 수 있도록 전자회로를 구성할 수 있다. 이것을 "A" 특성이라고 하며, 그림 9-12의 "A" 곡선과 같이 정의된다.

"A" 이외에 "B", "C" 등의 가중회로는 특수 목적에 사용된다. "C" 특성은 중요한 주파수역인 약 80～3000㎐ 이내에서 사실상 선형(線形)이므로 이 특성은 음향재생 기계시스템에서 사용되며, 이중에서 "A" 특성은 주어진 광대역 음을 하나의 단일 값으로 표시하는데 가장 유용하게 사용되는 청감보정회로 dB(A)라는 기호로 나타낸다.

[예제 9-12] A, B 기기 두 음원으로부터 30m 거리에서 측정한 각각의 주파수별 음압레벨이 다음과 같다. 이들 2개 소음의 주파수 별 합성음압레벨(dB)과 전체를 종합한 소음레벨(over-all sound intensity level: dB(A))을 구하라.

주파수(㎐) / 소음원	63	125	250	500	1000	2000	4000	8000
A 기기(dB)	55	70	77	80	78	71	70	70
B 기기(dB)	60	72	78	85	75	81	72	68

[예제 풀이] 1. 주파수별 합성음압레벨(dB)

65㎐ : 55 ↔ 60 → 61

125㎐ : 70 ↔ 72 → 74

250㎐ : 77 ↔ 78 → 81

500㎐ : 80 ↔ 85 → 86

1000㎐ : 78 ↔ 75 → 80

2000㎐ : 71 ↔ 81 → 81

4000㎐ : 70 ↔ 72 → 74

8000㎐ : 70 ↔ 68 → 72

2. 전체 종합 소음레벨[dB(A)]

주파수	보정			
65㎐	61-26=35	58	83	87
125㎐	74-16=58			
250㎐	81- 9=72	83		
500㎐	86- 3=83			
1000㎐	80- 0=80	84	84	
2000㎐	81 + 1=81			
4000㎐	74+ 1=75	76		
8000㎐	72- 1=71			

답 : 87dB

[예제 9-13] 어느 작업장의 소음을 주파수 분석한 결과 다음과 같다. 이때 전체 소음 레벨[dB(A)]과 우선회화방해레벨(PSIL)을 구하라

중심 주파수(Hz)	125	250	500	1000	2000	4000
음압 레벨(dB)	80	87	83	83	93	98

[예제 풀이] 1. 전체 소음도는 음압 레벨(dB)에 A특성 청감보정을 한 후 합성한다.

중심 주파수(Hz)	125	250	500	1000	2000	4000
청감 보정치(dB)	−16	−9	−3	0	+1	+1
소음 레벨[dB(A)]	64	78	80	83	94	99

전체 소음도=

$$10\log(10^{6.4}+10^{7.8}+10^{8}+10^{8.3}+10^{9.4}+10^{9.9})=100\,(dB(A))$$

2. $$PSIL=\frac{SPL_{500}+SP_{1000}L+SPL_{2000}}{3}$$

$$=\frac{83+83+93}{3}=86\,(dB)$$

제10장 소 음

인간은 음환경 속에 존재하며 음에 의한 의사전달로 생활을 보다 편리하게 영위한다. 음환경 중에서 인간 행동에 영향을 끼치는 소음은 인류 문명에 대한 부산물이라는 특성을 갖는다.

소음에 대한 일반적 정의는 원하지 않는 소리이다. 따라서 어떤 사람에게는 바람직한 음이 다른 사람에게는 소음으로 들릴 수 있으므로 소음은 주관적·심리적 요소와 그 주변 조건에 따라 변하기도 한다. 소음은 인간에게 감각적 피해(시끄러움), 청취 방해(대화, TV 및 라디오, 전화 등), 청력 손실(일시적 또는 영구성 난청) 등과 같이 직접적인 영향을 미칠 뿐만 아니라 정서적 피해(불쾌감, 초조함)와 수면, 휴양, 업무 등의 방해를 초래할 수 있다.

이와 같이 소음 공해는 생리적·심리적 건강에 미치는 장기적 영향 외에도 제반 작업 능률을 저하시키고 즉시 느끼는 생활상의 불편 때문에 가장 심각한 공해문제 중의 하나로 지적되고 있다.

본 장에서는 각종 소음 측정 및 평가 방법을 이해하고 실내음향설계와 소음방지계획에서 중요한 역할을 하는 흡음 및 차음에 관한 이론과 활용 방안을, 그리고 소음 공해로부터 인간을 보호하고 주거환경의 질적 수준을 향상시킬 수 있는 건물의 실 내·외 소음조절방안을 다루고자 한다.

10.1 소음 측정과 평가

10.1.1 소음 측정

음압 레벨은 물리적인 양이지만 인간의 청감에 대한 보정을 거쳐 음의 크기 레벨에 근사한 값을 측정할 수 있도록 한 측정기를 소음계라고 한다. 그림 10-1은 전형적인 소음계의 주요 구조를 보여주고 있다. 이러한 소음계는 공기의 압력변화를 전압의 변화로 변환 증폭하여 데시벨로 눈금을 맞춘 전기미터에 표시된다.

소음계(sound level meter)는 마이크로폰, 증폭기 및 청감보정회로 등을 이용하여 음의 크기를 전기적으로 측정하는 기기이다.

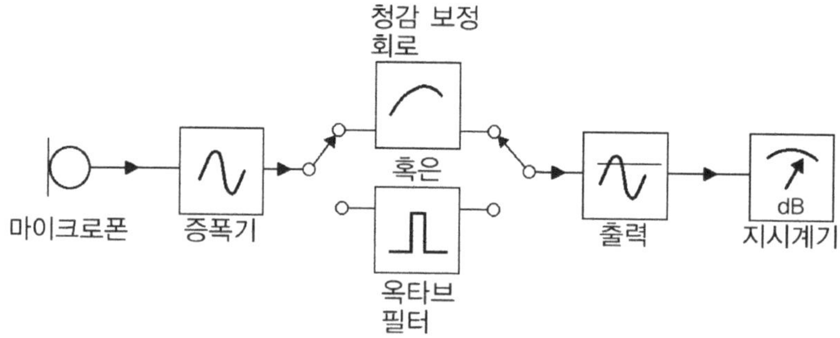

그림 10-1 소음계의 구성

소음 측정은 소음 레벨의 크기와 지속 시간, 시간 변동의 특성, 주파수 분석 등을 내용으로 측정의 목적이나 규모 등에 따라 적절히 조합하여 선택한다. 소음은 시간에 따른 변화 특성에 따라 정상 상태(steady state) 소음과 비정상 상태(non-steady state) 소음으로 구분할 수 있다.

정상 상태의 소음은 시간에 따라 소음 레벨의 변화가 거의 없는 수준을 의미하며, 비정상 상태 소음은 시간에 따라 소음 레벨이 불규칙적으로 심하게 변화하는 소음이다. 일반적으로 실내·외에서 발생하는 대부분의 환경소음은 시간에 따라 심하게 변하는 비정상 상태의 소음들이다. 시간에 따라 변화하는 소음을 측정하는 경우에 소음계의 동특성(動特性)은 원칙적으로 "fast"를 사용하여 측정하거나 녹음하며, 눈으로 판독을 할 때에는 "slow"를 사용하기도 한다.

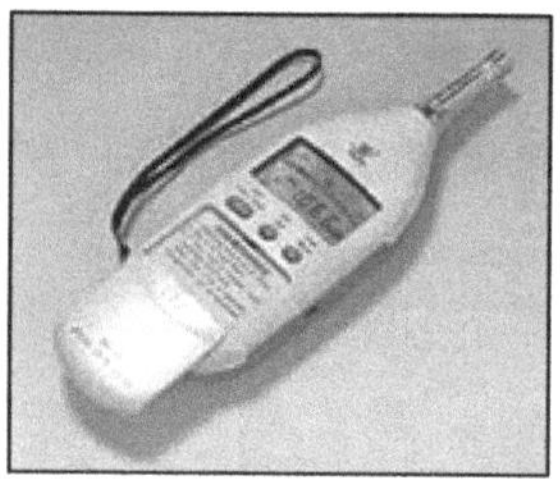

그림 10-2 소음계

소음 방지 대책 시 소음 레벨 측정만으로는 검토 자료로 불충분하므로 주파수 분석을 통하여 음의 특성을 파악할 필요가 있다. 예를 들면, 공장 소음의 주파수 특성을 파악하고 부지 경계선의 규제치가 정해지면, 차음성능을 만족하는 차음구조를 선정할 수 있다.

정밀 소음계에 부착된 옥타브 필터 세트를 사용하여 수동으로 개략적인 주파수 분석을 할 수도 있으며, 보다 더 정확하게 분석하려면 계측용 증폭기와 그래픽 레코더가 결합된 밴드패스 1/3 옥타브 필터 장치(band-pass third-octave filter set)를 사용할 수도 있다.

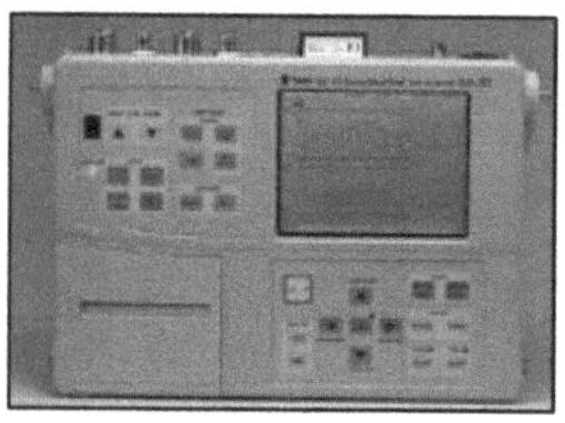

그림 10-3 주파수분석기

실시간 주파수 분석기(實時間周波數分析器: real-time frequency analyser)는 그 안에 전선회로가 들어 있어 즉시 CRT 디스플레이에 스펙트로그램(히스토그램 형태)을 그려내므로 분석결과의 정리와 변환을 쉽게 파악할 수 있다.

10.1.2 소음 평가

소음은 지역사회, 각종 건물의 실내, 작업장 등에서 주로 문제가 될 수 있으며 이러한 소음 평가 방법이 지난 수 십 년간에 걸쳐 급속히 발전되어 왔다. 이에 대한 평가 방법은 항상 소음과 인간과의 영향 관계를 고려하여 개발되었다.

지역사회를 대상으로 한 평가 방법은 일반 주민의 진정 행위, 시끄러움, 일상생활의 방해를 주된 내용으로 하고 있다. 각종 건물의 실내를 대상으로 한 소음 평가에서는 이용자의 대화 방해와 시끄러움에 대한 영향을, 산업장인 경우는 업무 방해 및 작업자의 청력 손실 등을 소음에 대한 영향으로 고려한다.

환경 소음 평가 방법은 1950년대의 CNR, L_{eq}, L_{50} 등의 기초적 연구를 시작으로 1960년대의 TNI, Q의 제안과 1970년대에 이르러 급속적으로 각종 요인을 고려한 방법으로 각각 독립적인 제안을 하였다. 현재까지의 환경 소음 평가 지표는 여러 가지의 많은 방법으로 각국에서 사용되고 있으며 그 중 몇 가지 방법만을 기술한다.

(1) 시간률 소음 레벨(LN : percentage sound level)

시간률 소음레벨은 측정시간 동안에 특정 레벨 이상이 되는 시간률이 N[%]일 때 그때의 레벨을 지칭하며 L_N[dB(A)]으로 표시한다. 일반적으로 평균소음레벨은 시간에 따른 소음의 변동 양상을 전혀 파악할 수 없게 되므로, 따라서 시간률 소음레벨은 이를 보완하기 위한 것이다.

L_{50}은 중앙치로서 변동소음의 대표치로 적절한 평가 방법이지만 변동하는 소음의 주관량(불쾌감, 생활 방해 등)과의 대응이 반드시 우수하다고 볼 수 없으며, 특히 변동 폭이 큰 소음과 돌발성 소음의 경우에는 과소평가되는 경우가 있다.

L_5와 L_{10}은 상위의 레벨을 반영하고 환경 소음의 주관량(음의 크기와 시끄러움)과의 대응은 비교적 양호하다. 미국, 영국에서는 도로교통소음의 기준이 L_{10}에 의해 평가되며 일본에서는 공장소음과 건설소음의 규제기준에 L_5가 이용되고 있다.

L_{90}, L_{95}, L_{99}는 하위 레벨을 반영하고 배경 소음 레벨을 나타낸다.

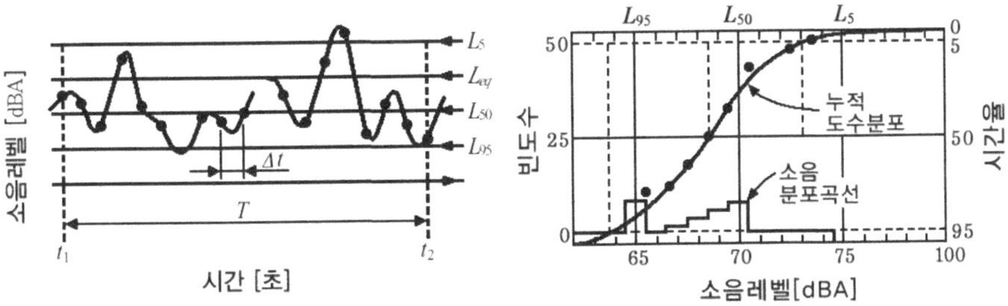

그림 10-4 시간률 소음레벨

일반소음계를 이용하여 시간률 소음 레벨을 얻기 위해서는 일정한 시간 간격(Δt)으로 소음레벨을 측정한 후 이를 이용하여 각 레벨 별 빈도 곡선을 작성한다. 작성된 빈도 곡선을 이용하여 누적도수분포곡선을 그리고 여기에서 시간률에 해당하는 레벨 값을 읽게 되면 시간률 소음레벨이 된다.

(2) 등가소음레벨(LAeq : equivalent sound level)

청력 손실과 음향심리 연구 중에서 각종의 물리적 특성의 차이는 있더라도, 등 에너지의 소음은 동일한 효과를 준다고 생각되는 현상을 자주 볼 수 있다. 등가소음레벨은 이 등 에너지에 기본을 둔 것으로서, 변동하는 소음의 에너지 평균 레벨로 나타낸 것으로 다음과 같이 계산한다.

$$L_{Aeq} = 10\log\frac{1}{T}\int_0^T 10^{L(t)/10}dt \qquad (10.1)$$

여기서, T : 소음 측정 시간(초)

$L(t)$: 시각 t의 소음레벨 [dB(A)]

(3) 주야 등가 소음 레벨(Ldn : day-night average sound level)

동일한 소음이더라도 주간보다 야간이 보다 시끄럽게 느껴지고, 생활과 수면 방해도 역시 크다. 이 때문에 야간소음레벨에 10dB(A)를 더하여 24시간의 등가소음레벨을 구한 것이 L_{dn}이다. 이는 EPA(미국환경보호청: Environment Protection Agency)가 1974년에 사람들이 장기간 생활하는 주거지역 환경 소음의 영향을 평가하는 척도로 제안하였으며, 자동차 소음과 항공기 소음에 대한 사회 반응과 양호한 대응을 이루고 있다.

$$L_{dn} = 10\log\frac{1}{24}[15\times 10^{Ld/10} + 9\times 10^{[(\mathrm{Ln}+10)/10]}] \qquad (10.2)$$

여기서, Ld : 주간 07:00~22:00의 등가소음레벨

Ln : 야간 22:00~07:00의 등가소음레벨

(4) 평가소음레벨(L_r : rating sound level)

평가소음레벨은 1971년 권고된 ISO/R 1996 중에서 제안된 평가척도이다. 정상음 및 단속하는 정상음의 경우에는 측정한 피크의 소음레벨(L_A)에 충격성, 순음성 및 발생 시간률의 보정(표 10-1)을 하고, 변동음의 경우 등가소음레벨(L_{eq})에 충격성과 순음성의 보정을 하여 평가소음레벨(L_r)을 구한다. 단, 충격성과 순음성의 양쪽에 해당되는 경우의 보정은 5dB(A)로 한다. 또 그 권고에서는 기초적 기준소음레벨에 시간대별(표 10-2), 지역별(표 10-3) 보정을 한 일반 기준 소음레벨을 구하며, L_r과의 차이에 따라 사회적 반응을 예측하는 방법도 표 10-4와 같이 제시하고 있다.

표 10-1 소음에 대한 사회적 반응

영향 인자	발생할 수 있는 조건	보정치 dB(A)
피크 인자	충격성(예 : 항타)	+5
소음의 스펙트럼 특성	순음성분(예 : 비명 소리)	+5
주간 1시간 당의 지속시간, 저녁, 야간은 1/2 시간 당의 지속시간	50～100%	0
	18～56%	-5
	6～18%	-10
	1.8～6%	-15
	0.6～1.8%	-20
	0.2～0.6%	-25
	0.2% 이하	-30

표 10-2 시간대별에 따른 보정치

시 간	보 정 치
낮	0
저 녁	-5
밤	-10～-15

표 10-3 지역별 특성에 대한 보정치

지역의 종류	보정치
주거 전용지, 병원 요양지역	0
교외 주거지, 도로 교통 거의 없음	+5
도시주택지	+10
공장, 상점, 간선도로 등이 있는 도시주택지	+15
시가지(상업, 무역, 관청가)	+20
중공업지역	+25

여기서, Ld : 주간 07:00～22:00의 등가 소음레벨

Ln : 야간 22:00～07:00의 등가 소음레벨

표 10-4 소음에 대한 사회적 반응

평가소음레벨 L_r이 일반기준치를 넘는 양 dB(A)	예상되는 사회적 반응	
	정 도	내 용
0	없다	명확한 반응 없음
5	약간	산발적인 반응 있음
10	약간 강함	광범위한 반응 있음
15	강함	사회적 행동으로 반응 있음
20	아주 강함	강력한 사회적 행동 있음

(5) 교통소음지수(TNI : traffic noise index)

교통소음지수는 A특성으로서 24시간 중 임의의 시간에 간헐적으로 측정한 결과치로 평가한다. 1968년 Grffiths와 Langdon이 다음과 같은 식으로 교통소음의 척도를 제안하였고, 그 후 ISO가 교통소음지수로 채택하였다.

$$TNI = 4(L_{10} - L_{90}) + L_{90} - 30 \quad (10.3)$$

여기서, L_{10} : 90% 범위의 소음 레벨 상단치

L_{90} : 90% 범위의 소음 레벨 하단치

여기서, L_{10}과 L_{90} 사이가 소음환경을 나타내게 되며, 이 2개의 음압 레벨은 도로교통 소음에 많은 영향을 받게 되므로 실외 소음 상태를 측정할 때 가장 많이 사용된다.

(6) 항공기 소음의 평가 지수

항공기소음을 평가하는 데에는 PNL(Perceived Noise Level)을 비롯하여 국제민간항공기구(ICAO)에서 제안되어 사용하고 있는 WECPNL(Weighted Equivalent Continuous Noise Level)에 이르기까지 각국 별로 항공기로 인한 소음의 평가량을 산출하는 다양한 방법들을 채택하고 있다.

항공기 소음에 대한 시끄러운 지수로서는 noy를 이용하고 있으며, 총 noy수인 N_t를 구하는 식은 다음과 같다.

$$N_t = N_m + 0.3(\sum N_i - N_m)noy \quad (10.4)$$

여기서, N_i : 소음의 옥타브별 noy값

N_m : N_i 중 최대값

PNL과 N_t 사이에는 다음 식이 성립되며(그림 10-5에서 우측 끝의 환산단위 참조), 보정회로를 삽입한 소음계로 PNL을 직접 읽는 것이 국제적으로 규격화되어 dB(D)라는 단위가 쓰인다.

$$PNL = 40 + 33.3\log N_t \quad (10.5)$$

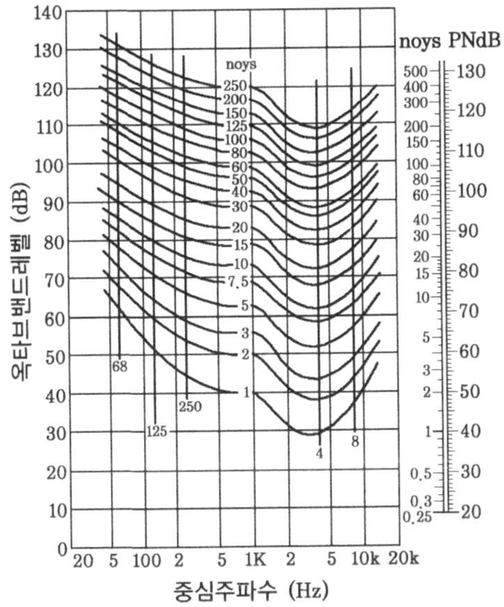

그림 10-5 noy와 PNL

영국에서는 항공기 소음을 표시하는 방법으로 다음 식을 이용하고 있다.

$$NNI = PNL + 15\log n - 80 \quad (10.6)$$

여기서, n : 1일 항공기 운항회수

PNL : 1일 중 항공기 통과 시 PNL의 평균치

NNI : Noise and Number Index

또한 ICAO(International Civil Aviation Organization: 국제민간항공기구)에서는 PNL에 1대마다의 계속 시간 보정과 순음보정을 가한 EPNL을 소음증명제도의 단위로 채용하고 있다.

EPNL계산에서 N 대신에 야간 및 저녁때의 시간대에 따른 보정을 가한 것이 WECPNL이다.

$$WECPNL = EPNL + 10\log(n_1 + 3n_2 + 10n_3) - 39.4 \quad (10.7)$$

여기서, n_1 : 주간(07:00~19:00)의 항공기 운항 회수

n_2 : 저녁 때(19:00~22:00)의 항공기 운항 회수

n_3 : 야간(22:00~07:00)의 항공기 운항 회수

일본에서는 이러한 ICAO의 제안을 간단하게 수정하여 EPNL≒dB(A)+13을 적용한 다음과 같은 공식을 사용한다.

$$WECPNL = dB(A) + 10\log(n_1 + 3n_2 + 10n_3) - 27 \quad (10\text{-}8)$$

여기서, dB(A)는 1일 중 항공기 통과 소음의 피크치의 파워 평균이다.

(7) 실내 소음 평가 지수

소음을 청력 장애, 회화 장애, 시끄러움의 3개 관점에서 평가하여 1961년 ISO가 제안한 것이 NRN(Noise Rating Number)이다.

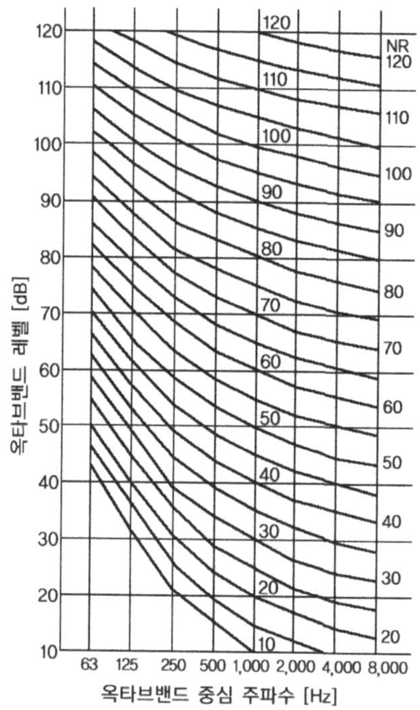

그림 10-6 NR곡선

NR곡선(Noise Rating Curve)은 1000㎐의 옥타브밴드 레벨이 평가 곡선의 NR수와 일치한다(그림 10-6). NRN은 소음을 옥타브 분석하여 그림 10-6의 곡선에 겹쳐서 가장 큰 값의 곡선과 접하는 값을 읽어서 구한다.

건축에 있어 실내소음기준으로 NR곡선을 사용하기 이전에 Beranek는 회화의 양호한 전달을 위해서는 중·고음 성분의 암소음을 충분히 작게 해야 된다는 것을 조사하여, NC(Noise Criteria Curve) 곡선을 제안하였다.

NC값은 실질적으로 NRN과 같으며 구하는 방법도 동일하다.

표 10-7은 미국 공기조화 냉동공학회(ASHRAE: American Society of Heating, Refrigerating and Air-Conditioning Engineers)에서 추천하는 실용도별 설계 목표치를 근거로 실내 허용 소음을 나타낸 것이다.

표 10-5 NR값의 주파수 별 음압 레벨

NR \ 주파수 (Hz)	63	125	250	500	1000	2000	4000	8000
15	47.3	35.0	25.9	19.4	15	11.7	9.3	7.4
20	51.3	39.4	30.6	24.3	20	16.8	14.4	12.6
25	5.2	43.7	35.2	29.2	25	21.9	19.5	17.7
30	59.2	48.1	39.9	34.0	30	26.9	24.7	22.9
35	63.1	52.4	44.5	38.9	35	32.0	29.8	28.0
40	67.1	56.8	49.2	43.8	40	37.1	34.9	33.2
45	71.0	61.1	53.6	48.6	45	42.2	40.0	38.3
50	75.0	65.5	58.5	53.5	50	47.2	45.2	43.5
55	78.9	69.8	63.1	58.4	55	52.3	50.3	48.6
60	82.9	74.2	67.8	63.2	60	57.4	55.4	53.8
65	86.8	78.5	72.4	68.1	65	62.5	60.5	58.9

표 10-6 NC값의 주파수 별 음압 레벨

NC \ 주파수 (Hz)	63	125	250	500	1000	2000	4000	8000
15	47	36	29	22	17	14	12	11
20	51	40	33	26	22	19	16	16
25	54	44	37	31	27	24	22	21
30	57	48	41	35	31	29	28	27
35	60	52	45	40	36	34	33	32
40	64	56	50	45	41	39	38	37
45	67	60	54	49	46	44	43	42
50	71	64	58	54	51	49	48	47
55	74	67	62	58	56	54	53	52
60	77	74	67	63	61	59	58	57
65	80	75	71	68	66	64	63	62

표 10-7 실용도 별 허용 소음 레벨

실 용 도	NC 값	dB(A)
음향 스튜디오	15~25	25~34
라디오, TV 스튜디오	20~30	30~38
콘서트홀, 리사이틀 홀, 오페라 하우스	15~25	25~34
대형 오디토리엄, 드라마극장, 교회	〈 25	〈 34
소형 오디토리엄, 극장, 교회	〈 35	〈 44
침실, 병원, 호텔, 모텔, 아파트	25~40	34~47
강당, 회의장	〈 30	〈 38
교실, 세미나실, 독서실, 실험실	30~40	38~47
개인사무실, 소회의실 등	30~40	38~47
대규모 사무실, 접객실, 상점, 레스토랑 등	35~45	42~52
로비, 복도, 작업실, 설계실, 비서실	40~50	47~56
소규모 정비실, 사무실, 컴퓨터실 등	45~55	52~61
상점, 차고, 발전소 통제실, 투기장, 스타디움, 공항, 철도역	50~60	56~66
공장, 작업 공간	60~75	66~80

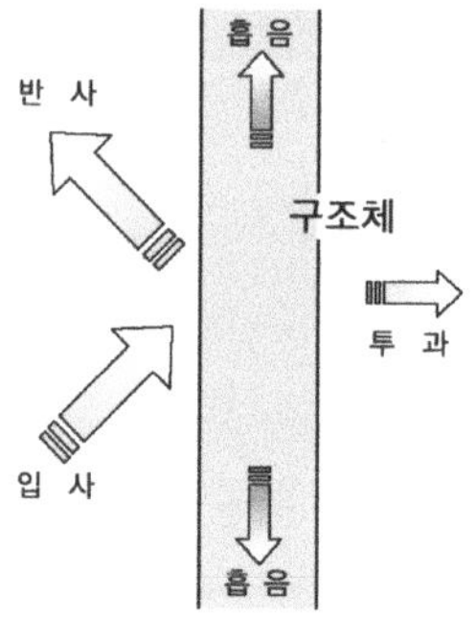

그림 10-7 음의 반사, 흡음, 투과

[예제 10-1] 어떤 소음을 주파수 분석한 결과 63Hz, 250Hz, 1000Hz, 4000Hz의 음압 레벨이 어느 것이나 70dB를 나타내고 있을 때 이 소음을 다음의 평가 방법으로 표시하라

① SPL(dB) ② SL[dB(A)] ③ NRN ④ Nt ⑤ PNL

[예제 풀이] ① $SPL = 70 + 10\log 4 = 76dB$

② $SL = [(70-26),\ (70-9),\ 70,\ (70+1)] = 74dB(A)$

③ $NRN = 45, 61, 70, 74$의 최대치는 74 (그림 10-6)

④ $N_t = 17 + 0.3(2+7+8) = 22noy$ (그림 10-5)

⑤ $PNL = 84PN(dB)$ (그림 10-5)

[예제 10-2] 어느 교외의 주거지에서 주간 1시간 당 20분간 순음성의 소음을 발생하고 있는 공장이 있다. 부근의 주거지에서 소음을 측정한 결과 60dB(A)이라고 할 때 ISO의 제안을 고려한 이 소음의 평가소음레벨을 구하라.

[예제 풀이] 평가소음레벨은 표 10-1에서 발생 시간률은 33%이므로

60+발생 시간률 보정(−5)+스펙트럼특성 보정(+5)=60dB(A)

시간 및 지역에 따른 보정은 다음과 같이 계산하여 평가소음을 구한다.

60+시간에 따른 보정(주간 → 0)+지역보정(+5)=65dB(A)

10.2 흡음

10.2.1 흡음이론

실의 표면에 부딪힌 음은 일부는 반사되고, 일부는 흡수되거나 투과된다. 일반적으로 투과되는 음에너지의 비율은 매우 적으며, 대부분의 음에너지는 반사되고 일부는 구조체에 흡수된다.

흡음(sound absorption)은 재료 표면에 입사하는 음에너지가 마찰 저항, 진동 등에 의하여 열에너지로 변화하는 현상을 말한다.

어떤 재료가 어느 정도 흡음 효과를 가지고 있는가는 주파수별 흡음률(α)로 표시한다. 재료의 흡음률(sound absorption coefficient)은 입사에너지와 재료 표면에 흡수된 에너지와의 비율이다. 흡음률 값(α)은 주파수에 따라 다르며, 0~1.0 사이에서 변화한다.

음향적으로 중요한 건물의 음향 조절을 위해서는 저음역, 중음역, 고음역 등의 주파수 특성별로 흡음 재료가 필요하며, 특기사항이 없는 한 잔향실 측정 흡음률 값을 이용한다.

표면의 흡음력(A)은 어느 재료의 흡음률(α)과 그 표면적(S)과의 곱이다.

어떤 실의 전체흡음력은 다음과 같이 구한다.

$$\text{총 흡음력 } A = \sum(S\alpha) = \text{실표면 재료의 흡음력}\left(\sum_{i}^{n} S_i \alpha_i\right) + \text{고주파수에서의 공기에 의한 흡음력}(4mV) + \text{재실자와 물체의 흡음력}\left(\sum A_i\right) \tag{10-9}$$

여기서, V : 실용적(m^3)

m : 온습도에 의한 감쇠계수

α_i : 실표면 재료의 흡음률

S_i : 실의 각 표면 재료 면적(m^2)

흡음재료에는 다공질형, 판(막) 진동형, 공동공명기형으로 대별할 수 있으며, 건물의 내장 재료로서 흡음재를 사용하고자 할 때에는 각각의 흡음 특성을 충분히 이해하고 적절히 조합하여 사용할 필요가 있다.

다공성 흡음재(porous absorbers)는 글라스울(glass wool), 암면(rock wool) 등의 광물면, 식물섬유류, 발포 플라스틱 등과 같이 표면과 내부에 미세한 구멍이 있는 재료이다. 재료 표면에 입사한 음파는 좁은 틈 사이의 공기 속을 전파할 때 주위 벽과의 마찰이나 점성저항 등에 의하여 음에너지의 일부가 열에너지로 변하여 흡음된다. 다공성 흡음재는 중·고주파수에서의 흡음률은 크지만 저주파수에서는 급격히 저하된다. 그러나 흡음재료의 두께나 바탕재와의 공기층 두께를 증가시키면 저주파수의 흡음률을 증가시킬 수 있다.

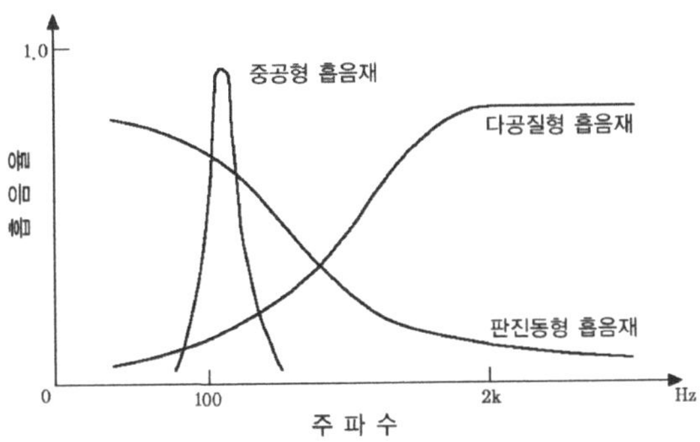

그림 10-8 흡음재료의 흡음특성

판진동 흡음재(membrane absorbers)는 합판, 섬유판, 석고보드, 석면슬레이트, 플라스틱판 등의 얇은 판과 같이 음이 입사되면 판진동이 일어나서 음에너지의 일부가 그 내부 마찰에 의하여 흡수된다. 이 재료의 흡음특성은 판과 배후공기층에 따라 공명주파수 부근의 음을 최대로 선택하여 흡수한다.

흡음판은 막진동을 일으키기 용이한 얇은 것일수록 흡음률이 크며 다공질 흡음재를 배후공기층 안의 바탕벽 위에 부착시키면 다공질형 특성과 판진동형 특성을 조합한 흡음특성을 갖게 되어 흡음률이 보다 더 넓은 주파수에 걸쳐 증가한다.

음파가 입사될 때 구멍 부분의 공기는 입사음과 일체가 되어 앞·뒤로 진동하며, 동시에 배후공기층의 공기가 스프링과 같이 압축과 팽창을 반복한다. 특히, 공명주파수 부근에서는 공기의 진동이 커지고 마찰점성 성질이 생겨 음에너지가 열에너지로 변하는 양이 증가하므로 흡음률은 최대가 된다. 이러한 공동공명기(Hemholtz)는 단일공동공명기, 천공판(穿孔板) 공명기, 슬리트(slit) 공명기가 있다.

단일 공동공명기는 헬름홀쯔(Hemholtz, 1862)에 의해 처음 고안되었으며, 공명에 의하여 특정 주파수의 음만을 효과적으로 흡음한다.

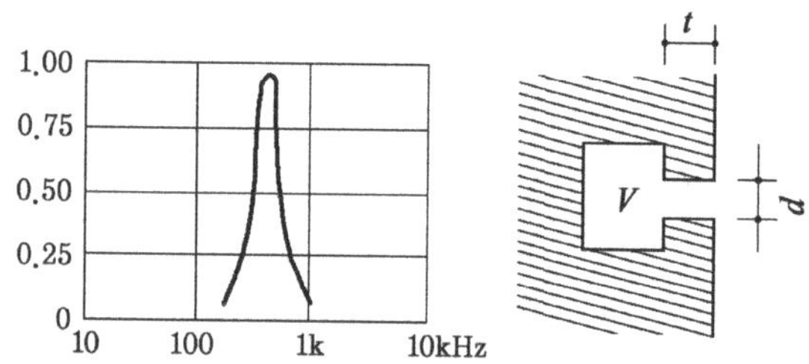

그림 10-9 단일공동 공명기의 흡음 특성

단일공명기를 이용한 예는 나무제품, 구멍 뚫린 타일이나 벽돌, 블록 또는 도자기로 된 항아리나 유리병 등을 콘크리트 속에 넣은 것이 있다. 벽체에 공기층을 가지도록 천공판(穿孔板)을 설치할 경우는 구멍마다 공기층을 갖게 되므로 구멍수만큼 단일공명기가 배치되어 있다고 할 수 있다.

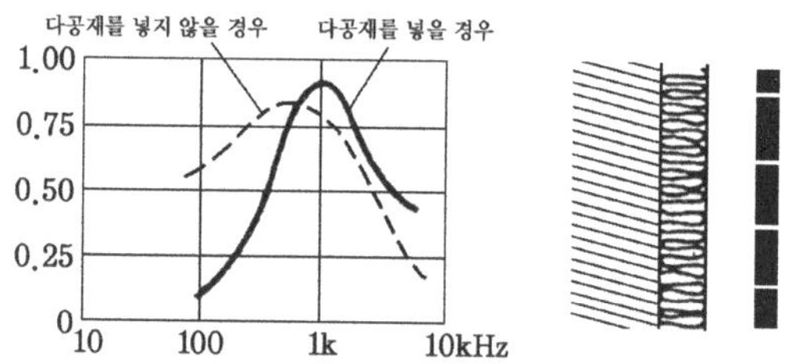

그림 10-10 천공판공명기의 흡음 특성

슬리트 공명기는 판 사이를 띄어 붙이거나 리브를 나란히 부착한 것으로 그림 10-11은 그 한 예를 보여준다.

특수 흡음구조로서 벽이나 천장을 보통 흡음처리로 했을 때 흡음면적이 충분하지 못하거나 곤란할 경우에는 현수흡음체가 사용된다. 동(銅), 알루미늄, 하드보드(hard board) 등의 구멍 뚫린 판으로 패널, 입방체(立方體), 구(球), 원통, 원추형 등의 모양을 만들고 그 내부에 암면, 유리면 등의 흡음재를 넣어 천장에 매단 구조이다.

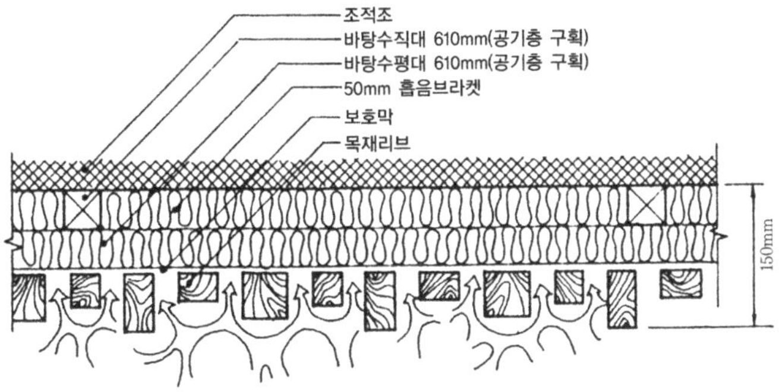

그림 10-11 슬리트 공명기의 사용 예

표 10-10 각종 마감 재료의 흡음률

재료 및 구조	주파수(Hz)		
	125	500	2000
벽돌	0.03	0.03	0.05
벽돌 +페인트	0.01	0.02	0.02
블록	0.36	0.31	0.39
블록 +페인트	0.1	0.06	0.09
벽돌 +석고 또는 석회	0.01	0.02	0.04
블록 +석고 또는 석회	0.12	0.07	0.05
졸대 +석고 또는 석회	0.14	0.06	0.04
콘크리트 또는 테라조 바닥	0.01	0.02	0.02
콘크리트 + 고무, 코르크, 리놀륨, 아스팔트타일	0.02	0.03	0.03
대리석 또는 매끈한 타일	0.01	0.01	0.02
나무 바닥	0.15	0.1	0.06
콘크리트 + 나무널	0.04	0.07	0.06
장선 + 쪽나무마루	0.1	0.1	0.07
합판 또는 하드보드 패널	0.28	0.17	0.1
12mm 천장석고판	0.29	0.05	0.07
매달은 18mm 음향타일	0.76	0.83	0.99
매달은 50mm 섬유판(텍스)	0.59	0.53	0.88
보통유리	0.35	0.18	0.07
무거운 판유리	0.16	0.04	0.02
금속제 베네시안 블라인드	0.06	0.07	0.13
바탕 위 얇은 카펫	0.01	0.05	0.30
바탕 위 무거운 카펫	0.02	0.14	0.6
바탕 위 기포 고무판이 있는 무거운 카펫	0.08	0.57	0.71
가벼운 커튼	0.04	0.2	0.6
무거운 커튼	0.06	0.3	0.65
100mm 두께의 자갈층	0.25	0.65	0.75
50mm 높이의 잔디, 풀	0.11	0.6	0.92
50mm 두께의 눈	0.45	0.9	0.95
보통의 흙	0.15	0.4	0.6
수영장 등의 수면	0.01	0.01	0.02
프로세니움 개구부	0.3	0.4	0.5
깊은 발코니 또는 장식물	0.5	-	1.0

가변 흡음구조는 실의 용도에 따라 잔향시간을 조절할 수 있으므로 다목적용 오디토리엄과 방송스튜디오, 시청각실 등 특수실의 경우에 이용될 수 있으며, 그림 10-12는 그 예를 보여준다.

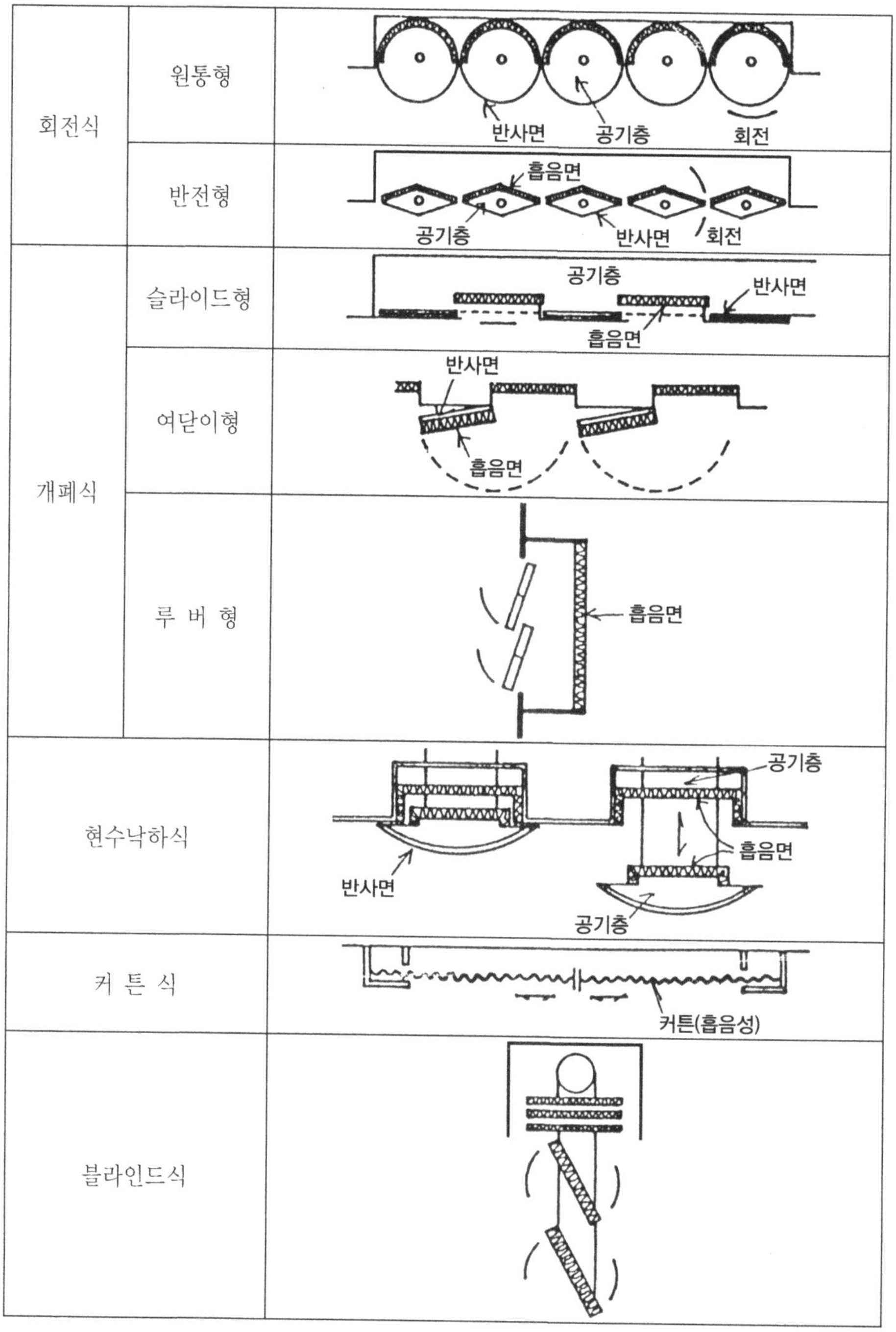

그림 10-12 각종 가변흡음구조

표 10-11 사람 및 가구 등의 흡음률

실의 내용물	주파수(Hz)					
	125	250	500	1000	2000	4000
통기성의자+사람	0.76	0.83	0.88	0.91	0.91	0.89
보통의자(가죽, 비닐 등)+사람	0.68	0.75	0.82	0.85	0.86	0.86
나무의자+사람	0.56	0.68	0.79	0.83	0.86	0.86
통기성 의자	0.72	0.79	0.83	0.84	0.83	0.79
보통의자(가죽, 비닐 등)	0.56	0.64	0.70	0.72	0.68	0.62
나무의자	0.35	0.45	0.57	0.61	0.59	0.55
공기(m³당)	-	-	-	0.009	0.007	0.02

[예제 10-3] 실내 표면적이 300m²인 건물이 있다. 실 표면적 100m²는 흡음률이 0.4이고 나머지는 0.2일 때 이 실의 흡음력은 얼마인가?

[예제 풀이] $A = \sum S_i d_i = 100 \times 0.4 + 200 \times 0.2 = 80(m^2)$

[예제 10-4] 실의 크기가 5m×6m이고 높이가 3m인 실이 있다. 바닥, 벽, 천장의 흡음률이 각각 0.1, 0.2, 0.7일 때의 이 실의 평균흡음률은 얼마인가?

[예제 풀이]

$$\alpha = \frac{\Sigma A}{\Sigma S} = \frac{5 \times 6 \times 0.1 + (5 \times 3 + 6 \times 3)2 \times 0.2 + 5 \times 6 \times 0.7}{(5 \times 6 + 5 \times 3 + 6 \times 3) \times 2}$$

$$= \frac{37.2}{126} = 0.3$$

[예제 10-5] 현재 사용하고 있는 학교 교실(또는 강당)의 평균 흡음률과 전체 흡음력을 계산하라.

10.2.2 흡음처리에 의한 소음조절

실내에서 소음 레벨의 증가는 실 표면으로부터의 반복적인 음반사에 의하며, 이 경우 적절하게 흡음재를 사용하면 효율적으로 소음을 조절할 수 있다. 그러나 흡음재에 의한 소음 조절은 적용에 한계가 있으며, 모든 소음 문제를 해결할 수 있는 것은 아니다. 흡음처리에 의한 소음감소량(noise reduction)은 다음 식에 의해 구한다.

$$\text{소음 감쇠량 } NR = 10\log\frac{A_2}{A_1}(dB) \qquad (2.10)$$

여기서, A_1 : 흡음처리 전 실내 전체흡음력(미터 세이빈)

A_2 : 흡음처리 후 실내 전체흡음력(미터 세이빈)

그림 10-13은 흡음 처리 조건에 따른 실내음의 감쇠 효과를 비교한 것이다. 여기서 실내 음원 가까이서는 흡음재에 의한 소음 감쇠가 크게 나타나지 못하나 실내에 흡음재가 많이 보강될수록 거리에 의한 음감쇠가 더욱 증가됨을 알 수 있다.

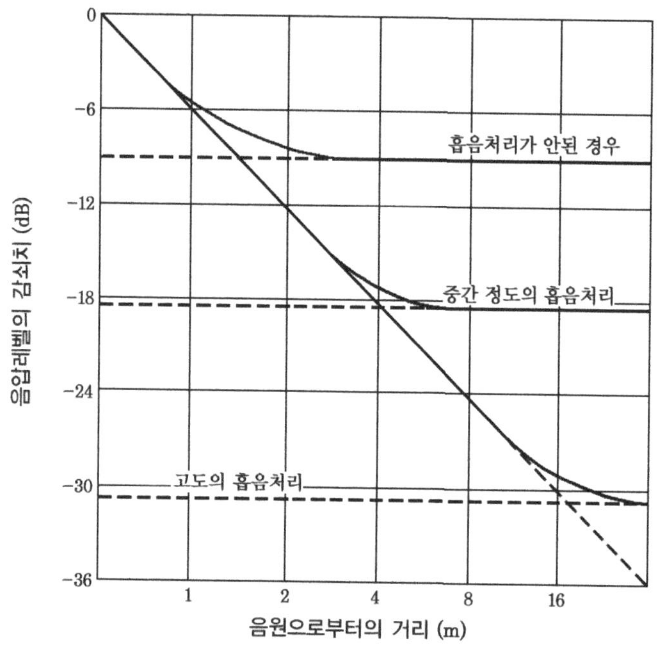

그림 10-13 흡음 조건에 따른 실내음 감쇠의 효과

흡음재를 선택하고 실내에 적용하는 방법은 실의 사용 목적과 실내 표면의 재질에 의해 결정되어야 한다. 예를 들면 흡음성 가구가 많고, 사람이 많이 거주하는 실은 수평면상에서 소음이 어느 정도 흡음되므로 상부로 향하는 소음이 보다 중요하다. 따라서 벽의 윗부분과 천장에 흡음재를 사용하는 것이 효과적이다. 또 실의 주된 소음원의 주파수 특성에 따라 적당한 흡음재를 사용해야 한다.

실의 규모에 따른 흡음재의 적용 부위는 소규모 실에서는 벽체에 사용하고, 대규모 실에서는 천장에 사용하는 것이 효과적이다.

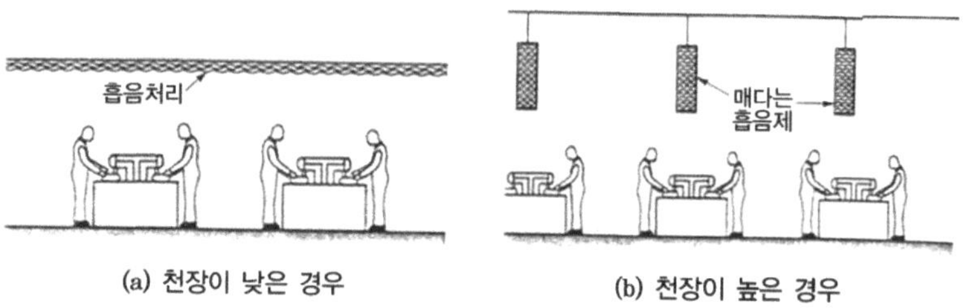

그림 10-14 효과적인 흡음재의 설치

흡음재는 가능한 음원에 가까이 설치하는 것이 효과적이다. 그림 10-14는 흡음재를 사용하여 실내발생소음을 제어하는 예로서 천장이 낮은 경우 천장면에 흡음처리를 하는 것이 유리하며 천장이 높은 경우에는 매다는 흡음체를 설치하여 소음원에 가까이 위치시키는 것이 효율적이다.

[예제 10-6] 콘크리트로 마감한 3×3×3m인 실에서(흡음률 α=0.02, 500Hz) 다음 사항을 구하라. 흡음재는 음향타일로 흡음률 α=0.7(500Hz)이다.

① 흡음 처리를 전혀 하지 않을 때의 전체 흡음력

② 천장만 흡음 처리할 때의 소음감소치

③ 천장과 벽체를 모두 흡음 처리할 때 소음감소치

[예제 풀이] ① 실의 표면적

S_1=54㎡, α_1=0.02, $A_1 = \Sigma S\alpha = 54 \times 0.02 = 1.08$(㎡)

② S_1=45㎡, α_1=0.02, S_2=9㎡, α_2=0.7,

$$A_2 = 45 \times 0.02 + 9 \times 0.7 = 7.2(m^2)$$

$$NR = 10\log\frac{A_2}{A_1} = 10\log\frac{7.2}{1.08} = 10 \times 0.82 = 8.2(dB)$$

③ $A_3 = 9 \times 0.02 + 45 \times 0.7 = 31.68(m^2)$

$$NR = 10\log\frac{A_3}{A_1} = 10\log\frac{31.68}{1.08} = 10 \times 1.47 = 14.7(dB)$$

10.3 차 음

10.3.1 차음이론

구조체의 차음(遮音) 성능은 투과율(τ)이나 투과손실(TL)에 의하여 표시된다. 투과율(transmission coefficient)은 투과에너지의 입사에너지에 대한 비율을 말하며 다음 식으로 정의된다.

$$I_t = I_i \times \tau \tag{10-11}$$

$$\tau = \frac{I_t}{I_i}(0 \leq \tau \leq 1) \tag{10-12}$$

여기서, I_i : 입사음세기

I_t : 투과음세기

I_r : 반사음세기

차음구조에서 입사에너지와 투과율은 다음과 같이 상호 치환될 수 있다.

$$TL = 10\log\frac{I_i}{I_t} = 10\log\frac{1}{\tau}(dB) \qquad (10\text{-}13)$$

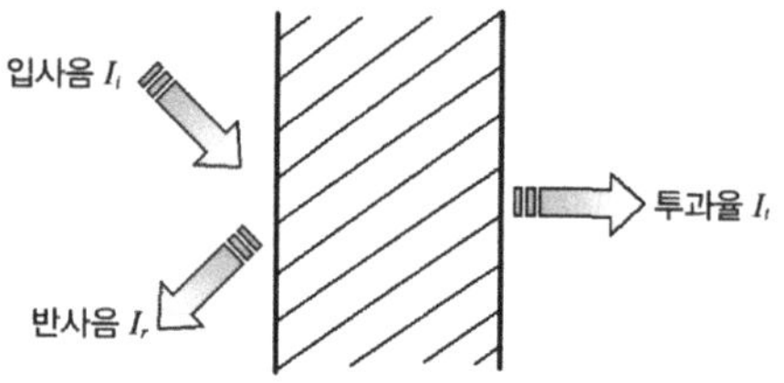

그림 10-15 차음 구조의 투과 원리

단일벽의 투과 손실은 벽의 면밀도(m : kg/m²)와 투과하는 음의 주파수(f)에 관계된다. 음이 수직 입사될 때 단일벽의 음 투과손실은 다음과 같은 근사식에 의해 구하며, 이를 차음에 관한 질량법칙(mass law)이라 한다.

$$TL_0 = 20\log(m \cdot f) - 43 \qquad (10\text{-}14)$$

여기서, 벽의 중량이나 주파수가 2배가 되면 TL_0는 6㏈ 정도 증가함을 알 수 있다.

실제의 음장에서는 θ 값을 0~78°의 범위 내로 산정한 다음 식을 사용하는 것이 일반적이다.

$$TL_r = TL_0 - 5dB \qquad (10\text{-}15)$$

이를 음장입사(field incidence) 질량법칙이라 한다.

그러나 차음 효과는 공진(共振: resonance)이나 일치효과(一致效果: coincidence effect)와 같은 현상에 의하여 감소될 수 있다. 일반적으로 벽체는 유한한 면적과 여러 가지 경계 조건(고정 · 지지 등)을 가지고 있으므로 저주파수역인 어느 특정 기본공진 주파수에서 판진동을 일으켜 투과손실이 저하된다.

대부분의 건물 벽체는 비가청 주파수(非可聽周波數)인 5~20㎐의 기본 공진 주파수를 갖게 되고, 중 · 고주파수역에서는 일치 효과에 의하여 투과 손실이 저하된다. 일치 효과란 그림 10-16과 같이 벽면에 대해 파장 λ의 음파가 θ의 각도로 입사하면, 벽면 위의 $\lambda_B(\lambda_B = \lambda/\sin\theta)$의 파장을 가진 음압 분포가 생기고, 벽체의 굽힘 강성에 의한 굴곡파의 파장과 일치함으로서 굴곡 진동이 생겨 음의 투과가 촉진되는 것을 말한다. 일치효과는 공진보다 바람직하지 못하며, 이 현상이 발생하면 음파는 벽의 진동과 동일 위상(位相)으로 연속하여 벽에 부딪친다.

그림 10-16 일치 효과

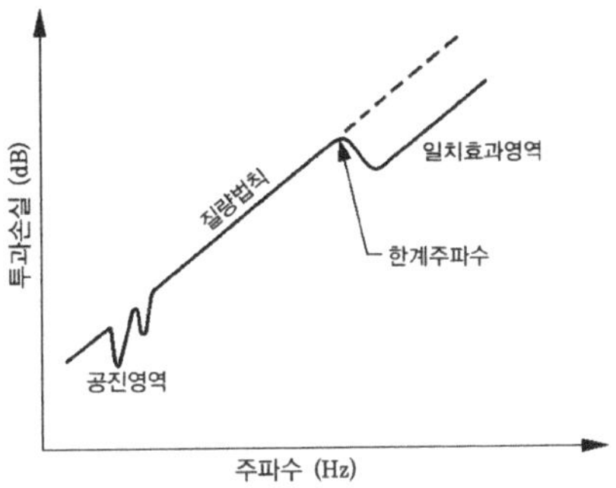

그림 10-17 공진과 일치 효과

그림 10-17에서 중간주파수는 보통 질량법칙에 따르며 저주파수는 공진, 고주파수는 일치 효과의 영향을 받는다는 것을 알 수 있다.

차음벽이 여러 가지 재료로 구성되어 있을 때(예를 들면, 벽에 창문 등의 개구부가 있는 경우) 각각의 투과손실은 서로 다른 값을 갖게 되며, 이때 예상되는 음의 투과는 종합적인 평균투과손실로서 다음과 같이 계산된다.

$$\overline{TL} = 10\log\frac{1}{\bar{\tau}} = 10\log\frac{\Sigma S_i}{\Sigma S_i\tau_i}(dB) \qquad (10\text{-}16)$$

여기서, $\bar{\tau} = 10\log\frac{\Sigma S_i}{\Sigma S_i\tau_i} = \frac{S_1\tau_1 + S_2\tau_2 + S_3\tau_3 + \cdots}{S_1 + S_2 + S_3 + \cdots}(dB)$

S_i : 벽면을 구성하는 각 재료의 면적(m²)

τ_i : S_i에 대한 투과율

표 2-12 각종 구조체의 투과 손실

구조의 종류	주파수(Hz)		
	125	500	2000
150mm 블록	37	42	55
110mm 벽돌, 양면 12mm 두께 플라스터 마감	34	41	56
220mm 벽돌, 양면 12mm 두께 플라스터 마감	41	49	57
250mm 콘크리트, 양면 12mm 두께 플라스터 마감	39	50	64
200mm 콘크리트, 양면 페인트 마감	32	40	54
125mm 철근콘크리트 + 50mm 모르터	35	42	58
200mm 철근콘크리트 + 50mm 모르터	38	47	60
3mm 유리단열창(고무개스킷 처리)	38	47	60
6mm 유리단열창(고무개스킷 처리)	25	30	24
12mm 유리단열창(고무개스킷 처리)	28	33	32
6mm 합판	11	16	25
12mm 합판	18	24	25
7mm 석고보드	12	23	32
9mm 석고보드	19	25	34
45mm 플러시문(공기층 6mm, 개스킷 없음)	14	23	17
45mm 플러시문(공기층 6mm, 개스킷 처리함)	19	25	20

[예제 10-7] 두께 15㎝인 콘크리트 벽에서 500㎐의 투과손실을 구하라.

[예제 풀이] 콘크리트 두께 15㎝의 면중량

$$m = 2400 \times \frac{15}{100} = 360(kg/m^2)$$

$$TL_0 = 20\log(m \cdot f) - 43 = 20\log(360 \times 500) - 43 = 62(dB)$$

$$\therefore\ TL = TL_0 - 5 = 62 - 5 = 57(dB)$$

[예제 10-8] 어떤 주파수에서 벽체로 입사음 에너지의 0.1%가 투과하였다. 이 주파수에서 벽체의 음 투과손실을 구하라.

[예제 풀이] 음투과율 $\tau = \frac{I_t}{I_i} = \frac{0.1}{100} = 0.001$

투과손실 $TL = 10\log\frac{1}{\tau} = 10\log\frac{1}{0.001} = 30(dB)$

[예제 10-9] 철근 콘크리트 구조의 벽면적 30㎡(TL=50㏈) 중에 10㎡인 유리창문(TL=20㏈)이 설치되어 있을 때 종합투과손실은 얼마인가?

[예제 풀이] $TL = 10\log\frac{30}{20 \times 10^{-5} + 10 \times 10^{-2}} = 10\log 300 = 24.5(dB)$

[예제 10-10] 12×3.6m인 블록벽(TL=37㏈)에 0.9×2.1m인 출입문(TL=25㏈)이 있으며, 0.4㎡의 틈새가 있을 때 이 벽의 투과손실을 구하라.

[예제 풀이] 블록벽 면적 S_1=43.2−2.29=40.91(㎡)

출입문 면적 S_2=0.9×2.1=1.89(㎡)

틈면적 S_3=0.4(㎡)

$$\therefore\ \overline{TL} = 10\log\frac{40.91 + 1.89 + 0.4}{40.91 \times 10^{-3.7} + 1.89 \times 10^{-2.5} + 0.4 \times 1} \fallingdotseq 20(dB)$$

[예제 10-11] 현재 사용하고 있는 학교 교실 외벽의 종합투과손실을 구하라.

10.3.2 차음 처리에 의한 소음 조절

질량 법칙에 의하면, 단일벽의 투과손실은 벽 두께를 2배로 하여도 최대 5~6dB 밖에 증가하지 않는다. 그러나 완전히 독립된 벽이 2중으로 되어 있다면, 그 투과손실은 각각의 벽에 대한 투과손실의 합이 되어 매우 큰 음의 감쇠가 예상된다. 실제적으로는 2개의 벽체를 완전히 독립시키는 것은 불가능하다. 이는 구조적인 결함뿐 아니라 중간 공기층에 의한 음향적인 결함에 의하여 소리가 전달될 수 있기 때문이다.

어떤 주파수 범위에서는 공명으로 인하여 단일벽보다 이중벽의 차음이 나빠지는 경우도 생길 수 있으며, 이때는 공기층을 가능한 크게 하고, 그 내부에 충진재를 넣으면 투과손실을 증가시키는데 효과가 있다. 구조적인 결함을 줄이기 위해서는 2중벽 사이에 각각 독립된 샛기둥을 설치하던지 주변 연결부에 유연한 재료 등으로 절연시킨다.

2중벽에서 중공층의 두께는 최소한 100mm 이상이 되어야만 공기층에 의한 결함을 차단하고 공명주파수가 가청주파수 이하로 될 수 있다. 특히 경량벽에서는 공명주파수가 가청 범위 이내에 들어가기 쉬우므로 중공층을 더욱 넓게 할 필요가 있다. 중공 부분에 공명음장이 형성되는 것을 방지하기 위해서는 이 부분을 다공성흡음재 등으로 흡음 처리하는 것이 좋다.

건물구조체에서 벽은 창이나 문 등의 개구부를 갖게 되므로, 이들의 조합에 의해 차음성능이 결정된다. 그러나 이들 벽체의 차음성능은 벽 자체보다는 개구부의 차음성에 크게 영향을 받게 된다.

이중창은 2중벽의 특수 예로 볼 수 있으며, 유리 사이의 공간이 최소 200mm가 되어야만 공명주파수가 가청 범위 이내로 들어오는 것을 방지할 수 있다. 창호에 의한 음의 차단에서는 유리면의 기밀화도 중요하지만 특히 창틀재 주변부를 흡음재로 보강하도록 한다. 또 이중창에서는 유리의 두께를 서로 다르게 하여 일치 효과의 주파수를 변화시키는 방법과 한쪽 유리를 경사지게 하여 공명이 생기지 않도록 하는 방법도 있다.

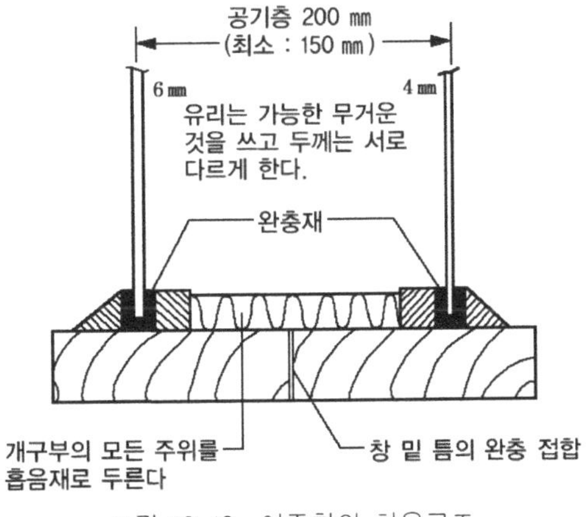

그림 10-18 이중창의 차음구조

문의 차음성을 증가시키기 위한 방법 중의 하나는 가능한 무거운 재료(solid-core panel)를 사용하고, 개스킷(gasket) 처리 등으로 기밀화하는 것이다. 문의 개폐로 인한 소음 전달을 작게 하기 위하여서는 사운드로비(sound lobby)를 이용한다(그림 10-19).

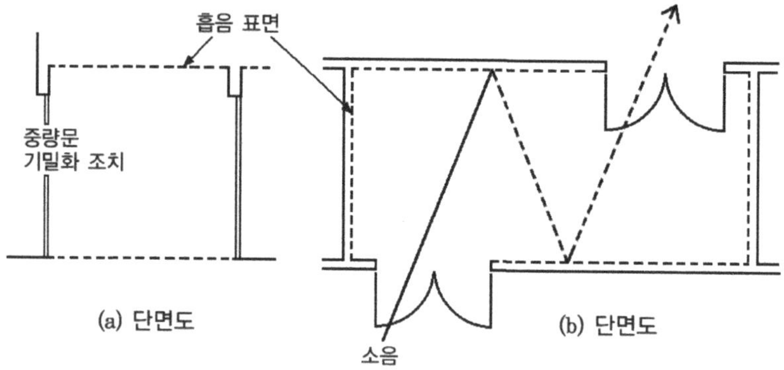

그림 10-19 사운드로비(Sound lobby)

바닥구조에서는 충격성 소음을 줄이기 위해 중간에 완충재를 삽입하고 바닥표면 마무리는 카펫, 고무타일, 고무패드 등 유연한 탄성재를 사용하면 효과적이다. 또 콘크리트 바닥판은 고주파수 성분이 많은 바닥충격음을 발생하므로 장선을 댄 바닥으로 처리할 경우 바닥충격음이 크게 개선된다. 또 중량충격음을 발생하는 고체음이 구조체에 전달되지 않도록 하기 위해서는 뜬 바닥구조가 가장 이상적이다(그림 10-20).

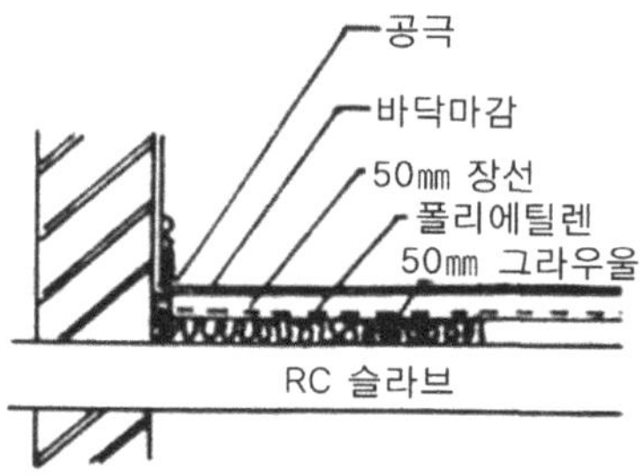

그림 10-20 바닥판의 차음구조

두 실 간의 소음감소량(NR: noise reduction)은 두 실 간의 벽체투과손실(TL) 외에 투과음 벽면적(S), 수음실의 흡음력(A)에 의해 결정된다.

$$NR = TL + 10\log\frac{A}{S}\,(dB) \qquad (2.17)$$

이처럼 두 실의 음압레벨차를 크게 하기 위해서는 벽의 투과손실과 수음실의 흡음력을 크게 해야 됨을 알 수 있다.

벽체의 차음 성능을 표시하기 위하여 표준화된 단일 평가량으로 STC(Sound Transmission Class : 차음 등급)를 국제적으로 사용한다. 각국에서는 실의 용도별로 STC 기준치를 설정하고 있으며, 바닥충격음에 대해서는 IIC(Impact Insulation Class)가 쓰인다.

[예제 10-12] 2개의 인접된 실 사이에 10cm 두께의 간막이벽(벽면적 20㎡, 500㎐에서 벽체의 투과손실 40㏈)이 있다. 이 때 음원실에서 음세기 레벨이 82㏈이면 인접 수음실에서의 음세기 레벨은 몇 ㏈로 들리는가? 단, 수음실의 흡음력은 500㎐에서 30㎡이다.

[예제 풀이] $NR = TL + 10\log\frac{A}{S} = 40 + 10\log\frac{30}{20} = 40 + 1.8 = 41.8\,(500Hz)$

수음측 음세기레벨 $L_t = L_i - NR = 82 - 41.8 = 40.2dB(500Hz)$

[예제 10-13] 10×7m인 실(층고4m)의 흡음률이 바닥 0.1, 천장 0.2, 벽 0.15이다. 이 실의 천장과 벽을 흡음 처리하여 각각의 흡음률은 0.7 및 0.6으로 개선하였다. 이때 흡음처리 전·후의 평균흡음률과 흡음처리에 의한 이 실의 소음 감소량을 구하라.

[예제 풀이] 바닥 및 천장면적 = 10×7×2=140(㎡)

벽면적 = 10×4×2 + 7×4×2 = 136(㎡)

흡음처리 전 평균흡음률 및 흡음력

$$\overline{\alpha_1} = \frac{70 \times 0.1 + 70 \times 0.2 + 136 \times 0.15}{140 + 136} = 0.15$$

$$\overline{A_1} = 0.15 \times 276 = 41.4\,(m^2)$$

흡음처리 후 평균흡음률 및 흡음력

$$\overline{\alpha_2} = \frac{70 \times 0.1 + 70 \times 0.7 + 136 \times 0.6}{140 + 136} = 0.449$$

$$\overline{A_2} = 0.449 \times 276 = 137.7\,(m^2)$$

$$\therefore NR = 10log\frac{A_2}{A_1} = 10log\frac{137.7}{41.4} = 5.2\,(dB)$$

[예제 10-14] 다음 조건에서 사무실(3m×3m×3m)의 허용소음도(NC 30)를 만족시켜 줄 수 있는 칸막이벽을 설계하라.

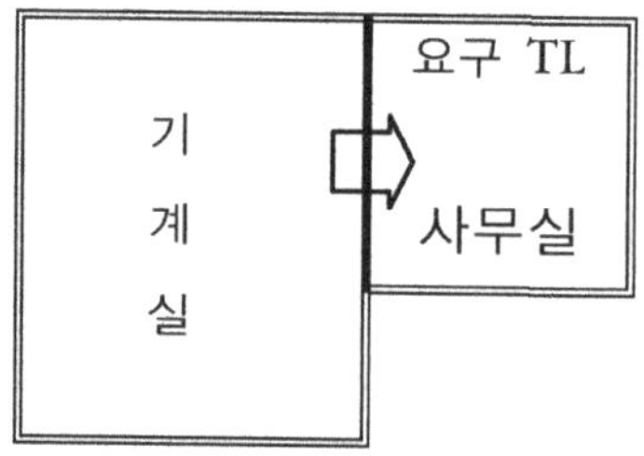

주파수(Hz)			125Hz	250Hz	500Hz	1KHz	2KHz	4KHz
기계실 소음 SPL1(dB)			78	73	79	80	83	75
흡음면	천장	음향 타일	0.76	0.93	0.83	0.99	0.99	0.94
	바닥	카펫	0.08	0.24	0.57	0.69	0.71	0.73
	벽	블록 위 페인트	0.1	0.05	0.06	0.07	0.09	0.08

[예제 풀이] ① 각 부위별 흡음력(A) 산출

부 위	면적(m²)	125Hz	250Hz	500Hz	1KHz	2KHz	4KHz
천 장	9	6.84	8.37	7.47	8.91	8.91	8.46
바 닥	9	0.72	2.16	5.13	6.21	6.39	6.57
벽	36	3.6	1.8	2.16	2.52	3.24	2.88
합 계 (ΣA)		11.16	12.33	14.76	17.64	18.54	17.91

② 차음설계 과정

주 파 수(Hz)	125	250	500	1k	2k	4k	비 고
① 기계실 소음레벨 SPL_1	78	73	79	80	83	75	
② 사무실의 허용소음레벨 SPL_2	48	41	35	31	29	28	NC30
③ 요구되는 차음값(NR)	30	32	44	49	54	47	①~②
④ 10log$A$/S	1	1	2	3	3	3	
⑤ 요구되는 TL	29	31	42	46	51	44	③~④
⑥ 제안 구조체(15cm 블록)	37	36	42	49	55	58	
⑦ 판정	+8	+5	0	+3	+4	+4	⑥~⑤

10.4 건물 내 · 외부의 소음조절계획

건축을 계획하는 초기 과정에서 미리 소음 조절 문제를 고려하지 않으면 건물이 완공된 다음 시공 단계에서는 여러 가지 문제점이 발견될 수 있다.

소음 대책은 대지 선정이나 구조 계획은 물론이고, 창호의 설계 · 설비 및 세부설계상세도 작성에 이르기까지 전반적으로 검토되어야 한다. 소음방지대책은 실시장소에 따라서 음원측, 전파경로, 수음측으로 나눌 수 있고, 기능에 따라서는 음원 대책 외에 차음, 흡음, 방진 등으로 하여 실시한다.

10.4.1 소음원과 대책

(1) 건물 내 · 외부의 소음원

건물 내에서 거주자에게 영향을 미치는 소음은 그 전달기구의 차이에 따라 공기 전달음(air-borne sound)과 고체 전달음(soli-borne sound)으로 구별할 수 있다.

공기 전달음은 공기 중의 전파에서 벽면이나 개구부를 투과함으로서 실내에 전달되는 소리로 각종 생활행위에 따른 소음이나 설비기기 소음, 음향 및 정보기기 소음 등을 들 수 있다.

고체 전달음은 음원이 접하고 있는 건물 구조체를 통하여 진동의 형태로 전파되어 각 실의 공간으로 방사되는 음을 말한다.

사람의 보행, 어린이의 뜀박질, 물건의 낙하 등과 같은 충격이 바닥에 가해지면 바닥 슬래브는 굴곡 진동하며, 그것이 의해서 음이 방사되어 바로 아래층 실에 큰 영향을 미친다. 이러한 현상을 바닥 충격음이라 하며 공동주택이나 학교 등의 건물에서 흔히 문제가 되어 있는 고체음의 대표적인 예이다. 이밖에도 건물 내부의 진동원에 의하는 것으로서, 펌프 · 송풍기 · 엘리베이터 등의 건축 설비기계에 의한 진동 · 소음, 수전류에서 발생하는 진동이나 배수관에 있어서 수류진동에 의한 급배수계 소음, 혹은 창이나 문 등의 창호를 개폐할 때에 발생되는 진동이나 피아노의 진동이 건물 구조체에 전해져 고체음으로 되는 문제 등을 들 수 있다. 그림 10-21은 공기 전달음과 고체 전달음의 전파경로를 나타낸 것이다.

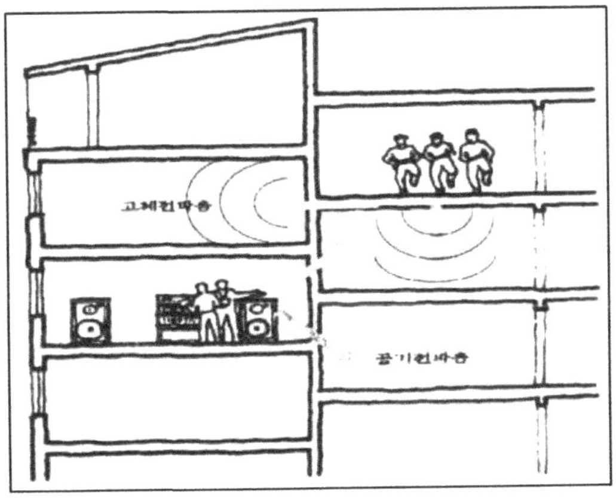

그림 10-21 건물 내의 음 전달

사람을 둘러싼 외부환경에서 발생되는 음들은 크게 자연발생음(natural sounds)과 인공발생음(man-made sounds)으로 구분할 수 있다. 자연발생적인 음들은 나뭇잎이 바람에 바스락거리는 소리에서부터 개를 비롯한 가축의 소리, 새소리, 물 흐르는 소리 등 다양하다. 이와 같은 자연발생음들은 인공발생음에 비해 우리에게 훨씬 친숙하나 이를 받아들이는 사람의 상태(심리적, 육체적)에 따라서 소음으로 인식될 수도 있다.

인공발생음은 인간의 생활 활동에서 발생되는 소리로서 도로교통(자동차, 오토바이 등) 및 철도 소음, 항공기 소음, 각종 생활 및 건설 소음, 공장 소음 등을 들 수 있다. 이 가운데 항공기 소음은 도로교통소음과 더불어 사회적으로 가장 심각한 어노이언스(annoyance)를 유발하는 소음원 중의 하나로 인식되고 있다.

(2) 소음원 대책

음원이나 음 발생 근처에서 소음을 조절하는 것은 어떤 다른 방법보다도 용이하고 비용도 적게 들므로 소음대책에서는 우선적으로 음원대책의 가능 여부를 검토해 볼 필요가 있다. 이때 소음이 지나치게 발생되면 소음을 내는 기계 또는 설비를 신중하게 설계함으로써 소음을 억제할 수 있다.

또한 소음을 일으킬 수 있는 설비를 옮김으로써 방지시설이 간단해질 수도 있고, 반대로 음원대책을 실시하지 않은 관계로 대규모의 방지시설을 필요로 할 때도 있다. 설비기계는 미리 소음이나 진동이 발생이 적은 방식을 채택하는 것이 좋다. 또 기계의 공기유입구나 가스 토출구(吐出口)에 소음기(消音器), 흡음 덕트 등의 소음장치를 설치하거나 기계의 일부 또는 전부를 밀폐하는 것도 효과적이다. 소음원의 규제 처리, 기계장비의 적절한 선택, 소음원의 위치 선정 및 시간계획 등에 의한 소음조절도 가능하다.

어떤 진동원은 균형이 불완전한 회전부로서 개선이 가능하며, 2차음원인 음의 방사면(금속판의 덮개나 패널)은 진동원으로부터 분리 또는 고정시키거나 진동에 제동을 가한다. 음원으로부터의 기계진동이 건물 구조체에 전달되는 것을 방지하기 위해서는 탄성재의 지지가 필요하다. 충격소음을 감소시키기 위해서는 콘크리트 바닥에 카펫을 까는 방법과 같이 충격음이 전달되는 지점에 탄성재를 부착하기도 한다.

10.4.2 건물의 배치와 평면계획

소음은 건물의 평면 및 구조계획 이전에 도시계획적 측면에서 지역개발계획(regional planning)이나 신도시계획(urban renewal planning) 등에서 흔히 고려될 수 있다. 기존도시 및 지방에서는 교통소음이 더 이상 확산되지 않도록 하기 위해서, 그리고 신도시 계획에서는 처음부터 공항 및 간선도로 등의 주소음원과 격리시키기 위해 기본배치계획이 필요하다. 특히 지역적 관점에서는 도시와 각 지역을 연결하는 도로교통 소음이 매우 중요하므로 도로의 구배, 횡단보도, 교통신호, 차선폭, 주차 공간 등을 적절하게 계획하여야 한다.

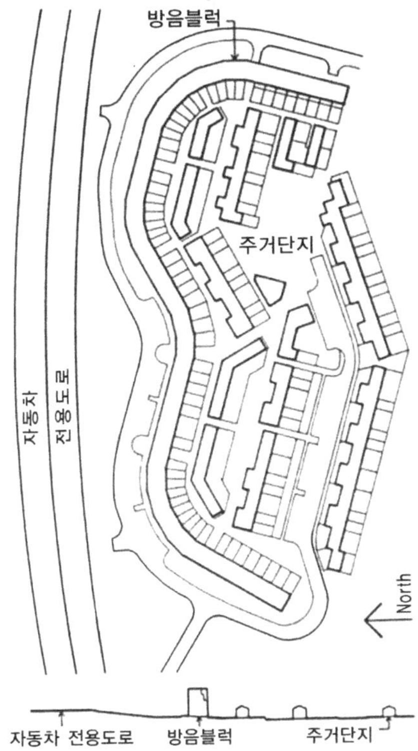

그림 10-22 소음을 고려한 주거단지계획 예

부지 내 건물을 배치할 때에는 소음노출에 예민한 건물을 가능한 소음원으로부터 멀리 떨어지게 하며 불가피한 경우에는 소음에 면하는 부분이나 반사음의 영향을 최소화하는 것이 바람직하다(그림 10-23).

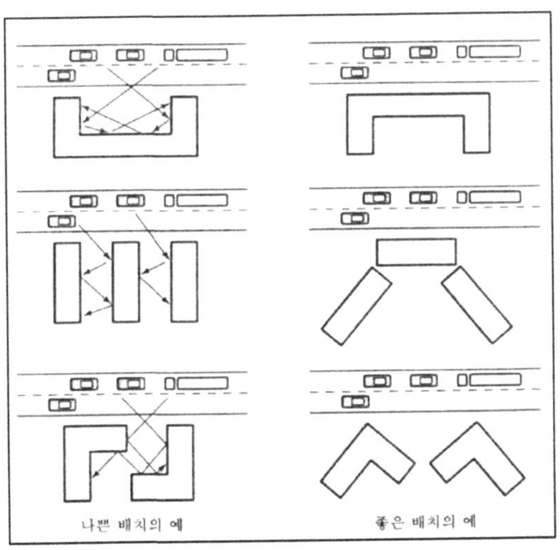

그림 10-23 건물의 배치 계획 예

그림 10-24는 소음조절을 고려한 공동주택의 배치 예이다. 그림 중에서 (a)는 일반적인 배치 형태로써 이는 중정에서 발생되는 소음이 주위 벽체의 반사로 인해 소음을 증가시키는 원인이 되므로 건물 간에 각도를 주는 배치 형태(b)나 또는 서로 건물을 엇갈리게 처리한 배치(c)가 바람직하다.

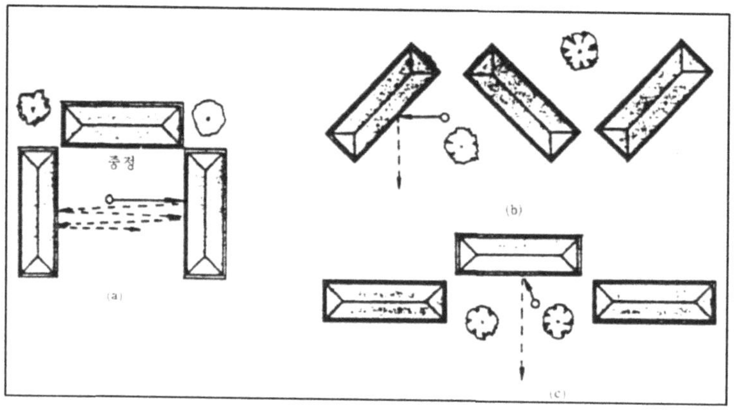

그림 10-24 주거 건물의 배치 형태

소음조절문제는 기능, 외관, 조망 다른 제반 요인의 디자인 요소와 조화될 수 있게 할 뿐 아니라 건물의 주된 용도에 따라 적절한 배치나 평면계획의 결정이 필요하다. 조용함이 요구되는 실은 소음 발생 가능성이 있는 인접실 또는 외부 소음원에서 가능한 분리하며 멀리 위치하도록 배치하도록 한다.

그림 10-25는 이와 같은 소음 조절을 고려한 건물계획 예를 제시한 것으로 내부 소음과 외부 소음을 함께 고려하여 계획한 것이다.

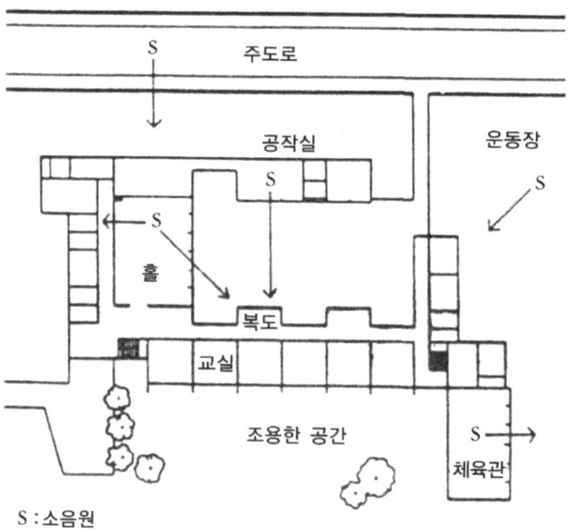

그림 10-25 학교 배치 계획의 예

그림 10-26은 공동주택의 내부 소음을 고려한 배치계획으로써 평온을 요하는 침실의 위치 선정과 상대적으로 차음 성능이 취약한 부위인 출입문이 TV시청이나 가족활동 등에 의한 거실의 소음으로부터 직접 대면하지 않도록 계획하였다.

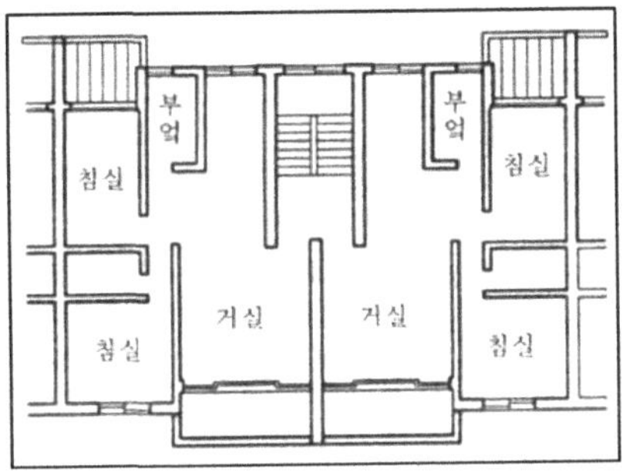

그림 10-26 내부 발생 소음을 고려한 평면 계획

10.4.3 장벽에 의한 소음조절

충분한 길이와 높은 장벽은 특히 저층부에 음의 그림자를 형성시키므로 소음을 감쇠시키는데 유용하게 사용된다. 장벽으로는 방음벽, 울타리, 건물, 발코니, 파라페트, 언덕, 식수(planting) 등이 이용된다. 장벽은 음원 가까이 있을 때 가장 효과적이고 그 다음은 수음점 근처에 두는 것이 유리하다.

그림 10-27은 인접건물 또는 언덕 및 수림에 의한 소음조절 예를 나타내고 있다.

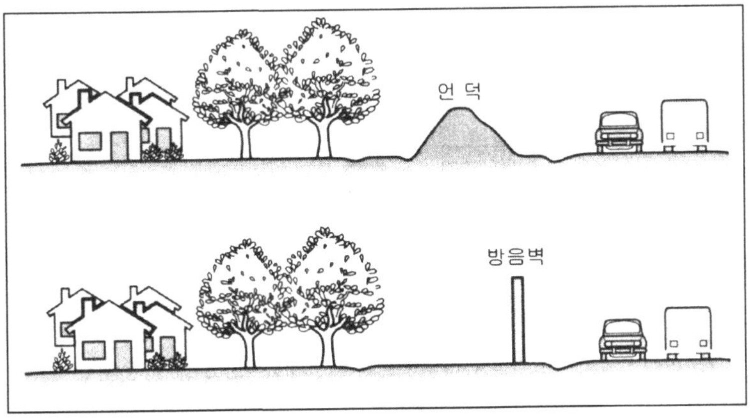

그림 10-27 장벽에 의한 소음 조절

방음벽은 석재나 콘크리트, 금속패널 또는 목재 등 다양한 재료로 건축된다.

방음벽을 이용하여 소음을 감소시키고자 할 때 그 감쇠량은 직접 방음벽의 상부를 통과하는 회절음과 지면반사를 거쳐 상부를 통과하는 회절음, 방음벽을 통한 투과음 등에 의해 좌우된다. 그러나 일반적으로 방음벽을 통과하는 투과음보다는 방음벽 상부를 넘어가는 회절음의 영향이 훨씬 더 크다.

하나의 점음원과 수음점을 양측에 두는 무한한 길이와 유한한 높이를 갖는 방음벽(반무한 방음벽)의 경우, 방음벽에 의한 소음감쇠량은 다음과 같은 약산식에 의해서 구할 수 있다.

$$A = 10\log(20 \cdot N + 3) \qquad (2 \cdot 18)$$

여기서, N : $(2\delta/\lambda)$, $\delta = (a+b-c)$

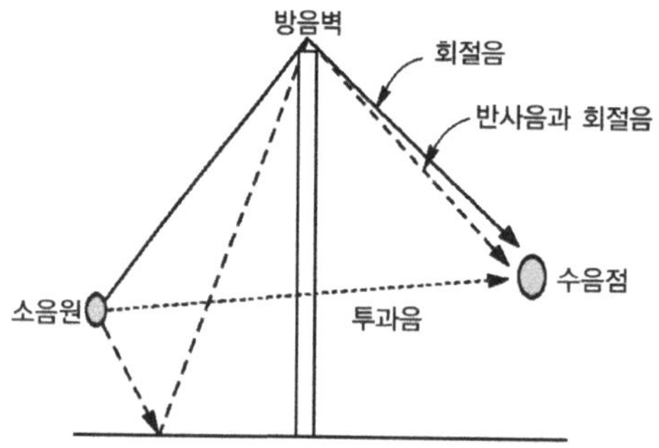

그림 10-28 방음벽의 소음 감쇠 경로

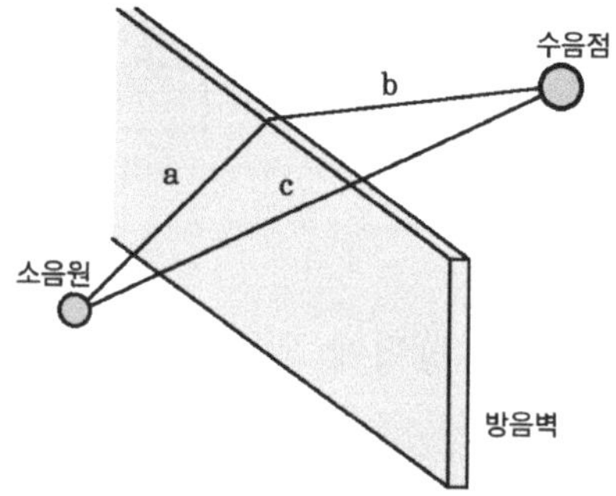

그림 10-29 방음벽의 음전파 경로차

일반적으로 도로교통소음의 크기는 A특성으로 보정한 'dB(A)값'을 사용한다. 따라서 방음벽의 설치에 의해 얻어지는 소음감쇠량도 dB(A)값을 이용하여 표현하면 더욱 간편하게 위의 식을 이용하여 얻은 결과를 A특성으로 보정하여 산출할 수 있다.

그림 10-30은 도로교통 소음방지를 위한 반무한 장벽의 설치에 의해서 얻어지는 감쇠량을 전달경로차의 함수로 표현한 것이다.

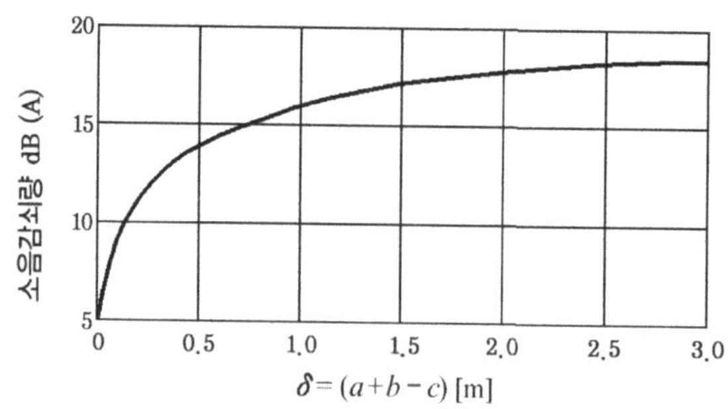

그림 10-30 방음벽에 의한 감쇠량

실제적으로 설치되는 제한된 장벽의 길이는 장벽의 양 끝단에서 발생하는 음의 회절에 의해 장벽에 의한 소음감쇠효과를 저하시키는 원인이 될 수 있다. 아래의 식은 유한한 길이를 갖는 장벽에 의한 감쇠효과를 추정할 수 있는 약산식이다.

$$A_{\alpha} = A^{\frac{\alpha}{180}} \qquad (10-19)$$

여기서, α : 유한방음벽의 양끝단과 수음자 사이의 각도

A : 무한길이를 갖는 동일 방음벽에 의해 얻어지는 감쇠량

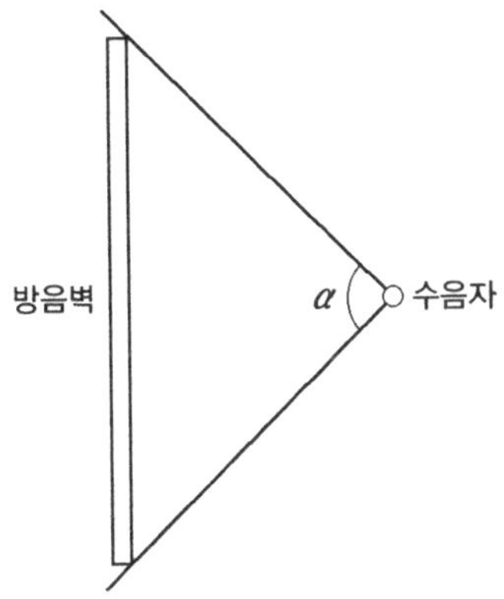

그림 10-31 유한방음벽의 각도

[예제 10-15] 아래 그림과 같은 고속도로변의 방음벽(높이 4m) 설계에서 수음점에서의 소음 레벨을 구하라. 단, 고속도로 중심으로부터 20m 거리에서의 소음도는 85dB(A)이다.

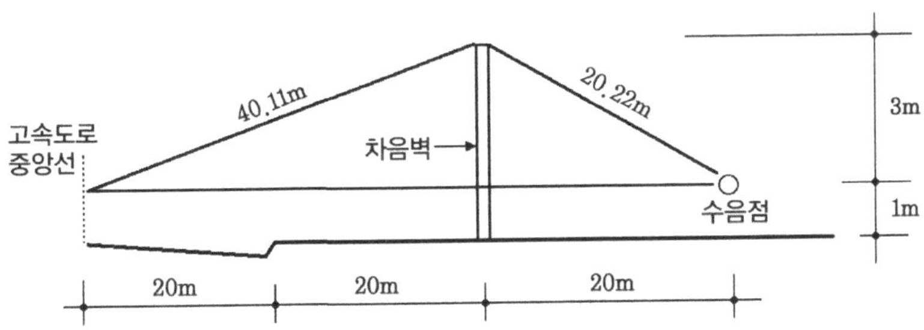

[예제 풀이] a =40.11m, b=20.22m, c=60m이다.

그러므로 음선 경로차 δ = 40.11+20.22-60 = 0.33(m)

그림 10-30에 의해 방음벽에 의한 소음감쇠량은 12.6dB(A)이다.

여기에 거리에 의한 소음감쇠량을 구하면 고속도로 소음을 선음원으로 가정할 때(거리가 2배로 될 때마다 3dB씩 감쇠) 수음점에서의 소음감쇠량은 4.8dB(A)이다.

따라서 수음점에서의 소음레벨은 85 - (12.6+4.8) = 67.6[dB(A)]가 된다.

제 11 장 실내음향

건물은 용도에 적합한 공간 구성과 함께 인간 활동에 요구되는 전열 및 채광, 공기, 음향 조건 등을 과학적으로 규명하고 조절해 줌으로서 보다 바람직한 실내 환경을 제공해 줄 필요가 있다.

특히 최근에는 사회의 급격한 발전과 이에 따른 산업구조의 변화로 각종 문화예술 공간의 필요성이 더욱 요구되고 있을 뿐만 아니라 건물 실내 음향의 질적 수준 향상에 대한 인식이 점차 보편화되고 있다. 그러므로 음악당, 다목적 홀, 극장, 영화관, 강당 등 각종 오디토리엄의 건축물을 계획할 때는 다양한 공연예술 행위의 특성을 고려한 최적의 음향 설계와 함께 실내 · 외부의 소음에 대한 차음설계가 이루어져 적절한 실내 음환경이 조성되어야 한다.

건물의 실내 음향 설계를 보다 효과적으로 수행하기 위해서는 건축계획의 초기 단계에서부터 구조와 공간계획 등 관련 부분과의 연관성을 고려하여 건축 음향 전반에 대한 검토와 사전 평가가 선행되어야 한다. 설계 초기 단계의 음향적인 검토 결과는 최종적으로 선택되는 실의 형태와 용적, 무대와 객석의 공간 비율 및 실내 각 부위별 마감 재료의 선정 등이 건축설계에 적절하게 반영되어 최종적으로는 시공 또는 완공 후 음향성능평가 단계까지 연결될 수 있도록 한다.

실내의 폐쇄된 공간에서의 음환경은 실외환경에서 보다 많은 반사음들이 도달하게 되며, 이러한 실의 내부 표면에서의 많은 반사과정에 의해 그 소리의 크기나 특성이 달라진다.

따라서 본 장에서는 실내에서 이루어지는 기본적인 음향 특성과 각종 음향 디자인 요소를 이해하고 이를 토대로 원하는 음을 잘 청취할 수 있는 실내음향설계 방법을 기술하고자 한다.

11.1 실내의 음향 현상

실외와 같은 자유음장에서의 음파는 음원으로부터 구면파로 전파되며, 실내에 있을 경우에 음파는 실외보다 복잡하여 실의 형상 · 크기 및 구조 등에 따라 벽 · 천장 · 바닥과 같은 건물 부위 면에서 음의 반사, 흡음, 확산, 회절, 공명현상 등이 발생하게 된다. 실의 음향특성을 결정하는 방법에는 계산에 의한 통계적인 방법과, 빛의 특성과 동일하게 취급하여 기하학적으로 조사 · 분석하는 방법이 있다.

그림 11-1은 실내음향의 현상을 기하학적으로 설명한 예이다.

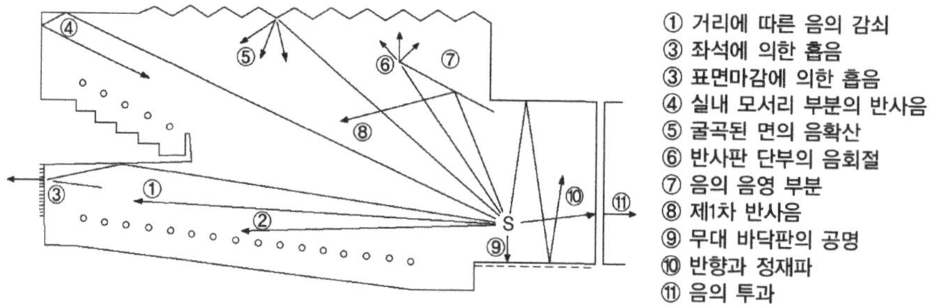

그림 11-1

11.1.1 음의 반사 (sound reflection)

음파가 실내 표면에 부딪치면, 입사된 음에너지의 일부는 흡수되고, 일부는 구조체를 통하여 투과되며, 그 나머지는 반사하게 된다. 이때 입사된 음에너지가 반사·흡수 및 투과되는 각각의 비율은 재료의 표면특성과 구조에 따라서 차이가 생긴다.

음파의 반사현상은 빛의 법칙과 같이 입사음과 반사음은 동일평면상에 있고, 반사각과 입사각은 같다. 볼록하게 나온 면(convex surface)은 음을 넓은 범위로 확산시키고 오목하게 들어간 면(concave surface)은 반사에 의하여 음을 집중시켜 초점을 형성한다.

음을 효과적으로 반사시키려면, 음의 회절현상을 고려하여 반사판의 적절한 크기를 결정하여야 한다.

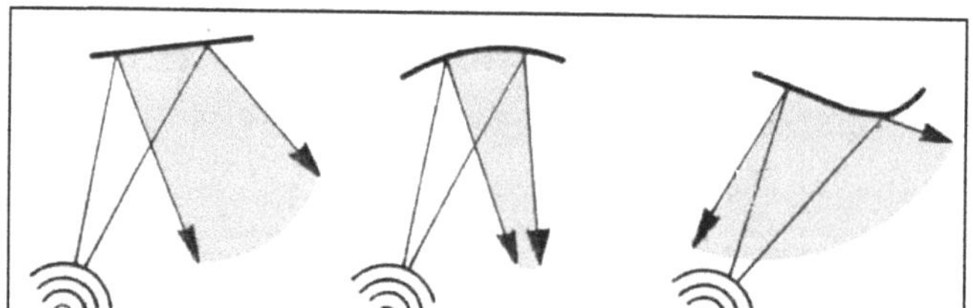

그림 11-2 표면 형태에 따른 음반사

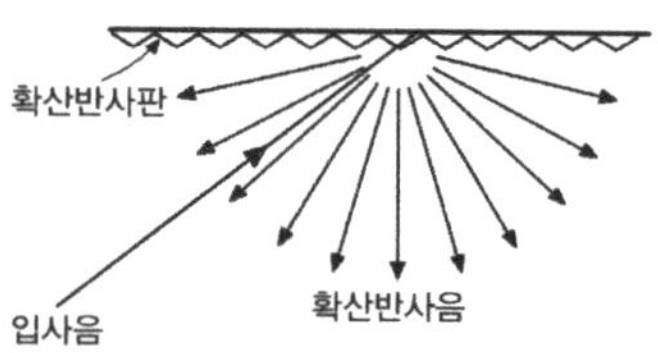

그림 11-3 음의 확산 반사

11.1.2 음의 확산 (sound diffusion)

일정한 오목면과 볼록면을 가진 표면에 음파가 부딪치게 되면, 균일한 음분포를 가진 여러 개의 작고 약한 파형으로 나누어진다. 이러한 현상을 음의 확산이라 한다. 이는 표면재의 크기가 입사음의 파장과 거의 같은 경우에 발생하며, 음의 방향을 변화시킨다.

음의 효과적인 확산은 반향(echo)을 방지하고, 실내 음압 분포를 고르게 하며, 음악이나 음성에 적당한 여운을 주어 자연성을 증가시키므로 실내의 음향 조건이 개선된다.

그림 11-3은 확산반사판의 특징을 나타낸 것이며, 그림 11-4는 확산음을 효율적으로 활용한 실내음향설계의 예를 보여주고 있다.

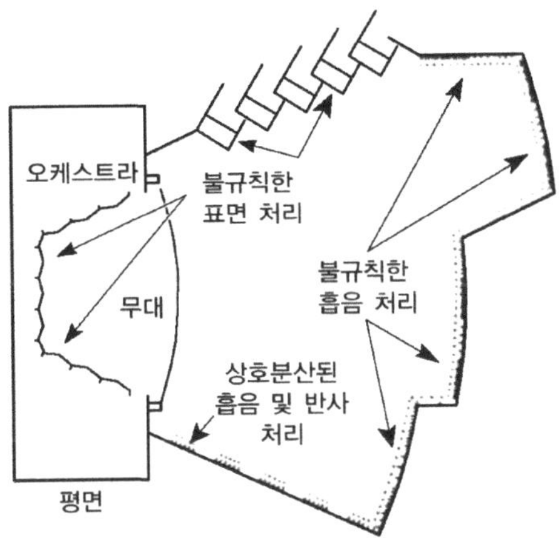

그림 11-4 음 확산을 고려한 내부 홀의 설계

11.1.3 음의 회절(sound diffraction)

음파가 장애물에 부딪치면 음향적인 음영(音影: acoustic shadow)이 생기게 되지만 광선의 경우와 같이 뚜렷하지는 않다. 이는 음이 파동현상에 의하여 회절 되기 때문이다. 음의 회절은 음파의 진행경로 상에 존재하는 장애물에 의해 진행경로가 굴절되어 변화하는 것이다. 빛에 있어 가시광선은 짧은 파장(0.0004~0.00075mm)을 갖고 있으므로 회절현상이 거의 없으나 가청음은 17mm~17m의 파장을 나타내고 있어 회절현상이 생긴다. 그러나 파장보다 작은 장애물은 음파가 감싸고 넘어가버려 음향적 그림자가 생기지 않는다. 따라서 음파의 회절현상은 고주파수음보다는 저주파수음에서 크게 나타난다.

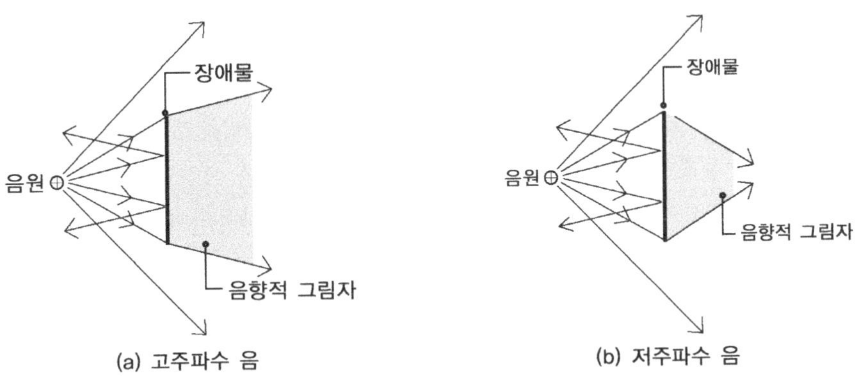

그림 11-5 음의 회절현상

11.2 실내 음향 성능

음이 전달되는 과정에서 건축적 경계면과 실 공간 자체의 특성에 의해 음원 발생 시의 원음과는 다른 공간적 효과를 갖게 되는 것을 음향 효과라 하며, 이러한 효과를 발생시키는 실내공간의 음향적 특성을 음향성능이라고 한다.

공간의 음향 성능에 관한 과학적 접근방법의 시작은 19세기 말의 W. Sabine으로부터 시작되었다. Sabine은 1895년 자신에게 맡겨진 강의실의 음향문제를 해결하는 방안으로 잔향(reverberation)의 개념을 제안하였다.

그 후 심리음향적(phychoacoustic)인 연구방법론을 적용하여 음향 공간의 실제 사용자들이 원하는 바를 정량적으로 파악하고 이를 디자인에 반영시키고자 하는 본격적인 연구가 20세기 중반 이후부터 이루어졌다.

기존의 연구들에 의해서 지금까지 알려진 실내음향의 주관적인 구성 요소는 음량감(loudness), 잔향감(reverberance), 친밀감(intimacy), 명확성(clarity), 따뜻함(warmth) 및 찬란함(brilliance), 공간감(spacious) 등이 있다.

따라서 바람직한 음향 성능을 위한 설계방법은 이러한 관객의 주관적인 음감과 홀의 물리적인 요소들을 규명하는 것이 무엇보다도 중요하다. 표 11-1은 음향공간의 계획에 있어서 요구되어지는 사용자들의 주관적인 요소와 이를 충족시키기 위해 계획단계 및 준공후의 평가단계에서 검토되어야 하는 물리적인 요소들을 나타낸 것이다.

표 11-1 실내 음향성능 구성요소

주관적 요소	물리적 요소
음 량 감	음의 세기(G)
잔 향 감	잔향시간
친 밀 감	초기 지연 시간차
명 확 성	명료도(D50,C80)
따뜻함 / 찬란함	저음비 / 고음비
공 간 감	양이상관계수(IACC)/측면 에너지 비(LEF)

11.2.1 음의 세기 (loudness)

실내에서 음원으로부터 직접 도달하는 직접음의 세기는 거리증가에 따라 급격히 감소하게 되며 실의 경계면으로부터의 반사음이 직접음의 세기를 보강하는 역할을 하게 된다. 따라서 실내에서의 음의 세기(loudness)는 직접음과 반사음의 합에 의해 결정된다.

각 반사면으로부터 도달하는 반사음을 직접음의 보강에 효과적으로 이용하기 위해서는 반향을 느끼지 않는 범위에서 각 좌석에 도달하는 반사음의 음압레벨을 증가시키는 방법을 사용하여야 한다.

반사음의 세기는 내부마감재의 흡음률에 의해 좌우되며, 실내에서 음원으로부터 일정

거리 떨어진 지점에서의 음압레벨은 다음 식을 이용하여 산출할 수 있다.

$$SPL = PWL + \left\{ \frac{Q}{4\pi r^2} + \frac{4}{R} \right\} \tag{11.1}$$

여기서, SPL : 수음점의 음압레벨(dB)

PWL : 음원의 파워레벨(dB)

R : 실정수로서 $R = \frac{A}{1-\bar{\alpha}}$ (A는 흡음력, $\bar{\alpha}$는 실내의 평균 흡음률)

r : 음원으로 부터의 거리(m)

11.2.2 잔향시간(reverberation time)과 초기감쇠시간(early decay time)

공간 내에서 경험하는 잔향감(reverberance)은 청취하는 소리의 종류에 따라서 요구되는 정도가 다르다. 일반적으로 회화음의 경우 과다한 잔향감은 명료도를 저하시키며, 음악의 경우는 회화음의 경우보다 풍부한 잔향을 필요로 한다. 잔향시간(reverberation time)은 잔향감과 가장 밀접한 상관관계를 갖는다.

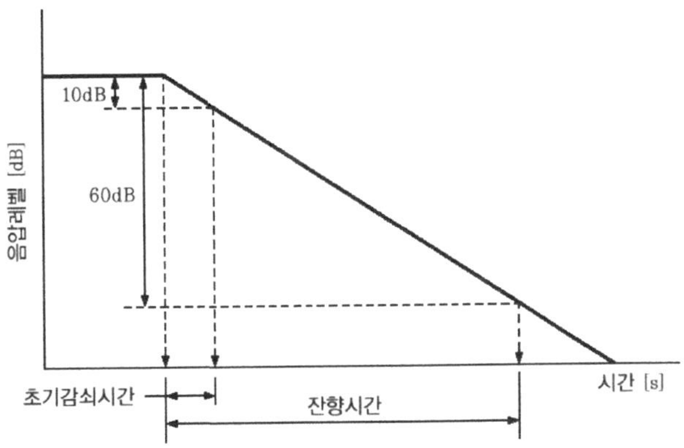

그림 11-6 잔향시간 및 초기감쇠시간

잔향시간은 음원으로부터 발생되는 소리를 중지시켰을 때 음에너지량이 60dB 감쇠하는데 소요되는 시간을 말한다. 이것은 W. Sabine이 1895년에 연구 발표한 이후 실내음향 환경을 표시하는데 중요한 요소로 사용되고 있다. 초기감쇠시간(EDT : early decay time)은 잔향시간과는 달리 음에너지량이 10dB 감쇠하는데 소요되는 시간을 의미하는 것으로서 직접음의 도달이후 제한된 범위의 짧은 시간 내에 도달하는 반사음들이 주관적으로 매우 중요함을 고려하여 사용되는 지표들 중 하나이다.

음악을 연주하고 청취하는 전용공간의 경우, 초기감쇠시간은 잔향시간의 1.1배 정도가 적정한 것으로 알려져 있다. 일반적으로 사용되는 잔향시간의 산출식은 Sabine에 의해 제안된 잔향식(식 11.2)과 Eyring에 의해 제안된 식(식 11.3) 등이 있다. Sabine의 잔향식은 주어진 실이 완전 확산음장이라는 가정을 토대로 한 것으로서 흡음력이 비교적 적은 실의 경우에는 적합하나, 흡음력이 크고 잔향시간이 짧은 실의 경우에는 상당한 오차를 나타낸다. 따라서 일반적으로는 Eyring의 잔향식을 사용하는 것이 바람직하다.

$$T = \frac{0.161\,V}{S \cdot \bar{\alpha}} \qquad (11.2)\ [\text{Sabine의 잔향식}]$$

$$T = \frac{0.161\,V}{-S\log_e(1-\bar{\alpha})} \qquad (11.3)\ [\text{Eyring의 잔향식}]$$

여기서, T : 잔향시간(초)

$\bar{\alpha}$: 실평균 흡음률

S : 실전체 표면적[m²]

V : 실체적[m³]

11.2.3 초기지연시간차 (ITDG: initial time delay gap)

음향공간에서 경험하게 되는 친밀감은 음원으로부터의 직접음과 최초로 도달하는 반사음감의 음선 경로차에 의해서 결정된다. 초기 지연시간차(그림 11-7)는 홀의 친밀감을 나타내는 물리량으로서 Beranek에 의해 처음 제안되었으며, 다음 식으로 정의된다.

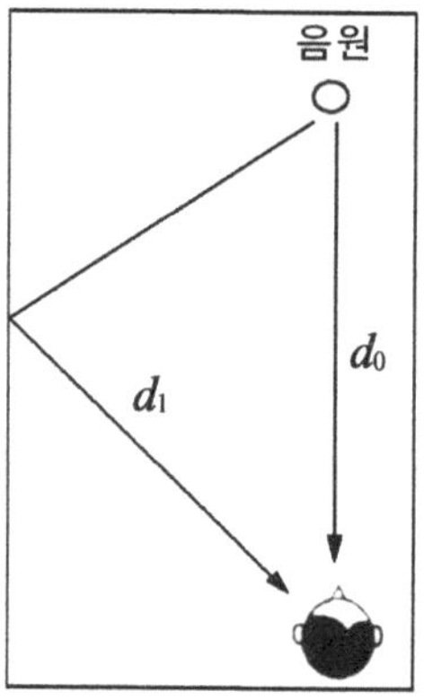

그림 11-7 초기 지연시간차

$$\Delta t_1 = (d_1 - d_0)/C \qquad (11.4)$$

여기서, d_1 : 1차 반사음선 거리(m)

d_0 : 직접음선 거리(m)

C : 음속(m/s)

따라서 공간의 폭과 높이가 클수록 음향적 친밀감은 작아지게 된다.

초기지연 시간차는 동일 실내에서도 반사면과의 거리에 따라 달라질 수 있다(그림 11-8). 일반적으로 공간의 규모가 클수록 음향적 친밀감은 적어지나, 실의 폭이 좁은 경우에는 측벽으로부터의 반사음을 확보할 수 있어 높은 친밀감을 얻을 수 있다.

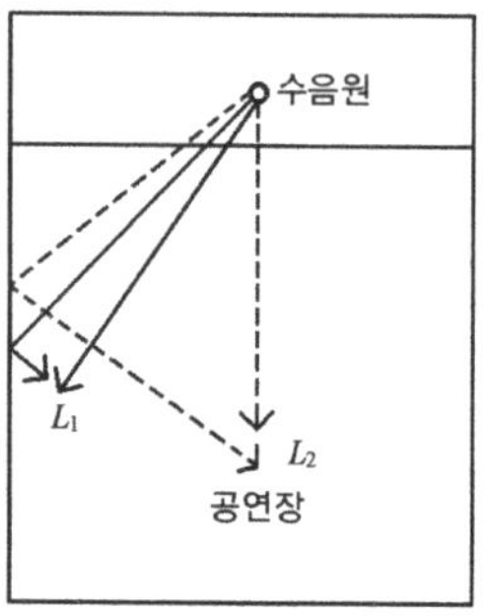

그림 11-8 좌석위치에 따른 ITDG의 차

실의 폭이 넓거나 또는 야외공연장의 경우에는 음원의 주위에 반사면을 설치함으로써 어느 정도의 친밀감을 확보할 수 있다. 기존 연구에 의하면 음악당의 경우 짧은 지연시간차를 선호하는 것으로 나타났으며, 10~30ms의 초기지연 시간차를 갖는 공간들이 사용자들에게 음향적으로 우수한 평가를 받는 것으로 인식되고 있다.

11.2.4 명료도 (clarity)

직접음을 보강하는데 유효한 초기반사음의 에너지가 전체의 반사음 도달에너지에서 차지하는 비율을 초기음에너지비율이라고 한다.

음의 명확성을 확보하기 위해서는 아주 짧은 시간 내에 도달하는 초기 음에너지 비율이 높아야 한다. 회화음의 경우 50ms, 그리고 음악음의 경우 80ms이라는 초기시간범위 내에 도달하는 음에너지의 양이 소리의 명확성을 좌우한다.

음향공간이 충분한 명확성을 제공할 수 있는지의 여부를 평가하기 위하여 회화음의 경우 D_{50}, 그리고 음악음의 경우는 C_{80}이라는 명료도 평가지표를 사용하며, 이는 다음 식과 같이 정의된다.

$$D_{50} = \frac{\int_{0ms}^{50ms} P(t)^2 dt}{\int_{0ms}^{\infty} P(t)^2 dt} [\%] \qquad (11.5)$$

$$C_{80} = 10\log \frac{\int_{0ms}^{80ms} P(t)^2 dt}{\int_{80ms}^{\infty} P(t)^2 dt} [dB] \qquad (11.6)$$

일반적으로 잔향시간이 길어질수록 명료도값(D_{50} 또는 C_{80})은 작아지게 된다. 음악을 연주하는 공간의 명료도(C_{80})는 2~-4dB의 범위가 권장되고 다목적 홀에서 바람직한 D_{50}값은 연극이나 강연 등의 경우 55~60%, 음악용에서는 무대반사판을 설치한 경우 40% 정도이다. 이들 변수들은 수계산에 의해 간단히 검토하기는 거의 불가능하며 일반적으로 시뮬레이션에 의해 충격응답(impulse response)으로부터 각기 다른 두 시간 계열의 에너지를 산출하게 된다.

11.2.5 저음비(bass ratio)와 고음비(treble ratio)

음향공간에서 접하게 되는 저음역 또는 고음역 음을 따뜻함(warmth)과 찬란함(brilliance)이라는 주관적인 느낌으로 표현되며, 공간의 음향성능에 대한 주관적 평가를 좌우하는 중요한 요소 중의 하나이다. 음악에 있어서 음의 따뜻함이란 저주파수음의 생동감(liveness)이라는 중주파수 대역음의 충만감 비로소 다음 식으로 계산할 수 있다.

$$BR(bass\ ratio) = \frac{RT_{125} + RT_{250}}{RT_{500} + RT_{1000}} \qquad (11.7)$$

여기서, RT_{125}, RT_{250}, RT_{500}, RT_{1000}은

각각 125, 250, 500, 1000㎐에서의 잔향시간(초)

기존의 연구결과에 의하면 1.8초가 넘는 긴 잔향시간을 갖는 공간의 경우 1.1~1.25의 저음비가, 그리고 1.8초 미만의 잔향시간을 갖는 공간의 경우에는 1.1~1.45 정도의 저음비가 선호되는 것으로 알려져 있다. 일반적으로 1.0보다 적은 저음비를 가지는 공간은 음향적으로 따뜻함이 부족한 것으로 평가된다.

또한, 음의 찬란함(brilliance)은 풍요로운 하모니, 맑고 영롱한 소리의 느낌으로서 고주파수 대역음이 뚜렷하고 서서히 감쇠할 때 유발된다. 음의 찬란함은 만석시의 잔향시간을 사용하여 2㎑ 대역과 4㎑ 대역의 잔향시간에 대한 500㎐와 1㎑ 잔향시간의 평균비율로 평가한다.

11.2.6 양이상관계수와 측면에너지비

음향공간에서의 공간감(spaciousness)이란 '음에 휩싸이는 느낌' 또는 '음에 빨려드는 듯한 느낌'을 의미하며, 이와 같은 감각을 가지게 하기 위하여서는 가능한 모든 방향에서 반사음들이 도달하여야 한다.

풍부한 공간감을 제공하는 것으로 평가되는 공간들은 대부분이 확산체 역할을 하는 돌출물들이 천장이나 벽면 등 내부표면에 부착되어 있으며, 이는 확산이 공간감과 관련이 있음을 나타내는 것이다.

또, 다른 중요한 영향 요소는 측면에서 도달하는 반사음의 존재이다. 기존의 연구 결과에 의하면 측면에서 도달하는 반사음은 음원의 청각적 이미지의 크기가 실제보다 확대되는 효과를 유발하여 공간감을 증가시키는 것으로 알려져 있다.

특히 측벽으로부터 청취자의 귀에 도달하는 반사음의 입사각도가 클수록 음원의 청각적 이미지의 크기는 증가하는 것으로 평가되고 있다(그림 11-10). 주어진 대상공간이 제공하는 공간감은 음향적으로는 양이상관계수(IACC: interaural cross correlation coefficient)와 측면 에너지비(LEF: lateral energy fraction)를 이용하여 평가할 수 있다.

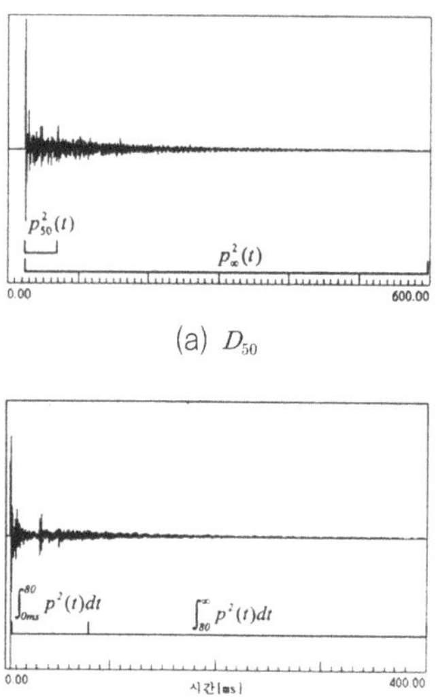

(a) D_{50}

(b) C_{80}

그림 11-9 명료도의 정의

양이상관계수는 청취자의 좌·우 귀에서의 충격응답을 얻은 후 충격응답간의 상관함수(IACF)를 구하고 제한된 시간범위 내에서 얻어지는 절대 값들 중 최대값을 상관계수(IACC)로 정하게 된다. 측면 에너지 비는 모든 방향에서 도달하는 에너지에 대한 측면으로부터 도달하는 반사음 에너지의 비로서 결정되며, 직접음 도달 이후 80㎳ 이내에 도달하는 반사음 에너지만을 고려한다.

Beranek의 연구에 의하면 세계적인 오페라 극장들에서의 양이상관계수는 평균적으로 0.35~0.52의 범위를, 그리고 음악 전용 공간의 경우 0.35 미만의 IACC 값을 가지는 것으로 나타나고 있다. 또한 세계적인 유수의 홀들에서 측면 에너지 비는 평균적으로 20%

정도의 값을 가지는 것으로 알려져 있다.

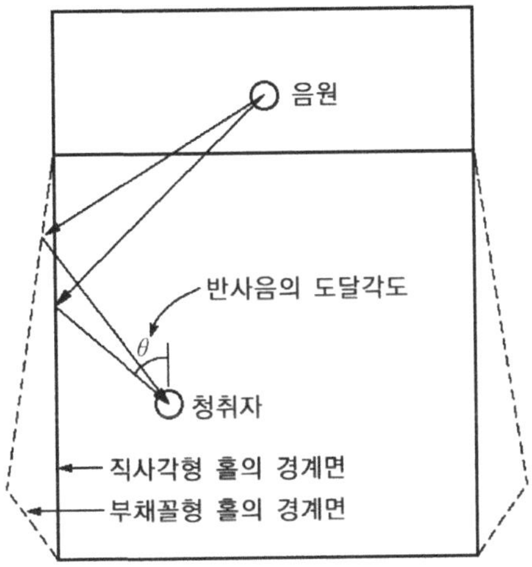

그림 11-10 실의 평면형태에 따른 공간감의 변화

[예제 11-1] 용적 5000m³, 잔향시간 1.6초인 실에서 잔향시간을 1초로 만들기 위해 필요한 여분의 흡음력을 구하라.

[예제 풀이] $T = 0.16\frac{V}{A}$에서

$$T_1 = 1.6 = \frac{0.16 \times 5000}{A_1},\ A_1 = \frac{0.16 \times 5000}{1.6} = 500\,(m^2)$$

$$T_2 = 1.0 = \frac{0.16 \times 5000}{A_2},\ A_2 = \frac{0.16 \times 5000}{1.0} = 800\,(m^2)$$

필요한 여분의 흡음력 = $A_2 - A_1 = 800 - 500 = 300\,(m^2)$

[예제 11-2] 3×3×3m인 잔향실이 있다. 이 실의 잔향시간이 2.9초일 때 이 실의 평균 흡음률을 구하라.

[예제 풀이] $T = 0.16\frac{V}{A}$에서

$$A = \bar{\alpha} S = \frac{0.16\,V}{T}$$

$$\therefore \bar{\alpha} = \frac{0.16\,V}{ST} = \frac{0.16 \times (3 \times 3 \times 3)}{(3 \times 3 \times 6) \times 2.9}$$

$$\fallingdotseq 0.028$$

[예제 11-3] 18×12×5m인 실에 50명의 재실자(1인당 흡음력 0.5m²)가 있으며 실내흡음률이 천장 0.20, 벽 0.15, 바닥 0.12일 때 잔향시간을 구하라.

[예제 풀이] 이 실의 전체흡음력

$$\Sigma A = [0.2 \times (18 \times 12) + 0.15 \times (18 \times 5 \times 2 + 12 \times 5 \times 2) + 0.12 \times (18 + 12)] + 0.5 \times 50 = 139.12\,(m^2)$$

$$T = \frac{0.16\,V}{A} = \frac{0.16 \times 18 \times 12 \times 5}{139.12} = 1.25\,(s)$$

11.3 실내 음향계획

실내음향이란 폐쇄된 공간 내에서의 음의 제어로서 바람직한 소리의 발생 및 청취를 위한 최상의 조건을 제공해 주는데 있다. 음원으로부터 수음점(청취자)까지 직접 도달되는 직접음과 실표면에 반사되어 전달되는 제1차 반사음의 과정을 기하학적으로 조사하고, 실 마감 표면의 흡음특성과 음향적 요인을 검토하는 것은 건축음향계획의 기본이 된다. 강연이나 음악 등 실용도에 따라 음향계획에 요구되는 일반 기준은 다음과 같다.

① 실내 전체에 충분한 음압이 고르게 분포되도록 한다.
② 말은 명확하게 들리고, 음악은 아름답고 풍부하게 들리도록 잔향특성을 조절한다.
③ 실내 어디서나 장시간 지연 반사음, 반향(echo), 음의 집중, 음의 그림자, 실의 공명 등 음향적 결함이 없어야 한다.
④ 방해가 되는 소음과 진동이 없어야 한다.

실내에 충분한 음압이 고르게 분포되도록 하기 위하여서는 객석은 가급적 무대 음원 가까이 배치(예, 발코니가 있는 부채꼴형)되도록 설계함으로써 음원으로부터의 거리를 가능한 짧게 하는 것이 좋다. 또한 음원 근처에 반사체를 두어 초기반사를 최대한 이용하고, 객석 바닥은 시각적인 고려와 만족할 만한 직접음을 받도록 경사지게 하는 것이 유리하다.

11.3.1 실의 형태계획

(1) 실의 크기

실의 바닥 면적과 용적은 합리적인 크기가 필요하다. 객석에 대한 최적용적은 실의 사용 목적과 수용 인원수에 따라 다르며, 시각적·미적 요구 외에 청중의 편안함 같은 환경 심리적인 측면 등이 고려되어야 한다. 객석에 대한 용적의 비를 낮게 하면 건축비 절감과 조명·공기 조절 및 청소 관리 등의 유지비가 저렴하게 된다.

또한 음향적인 측면에서도 실의 용적이 작아지면, 소요 잔향시간을 얻기 위하여 필요한 흡음재의 사용량이 적어지고, 같은 음원출력으로 높은 실내의 음압 레벨을 유지할 수 있는 이점이 있다. 그러나 실의 크기가 너무 작으면 충분한 잔향시간을 얻기 힘들다.

평균 좌석 치수를 0.53×0.95m로 할 때 1석당 점유 바닥 면적은 객석 통로를 포함해서

0.55~0.8m^2로 계획한다.

실용적 300m^3까지는 실의 표면을 특별하게 처리하지 않아도 음향적으로는 큰 문제가 발생되지 않는다. 그러나 실의 치수가 최저가청음의 1/2 파장(약 8.5m)보다 작은 경우에는 반향은 발생하지 않으나 평행된 표면 사이에는 정재파가 발생하여 공명의 원인이 될 수 있다.

실의 크기가 300m^3에서 3,000m^3으로 점차 증가하게 되면 음원으로부터 멀리 떨어진 위치의 음압을 보강해야 하며, 반사음의 방향을 고려하여 실 표면의 형태를 기하학적 방법으로 결정할 수 있다.

8,000~8,500m^3보다 큰 실에서 단일 목소리를 들으려면, 음의 증폭장치가 필요하다. 큰 오디토리엄에서 정재파는 발생되기 어려우나 반향이 발생되기 쉬우므로 적절한 음의 확산과 정확한 잔향시간을 구하는 것이 중요하다.

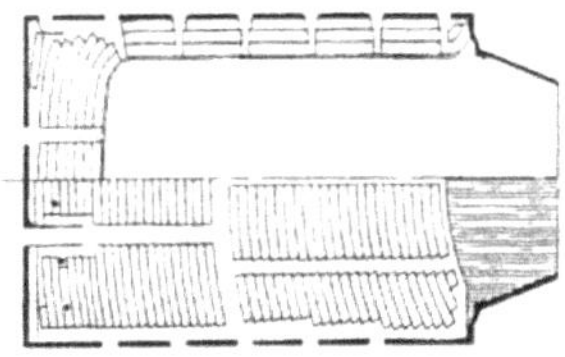

(a) 장방형

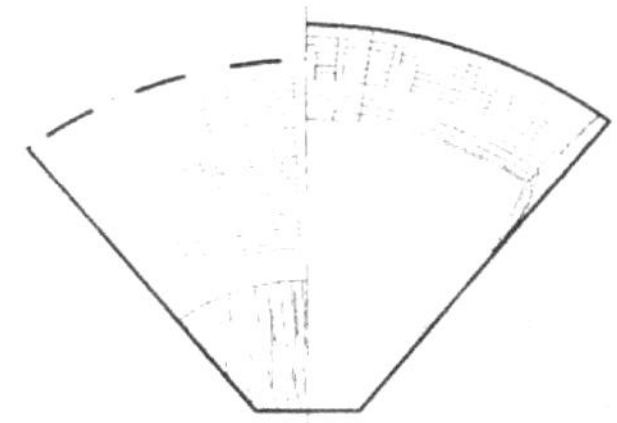

(b) 부채꼴형

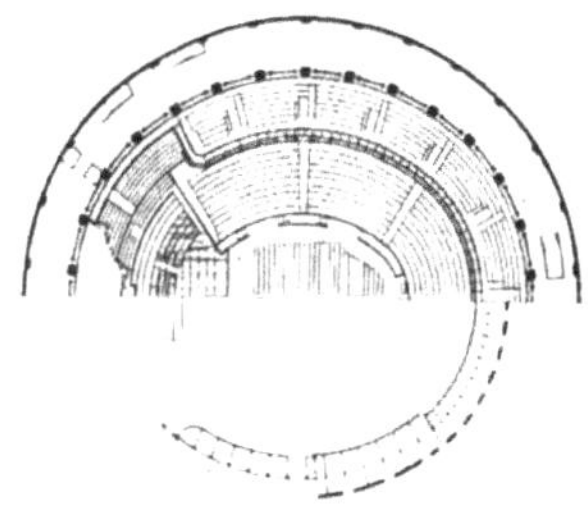

(c) 아레나형

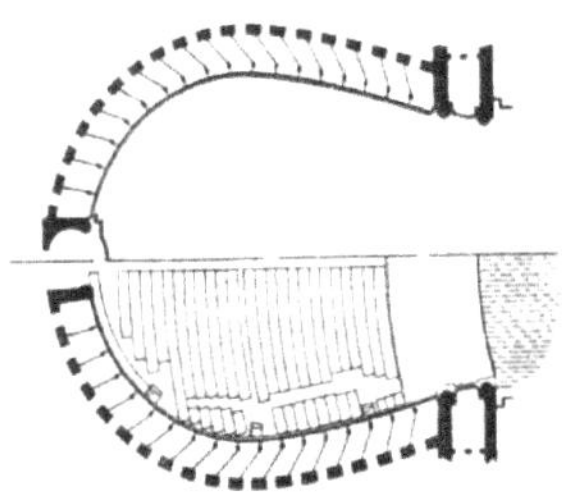

(d) 말굽형

그림 11-11 각종 홀의 평면형태

표 11-2 각종 오디토리엄의 실용적 제안치

실의 종류		1석당 점유용적(m^3)		
		최소	최적	최대
강연용		2.3	3.1	4.3
콘서트 홀		6.2	7.8	10.8
오페라 극장		4.5	5.7	7.4
교회	신교	5.1	7.2	9.1
	구교	5.7	8.5	12.0
다목적 홀		5.1	7.1	8.5
영화관		2.8	3.5	5.1

(2) 평면 및 단면계획

일반적인 오디토리엄의 평면 형태는 장방형(rectangular), 부채꼴형(fan), 아레나형(arena), 말굽형(horseshoe), 부정형(irregular) 등으로 분류할 수 있다.

홀의 평면형태에서 장방형은 과거 역사적인 음악 홀에서 많이 사용된 기본형으로 비교적 좁고 길며 적은 수의 관객을 수용한다. 음향적으로는 측면반사음의 지연시간이 짧고 강한 에너지를 확보함으로서 음향적 친밀감과 음의 명료성, 균일한 음압분포를 얻을 수 있는 장점이 있다.

부채꼴형은 제한된 거리 내에서 많은 객석을 확보할 수 있고 시각선 확보에 유리하다. 그러나 이 형태는 객석의 앞부분과 중앙 부위에 측벽반사음이 도달하기 어려우며 초기지연시간차가 길게 되어 음향적인 친밀감이 부족하기 쉽다.

아레나형은 객석이 무대를 둘러싸고 있으므로 연기자와 관객의 일체감은 얻기 쉽고 시선거리가 짧은 이점이 있다. 반면 음의 초점, 에코, 불균일한 음압 분포 등이 우려되므로 이러한 음향적 결함을 해결하기 위해서는 무대에 천장반사판이나 필요한 부분에 확산체 등을 적극 활용할 필요가 있다.

말굽형은 무대 주위의 주 객석과 외곽을 둘러싼 수개 층의 박스(box)를 이용한 전통적인 오페라하우스의 기본형으로 고유의 장엄한 분위기를 연출할 수 있다. 이러한, 형태에서는 음향적인 친밀감과 명료성, 확산성들을 확보하는데 유리하나, 박스석의 시각선이 불충분하고 무대조명의 공간을 확보하기 어려운 단점이 있다.

이외에도 이러한 여러 가지 평면 형태를 벗어나 기하학적으로 불규칙한 자유스러운 부정형의 형태로서 풍부한 친밀감과 명확성 및 확산성을 확보할 수 있는 우수한 홀들이 설계되고 있다.

객석은 무대를 잘 볼 수 있고 음을 효율적으로 청취하기 위한 청각적인 이유로 가능한 음원 가까이 위치하도록 계획하여야 한다. 무대 음원과 객석 최후열까지의 거리는 12m 이내에서는 얼굴 표정까지 판별할 수 있으며 20m까지는 몸동작을, 30m까지는 대략적인 몸동작을 이해할 수 있는 최대허용거리로 인식되고 있다. 따라서 일반 오디토리엄의 경우 무대와 최후열까지의 거리는 25m 이내, 드라마극장은 20m 이내를 권장하고 있다.

음원의 지향성을 고려한다면, 실의 중심축으로부터 각각 70° 이내에 객석이 위치하는 것이 바람직하며, 장방형 실에서 실의 길이는 폭의 1.2~2배 정도가 적당하다(그림 11-12).

실의 평면 형태에서 장방형과 부채꼴형은 측벽반사음의 이용에 있어 각각 다른 효과와 특성을 나타내고 있다(그림 11-13).

타원이나 원형형태는 음의 집중현상이나 불균일한 분포, 반향(echo) 등의 문제를 일으키게 된다. 이러한 평면이나 단면을 갖는 실내의 어느 부분은 음압이 너무 커지거나 필요한 보강반사음을 방해하므로 가급적 피한다. 부득이한 경우에는 그 표면을 흡음재로 마감하거나 확산 표면형으로 처리해야 한다(그림 11-14).

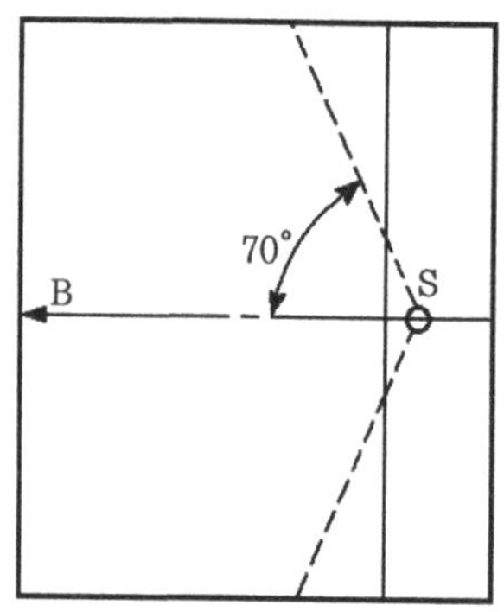

(a)

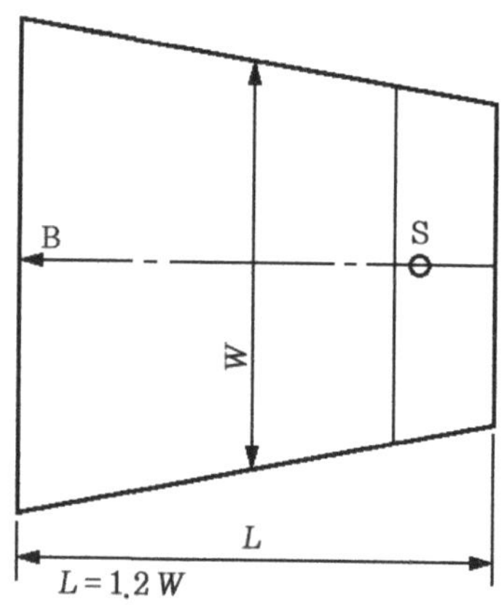

(b)

그림 11-12 음향을 고려한 평면형태

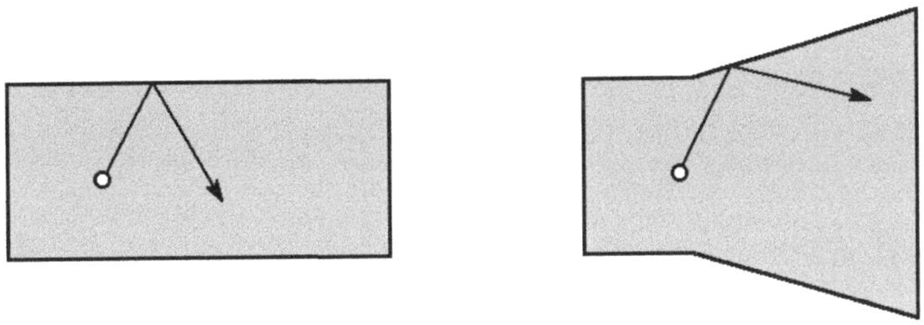

(a) **장방형** (b) **부채꼴형**

그림 11-13 평면 형태와 반사음

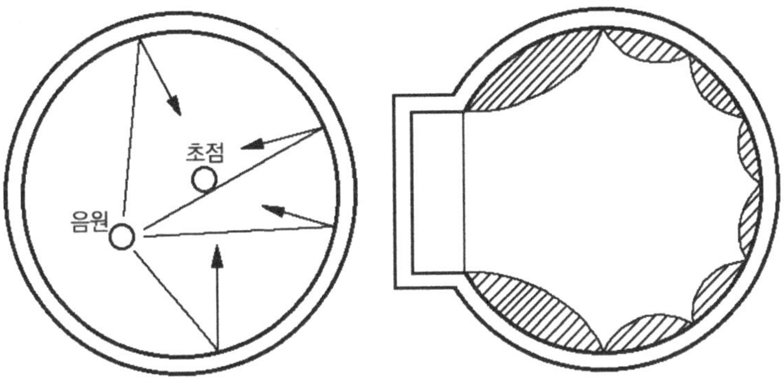

(a) (b)

그림 11-14 원형 평면의 음향적 결함(a)과 개선(b)

직접음의 음파는 의자와 청중에 흡수되는 음과 좌석열 사이의 공간에 의한 공명 현상 때문에 크게 감쇠되어 잘 들리지 않는다. 이러한 감쇠현상에 대한 해결책으로 무대를 높이거나 바닥을 경사지게 한다(그림 11-15). 오디토리엄의 경우 바닥구배는 최저 8°, 극장에서는 최저 15°가 필요하다.

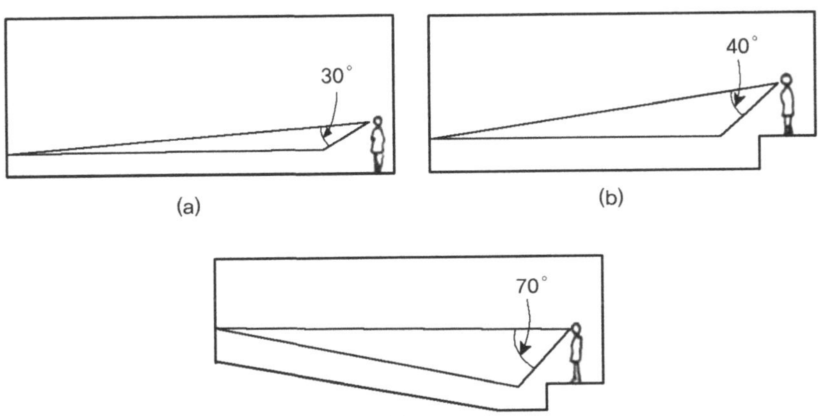

(a) (b) (c)

그림 11-15 단면상의 음 분포

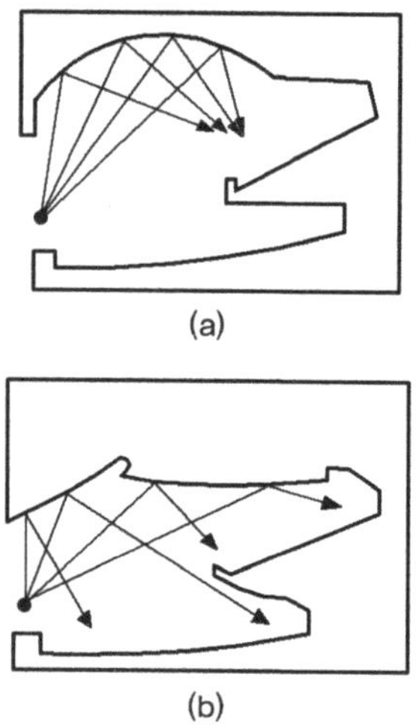

그림 11-16 홀 천장의 단면

천장이나 벽은 특히 무대에서 멀리 떨어진 객석에 적당한 반사음을 보내는데 유효하므로 신중히 계획하여야 한다. 반사음을 이용하기 위해서는 직접음이 도달된 후 적정시간차 이내에 반사음이 도달되도록 한다. 또한 직접음과 반사음과의 위치와 각도 및 크기가 정해져야 한다. 일반적으로 돔이나 원통형 아치 같은 오목곡면을 사용하면 반사음이 집중되어 음향적 결함이 생기기 쉬우므로 부득이 필요한 경우에는 특별한 조치를 한다(그림 11-16).

벽의 각 부분은 음압레벨이 부족한 객석에 유리하게 음을 반사시킬 수 있도록 경사벽면 등을 고려한다.

측벽의 어느 부분에 의해 에코나 지연 반사음 등이 발생될 가능성이 있을 경우는 불규칙한 표면이나 고도의 흡음재로 보완하여야 한다.

모퉁이의 반향은 각진 구석을 없애거나 흡음재를 벽과 천장면에 부착함으로써 어느 정도는 피할 수 있다.

객석의 뒷벽은 가능하면 오목면의 형태를 피하는 것이 좋으며, 고도의 흡음처리나 표면재를 적절하게 변화시킴으로써 뒷벽에 의한 반향 등이 발생하지 않도록 한다(그림 11-17).

일반적으로 발코니 밑의 좌석은 음향상태가 가장 좋지 못한 곳이므로 이를 위해 발코니 깊이에 비해 높이를 높게 해야 한다(그림 11-18). 따라서 다목적 홀이나 오페라 극장의 경우 발코니 깊이는 발코니 개구부 높이의 2배 이하, 가능하면 1.5배 이하로 하고 맨 뒷좌석에서도 홀 천장 전체 면적의 절반 정도는 보이도록 하는 것이 바람직하다.

또한 발코니의 전면은 무대를 마주 보게 되므로 발코니 전면 부위에서 발생된 긴 지연시간의 반사음으로 에코를 발생시킬 수 있으므로 이를 위해서는 발코니 전면 부위의 처리에 주위를 기울여야 한다(그림 11-19).

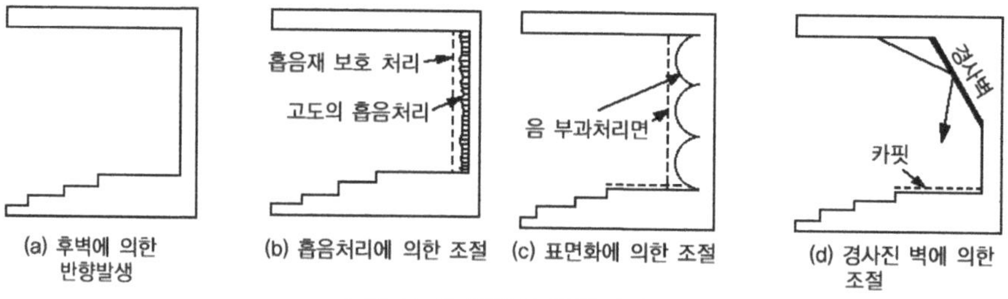

그림 11-17 뒷벽의 음향처리

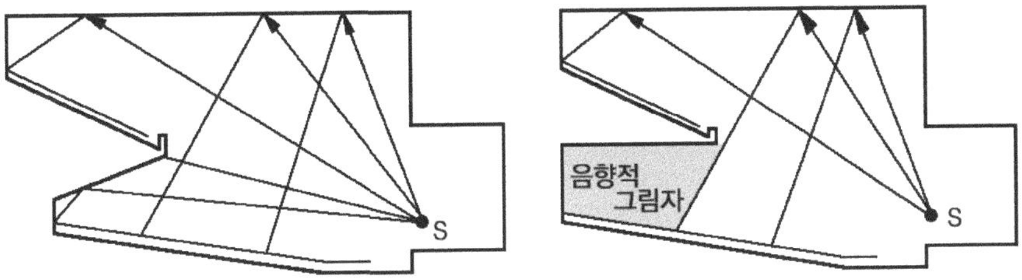

그림 11-18 천장의 반사음과 발코니의 단면

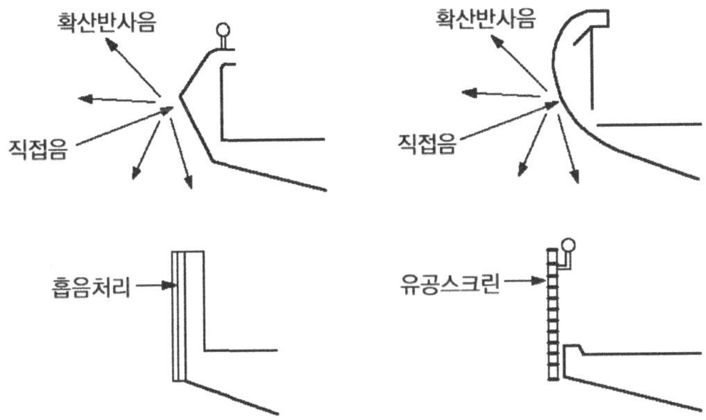

그림 11-19 발코니 전면의 계획

11.3.2 잔향계획

실의 사용 목적과 체적에 따른 최적 잔향시간(optimum reverberation time)은 여러 가지 경험치나 이론치에 의해 제안되고 있으며, 그림 11-20은 그 한 예를 보여준다.

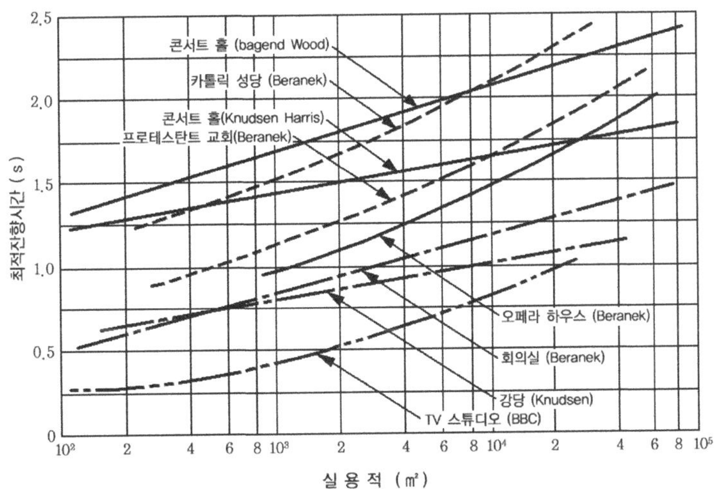

그림 11-20 오디토리엄의 최적 잔향시간

회화 · 강연 · 연극 등에서는 언어의 높은 명료도(clarity)가 요구되기 때문에 대체로 잔향시간이 짧아야 한다. 그러나 음악은 좋은 음질과 적당한 여운, 풍부한 음량이 요구되므로 다소 긴 잔향시간이 필요하다. 또한 실의 용도가 다목적인 경우는 잔향시간을 언어와 음악의 중간 정도로 하여 요구되는 목적에 따라 변경할 수 있도록 잔향시간을 가변장치(可變흡음구조 등) 등을 설치할 필요가 있다(그림 11-21).

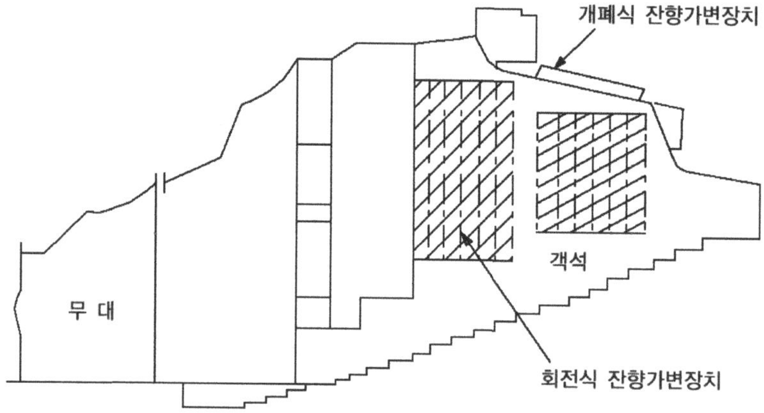

그림 11-21 잔향가변장치의 설계 예

잔향계획은 다음과 같은 순서로 진행한다.

① 잔향시간의 검토는 보통 125, 250, 500, 1,000, 2,000, 4,000㎐의 주파수에 대하여 실시한다. 다만 전용 음악홀인 경우에는 63~8,000㎐까지 범위로 한다.

② 최적잔향시간을 결정한다.

③ 최적잔향과 실의 용적에서 필요한 흡음력을 구한다.

④ 실내의 흡음력을 계산한다.(이 때 실내의 표면재료 뿐만 아니라 사람, 가구 등의 흡음력을 고려한다.

⑤ 수정하여야 할 흡음력을 계산한다.

⑥ 계획적으로 음향재료를 배치한다.

(a) 흡음 특성에 맞는 재료를 선정한다(중고음역, 저음역의 흡음재료).

(b) 일반적으로 무대 근처 부분은 반사성 재료 마감(live end), 객석 윗부분은 흡음성 재료 마감(dead end)으로 처리하는 것이 바람직하다.

⑦ 공사 중에 때때로 잔향시간을 측정하고 불합리한 설계나 설계와 시공의 엇갈림 등은 수시로 조사해서 개선토록 한다.

[예제 11-4] 아래와 같은 조건을 가진 교실에서 ① 음향처리를 전혀 하지 않을 때의 잔향시간과 이 음향타일(500㎐에서 α=0.85)로 천정표면을 50% 마감했을 때의 잔향시간을 구하라.

교실 크기 10×18×4.5m

500㎐에서의 흡음률(α) 벽:0.3. 천장:0.05, 바닥:0.1

[예제 풀이] ① 실용적 V = 10×18×4.5m = 810(㎥), 세이빈의 공식을 이용하면

$$T = \frac{0.16\,V}{A} = \frac{0.16 \times 810}{A}$$

	면적(㎡)	흡음률(α)	흡음력(A) (미터세이빈)
천장	10×18 = 180	0.05	9
벽	2×10×4.5 = 90 2×18×4.5 = 162 252	0.3	75.6
바닥	10×18 = 180	0.1	18
합계			102.6

$$T = \frac{0.16 \times 810}{102.6} = 1.26(\text{초})\ (500\text{Hz})$$

②

	면적(㎡)	흡음률(α)	흡음력(A) (미터세이빈)
천장(1)	90	0.05	4.5
천장(2)(흡음재마감)	90	0.85	76.5
벽	252	0.3	75.6
바닥	180	0.1	18
합계			174.6

$$T = \frac{0.16 \times 810}{174.6} = 0.74(\text{초})\ (500\text{Hz})$$

표 11-3 잔향시간 산정 예

주파수					125Hz		500Hz		2,000Hz	
각 부위별 재료				면적(m²)	α	A	α	A	α	A
바닥	통 로		중량 카펫	486.60	0.02	9.73	0.14	68.12	0.60	291.90
바닥	좌 석	공 석 시	흡음천을 씌운 의자	883.00	0.49	432.67	0.80	706.40	0.82	724.06
바닥	좌 석	100% 점유 시	흡음천을 씌운 의자	883.00	0.60	529.80	0.88	777.04	0.93	821.19
바닥	오케스트라피트		목재바닥판	90.00	0.15	13.50	0.10	9.00	0.06	5.40
바닥	합 계	공 석 시	/	1,459.60	/	455.90	/	783.52	/	1,021.42
바닥	합 계	100% 점유 시	/	1,459.60	/	553.03	/	854.16	/	1,118.55
벽면	전면 측벽	프로세니움개구부	/	180.00	0.30	54.00	0.40	72.00	0.50	90.00
벽면	전면 측벽	무대 전면 하부	목재판	17.50	0.15	2.63	0.10	1.75	0.06	1.05
벽면	전면 측벽	소 계	/	197.50	/	56.63	/	73.75	/	91.05
벽면	중간 및 후면 측벽	앞부분 반사벽	대리석	443.92	0.01	4.44	0.01	4.44	0.02	8.88
벽면	중간 및 후면 측벽	중간 흡음벽	9mm합판/GW25	229.86	0.40	91.94	0.15	34.48	0.10	22.99
벽면	중간 및 후면 측벽	뒷부분 흡음벽	목재 음향 패널	235.04	0.46	108.12	0.29	68.16	0.59	138.67
벽면	중간 및 후면 측벽	출 입 문	스펀지 위 레지 마감	23.04	0.20	4.61	0.10	2.30	0.10	2.30
벽면	중간 및 후면 측벽	투광실 창	두꺼운 유리	20.04	0.18	3.67	0.04	0.82	0.04	0.82
벽면	중간 및 후면 측벽	소 계	/	952.26	/	212.28	/	110.20	/	173.68
벽면	후 벽	흡 음 벽	코펜하겐리브/GW50	305.04	0.60	183.02	0.75	228.78	0.60	183.02
벽면	후 벽	출 입 문	스폰지 위 레자 마감	30.24	0.20	6.05	0.10	3.02	0.10	3.02
벽면	후 벽	조정실시창	두꺼운 유리	9.00	0.18	1.62	0.04	0.36	0.04	0.36
벽면	후 벽	소 계	/	344.28	/	189.68	/	232.16	/	186.40
벽면	합 계		/	1,494.04	/	458.60	/	416.11	/	451.11
천정	반 사 면		GRC	1,152.58	0.01	11.53	0.02	23.05	0.02	23.05
천정	양측 통로 상부		9mm합판/GW25	168.12	0.40	67.25	0.15	25.22	0.10	16.81
천정	투광실	전 면	흡음판6ϕ~15P-5t/GW50,공기층180	53.42	0.32	17.09	0.62	33.12	0.48	25.64
천정	투광실	창	/	43.50	0.30	13.05	0.40	17.40	0.50	21.75
천정	제3투과실 밑부분		9mm합판/GW25	65.52	0.40	26.21	0.15	9.83	0.10	6.55
천정	발코니	밑 부 분	12mm두께 짚섬보드	299.04	0.29	86.72	0.05	14.95	0.70	20.93
천정	발코니	전 면	흡음판6ϕ~15P-5t/GW50,공기층180	49.84	0.32	15.95	0.62	30.90	0.48	23.92
천정	합 계		/	1832.02	/	238.80	/	154.47	/	138.65
공 기 (m³)				14,623.95	/	/	/	/	0.007	102.37
총흡음력	공석 시			4785.66	/	1,152.30	/	1,354.10	/	1,612.18
총흡음력	100% 점유 시			4785.66	/	1,249.43	/	1,42.474	/	1,708.31
잔향시간*	공석 시			/	/	1.78	/	1.47	/	1.13
잔향시간*	100% 점유 시			/	/	1.62	/	1.39	/	1.06

* 잔향시간은 Eyring의 잔향식[$RT = K \cdot V / -S\log_0(1-\alpha)$]으로 산정하였으며, 1,000Hz 이상에서는 공기에 의한 흡음력을 고려한 것임

[예제 11-5] 그림 A와 같이 10m×15m×3.65m인 강의실에서 Sabine의 잔향식을 이용하여 잔향시간을 구하라.

〈조건〉

부위별 마감재료		면적(m²)	주파수별 흡음률(α)		
			125	500	2K
바닥	콘크리트	82	0.01	0.02	0.02
	의자에 앉아 있는 학생	68	0.56	0.79	0.86
벽	철제 틀 위 집섬보드	151.4	0.26	0.05	0.04
	유리창	18	0.3	0.1	0.05
	출입문(플러쉬 문)	5.5	0.15	0.11	0.05
천장	mineral fiberboard	150	0.34	0.53	0.73

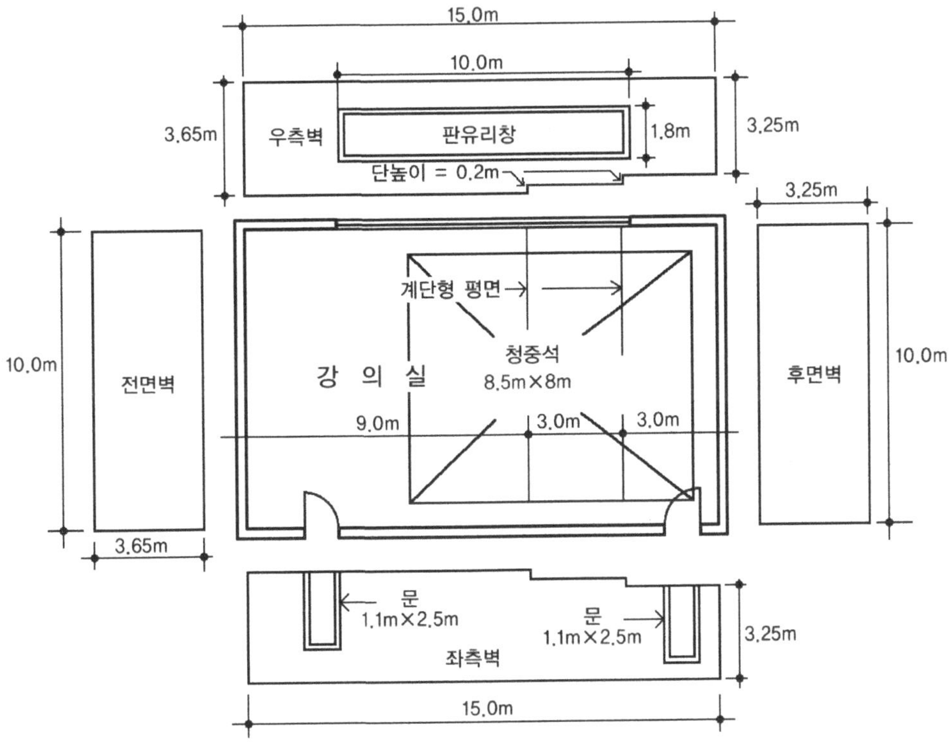

[예제 풀이] 실체적 $V=(9\times10\times3.65)+(3\times10\times3.45)+(3\times10\times3.25)=529.5(m^3)$

그러므로 이 실의 흡음력과 잔향시간을 다음과 같이 계산할 수 있다.

부 위		면적(m²)	125Hz		500Hz		2,000Hz	
			α	A	α	A	α	A
바닥	좌 석	68	0.56	38.06	0.79	53.72	0.86	58.48
	통 로	82	0.01	0.82	0.02	1.64	0.02	1.64
벽	전 면 벽	36.5	0.26	9.45	0.05	1.83	0.04	1.46
	후 벽	32.5	0.26	8.45	0.05	1.63	0.04	1.30
	측 벽	82.4	0.26	21.43	0.05	4.13	0.04	3.30
	유 리 창	18.0	0.3	5.4	0.1	1.80	0.05	0.90
	출 입 문	5.5	0.15	0.83	0.1	0.55	0.05	0.28
천 장		150	0.34	51.0	0.53	79.5	0.73	109.5
공 기 (m³)		529.5	0.00	0.00	0.00	0.00	0.007	3.71
총 흡음력(만석 시)			135.52		144.84		180.58	
잔향시간(만석 시)			0.63초		0.59초		0.47초	

[예제 11-6] 현재 사용하고 있는 교실(또는 강당)의 잔향시간을 산출하라.

11.3.3 반사면계획

실내마감 설계를 할 때 반사면을 적절하게 계획하면 매우 효과적인 음보강 효과를 얻을 수 있다. 직접음과 1차반사음의 시차(時差)가 적은 경우에는 심리적으로 음압레벨이 높게 느껴지며, 매우 약한 음을 보강하는데 큰 역할을 한다.

반사판 재료는 콘크리트나 타일 등과 같이 딱딱하고 무거운 재질이 요구되나 천장에 매다는 경우에는 너무 무거운 것은 곤란하다. 실내에서 청취자는 음원으로부터 직접음과 반사에 의해 시간이 지연된 반사음을 듣게 된다. 이때 강연용인 홀에서 반사음의 지연시간이 0.035초(=35ms) 이내이면 직접음과 구별되지 않고 음을 보강하게 되며 다목적 홀에서는 반사음의 지연시간을 50ms(音線差 17m) 이내로 권장하고 있다.

플러터 에코(flutter echo)는 마주보는 평행한 면이나 오목한 면에서 음의 반복 반사에 의하여 발생한다.

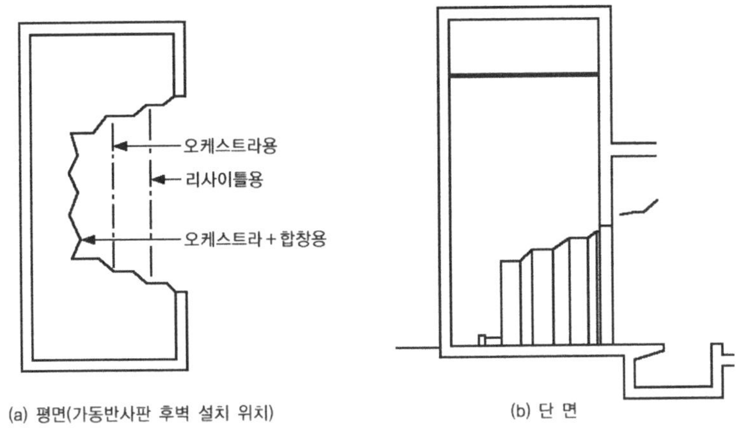

그림 11-22 무대의 가동 반사판의 처리

그림 11-23 가동반사판의 설계 예

반사면의 위치와 크기는 기하학적 분석방법(ray-diagram analysis)의 기본원리로 그림 11-24와 같이 계획할 수 있다. 기하작도법은 음파의 입사각과 반사각이 동일하다는 빛의 반사법칙에서 유추한 것이다. 기하작도법의 몇 가지 제한사항은 기하작도법에 의한 음의 반사법칙은 표면재료의 크기가 음의 파장보다 클 경우에만 적용되며, 실표면에서의 음의 확산과 분산에 대한 상세한 평가는 기하작도법으로는 불가능하다는 제약이 따른다. 이와 같은 제한 요소에도 불구하고 기하작도법은 적절한 실의 형태를 결정하는데 중요한 디자인 방법이 되고 있다.

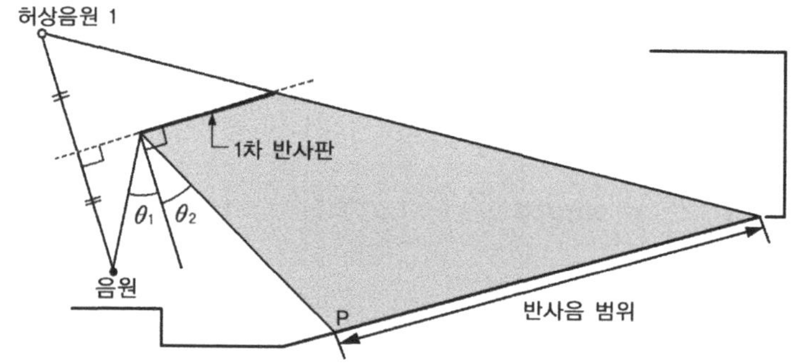

(a) 1차 반사판

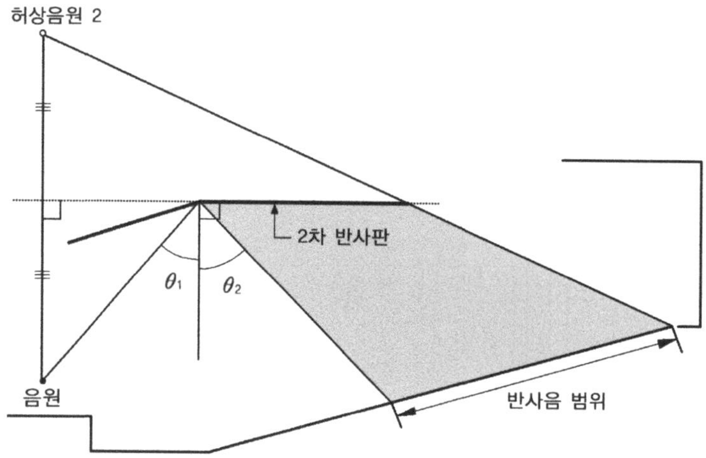

(b) 2차 반사판

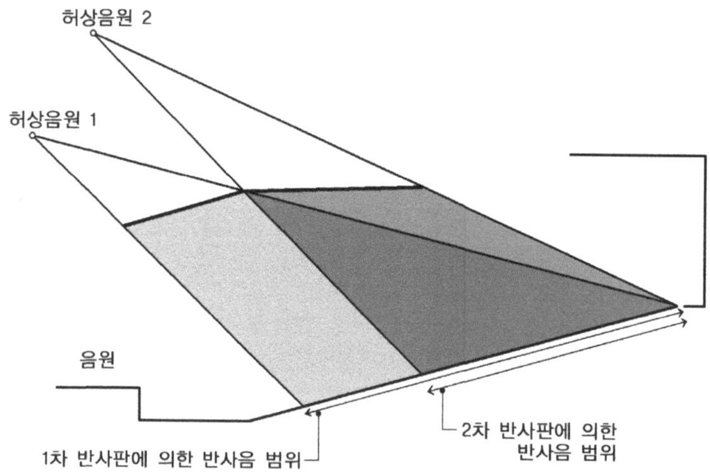

(c) 1, 2차 반사판

그림 11-24 반사면의 설계 원리

그림 11-25는 기하작도법에 의한 음의 경로와 시간차에 따른 음압 레벨의 분포를 보여준다. 대강당과 같이 용적이 큰 실을 계획할 때는 높은 천장고를 가지므로 직접음과 1차

반사음의 음선차가 길어져 천장을 반사면으로 활용할 수 없는 부분이 생기게 된다. 이때는 플라스터판이나 합판 등의 단단한 재료를 천장에 매다는 방법으로 설계한다. 이와 같이 낮게 설치된 반사판은 높은 천장에서 발생될 수 있는 반향이나 지연 반사음을 보완해 주는 것은 물론 직접음을 보강하는 데도 유효하다.

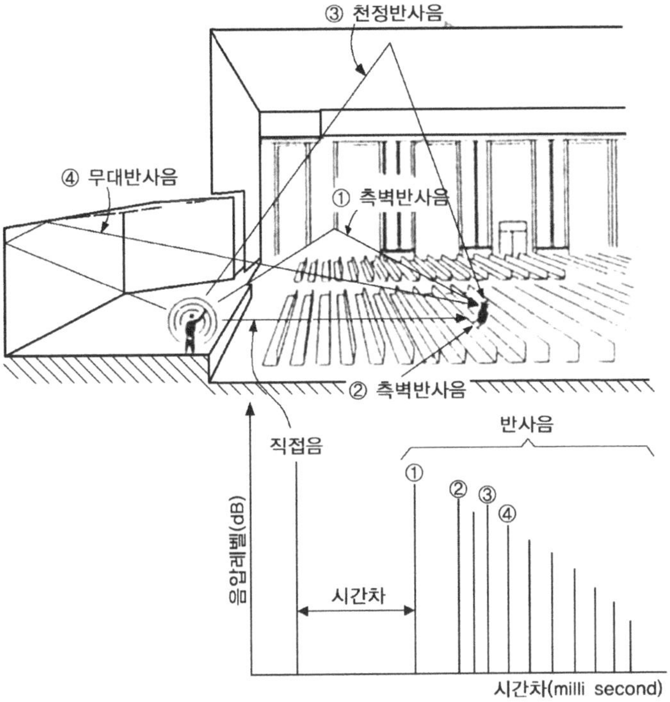

그림 11-25 실내음경로

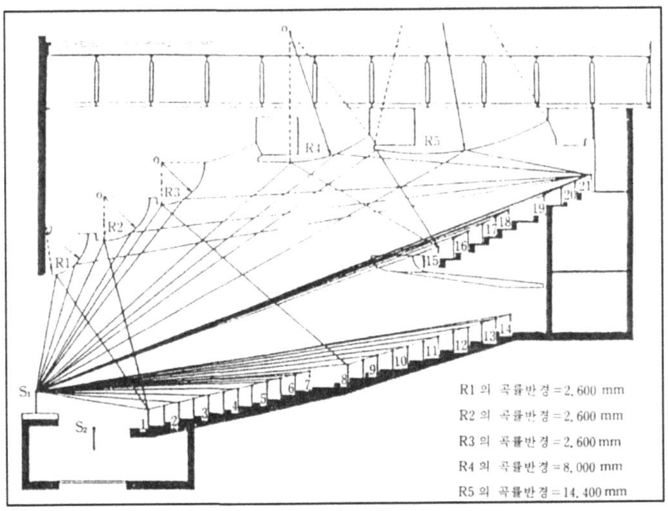

그림 11-26 천장 반사면의 설계 예

[예제 11-7] 2000명을 수용하는 대학교의 강당을 설계하라.

[예제 풀이] 〈〈 설계요점 〉〉

1. 위치의 선정

① 각종 외부 소음원으로부터 가능한 적은 영향을 받는 위치를 선정한다.

② 강당은 소음 영향에 비교적 영향이 덜 받는 건물들이 그 주위에서 차폐하여 주는 곳을 택하여 배치하던지 복도, 창고, 기타 완충공간을 이용하여 음향적으로 독립시킨다.

2. 실의 크기와 형태계획

① 사용 목적에 따른 1석 당 점유 용적(예, 강연용 $3m^3$)을 설정한다.

② 무대와 객석 간의 평균거리가 가능한 범위 내에서 짧도록 계획한다.

③ 객석은 무대중심에서 수평 간 140° 이내에 배치한다.

④ 객석 바닥은 적정경사도를 유지한다.

⑤ 에코나 지연반사음 등이 예상되는 위치에는 흡음 또는 확산처리 등을 한다.

⑥ 발코니 깊이는 그 높이의 2배 이하로 하며, 발코니 밑부분 천장은 적당한 경사를 주고 흡음재로 마감한다.

3. 반사면 계획

① 천장과 측벽, 특히 무대 가까운 곳은 객석전체 또는 후면에 충분한 반사음이 도달하도록 최대한 유효반사면으로 활용한다. 이때 직접음과 반사음의 음선차는 11m(시차 1/30초) 이내가 되도록 한다.

② 반사면의 위치와 크기, 형태 등은 반사음의 효과, 실용적, 시각적 개방감, 의장성, 투과실 위치, 에코 등을 충분히 고려하여 결정한다.

③ 무대벽은 음이 충분히 전파되고, 확산될 수 있는 형태로 한다.

4. 잔향계획

① 125, 500, 2000㎐에서 잔향공식을 사용하여 우선 적정 잔향시간을 검토한다(125㎐에서는 30~50%까지 길게, 고음역에서는 약간 짧게 한다). 무대 내의 잔향은 객석 홀의 경우와 같게 한다.

② 마감재 선정 시 일반적인 지침은 다음과 같다.

a. 천장

중앙부(80%)는 합판, 석고보드, 플라스틱 등으로 음반사가 이루어지도록 한다. 양 측면과 후면(20%)은 음향타일 등의 흡입재를 사용한다.

b. 측벽

무대 가까이에는 반사성, 중간 부위에는 불규칙한 형태의 확산성 반사가 이루어지도록 한다.

c. 후벽

고도의 흡음재로 마감한다(에코 등 음향결함 방지).

d. 바닥

무대 앞면을 제외한 통로에 카펫, 코르크판, 고무타일 등으로 마감하고, 흡음성이 큰 의자를 설치한다.

5. 음 보강 장치

① 모든 좌석에는 보이는 프로세니움 아치 앞부분과 후면 중앙공간에는 여러 개의 음향시스템 장치를 설치한다.

② 음향 시스템 조절은 가능한 기계장치에 의해 조정실에서 운용하며, 이는 강당 뒷부분에 위치하도록 한다.

6. 차음설계

① 강당과 기타 부속실에는 적정 NC(또는 NR)값을 유지하도록 계획한다.

② 지붕구조가 외부소음에 노출 시에는 2중 구조의 차음설계가 필요하며, 자동차 또는 철도소음 등에 영향을 받는 경우에는 2중 구조 등의 외벽 차음설계가 필요하다.

③ 창은 가능한 없는 것이 좋으며, 필요할 때에는 가능한 적게, 그리고 기밀한 2중 구조를 설치한다.

④ 출입문은 무겁고 틈이 없으며, 문틈 주위에 개스킷(gasket)으로 기밀하게 처리(출입문 앞부분에는 사운드로비 설치)한다.

⑤ 복도, 로비 등에는 충분한 흡음재를 사용(바닥에는 탄력성 재료)한다.

⑥ 기계실, 연습준비실 등은 분리배치하고 방음 처리한다.

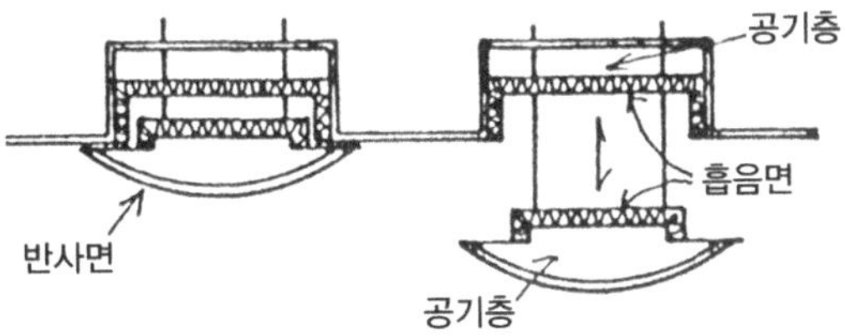

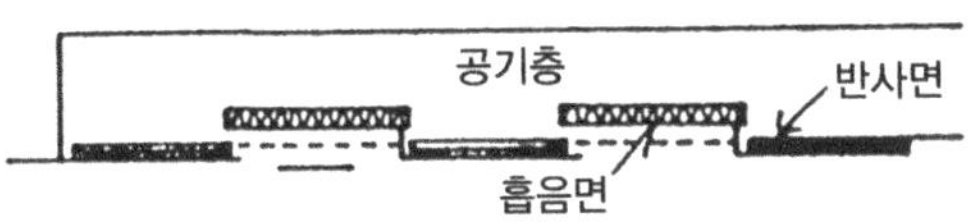